规划历史与理论研究大系 | 李百浩主编

城市规划历史与理论 03

URBAN PLANNING HISTORY AND THEORY NO. 03

董 卫 主编　　李百浩 王兴平 执行主编

东南大学出版社
SOUTHEAST UNIVERSITY PRESS
南京 · 2018

内容提要

本书是中国城市规划学会-城市规划历史与理论学术委员会会刊——“城市规划历史与理论”第3辑。本书所载的25篇论文，主要是第8届城市规划历史与理论高级学术研讨会暨中国城市规划学会-城市规划历史与理论学术委员会年会(2016年)的会议宣读论文，内容涉及城市交通与规划、城市文化与保护、规划历史与理论研究、都市空间与格局、中外城市规划与演变等方面。

本书不仅对城乡规划管理与研究设计人员汲取古今中外城乡规划发展的历史经验有借鉴与指导作用，而且对城乡文化遗产保护部门和单位保护城乡文化特色和城市再开发具有参考价值。本书既可作为城乡规划史、建筑史、风景园林史以及城市史、地方史等领域的研究资料，又可作为高等学校和社会各界人士了解城市规划发展变迁的参考用书和读物。

图书在版编目(CIP)数据

城市规划历史与理论 03/董卫主编. —南京：东南大学出版社，2018.4

(规划历史与理论研究大系/李百浩主编)

ISBN 978-7-5641-7503-0

Ⅰ.①城… Ⅱ.①董… Ⅲ.①城市规划—城市史—研究—世界 Ⅳ.①TU984

中国版本图书馆CIP数据核字(2017)第296010号

书　　名：城市规划历史与理论 03

主　　编：董　卫　　执行主编：李百浩　王兴平

责任编辑：孙惠玉　徐步政　　编辑邮箱：894456253@qq.com

出版发行：东南大学出版社　　社址：南京市四牌楼2号(210096)

网　　址：http://www.seupress.com

出 版 人：江建中

印　　刷：江苏扬中印刷有限公司　　排版：江苏凤凰制版有限公司

开　　本：787 mm×1092 mm　1/16　　印张：21.75　字数：550千

版 印 次：2018年4月第1版　2018年4月第1次印刷

书　　号：ISBN 978-7-5641-7503-0　定价：79.00元

经　　销：全国各地新华书店　　发行热线：025-83790519　83791830

中国城市规划学会学术成果

中国城市规划学会-城市规划历史与理论学术委员会会刊(2016 年)

The Journal of Academic Committee of Planning History & Theory (ACPHT),

Urban Planning Society of China (UPSC) 2016

编委会

学委会简介

中国城市规划学会-城市规划历史与理论学术委员会　简介

2009—2011年，中国城市规划学会与东南大学建筑学院在南京连续召开了3次“城市规划历史与理论高级学术研讨会”，以筹备成立“城市规划历史与理论学术委员会”。

2012年9月24日，民政部正式批准登记社会团体分支(代表)机构：中国城市规划学会-城市规划历史与理论学术委员会(社证字第4203-14号)。

2012—2016年，中国城市规划学会-城市规划历史与理论学术委员会先后在南京、平遥、泉州、宁波、南京召开了5次学术会议，出版会刊“城市规划历史与理论”系列的第1辑、第2辑，在学界具有较大的影响力。

中国城市规划学会-城市规划历史与理论学术委员会是中国城市规划学会(Urban Planning Society of China，缩写UPSC)所属的专业性学术组织之一，英文名为“Academic Committee of Planning History & Theory, UPSC”，中文简称为历史与理论学委会，英文缩写为ACPHT。

历史与理论学委会是在中国城市规划学会的领导下，凝聚广大城市规划历史与理论研究工作者，以弘扬中华文化、传承城市文脉、总结发展历史、促进城市发展为宗旨，开展城市规划历史、实践和理论研究以及学术交流、科研咨询，为城乡规划学科建设奠定基础，推进我国城乡规划和建设的科学健康发展。

历史与理论学委会的主要任务是：研究总结我国传统城市、近现代城市发展历史和规划实践，探索城市规划理论与方法；组织开展城市规划历史与理论研究的学术交流，交流实践经验，促进城乡规划学科发展；积极开展城市规划历史与理论研究的国际学术交流与合作，借鉴国际经验推动我国城市规划理论研究，传播中国城市规划历史文化典范和现代实践经验；举办城市规划历史与理论学习培训，开展学科建设论证、科研咨询等技术服务；承办中国城市规划学会规定和交办的各项工作。

历史与理论学委会的最高权力机构为全体委员大会，由全体委员选举产生主任委员，履行委员会的职责，设主任委员1名，副主任委员2—5名，秘书长1名，秘书长办理日常工作。第1届历史与理论学委会由来自全国的31位知名专家学者组成，并聘请两院院士吴良镛教授、中国科学院院士齐康教授、中国工程院院士邹德慈教授、我国资深城乡规划史学家同济大学董鉴泓教授和天津大学沈玉麟教授作为顾问委员。

根据历史与理论委员会的工作章程，“城市规划历史与理论高级学术研讨会暨中国城市规划学会-城市规划历史与理论学术委员会年会”每年召开一次，实行大小年会交叉举行的方式。其中，奇数年举行小年会，主要为历史与理论学委会委员及部分受邀专家学者的学术报告会；偶数年举行大年会，面向国内外公开征集论文。无论大小年会，均为开放式办会，一切有意规划历史与理论的人员均可参会。

主任委员：董　卫
副主任委员：王鲁民　张　兵　张　松　李百浩　李锦生　赵万民
秘书长：李百浩（兼）
副秘书长：王兴平
挂靠单位：东南大学建筑学院

年会合影（第 8 届城市规划历史与理论高级学术研讨会）

前言

交通与每个人的生活息息相关，也与城市及其城市规划的发展密不可分。从古代以步行和马拉车为主的交通方式到自行车、有轨电车的盛行，直到目前城市中大量使用的小汽车、公共汽车以及大容量轨道交通的发展，水路、公路、铁路、航空、高铁等交通方式的变化不仅改变了人的行为、城市空间形态以及城市格局，也深刻影响了城市规划的思想与技术的变革。从霍华德的田园城市到柯布西耶的光明城市，从马塔的带形城市模型到沙里宁的有机疏散理论，交通方式的变革在每一次规划思潮的革新中都留下了深刻的印记。在一定意义上，交通方式的发展是城市规划思想发展与进步的强力催化剂。对于当代的城市规划来说，交通发展的前沿方向与技术也必将影响其规划理论、技术与方法。聚焦交通发展与城市规划的历史演变过程，梳理其历史脉络，总结其成败得失，可以更好地为今后的城市规划和发展提供借鉴。

南京自古为江南门户，是中原腹地和太湖平原以至于东南地区连接的必经之地，是长江下游重要的港口航运枢纽。南京城市命运的重大变迁都离不开交通格局的变化和牵引。仅就近代以来，津浦、京沪铁路的开通，构筑起了近代中国的重要发展带，举世闻名的南京长江大桥破解了千年以来长江天堑的阻隔，当前城市地铁和市郊铁路的建设如火如荼，在全国的省会城市中走在前列。古都南京，借助交通之力一步步实现着现代化国际大都市的梦想。在此背景下，第 8 届城市规划历史与理论高级学术研讨会选定在京沪高铁和万里长江的交汇点——江苏南京召开。本届会议于 2016 年 11 月举办，会议立足历史与理论学委会“探究城市规划历史、构建城市规划理论、推动城市规划实践”的总体任务，以“交通发展与规划演变”作为会议主题，从城市规划历史与理论两个维度，围绕“区域规划与城市体系、城市空间形态与土地利用、城市规划变革与实践”等议题进行探讨。另外，会议论文还涵盖“城市文化与保护”“城市规划历史与理论研究”“都市空间与格局”“中外城市规划与演变”等具体议题。

本届会议受到了社会各界的高度关注，并收到来自高校、研究机构、规划设计单位、规划管理部门等专家、学者的积极反馈，也得到了来自地理学、经济学、政治学、管理学等相关学科学者的大力支持。在会议论文上，本届会议共收到论文摘要 115 篇，论文全文 82 篇。经专家组对论文的筛选，共有 38 篇入选为会议宣读论文、44 篇入选为会议交流论文，本书由本届会议的优秀论文编纂而成。本书收录的论文基本反映了当前城乡规划界对“城市交通与城市规划”“城市规划历史与理论”的思考。其中，既有对中国本土和国外城市理论与规划实践的研究，也有对中西城市规划互动影响的探讨；既有对中国城市整体空间的研究，也有对城市重要功能空间的研究；既有对中国古代城市规划的研究，亦有对近现代中国城市演变的分析。

最后，感谢中国城市规划学会，感谢江苏省城市规划学会和南京市规划局，感谢在会议筹备和组织过程中给予热情关心和支持的各单位和同行专家们。历史与理论学委会将充分利用高端学术会议等平台，搭建多元化交流网络，不断推进立足中国本土的规划历史与理论研究，拓展对世界优秀规划理论和实践成果的研究与借鉴，为中国特色城乡规划理论体系的构建发挥支撑作用。

董　卫　李百浩　王兴平

2017 年 7 月 22 日

目录

第六部分 中外城市规划与演变

Contents

第一部分　主题论文

PART ONE　FEATURE ARTICLE

反思都市史：

比较都市史与规划史阅读书目的导言

夏铸九

Title：A Reflection on Urban Histories：An Introduction to Readings of Comparative Urban Histories and Planning Histories

Author：Hsia Chu-joe

摘　要　本文首先从20世纪80年代后西方学院里都市史论述展现的写作活力，质疑取向保守的形式主义建筑史论述的认识论预设，为都市史写作清理表现的场地。百花齐放的都市史成就展现在出版上，包括了社会与文化取向的都市史、在通史写作之外对都市形式课题与对城市设计的历史研究、威尼斯学派的批判史学，以及新马克思主义的历史地理学、社会学与史学等方面的杰出学术贡献。其次，在这种时势之下都市历史写作翻页。笔者指出面对21世纪网络社会的挑战，工业社会崛起时的都市化方法论预设必须通过理论的检验，才能面对20世纪80年代后中国大陆都市现实中浮现的悖论性空间与社会，以及以马克斯·韦伯为代表的西方现代城市的普世价值，即城市，作为物质上根植于空间集中的人类聚落，是在社会组织与文化表现上的特殊空间形式的普世价值，不仅不易区分中国城市的政治性格与繁华市井的都市氛围，而且面对新的信息技术冲击，在研究分析上显得过时，在实践上难接地气。所以，值得从比较的角度重建亚洲的都市史写作，而规划史则是其中重要的现代专业者反思空间实践的历史环节。“移植”则是殖民现代性空间再现中不能忽略的经验。最后，吾人得以重构历史写作的疑旨，重新界定都市史，面对村落史，以及了解在当前网络都市化开展的新的城乡关系中浮现的阿里巴巴农村淘宝、淘宝村镇和遂昌赶街等的网络市民，以至于他们的组织与协会，他们与地方政府的关系，他们的精神状态、价值观及其历史根源，而他们就是全球都会区域里新浮现的网民。

关键词　都市史；规划史；都市化；中国

Abstract：The paper first questions the epistemological presuppositions of conservative approach of formalistic architectural discourse through the writing vitality of the discourse of urban histories in the western colleges after the 1980s. The flourishing achievement has expressed in the publications including urban history from the social cultural approach，focusing the urban form issues beyond the general history as well as on city design through his-

作者简介

夏铸九，台湾大学建筑与城乡研究所名誉教授，东南大学建筑学院童寯讲席教授

torical studies, the critical history of the School of Venice, and the outstanding Neo-Marxist academic contributions from historical geography, sociology and history etc. Second, the writing of urban histories turns the page in this conjuncture. In front of the challenges of the network society in the twenty-first century, the author points out the methodological presuppositions of urbanization in the rising industrial society have to go through theoretical examined then to face the emerging paradoxical space and society in the urban reality of China after 1980s, and the universal values of western modern cities represented by Marx Weber, cities, as specific forms of social organization and cultural expression, materially rooted in spatially concentrated human settlements, could be not only hard to distinguish the political characters of cities and the urban milieu of bustling marketplaces or lively streets of Chinese cities, but also obsolete in the new information technological impacts for analytical research, disarticulating with the local for practice. Therefore, it is worth reconstructing the writing through a comparative perspective of Asian urban histories, and planning histories are critical historical links in urban histories to reflect spatial practice for modern professional. 'Transplantation' is the experience in the representation of space of colonial modernity which cannot be ignored. Finally, we could reconstruct the problematic of historical writing to redefine urban history, to face village history, and to understand the network citizens and the emerging Alibaba Rural Taobao, Taobao villages and towns, Suichang Ganji in the new urban-rural relationship in the current networked urbanization, as to their organizations and associations, their relationship with local governments, their mentalities, values, and historical origins. They are new emerging netizens in the global metropolitan regions.
Keywords: Urban History; Planning History; Urbanization; China

1 前言

本文为比较都市史与规划史一系列阅读书目的导言[①],主要针对 1980 年之后都市史出版的主要书籍,而非针对每一本书本身的内容,提供在阅读之前需了解的社会与历史脉络。然后,鼓励以征兆阅读方式或是经由认识论干预,注意作者的疑旨(Problematic),或者说发问角度,以及关注其写作目的与对象。

2 1980 年后百花齐放的都市史写作

相较于 20 世纪 60 年代都市史(Urban History)研究表现出的划分学域乐观与"定义都市"的学术自信,80 年代浮现的西方学院中的都市史论述(The Discourse of Urban Histories)可谓是范型转移之后学院中的丰盛局面。20 世纪 60 年代与 70 年代的都市运动,以至于 1973 年之后的经济危机与资本主义城市的都市危机,都可以说是都市论述(Urban Discourses)转变的社会根源;学院既有的支配性论述瓦解,新马克思主义与新韦伯主义对既有现代主义与实证主义范型的批判,彻底解放了社会科学与人文学,如都市社会学、社会史等的理论思考角度。20 世纪 80 年代后在西方学院里的都市史研究可谓百花齐放,展现了丰富的写作活力。

若是阅读斯皮罗·科斯托夫(Spiro Kostof)在《设计书评》(*Design Book Review*)期刊中的书评论文——《城市和草皮》(*Cities and Turfs*)可以发现,不同于过去百年建筑史形成时与艺术史共享的美学基础,学院里的建筑史重要学者科斯托夫在书评论文中意有所指地强调,建筑史失去了支配性权力的"草皮"(Turfs)与制度性诠释的空间[②],诠释的空间终究来自意义的竞争，既有的学院与学科已经不可能坚持长期不变地依靠放大建筑的尺度来涵盖城市，持续占领都市史的领地[1]。另一方面，挑战取向保守的形式主义建筑史论述（Formalistic Approach of Architectural History）的认识论预设，也就是为都市史写作清理出宽阔的表现场地，展现出历史写作的活力[2-3]。

3 社会与文化取向的都市史写作

首先，百花齐放的都市史成就具体展现在一些书籍的出版上，包括了几乎像是新起点的社会与文化取向的都市史，例如：

爱德华·缪尔.文艺复兴时期威尼斯的市民仪式[M].普林斯顿：普林斯顿大学出版社，1981（Muir E. Civic Ritual in Renaissance Venice [M]. Princeton: Princeton University Press, 1981）；

马克·吉罗德.城市与人——一部社会与建筑的历史[M].郑炘，周琦，译.北京：中国建筑工业出版社，2008（Girouard M. Cities and People: A Social and Architectural History [M]. New Haven, CT: Yale University Press, 1985）。

其次，都市史写作可以说就是社会与文化取向的都市史写作，前面提到的建筑史学者——科斯托夫拒绝了过去建筑史论述孤立于社会脉络（Social Context）与场合（Settings）的形式主义风格（Style）取向，他分享的是人文主义的规划师——凯文·林奇（Kevin Lynch）的价值取向与同样的理论角度，即都市历史中的形式价值（Form Values in Urban History）[4]。科斯托夫跨越了过去通史写作的历史叙事，讨论都市形式（Urban Form）的课题，提出林奇拒绝美国常规的建筑学院里形式主义取向的“都市设计”（Urban Design），重新界定“城市设计”（City Design）取向的历史研究，这就是两本书，即《城市的组合——历史进程中的城市形态的元素》（*The City Shaped: Urban Patterns and Meaning Through History*）、《城市的形成——历史进程中的城市模式和城市意义》（*The City Assembled: The Elements of Urban Form Through History*），分别针对都市形式的格子、向心计划、“未经计划”的城市等等，以及都市元素的街道、公共空间、城市边界等等，探索其背后隐藏的秩序[5-6]。对于美国社会、学院及专业界而言，这两本书基于规范性城市设计理论的历史研究收效甚大，对规划与设计专业者的知识应用方面是十分受用的都市史写作。他们的三本书就是：

凯文·林奇.城市形态[M].林庆怡，等，译.北京：华夏出版社，2001（Lynch K. A Theory of Good City Form[M]. Cambridge, Massachusetts: The MIT Press, 1981）；

斯皮罗·科斯托夫.城市的组合——历史进程中的城市形态的元素[M].邓东，译.北京：中国建筑工业出版社，2008（Kostof S. The City Shaped: Urban Patterns and Meaning Through History [M]. London: Thames and Hudson, 1991）；

斯皮罗·科斯托夫.城市的形成——历史进程中的城市模式和城市意义[M].单皓，译.北京：中国建筑工业出版社，2005（Kostof S. The City Assembled: The Elements of Urban Form Through History[M]. London: Thames and Hudson, 1992）。

4 最初城市的历史开端——作为仪典或礼仪中心

进一步来讲，若是着重比较都市史的方法论角度，我们可以深思林奇1981年界定的，对都市形式探索的规范性理论的历史开端:“最初的城市(Cities)崛起即显示出是仪典或礼仪中心(Ceremonial Centers)——说明这里是因控制自然的风险而使人类受惠的神圣仪式之地。由于这些宗教中心的起源,统治阶级就得以再分配物质资源与权力,联合起来,城市也成长起来。在人类权力结构营造的过程中,宇宙秩序、宗教仪式及城市实质物理形式是维持社会稳定的主要工具——心理优于武器。正是基于一种神奇而一致的理论,方得设计这一令人敬畏与迷人的工具。”[4]正是:文化先于战争,德胜于力,以德服人。而都市象征(Urban Symbolic)正是空间的文化形式(The Cultural Form of Space)的集中展现,也是建筑(Architecture)的意义表现。所以,林奇书中一再指出,中国早期城市不可思议的神奇模型正是此中之佼佼者。注意,这里关乎林奇与科斯托夫共享的核心概念,值得用理论的措辞仔细阐明他们对仪式的场合(Ritual Setting)的界定,即对空间的文化形式的感动主要来自身体的经验与时间的记忆,这是生存空间中的生活体验,空间中的不同时间感之营造,其实就是仪式的创造,认识建筑的表现与城市的起源的关键正在于此。最后,相较于纪念性建筑的物本身,仪式的过程是要害所在。在科斯托夫去世之后才出版的最后一本书的结尾,也是在讨论了都市保存(Urban Conservation)课题之后,才意味深长地说:“在保存与过程之间,过程(Process)会有决定性的作用。在最后,都市真理是在流动(Flow)之中。”[6]这是我们在后文中还会一再碰触到的理论问题。

林奇引用中国早期城市的宇宙模型主要来自芝加哥大学历史学与地理学教授,精通东南亚、东亚及中国历史地理研究的保罗·惠特利(Paul Wheatley),他也是厄文·哈里斯(Irving B. Harris)讲座教授与芝加哥大学有名的社会思想委员会主席(Chairman of the Committee on Social Thought, 1977－1991),早在1971年即已出版了跨学域、比较研究角度的精彩著作:《四方之极:中国古代城市起源及特点初探》。1999年他去世后,该书书名于2008年略作更动,分为两册平装出版:

保罗·惠特利.四方之极:中国古代城市起源及特点初探[M].芝加哥,伊利诺伊州:欧尔丁出版社,1971(Wheatley P. The Pivot of the Four Quarters: A Preliminary Enquiry into the Origins and Character of the Ancient Chinese City [M]. Chicago, Illinois: Aldine, 1971);

保罗·惠特利.四方之极:中国古代城市起源及特点初探01[M].新不伦瑞克省,新泽西州:欧尔丁出版社,2008(Wheatley P. The Origins and Character of the Ancient Chinese City: The City in Ancient ChinaVol. 1 [M]. New Brunswick, New Jersey: Aldine Transaction, A Division of Transaction Pub, 2008);

保罗·惠特利.四方之极:中国古代城市起源及特点初探02[M].新不伦瑞克省,新泽西州:欧尔丁出版社,2008(Wheatley P. The Origins and Character of the Ancient Chinese City: The City in Ancient ChinaVol. 2 [M]. New Brunswick, New Jersey: Aldine Transaction, A Division of Transaction Pub, 2008)。

惠特利涉及的商朝城市,是浮现在公元前2000年左右华北平原星罗棋布网络中的新石器时代文化聚落中独特的青铜文明。中国古代城市起源的中心地区在伊洛之间,商朝都城的夯土城墙围合着宫城与郭区,或是宫城与郭城(内城外郭)之内的主要居住者:王族、卜者、手工艺工匠和军士。宫城——城市的中心建筑分为贵族住所、宫室宗庙和礼仪中心三类,周围农村环绕。惠特利强调城市的浮现是人类社会历史演变过程中的转折点,他从社会结构与组织、政治制度、符号象征等比较历史的角度处理城市起源的课题。“商邑翼翼,四方之极”(《诗经·商颂》),即殷墟(安阳)大邑商,商之都城,惠特利认为它作为“礼仪中心”表现了都市象征。都城是“宇宙中枢”(Axis Mundi),其宗法继承制,使得政府结构与王族的宗法结构同构，因而宗庙具有政治权威。古代国家的统治者通过一系列的宗教仪式和典礼，调和“天地”“人神”关系，形成中心权威。所以，礼仪活动是一种将人带入新的“天人”关系中的宗教性活动，建构符号性感应时空的象征作用。“礼仪中心”是最适合与苍天进行交流的“四方之极”，不只是地理的北向、轴线、对称布局，而且是观念的、社会的。古代城市的宇宙象征性，使得统治者取得了社会贡献劳动剩余的正当性，这是认识中国城市起源的关键。同时，宗教礼仪引导与巩固社会阶层化。社会阶层分化、社会组织与社会结构上的阶层社会是城市起源的基本动力。所以，在城市起源与古代国家浮现之前，礼仪中心是社会的焦点。商代卜者（巫师）是人类社会中第一批不劳而获者。在宗教特权上添加了经济特权，诞生了“再分配”制度。从政治结构上看，惠特利虽然认可了马克斯·韦伯（Max Weber）的理论：商朝的宗法继承制造就了前述的国家的政府结构与王族的宗法结构同构，所以王族宗庙具有政治权威。但是接着惠特利批评了韦伯忽视了城市作为礼仪中心的象征作用，他认为，在商朝的高级聚落中，必有礼仪中心的存在。这就是中国最初的城市。

即使当时并没有今天所谓的中国这个概念范畴，由于惠特利解释中国社会与都市起源的早期形式（The Early Forms of Chinese Society and Urban Origins）关系着都市性本质（Essence of Urbanism，Urbanity）的理论建构，因此我们必须加上在《四方之极：中国古代城市起源及特点初探》出版后的第二年，同样是英国的历史地理学者，到美国约翰斯·霍普金斯大学（The Johns Hopkins University）不久，由实证主义转向马克思主义，彻底改变了认识论角度的大卫·哈维（David Harvey）的书评论文：

大卫·哈维.评保罗·惠特利的《四方之极：中国古代城市起源及特点初探》[J].美国地理学家协会年鉴，1972，62(3)：509 - 513（Harvey D. Review of ‘The Pivot of the Four Quarters：A Preliminary Enquiry into the Origins and Character of the Ancient Chinese City’，by Paul Wheatley [J]. Annals of the Association of American Geographers，1972，62(3)：509 - 513）。

亦可参考：

唐晓峰，齐慕实.《四方之极》一书的简介[J].中国史研究动态，1984(2)：27 - 30。

关于理论上的讨论，还有：

苏秉琦.中国文明起源新探[M].北京：人民出版社，2013；

夏鼐.中国文明的起源[M].北京：中华书局，2009；

易华.夷夏先后说[M].北京：民族出版社，2012；

张光直.艺术、神话与祭祀：古代中国的政治权威之路[M].刘静，乌鲁木加甫，译.北京：北京出版社，2016（英文原文出版于1983年）。

若有更多时间，最好能阅读更专业的考古学论著，其中最重要的是：

张光直.美术、神话与祭祀[M].沈阳：辽宁教育出版社，1988（英文原文出版于1983年）；

张光直.中国青铜时代[M].北京：三联书店，2013（尤其是关于初期城市、三代都制、国家起源的几章）。

之后，可以再加上：

张光直.古代中国考古学[M].北京：三联书店，2013（英文原文出版于1963年、1968年、1977年、1986年）；

张光直.考古学：关于其若干基本概念和理论的再思考[M].曹兵武，译.北京：三联书店，2013（英文原文出版于1966年）。

首先，哈维的书评由唯物主义角度发问："宗教转型是如何发生？为何发生？"要求注意更难被看见的经济基础的转变，也就是生产方式的转变，而非宗教，决定了古代城市的形成。哈维由马克思有名的总导言（或译为大纲），也就是《政治经济学批判（1857—1858年手稿）》（*Grundrisse*）提供的角度（后文还会提及的），即所谓的马克思・魏特夫（Marx Wittfogel）历史逻辑，试图避免马克思自己批评的，天真的经济决定论（Naive Economism）所限制的，许多后继马克思主义学者区分作为社会基础的生产方式与其政治、法律、意识形态及宗教形式的上层结构，即一个唯物主义诠释必须抓住基础的转移终究决定了上层结构的变化。上层结构与社会基础之间的关系十分复杂，虽然经济转变不总是带来意识层面的转变，但是新的生产方式形成后，意识形态的转变就尤为必要了。宗教转型将基于互惠经济的原始共产主义平等社会，转变成基于再分配经济的阶层社会，即惠特利所说的实行宗教权威的社会。哈维认为，这种转变的确在都市形式上打下烙印，比如，强调神圣和世俗的空间、象征宇宙秩序的符号等等。所以，从唯物主义角度看，惠特利确实道出了"仪式中心"的功能角色。

意识形态及其相应的象征主义存在于上层结构，而上层结构的转变最终是由于生产方式的转变造成的。正是在这一点上，哈维反驳了惠特利的观点。都市性需要剩余产品的提取，需要建立一定的制度结构和权威来获取剩余产品。都市中心的职责之一在于调动剩余产品。虽然惠特利也认可社会中阶层的分离是都市性的基本动力，而且也关注到剩余产品的控制权。但是他遗漏了一点，尽管剩余产品总是被调动，但生产剩余产品的人也必须保持在场。换言之，调动剩余产品有一个必要条件，即一个稳定的农民阶层。如果需要剩余产品由都市提取，那么必须保证农民群体极低的迁移率。这种阶层的稳定性可以用投射在礼仪中心上的宗教图景得到解释。所以，一种让剩余产品得以调动的生产方式以及再分配经济的出现，才是都市转型的核心。惠特利的大部分证据源于空间形式的差异，他从意识形态和宇宙象征主义的转变来解释都市转型，而没有注意到更难发现的经济基础的转变，这是更难被考古学"看到"的过程。就这一点，哈维直接说明，有意"运用马克思来回击惠特利的黑格尔"（Playing Marx to Wheatley's Hegel），而惠特利并没有能驳倒唯物主义的挑战。

由于大量而丰盛的考古成果直接碰触的理论辩论要害，其实就是中国文明起源的课题，因此不得不提及苏秉琦的贡献。苏秉琦指出，必须跳出两个限制思想的怪圈，也就是认识论上的障碍，即把中国历史简单化了；他提出"满天星斗说""六大区系条块说"，中原与周边文化区互动，夏商周是不同文化之间的关系，而非后来认定的正统线性继承关系。早在距今5 000年以前地域广阔的星火燎原之势与剧烈的社会变革与分工，突破了原始氏族制度，产生了既根植于公社，又凌驾于公社之上的高一级社会组织形式，红山文化的祭坛、女神庙、积石冢群和成套的玉质礼器，都是早期城邦式的原始国家的表征与再现的空间。同样的，在这个农业分工与社会分化的过程中，诞生了营造工匠。苏秉琦提出古国（古文化古城古国）—方国—帝国的发展阶段的三部曲，原生型、次生型（中原，以夏商周为中心，包括之前的尧、舜，之后的秦，重叠、历史交叉为其特征）、续生型的发展模式的三类型，作为历史发展的总趋势[7]。

有关中国文明起源的课题上，夏鼐主张的中国文明独自发生的观点是最经典的。他以青铜冶铸技术与铜器纹饰、甲骨文字结构、陶器形制与花纹、玉器制法与纹饰等等的特征说明其非外来性[8]。

然而，年轻的易华是有争议性的。基于早期东亚文明演变动态与开放的提纲，他提出了有突破性的创新之见，即“夷夏东西说”。东亚原生土著的夷，创造了石器时代定居的农业文化，属蒙古人种，可能来自南亚；夏或戎狄西来，引进了青铜时代的游牧文化，属印欧人种，来自中亚。汉族的历史则是夷夏结合的历史，尧舜与炎黄非出于一系，而是东亚与内亚在中原地区交汇的结果。尧舜是农耕玉石崇文尚礼讲禅让的夷人传说，炎黄是青铜游牧力量尚武讲革命的夏人故事。前者，本土土著原生的石器、陶器、水稻、粟、猪、狗、鸡、半地穴或干栏构住宅、土坑葬、玉器等定居文化要素在东亚可以上溯至8 000年前甚至10 000年前。后者，青铜、小麦、黄牛、绵羊、马、火葬、金器等游牧文化等有关要素一般不早于4 000年。距今4 000年前后，这两股力量在丝绸之路与黄河流域反复互动，最后结成金玉之缘的中国文明之原型(Proto Type)。所以，陶寺是东亚玉帛古国时代的绝响，二里头是青铜时代的新强权核心。易华在考古学物质文化与历史学文献材料中的出入，建构了“二元合成说”，张海洋指出正是“非彼无我，非我无所取”(《庄子·齐物论》)文化认同的关键。于是，华夏则是需要夷汉共有、共享、共治的“天下公器”[9]。

此外，中国文明起源的办论由于中国早期文明，也就是三代，城市的浮现、都市的性质，可以说是中国文明的核心课题。张光直的人类学化之后的考古学角度提出了不同的诠释，而且提出了更深的文明起源的理论含义。由于青铜时代考古出土的农具远少于石木骨材，青铜大量用于兵工具、礼食器具，作为国家事务，是为“国之大事，在祀与戎”(《左传·成公十三年》)，稀缺资源的控制(铜、锡、铅、盐等矿产)与领域扩张直接有关。聚落模式(Settlement Patterns)与其空间轮廓(Spatial Configuration)的材料，与工艺品、巫卜文献结合之后，张光直指出，父系氏族制度(及其社会组织的农业生产作为物质条件的聚落)的等级差别、暴力活动(氏族与战争)、财富积累(农业生产力提升与剩余集中)，不在于生产技术的巨大进步与土地资源的争夺[这部分还是可以争论的，尤其关乎戈登·柴尔德(Gordon Childe)的生产技术与贸易活动的都市革命意义是关键所在]，农业村落中的村落裂变与宗族分支，在三代时期，古代中国政治体系的形态已经明确，即少量的国家浮现。这也就是说，文明(Civilization)、都市性(Urbanism, Urbanity, City-Ness，或者说，城市的本质)、国家(State)，三者之间存在着等式关系，而政治权力是关键所在。这就是三代时期的社会分工，组织暴力所形构的政治体系。张光直明白指出，文明是物质财富集中的表现，也是政治权威崛起的结果与必要条件。空间，再现了权力的层级性，新的政治单位浮现，城邑分化，都城出现，也就是国家的出现。夯土祭台、礼仪中心、各种艺术形式——从礼乐器物文饰到祭典、占卜等等，由禹的九鼎象征，到启的夏台，此时，资源集中通过政治手段完成，道德权威与哲学，统治权的正当性，以至于“天命”，统治者的施政得失与俭奢行为，建构了古代国家的正当性。所以，纪元前三千纪，都市群落(Urban Settlements)中的方国与中心城市(City)的国家中，都城(Capital City)——最高级的城市诞生了，这也是国家(State)浮现的历史过程。简言之，在理论的意义上，这是中国早期城市的本质、三代城市的胚胎，作为政治的中心，都城是城市的原型，城邑之中的最高级形式。进一步来讲，作为国家的起源，这不就是秦汉之后中华“帝国”的胚胎吗？中文的“城市”(City)一词的界定，尤其在早期，“城”才是关键，这足以区分东西文明。

然而，张光直的理论企图远不止于此，他思考人类文明的起源，进一步抽象、质疑西方理论的根源。他根据 1949 年之后丰盛的考古材料，尤其是三代的考古材料指出，18 世纪末古典经济学家对东方的解释，由卡尔·马克思（Karl Marx）到马克斯·韦伯（Max Weber）再到卡尔·魏特夫（Karl Wittfogel），以至于戈登·柴尔德的都市革命，由东方社会（The Oriental Society）、原始公社、农村内部手工艺和农业自给自足，因经济发展而分裂的途径，小区因战争与宗教崇拜而发展为大型公社联合体，到东方专制主义、世袭制国家（这就是前述惠特利的商代城市建构）；官僚与异性通婚的氏族的张力（这部分比较与中国历史的后段有关），到水利社会与灌溉文明的关系（由大禹治水到秦都江堰、灵渠、郑国渠等水利工程控制与农业生产力和农业社会），这是国家权力的有效手段的物质基础，关键仍在于政治权力的体制。张光直指出，三代的考古资料对前者论点的支持其实是远远不够的。

尤其，对于前述马克思、韦伯、柴尔德等关于社会进化和城市、国家兴起的社会科学理论范型而言，中国走向文明之路却像是一个变异的"亚细亚式"类型。这就是西方的两元对立分类范畴，即文化（Cultural）/自然（Natural）、文明/野蛮、都市（Urban）/农村（Rural）对照的思维基型。张光直指出，这里存在的是"破裂的"与"连续的"两种不同的文明起源。一如墨西哥阿兹特克人对都城特诺奇提特兰（Tenochtitlan）与西班牙人欧洲文化之间的对照，对于前者而言，是人与动物间的连续、地与天之间的连续、文化与自然之间的连续。自然是神圣的、有生命的、与人类活动有密切关系的，而人是以参与意识来对待自然与宇宙。所谓"天地与我并生，万物与我为一"（《庄子·齐物论》）。所以，若是避开东西两元对立的成见，中国的连续性可能是且原来是世界文明的主要形态，西方文明反而是个例外[10-11]。尤其在 1970 年之后丰盛的考古出土数据上，张光直直接质疑明末基督教传教士（1582—1949 年）于 19 世纪—20 世纪初由西而东的、基于厚重而强大的西方历史的社会科学理论，这是指导社会政治实践、改造世界的理论根源。这被视为近代中国响应西方的根本模型，哈佛学派仅是战后中国研究（China Studies）的一个显例，我们在后面会再提及。为什么一样强大而厚重的中国历史，不能产生中国的理论以指导实践呢？[12]真是大哉斯言，身在耶鲁与哈佛学院知识殿堂中央的张光直，已经勇敢地提出了理论上的质疑与文明起源新说法的草稿，可惜因为身体的原因，未能完成心愿，完成中国文明以至于世界文明的理论重建工作。

再补充一小点，张光直说，在新石器时代晚期和青铜时代早期，整个社会中沟通凡间与上天联系的角色都被贵族垄断，因此，卡纯卡·莱因哈特（Katrinka Reinhart）在对偃师商城食性研究的论文中提醒，可在较低等级者的生活范围内寻找与祭祀有关的食物和祭品的证据，推翻祭祀活动只在贵族范围内进行的观点，这能表现出当时的世俗活动。偃师商城祭祀区原来被称为大灰沟，因为这里是倾倒生活垃圾的场所，我们不能将垃圾与遗迹遗物弄混了，不能用现代观念中的无用东西去理解以前社会的遗迹遗物。对于都市史的研究而言，从最高等级的王家贵族祭祀到最低等级的日常生活或生活墓地等社会领域，都能体现出当时的饮食习惯，处在社会阶层日益分化的商代社会中较低地位的调研，有助于我们理解饮食及其相关的社会分工，因为这是都市生活的空间再现[13-14]。

本文关注的核心，即在前述聚落模式（Settlement Patterns）与其空间轮廓（Spatial Configuration）的阐述部分，张光直由人类学化的考古学角度入手，将物的概念转化为人，将考古数据转化为人类学的现象。很可惜的是，即使他看到了玛雅—中国文化的一致性与统一性[15]，却未能回过头来质疑他早期训练的现代考古学学科本身空间观的认识论根源，即牛顿哲学的物理学的认识论限制③。换句话说，对于物的拜物教必须由对过程的认识来取代，或许他这样做了，就更可能在理论上产生进一步的建树与突破吧！基于古代农业生产方式的城邦网络下的都城节点，作为创新的中心，会生产出一种属于它专有的特定空间，其空间实践创造自身的空间，即空间的社会生产(Social Production of Space)。我们以平王迁都洛阳——天下之中，“宅兹中国”(何尊铭文)作为解释的实例：

当西周的统治阶级在西、北外族因干旱而向镐京(长安西北)迁移，加上封建割据，幽王烽火戏诸侯之后，成王东迁洛阳(何尊铭文，第一次出现“中国”)。此时封建帝国，“王权下降”，无力自保，“仰赖诸侯”，春秋开始。春秋五霸，齐桓公“尊王攘夷”“争夺霸权”。这是真实的空间：迁都洛阳，五霸七雄开始。

于是，当国之疆域(空间领域)变化，迁都洛阳，天下之中，“宅兹中国”，武力霸权与文化霸权(领导权)的关系中，建构了一种空间化的过程，正是空间的社会生产。“中国”的疆域空间化与文化领导权的建构密切关联，内外、华夷、我他，这是我族与文化中心主义建构的空间化。这即是空间的再现与表征(Representations of Space)，也是文化的创新与突破。

进一步，中央、中国、中原、五岳[山神崇敬、五行(战国)、帝王封禅(在秦汉制度化)(道教继承)，受命于天，定鼎中原(夏)……夏商四方，地方神明、社稷(《周礼·春官·大宗伯》)、战国五行观点……]，天圆地方宇宙观，天下。这既是再现与表征的空间(Representational Space)，也是象征的表现。

所以，在古代帝国的历史一开始建构之时，文化就是有魅力的领导权建构，所谓“以德服人，心悦诚服”(《孟子·公孙丑章句上》)与“泽被远方”“仁者无敌”(《孟子·梁惠王下》)，都是此意。文化(人文化成)建构，文化整合作用，融合同化、华夏，以及不断扩大的天下世界、大同，即没有边界的天下，这就是空间的社会生产。

或许，这就是在惠特利的《四方之极：中国古代城市起源及特点初探》与张光直的《艺术、神话与祭祀：古代中国的政治权威之路》之后，无论如何我们不能不进一步阅读陆威仪(Mark Edward Lewis)与阿尔弗雷德·申茨(Alfred Schinz)的书：

陆威仪.早期中国的空间建构[M].奥尔巴尼：纽约州立大学出版社，2006(Lewis M E. The Construction of Space in Early China [M]. Albany: State University of New York Press, 2006)；

阿尔弗雷德·申茨.幻方——中国古代的城市[M].梅清，译.北京：中国建筑工业出版社，2009(Schinz A. The Magic Square: Cities in Ancient China[M]. Stuttgart/London: Edition Axel Menges, 1996)。

至于清代台北城——中国最后一个风水城市，申茨在1977年另有德文专文发表。尤其是陆威仪《早期中国的空间建构》。由质疑空间(space)理论概念开篇，拒绝牛顿物理学的绝对的、连续性的、可接纳物质客体的空间，以及康德的纯粹感觉直观的形式、形式上先验的主体意识条件。这也就是说，前者，空间成为一个绝对性的范畴；而后者，空间则是一个心灵场所。空间是事物间的关系，以内/外、中心/边缘、上/下、优/劣的相对关系界定了空间。所以，陆威仪指出早期中国人由养心、修身、齐家、营城、治国，形成区域网络，以至于平天下，赋予世界秩序与意义。这也就是说，空间经由人类行动而生产，所以值得由跨文化角度进行研究而具有理论的意涵[16]。这岂不是邀请与亨利·列斐伏尔(Henri Lefebvre)的《空间的生产》(*The Production of Space*, 1991)对话吗？[17]

阅读陆威仪的书之前，不妨参考：何炳棣.读史阅世六十年[M].北京：中华书局，2012：386-392，了解一下作者史学研究训练的养成与研究工具的掌握。陆威仪，斯坦福大学李国鼎中华文化讲座教授；同时也是卜正民（Timothy Brook）（英属哥伦比亚大学历史系教授）负责主编、哈佛大学出版社出版的《中华帝国史》（*History of Imperial China*）6 卷的前 3 卷作者，即《早期中华帝国：秦与汉》《分裂的帝国：南北朝》《世界性的帝国：唐朝》，目前都已有中译本可以参阅。特别是第 1 卷《早期中华帝国：秦与汉》，说明了"帝国"的中国历史如何根植于前述，不能切断的、漫长"非帝国"的先秦溯源。这一段前帝国的史前史，固然不宜再受限于晚清以来疑古学者的成见，也不适宜限制在文献与考古挖掘的简单比附，或者是，因为 20 世纪 70 年代后巨量的考古发现而改变了公元前第一千纪的历史书写，而为前述《中华帝国史》6 卷或是《剑桥中国史》（*The Cambridge History of China*）15 卷视为放弃了的历史写作。然而，这正是日本讲谈社《中国的历史》10 卷的特色之一。由于在商王朝早期中国城市与古代国家的形成之前，我们都知道初期古代国家的曙光其实已现，这就是夏王朝与之前从神话到历史的转变过程，也就是其第 1 卷——宫本一夫著（2014 年）《从神话到历史：神话时代　夏王朝》[18]，作为东亚研究视野的一个代表。

5　城市和农业的关系与"城市先于农村"的争议——朝后柴尔德与后沃斯时代转化

此处必须再提醒的是，讨论都市史的城市起源问题，一个必须避免的认识论陷阱就是，使用当代都市范畴分析古代城市的萌芽之前，分析的都市范畴本身不能照单全收，它们首先是需要被检验的，这是必要的方法论干预过程。

首先，城市和农业的关系与"城市先于农村"的争议相关。目前，农业最早起源于三个区域，即西亚、东亚、中美洲。在张光直的理论重构时已经触及了一点中美洲的宇宙观与都城，而前两个区域则是必须立即处理的区域，我们先讨论东亚。

其实，这就是前述宫本一夫由东亚史前跨文化考古学比较的视野厘清神话的知识贡献。宫本一夫提出"非农地带与农业的扩张"和"畜牧型农业社会的出现"，农业以适应各自生态的形式诞生，农业地带顺应着环境变化与社会变化的阶段分别向北、向南扩散，各自产生了向北的"畜牧型农业社会"及其发展型的"游牧社会"，向东水平方向的社会分支，即"农业社会"，并在其周边的西伯利亚至北极、向南的热带地区形成"狩猎采集社会"。于是，商周文化是南方的文化轴，北方的青铜文化是北方的文化轴，两条文化轴接触的地带生成了新的社会体系的泉源，"其诞生的母胎就是二里头文化期的先商文化彰河型"，最后，在严谨的考古学数据支持之下，宫本一夫支持饭岛武次与冈村秀典的论点——"二里头文化即夏王朝"，尤其是"二里头的一二期"，是走向"初期国家，商文化的曙光"[18]。换句话说，在中国诞生的广域王权国家、二里头国家，在夏王朝后期与商王朝前期，诞生了以"宫城＋郭区"的布局，这种没有外部郭城的都城，被许宏概括为"大都无城"。这也是三代王朝的传统，即"大邑无城墉"[19]。

所以，第 8 届城市规划历史与理论高级学术研讨会暨中国城市规划学会-城市规划历史与理论学术委员会年会（2016 年）上，深圳大学建筑与城市规划学院王鲁民的论文《"轩城"、广域王朝与帝尧、大禹的都城制作》，就发挥了积极的作用④。根据王鲁民的说法，新近的考古学数据与遗址以及历史文献，公元 2500 年前内蒙古草原南缘石峁遗址、长江流域良渚遗址和汉水流域石家河遗址等史前古城的城垣安排，说明东汉经学家何休所谓的轩城与广域王朝的存在与再现。这是“缺南面以受过”的空间表征，在真实物理空间形式上的表达。而当时的天子之城，强烈的象征空间的中心性表现，则是与帝尧都城相关的陶寺古城城址，它位于山西临汾市西南的襄汾县塔儿山西麓。至于在龙山文化末期大禹都城的制作，则是河南登封的王城岗城址。而河南新砦期遗存则是王城岗文化与后来的二里头文化的结合。新砦兴起时，王城岗开始衰落，新砦可视为继王城岗之后的夏人都城。新砦古城，处在中原开阔空间的边缘，新砦与后来的夏代中晚期都城的二里头遗址联系起来，则是夏人从丘陵走向平原历史过程中的一个空间步骤。夏代一朝不见石峁古城那样的巨大城址，在某种程度上是对并不实用的前朝大城做法的纠正，也是人们开始注意到人城之间应该有某种对应关系的表现。禹，作为氏族部落的共主，铸九鼎置于都城核心空间展示，向人们宣示治水后的禹已然确立世界秩序的贡献。这是“公天下”都城空间的再现，再现了禹作为天下共主的政治性。在象征意义上正是“九鼎”使夏的都城成为永恒的神圣之城。“国之大事，在祀与戎”（《左传》）。在秩序建立中，祭祀与征伐是并行的两轮。然而在空间叙述上，祭祀却是建构秩序时更优先的手段[④]。

于是，等待日后考古挖掘（尤其是文字部分）再确认、深化，甚至颠覆的夏代都城的松散“假说”（Hypotheses）可谓呼之欲出，塑造空间形式与结构的松散“论纲”（Theses），有助于想象夏代都城空间的再现，开展进一步的经验研究与实务工作：

① 城市是作为礼仪中心建构过程而浮现的。

② 城市分化，都城是城邦网络中广域国家的表征性空间，体制之权力展现，也是帝国之胚胎初现。

③ 最初都城宫城无郭，空间形式转变为宫城加郭区。

④ 宫城居中，夯土墙内夯土台上的宫殿，南北向，宫庙分离，手工作坊、房屋与穴居、墓葬，四条纵横大道为流通路网。

这也就是说，夏从宫城无郭到宫城加郭区的历史过程，展现在大禹伐三苗与治水、农业生产力飞跃提供的必要条件下，都城却是公天下的“不城”，对照诸侯方国政治网络支持的家天下的宫城与郭区，农业剩余的酿酒与酒器，礼与乐，都是夏台礼仪浮现的神圣仪式。启的治国能力，不但继承了禹的正当性，而且展现了体制的权力。这既是广域国家的历史突破，也是日后“帝国”的胚胎。部落联盟选贤与能、平等推举首领“禅让”（推选与夺权并行）之后，由禹至启的历史转化过程，在“带血的斧钺”物质支持之下[⑤]，统一王权的先行者在夯土夏台的礼仪上出列：都城（阳翟）试行礼仪中心，行钧台之享，四方诸侯，方国盟会，在城邦网络之中“家天下”都城历史开局。能歌善舞，夏后启，“左手操翳，右手操环，佩玉璜”（《山海经·海外西经》），卜者仪式、礼仪、庆典元素，神秘身份，继承王位，确立世系，巩固王权之权力结构。克服自然环境的洪水威胁后，农业生产力提升，部落联盟的社会组织与结构向私有制社会与世袭国家急遽转变的过程中，部落与中央王室的关系经历巨变，新的血缘宗法关系、政治分封关系、经济贡赋关系终于开启，这难道就是向后世开启的登封启母阙的符码吗？这是以中岳嵩山为神圣中心，夏王朝核心疆域之展开，恭行天——天子论雏形的早期线索。这是前文所述的商城都邑、大邑商、城市起源与古代国家诞生的“前夜”：“凡邑有宗庙先君之主曰都，无曰邑。邑曰筑，都曰城”（《左传·庄公二十八年》）。这不正是看不到的早期城市（Cities）分化为最高级的京城、都城（Capital City）的都市（Urbanism, Urbanity）本质，以及在其下的行政层级，如帝国不同朝代如西汉州郡县、唐道州县、元省路州（府）县等的权力中心安排。

中文中的“城市”(City)一词，是作为城的政治中心与作为市的经济中心的结合。至于中文的“都市”(Urban)一词，指涉规模相对较大，也是城市(City)及其最高级的都、都城(Capital)和市场(Marketplace)、市集、市镇(Market Town)的结合。不知是什么原因，“都市”这个词似乎在1949年之后的中国大陆地区使用得不多，在中国台湾地区却还是常用的词汇，在日本汉字里也一直使用。基于前朝后市的空间布局在日后的发展，尤其是宋以后商品经济的发展，以至于到了明清江南，“市”的物质影响、社会作用、文化价值，以及政治张力，已经历史性地超过了政治与行政的“城”了。尤其是在政治权力层级较高，社会与经济活力较繁荣昌盛，市民文化与价值观表现较突出的“都市”措辞上。

这时，杨鸿勋主编(2007年)的《中国古代居住图典》中第二章“夏后氏世室”之前的文字与建筑考古复原图绘[20]和杨鸿勋(2009年)的《宫殿考古通论》中第四章“商都亳的宫城”之前几章的文字与复原图绘[21]，对于我们想象与辨明商以前的空间再现，都是有价值的展现。建筑考古学者拥有敏锐的空间想象，推想已经消失的建成环境，根据营造体制、构造作法、形制与量体比例，尤其是比例正确而笔触动人的徒手速写线条，再现了不确定的确定性意义。相较于一些考古复原图绘，拙劣的计算机图绘，再现的却是不准确的表面的“伪装的精确性”，值得特别强调。于是，我们终于得以“看见”二里头的夏都斟鄩，它是太康与末代桀先后居住的都城，即二里头遗址F1复原的夏王宫主体宫殿“夏后氏世室”在庭院后部中轴在线的大型殿堂。由氏族公社的大房子到黄帝明堂的“社”祖形[21]，穿过千年，黄帝合宫是夏后氏世室的大房子的原型，茅茨土阶，单檐四坡顶，前堂后五室，四旁两夹，间架进深，堂三之二，室三之一。这座宫殿的南廊庑中间，设置带东、西塾和内、外塾的穿堂式大门，也奠定了后世至清3 000多年宫门的基本形制[20]。至于二里头遗址F2复原的宗庙一体建筑，可视为第一座统治者陵墓与宗庙合二唯一的实例。它的始建时间为二里头三期，可能是夏晚期的建筑，一直使用到商中期[21]。

前述有关阅读的书籍与论文罗列如下：

宫本一夫. 从神话到历史：神话时代　夏王朝[M]. 吴菲，译. 桂林：广西师范大学出版社，2014；

许宏. 大都无城：中国古都的动态解读[M]. 北京：三联书店，2016；

王鲁民. 轩城、广域王朝与帝尧、大禹的都城制作[C]∥中国城市规划学会，东南大学建筑学院. 第8届城市规划历史与理论高级学术研讨会暨中国城市规划学会-城市规划历史与理论学术委员会年会(2016年). 南京，2016；

杨鸿勋. 中国古代居住图典[M]. 云南：云南人民出版社，2007；

杨鸿勋. 宫殿考古通论[M]. 北京：紫禁城出版社，2009。

然后，叙述的线索再回到农业最早起源于三个区域中的西亚⑥。就是在西亚这个区域，发现了迄今考古发掘最早的城市，引爆了精彩的从柴尔德到后柴尔德时代的争议。

柴尔德“新石器时代”(Neolithic Revolution)与“都市革命”(Urban Revolution)提法是史前两个影响最深远的改变：人类学会种植庄稼与国家层面的社会(State-Level Societies)浮现[22]。考古学者对西亚的农业、畜牧业和聚落发展的时间序列可以无争论地表列，其中一个最关键的聚落，若是我们不拘泥于坚持当代芝加哥学派路易斯·沃思(Louis Wirth)的都市性定义(主要指涉规模、密度及异质性)[23]，并将其武断套用的话，目前在土耳其南部的安纳托利亚，公元前7500—前5700年(公元前7000年为其盛世)的恰塔霍裕克(Çatalhöyük)其实可以称作一个大型的城市，是迄今出土过的最早城市。为何恰塔霍裕克这个新石器时代遗址，土耳其语“岔路土丘”，地位如此重要？因为这是1969年简·雅各布斯（Jane Jacobs）十分锐利的《城市经济学》（*The Economy of Cities*）一书的创新之见[24]，“城市先于农村”提法的有名个案。且不提雅各布斯的世界性名声就是奠立在20世纪60年代埋葬现代都市计划论述与纽约都市更新市府推土机的成就，作为非学科性之母，她的城市经济学文字，十分雄辩地拉开了城市与农村既定关系的理论视野，跨出了现代经济学的学究式窄狭心灵，批判了亚当·斯密（Adam Smith）自己不能觉察到的神学预设，把《圣经》中的历史转用作经济学的教条，从没有怀疑过农业起源的发问，即工商业与城市是以农业为基础的说法。雅各布斯的突破性论点，可以说重新注入了经济学经世济民的原有人文能量，敏锐地看到了贸易网络中城市作为节点的都市创新（Urban Innovations）活力[24]。这个论点在20世纪80年代的资本主义再结构过程的脉络里，几乎可以说是重新启发了区域发展（Regional Development）在区域规划领域里的经济学活力。在城市与区域方面，雅各布斯对学院的研究与专业的规划影响都十分有力，也对20世纪90年代的后现代地理学转向十分关键，成为爱德华·索雅（Edward W. Soja）的《后大都会：城市和区域的批判性研究》（*Postmetropolis: Critical Studies of Cities and Regions*）一书的理论起点之一[25]。譬如，彼得·泰勒（Peter Taylor）在《都市与区域研究国际期刊》（*International Journal of Urban and Regional Research*）上的论文等也是这方面的表现[26]。可是，这也引发了现代考古学者的质疑，以麦克尔·史密斯（Michael Smith）等为代表的考古学家以年代测定法，列举农业起源时间的考古证据，指出驯化植物和动物的农业在大约一万年前出现，以此作为所谓真实证据，说明西亚、东亚、中美洲等区域里，农业聚落与农业生产方式的浮现都早于城市至少千年。在恰塔霍裕克之后，美索不达米亚平原的克巴阿法哈（Khirbat al-Fakhar）（约公元前4400—前3900年）、乌鲁克城（Uruk）（约公元前4000年）、泰尔布拉克（Tell Brak）（布拉克丘）（约公元前3900—前3400年）等城市的形成，都晚于农业聚落的形成[27]。

泰勒撰文响应，他对农业起源时间的证据并无异议，然而，他反驳史密斯的论点，犀利地指出史密斯关心的是城市性（City-Ness）与城市起源的考古学证据的课题。泰勒认为真正的关键在于，考古学把城市作为“物”，而没有把城市作为“过程”。雅各布斯以新黑曜石（New Obsidian）作为小麦和大麦栽种发源地安纳托利亚台地（Anatolian Plateau）上的一个想象的虚拟城市，是在难以获得完整的早期城市考古证据的情况下，并不能排除“前美索不达米亚”城市网络存在的可能性，所以，雅各布斯的理论并未被完全推翻，它依然是考古学和社会科学从事城市研究的重要议题。泰勒说，争议的焦点在于对聚落（Settlement）性质的界定，城市的复杂性导致它与其他类型的聚落具有本质的区别。顺着简·雅各布斯与曼纽尔·卡斯特（Manuel Castells）对城市的论点[28]，泰勒将城市视为一个通过城市网络关系运作的经济发展的过程。这种城市性的过程对于创新与知识传播扩散作用极大，它具有其他聚落无可比拟的传播能力。因此城市成为改变世界的创新之源，例如农业和国家的出现。史密斯却认为考古学上不可使用城市性的标准，然而，考古学却经常使用中地理论（Central Place Theory）来研究地方的腹地。更根本的问题在于城市的本质（The Nature of Cities）的课题。泰勒指出城市性是从相互关系的视角来理解城市，而史密斯等人认为，考古学是用雅各布斯批评的“物”的理论（Thing Theory）[29]来理解城市，也就是根据内容而非过程来界定城市。史密斯等人采用沃思的都市社会学定义，看见规模、密度和异质性，还有更明显的强调“物”的视角的论述，比如说，美索不达米亚早期城市中具备其他城市不具有的纪念碑式建筑

(Monument Architecture),所以那些没有纪念碑式建筑的遗迹肯定不是城市。于是,美索不达米亚“自然而然”被称为最早的城市。现代考古学对城市的观点其实就是本文一开始提到的,保守取向的形式主义的建筑取向观点的再现,但是他们却并没有理论上的自觉。泰勒说,雅各布斯1969年提出“城市先于农业”的理论,是基于1965年英国考古学家詹姆斯·梅拉特(James Mellaart)对恰塔霍裕克的发掘以及他得出的初步结论:恰塔霍裕克可能是最早的城市。恰塔霍裕克的继任挖掘者英国剑桥大学的伊恩·霍德(Ian Hodder)则认为恰塔霍裕克具有“家庭的生产方式”(Domestic Mode of Production),于是,泰勒结合雅各布斯与芝加哥大学人类学家马歇尔·萨林斯(Marshall Sahlins)的《石器时代经济学》(1972年)[30],提出“都市世界就是改变世界的地方”(Urban Worlds as World-Changing Places)的观点。接着泰勒指出雅各布斯只说这个聚落是“迄今发现的最早的城市”(Earliest City Yet Found),所以,争议的关键在于对考古发现证据的本质与诠释[31]。这时,现代考古学的实证主义限制就暴露出它的短处,其实聚落的可见性(Visibility)或残存性/存活能力(Survivability)与城市的起源是同等重要的问题。在争论中,史密斯等过于关注纪念碑式建筑,而把未发现的城市,尤其是对城市网络中的贸易网络,看的没那么重要了。其实,“看不见的建筑”,或是更难被看到的建筑的仪式场合的过程,或者说,考古记录的脆弱性,实际上扩大了研究城市新议题的可能性。由于很可能还有无数个曾经的聚落永远无法找到,在充满未知的情况下,诠释证据最好的策略是对种种断言和主张保持谦虚与谨慎[31]。

争论的最后,史密斯等人的批判文的最大弱点在于以学科之争作为辩论框架。他们辩论的基调出于保卫考古学,以免其他学科特别是地理学影响到学科的完整性。史密斯所引用的“传统常识”,即柴尔德在20世纪初提出的史前农业与城市大纲,建立在19世纪的诸多推测上。借鉴伊曼纽尔·沃勒斯坦(Immanuel Wallerstein)的观点,泰勒提出“后柴尔德”时代,19世纪学科划分的有用性已经走到了尽头,应当看重的是“非学科性”(Indisciplinarity)。这一点尤其适用于对城市的研究,因为对城市的研究难以贴合当前既有的学科框架。雅各布斯以“归纳先于演绎”作风闻名,她的“城市先于农业”理论假说正体现了史密斯等前文中期待的“复杂的、难以建模的非线性过程”[27]。研究城市起源和城市网络的力量,并不是考古证据与社会科学理论的对抗或两者的结合,而是“后柴尔德”时代两者的真正互动,一方面是后柴尔德考古学解释城市的形成和国家的形成、其他城市形式、变化中的城市网络和城市演化,另一方面参与“后沃思”社会科学的城市理论对话,例如城市的集聚、创意竞争,以及连接空间等[31],这些我们在后文还会再提起。雅各布斯对都市与区域的理论创见无需否认,她发问的贡献其实不在于先后之辨,而是城市与农村的关系促进了发展。阅读数据如下,最后再补上两本雷蒙·威廉斯(Raymond Williams)涉及城市与乡村的书:

简·雅各布斯.城市经济[M].项婷婷,译.北京:中信出版社.2007;

简·雅各布斯.城市经济学[M].梁永安,译.台北:早安财经文化,2016(Jacobs J. The Economy of Cities[M]. New York: Vintage Books, 1969);

爱德华·索雅.后大都会:城市和区域的批判性研究[M].牛津:布莱克威尔,2000(Edward W. Soja. Postmetropolis: Critical Studies of Cities and Regions [M]. Oxford: Blackwell, 2000);

彼得·泰勒.非凡的城市:早期的“城市性”和农业与国家的起源[J].都市与区域研究国际期刊,2012,36(3):415 - 447(Taylor P. Extraordinary Cities: Early ‘City-Ness’ and the Origins of Agriculture and

States [J]. International Journal of Urban and Regional Research, 2012,36(3):415 - 447);

麦克尔·史密斯,杰森·乌尔,费恩曼·加里.简·雅各布斯的“城市第一”模式与考古学现实[J].都市与区域研究国际期刊,2014,38(4):1525 - 1535(Smith M E, Ur J, Gary M. Feinman. Jane Jacobs' ‘Cities First’ Model and Archaeological Reality [J]. International Journal of Urban and Regional Research, 2014, 38(4):1525 - 1535);

彼得·泰勒.“后柴尔德”时代,“后沃思”时代:对史密斯、乌尔、费恩曼的回应[J].都市与区域研究国际期刊,2015,39(1):168 - 171(Taylor P. Post-Childe, Post-Wirth: Response to Smith, Ur and Feinman [J]. International Journal of Urban and Regional Research, 2015,39(1):168 - 171);

雷蒙·威廉斯.乡村与城市[M].韩子满,刘戈,徐珊珊,译.北京:商务印书馆,2013(Williams R. The Country and the City[M]. Oxford: Oxford University Press,1973);

雷蒙·威廉斯.关键词:文化与社会的词汇[M].刘建基,译.北京:三联书店,2005(Williams R. Keywords: A Vocabulary of Culture and Society[M]. Oxford: Oxford University Press,1976)。

6 村落史研究

“城市先于农村”的辩论,至少提醒了我们城市与农村之间的复杂互动关系,以及可以反思雅各布斯对刘易斯·芒福德(Lewis Mumford)反都市价值的成见。经由都市创新,城市是带动农村与农业经济发展的积极过程。

至于在中小学农经济的漫长历史中,帝国的皇权依赖郡县制度确立中央与地方政府的关系,而同时乡土中国的民间社会又依赖乡绅自主治理,以及在纳入世界市场之后,城乡移民过程中的农民工不但提供了都市化与工业化的主要劳动力,在2008—2009年的全球经济危机中,国家经由城乡再平衡的政策性投资,部分化解了输入型经济危机与都市地区生产过剩危机下的去工业化过程[32],甚至提出“市民下乡与农业进城”政策,被视为是城乡融合价值观的再现[33]。于是,在既有的城乡关系中,农民的社会角色由主要的农业生产者转换为制造业的生产者,却没有被视为市民,具备享用劳动力再生产过程中都市集体消费的正当性,以至于在2008年全球金融危机的政策响应中,被期待在全球经济危机流通与消费领域中作为消费者,他们甚至没有被政策正式对待为失业劳工,返乡农民工是缺乏现代化基础设施时资本的“空间修复”(Spatial Fix)对象[34]。这种对城乡再平衡政策更为关键的讨论,应该是剩余资本的“空间修复”问题,我们会留在本文最后“一带一路”倡议时再做进一步讨论。

或许,现在是我们面对村落史(Village History)的时候,这时阅读威廉斯的著作是对认识城乡关系很有帮助的。威廉斯是英语世界最重要的文化研究(Cultural Studies)奠基者之一,他早期的论著就延续了英国知识分子的批判性思维传统,也是战后英国最重要的社会主义思想家。他的《乡村与城市》(*The Country and the City*, 1975)、《关键词:文化与社会的词汇》(*Keywords: A Vocabulary of Culture and Society*, 2014),都提供了都市史批判性思考的重要起点。威廉斯认为城市与乡村是一个整体,然而,在英国现代小说中再现的乡村与城市关系中,他直接指出缅怀旧日英国乡村的错误观点,其实是作者们的想象,无论是历史现实,还是部分作家的作品,都显示出昔日英国乡村充满了苦难。相对于城市而言,乡村并不等于落后与愚昧,也不是充满欢乐的故园。而城市,虽然是在新的资本主义生产方式确立后兴盛起来,也不必然代表了进步,城市面临太多的都市问题。简言之,城市无法拯救乡村,乡村也拯救不了城市。城乡的矛盾与张力反映了资本主义发展方式遇到了全面深重的危机，要化解这个不断加深的危机，只有对抗资本主义[35]。威廉斯由词源学的角度厘清英语中的城市(City)一词的来龙去脉。他说："City 这个词字在 13 世纪就已存在，但是它的现代用法，用来指涉较大的或是非常大的城镇(Town)，以及后来用作区别都市地区(Urban Areas)与农村地区(Rural Areas, Country)的用法源自十六世纪。……在 19 世纪之前城市的用法经常局限在首都城市——伦敦。较普遍的词义用法是因工业革命期间城市生活快速发展而产生的。工业革命使得英国在 19 世纪中叶成为世界上第一个人口大部分集中在城镇的国家。City 这个词的最接近词源为古法文 Cité，可追溯的最早词源为拉丁文 Civitas。然而，Civitas 并不是现代意涵的 City，拉丁文 Urbs 才是。Civitas 是源自拉丁文 Civis，意指 Citizen(市民、公民)，Citizen 的公民意涵比较接近 National 的国民意涵。Civitas 当时是指一群市民而不是指涉一种特别的聚落(Settlement)。Borough(其最接近的词源为古英文 Burh)与 Town(其最接近的词源为古英文 Tun)是比 City 更早的英文词汇。Town 的词义由原来的'圈地围合空间'(Enclosure)或'院子'(Yard)演变成圈地围合空间里的建筑物。13 世纪才具有现代的意涵。Borough(自治市镇)与 City 两词经常是互通的。City 作为一种独特的聚落，并且隐含一种完全不同的生活方式与现代意涵，是从 19 世纪初期才确立的，虽然这种概念有其悠久的历史渊源，源自文艺复兴甚至是古典的思想。这个词所强调的现代意涵可以从 City 的用法日渐抽象化为一个形容词，摆脱特殊地方或特殊行政形式，以及对于大规模现代都市生活(Large-Scale Modern Urban Living)的描述日渐普遍化两方面可以看出来。有几百万人口的现代城市大体而言是不同于具有早期聚落类型的几种城市的——另见教堂城、大学城、省城。同时，现代城市已被细分，如 Inner City(内城)在当代日渐为人使用，它是相对于不同的 Suburb(城郊)而存在。从 17 世纪起 Suburb 一直是指外围、较差的地区，而这种意涵在形容词 Suburban 的一些用法里，指涉褊狭(Narrowness)。然而，自从 19 世纪末期以后，资产阶级对于其居住地的偏爱由内城转向郊区。郊区变得比较吸引居民，而办公、商店及穷人则留在内城。"[36]

因此，若是将都市史(Urban History)对照已经比较有点研究成果的、结合人类学与史学研究的中国村落史，那么，是村落研究(Village Studies)呢，还是中国地方社会研究？是村落、乡村，还是农村？聚落规模与大小之于社会联系与生活经验的意义何在？或者说，社会关系与社会网络的意义何在？再者，又如何界定城市呢？是再度落入人为的两元对立的城乡关系的思考陷阱，还是区域/地域中的城镇与村落网络？或者，就是地方社会的研究？村落与城镇，其实是一个与周围的社会有动态的关系的辐射轴心(A Nexus of Dynamic Relationships with Its Surrounding Society)。可以参考王秋桂与丁荷生(Kenneth Dean)的研究计划："中国当地社会历史视角的比较研究：中国村庄的血缘、仪式、经济和物质文化"(*A Comparative Study of Chinese Local Society in Historical Perspective: Lineage, Ritual, Economy and Material Culture in the Chinese Village*, 2005 - 04 - 15)。其他可阅读：

迪安·肯尼斯. 当代中国东南部的地方社区宗教[J]. 中国季刊，2003，174：338 - 358(Dean K. Local Communal Religion in Contemporary South-East China [J]. The China Quarterly, 2003，174：338 - 358)；

庄英章. 历史人类学与华南区域研究——若干理论范式的建构与思考[J]. 历史人类学学刊，2005，3(1)：155 - 169；

科·大卫. 告别华南研究[M]//华南研究会. 学步与超越：华南研究会论文集[M]. 香港：文化创造出版

社,2005:9-30;

大卫·约翰逊."方法论评述":中国乡土社会比较研究研讨会[Z].台北科学院历史语言研究所,2005:11-13(Johnson D. 'Comments on Methodology': Workshop on the Comparative Study of Chinese Local Society [Z]. Institute of History and Philology, Academic Sinica, Taipei, 2005:11-13);

郑振满.明清福建家族组织与社会变迁[M].北京:中国人民大学出版社,2009。

针对村落,《汉声》杂志有一系列的古村落调查。同时,清华大学陈志华教授领导的村落研究,也是乡土建筑的调查,如李秋香,陈志华.村落[M].北京:三联书店,2008。

最后,研究中国地方社会或是村落,必须提及厦门大学傅衣凌的贡献,他的社会经济史研究提供了认识地方社会或是村落不可或缺的知识基础:

傅衣凌.明清农村社会经济　明清社会经济变迁论[M].北京:中华书局,2007;

傅衣凌.明清时代商人及商业资本　明代江南市民经济试探[M].北京:中华书局,2007。

罗威廉聚焦湖北麻城的《红雨:一个中国县域七个世纪的暴力史》,成功地将微观史学与地方史结合,长时段与小地域结合,这是一个针对乡村地区与边缘地区历史写作的最好典范,又已译为中文,更是必须推荐阅读:

罗威廉.红雨:一个中国县域七个世纪的暴力史[M].李里峰,等,译.北京:中国人民大学出版社,2014(Rowe W T. Crimson Rain: Seven Centuries of Violence in a Chinese County[M]. Palo Alto, California: Stanford University Press, 2007)。

7　都市史与规划史

第5节文字的末尾,由雅各布斯文字展现出都市与区域活力对都市性的启发,以及与现代主义的规划价值对抗的新都市价值(New Urban Values)之后,我们可以加上彼得·霍尔(Peter Hall)的都市研究巨作——《文明中的城市》(*Cities in Civilization*)。都市创新是城市生机与活力,霍尔指出,制造业经济—信息经济—文化经济,是贯穿在资本主义都市史里的一条红线,历久弥新,却在反都市价值(Anti-Urban Value)的都市改革主义长流中被忽视久矣。"有心栽花花不发,无心插柳柳成荫。"创造力的产生,作为特殊主题,在特殊时期一系列特殊的城市中,经历历史的长期回顾,对人类所知有限的创新氛围(Milieux of Innovation)的营造与复制,是当前全球信息化资本主义模型对区域发展价值的期望。经历文化或艺术创造力、科技与经济创新、艺术与科技联姻、都市创新、都市秩序的不同主题阐述,创造力的特质就更能把握其要害。相对于市场,规划的正当性奠基于策略高明与否。这个充分与必要条件的区分与拿捏,正是对规划专业的最大挑战。霍尔作为规划领域里的全球精英,展望未来,期待艺术、技术及机构的结合,迎接下一个黄金时代的城市。当然,霍尔的《文明中的城市》,虽然提及一点却难以以此自傲的东京,坦白说,文明中的城市,不但是文艺复兴之后,由时间逐步加速的资本主义城市的惊鸿一瞥高峰成就组成的光辉城市,而且是欧洲中心的目光聚焦在西方文明中的资产阶级社会的城市,这就是霍尔再三致意的支配世界,迄今仍有能力引领一次次复苏的西方文明中的城市。而都市的本质,由工业城市到信息城市,都市性的一次次断裂,不如说就是创新氛围的建构。至于西方之外的世界,全球化网络中难以脱身的世界,现实世上似乎已不存净土,也无桃花源。但是,都市书写岂能脱离历史殖民积累的脉络，孤立对待高峰成就的城市之光？切断当前越界的联结网络，幻想未来黄金时代的都会节点？然而，这也不正是对我们自身研究与实践的挑战吗?!

尤其，面对当前两极化与碎片化挑战下信息化城市的都市复兴与重构、知识与意义，亟须在信息发展、技术及社会的更高的阶梯上重新整合。马克思在《政治经济学批判（1857—1858 年手稿）》（手稿前半部分）——前面已经提过的书里曾经提出的，既有政治经济学的分析性意涵，又有文采魅力的精彩发问，不是值得在 21 世纪的信息技术条件上进一步深思与发问的问题吗？我们难道"不该努力在一个更高的梯阶上把儿童的真实再现出来吗"[37]？而霍尔预测技术、经济、社会创新的五分之一主要周期，将会于 2007—2011 年开始有机会摆脱资本主义社会这样一个破坏性疾病。衡诸 2017 年巨变正来临的现实，21 世纪开端的 10 余年绝非太平盛世降临，反而是不确定历史新局的开端。在 2014 年去世的霍尔，除了经历 2008 年的经济危机之外，他并未能目睹托马斯·荷马-迪克森（Thomas Homer-Dixon）所说的，专家们称之为非线性事件的发生或世界秩序突然出现的变化，例如伊斯兰国（ISIS）当年开始发动的恐怖袭击，霍尔在政治上不乐见的英国脱欧，甚至是唐纳德·特朗普（Donald Trump）当选美国总统，这些非线性事件表明西方世界正在进入危险区域。这些综合力量被专家称为构造压力（Tectonic Stresses），因为它是悄悄积累，然后突然爆发，有可能导致原本稳定社会的机制崩溃。面对 21 世纪这种生态破坏与社会分裂的双重危机，英国广播公司（BBC）的科学媒体记者蕾切尔·努维尔（Rachel Nuwer）指出，"荷马-迪克森预测西方社会将发生和罗马类似的情况，在崩溃之前会将人和资源撤回核心的本土。随着越来越多较为贫穷的国家在冲突和自然灾害中四分五裂，巨大的移民潮将逃离这些衰败的地区，前往较稳定的国家寻求庇护。西方社会将采取应对措施，限制甚至禁止移民；花费数十亿美元筑起墙壁，设立边防巡逻无人机和边防部队；加强安保，管理入境人员和物品；政府变得更加专制，采用民粹主义的治理方式。这简直就是一种免疫反应，国家会努力反抗外界的压力，维持国家的疆界。荷马-迪克森自己都没有预料到这些发展将如此加速发生，在 2020 年中期之前发生"；"只要我们能够度过气候变化、人口增长和能源回报下降的难关，我们就有可能维护和发展社会。但是，这需要我们抵制住本能的冲动，即使面对巨大的压力，仍然要坚持合作，慷慨大方，保持对理性的开放态度"；"问题是，当经历这些变化时，我们应如何让世界留住某种人道主义"？[38]正因如此，鲍勃·卡特罗尔（Bob Catterall）指出，霍尔由于获颁爵士，一向对草根底层的运动态度消极，与其像他那样期待独创性的思想家，还不如规划者参与都市运动积极对话，社会分析才能将信息与知识的叙述重新联系起来指引都市的实践[39]。网络社会的流动空间（Space of Flows）与地方空间（Space of Places）的逻辑面临结构性的精神分裂，这是破坏社会沟通的因素。支配性的趋势是朝向网络化，意图将流动空间的逻辑安放在四散而区隔化的地方，让这些地方间的关联逐渐丧失，越来越无法分享文化的符码。除非在这两种空间形式之间，刻意建造文化、政治及实质空间的桥梁，否则天下将被卷入一个不同向度的社会超空间之中[28]。

作为规划史的课本，《明日之城：一部关于 20 世纪城市规划与设计的思想史》（*The Cities of Tomorrow: An Intellectual History of Urban Planning and Design in the Twentieth Century*）的书名即有意识地回应了埃比尼泽·霍华德（Ebenezer Howard）的《明日的田园城市》（*Garden Cities of Tomorrow*）[40]与勒·柯布西耶（Le Corbusier）的《明日之城与其规划》（*The City of Tomorrow and Its Planning*）[41]，1987 年出版之后就成为规划思想史

经典的扛鼎之作，2014 年已经出了第四版，当然是不可或缺的精读之书。回首百年身世，资本主义城市仍须面对永远底层的"阶级之城"，为何如此？专业者值得反思。

既然提及《明日之城：一部关于 20 世纪城市规划与设计的思想史》作为规划史（Planning History）课本，即使在第三版文字中霍尔也略有提及，这时仍然必须加上女性主义的规划史，才能平衡霍尔的偏失：中产阶级白种男性的排除逻辑认为，规划思想史中的父祖英雄们就是由霍华德与盖迪斯等的乌托邦篇章与由高处展望城市的国家眼光塑造的。这就是李奥妮·珊德柯克（Leonie Sandercock）编辑的《让看不见的看得见：多元文化规划史》（*Making the Invisible Visible: A Multicultural Planning History*）一书，面对都市问题、都市运动以及小区生活经验，更具包容性，知识上跨学科，诉诸市民权利、少数民族、反叛的规划师的可能性。列书如下：

彼得·霍尔. 文明中的城市[M]. 王志章，等，译. 北京：商务印书馆，2016（Hall P. Cities in Civilization: Culture, Innovation and Urban Order[M]. London: Weidenfeld & Nicolson, 1998）；

加里·布里奇，索菲·沃森. 信息化城市：超越二元论与走向重建[M]//加里·布里奇，索菲·沃森. 城市概论. 陈剑峰，袁胜育，等，译. 桂林：漓江出版社，2015：203－220（Bridge B, Watson S. Informational Cities: Beyond Dualism and Toward Reconstruction [M]//Bridge G, Watson S. A Companion to the City. Oxford: Blackwell, ch. 17, 2000：192－206）；

彼得·霍尔. 明日之城：一部关于 20 世纪城市规划与设计的思想史[M]. 童明，译. 上海：同济大学出版社，2009（Hall P. The Cities of Tomorrow: An Intellectual History of Urban Planning and Design in the Twentieth Century[M]. 4th ed. Oxford: Blackwell, 2014）；

李奥妮·珊德柯克. 让看不见的看得见：多元文化规划史[M]. 伯克利，加利福尼亚州：加州大学出版社，1998（Sandercock L. Making the Invisible Visible: A Multicultural Planning History [M]. Berkeley, California: University of California Press, 1998）。

8　女性主义取向的都市史

若是提及女性主义规划史，那么还有很多，女性主义的都市史表现不遑多让，如多洛蕾丝·海登（Dolores Hayden）在 1976 年出版的《七位美国乌托邦：小区主义的社会主义建筑（1790—1975）》（*Seven American Utopias: The Architecture of Communitarian Socialism, 1790－1975*）一书基础上，不断推出新著作，审视美国的家宅、建筑、邻里、城市、地景，作为公共史的都市地景与权力之间的纠结，以至于美国梦、城郊、都市蔓延，以及土地开发的贪婪带来的破坏，可谓女性主义建筑与都市史写作的先行者与多产作家，出版了七本学术著作。

多洛蕾丝·海登. 国内大革命：美国家庭、社区和城市的女性设计史[M]. 剑桥，马萨诸塞州：麻省理工学院出版社，1981（Hayden D. The Grand Domestic Revolution: A History of Feminist Design for American Homes, Neighborhoods, and Cities [M]. Cambridge, Massachusetts: The MIT Press, 1981）；

多洛蕾丝·海登. 场所力量：作为公共历史的城市景观[M]. 剑桥，马萨诸塞州：麻省理工学院出版社，1995（Hayden D. The Power of Place: Urban Landscapes as Public History [M]. Cambridge, Massachusetts: The MIT Press, 1995）；

多洛蕾丝·海登. 重新设计美国梦：住房、工作和家庭生活的未来[M]. 纽约：威廉·沃德·诺顿公司，2002（Hayden D. Redesigning the American Dream: The Future of Housing, Work and Family Life [M]. New York: W. W. Norton, 2002）；

多洛蕾丝·海登. 建设郊区：绿地和城市增长(1820—2000)[M]. 纽约：复古出版社，2004(Hayden D. Building Suburbia: Green Fields and Urban Growth, 1820 - 2000 [M]. New York: Vintage, 2004)；

多洛蕾丝·海登. 扩展野外指南[M]. 纽约：威廉·沃德·诺顿公司，2004(Hayden D. A Field Guide to Sprawl [M]. New York: W. W. Norton, 2004)；

多洛蕾丝·海登. 美国庭院，辛辛那提[M]. 俄亥俄州：大卫·罗伯特图书，2006(Hayden D. American Yard, Cincinnati [M]. Ohio: David Robert Books, 2006)；

多洛蕾丝·海登. 少女、催债者与纺织机[M]. 俄亥俄州：大卫·罗伯特图书，2010(Hayden D. Nymph, Dun, and Spinner [M]. Ohio: David Robert Books, 2010)。

9 威尼斯学派

真像是禅宗一花开五叶，1970年后新马克思主义代表了更根本性的选择与走向。在曼弗雷多·塔夫里(Manfredo Tafuri)的领导下，意大利的威尼斯学派批判史学的历史计划(The Historical Project)，一反过去他们在战后意大利学院与专业界熟悉的历史类型学方法(Typological Method)，在20世纪70年代针对规划与乌托邦的意识形态批评(Ideological Criticism)基础上，进一步对文艺复兴、威尼斯的建筑与城市提出不同的都市史历史写作，在赞助者、专业竞争、政治、科学辩论的张力之间应用其历史写作方法。文艺复兴，再也不是过去以自主性形式分析的艺术史家海因里希·沃尔夫林(Heinrich Wölfflin)所建构的那般，必然是用以对照黑暗的中世纪，历史迎接的注定就是人文主义的黄金年代；也不是像鲁道夫·维特科尔(Rudolf Wittkower)的《人文主义时代的建筑原理》(*Architectural Principles in the Age of Humanism*)那般，在米什莱(Michelet)和布克哈特(Burckhardt)的笼罩下建构起正统文艺复兴建筑的新柏拉图式史观，相反的，塔夫里重新开辟了文艺复兴研究的新诠释角度，创造出关于文艺复兴建筑历史写作的全新类型。文艺复兴可看作一个都市现象，从美第奇的佛罗伦萨到利奥十世的罗马、威尼斯、米兰、热那亚，展开意大利城市间的比较，思考15世纪城市的新需要；在连续性与事件之间，长时段与微观细节之间，历史并置，拒绝我们过去对文艺复兴的历史幻象。因此，批判的历史是一个解密的计划(A Project of Demystification)，致力于审视社会建构起来的建筑语言中的自然化过程，虽然可读性较低，可喜的是南京大学建筑与城市规划学院的胡恒为此书写了一篇长文，为了解塔夫里的书提供了一个阅读入口，使我们得以比较容易地享用塔夫里的知识贡献：

曼弗雷多·塔夫里. 威尼斯与文艺复兴[M]. 剑桥，马萨诸塞州：麻省理工学院出版社，1995(Tafuri M. Venice and the Renaissance [M]. Cambridge, Massachusetts: The MIT Press, 1995)；

曼弗雷多·塔夫里. 文艺复兴诠释：君主、城市、建筑师[M]. 康涅狄格州：耶鲁大学出版社，2006(Tafuri M. Interpreting the Renaissance: Princes, Cities, Architects [M]. Trans. Daniel Sherer, New Haven, Connecticut: Yale University Press, 2006)；

胡恒. 作为现在的过去：曼弗雷多·塔夫里与《文艺复兴诠释：君主、城市、建筑师》[J]. 建筑师，2015(5):94 - 103。

10 地理学、社会学、文化史与都市史

既然提及新马克思主义的历史写作，我们当然不能忽略马克思主义的历史地理学

者——大卫·哈维的《巴黎:现代性之都》,这是都市史写作高峰表现的重要成就:

大卫·哈维.巴黎:现代性之都[M].黄煜文,译.桂林:广西师范大学出版社,2010(Harvey D. *Paris, Capital of Modernity*[M]. London: Routledge,2003)。

为了平行阅读巴黎,我们必须放入美国文化史学者卡尔·休斯克(Carl E. Schorske)的杰作——《世纪末的维也纳》:

卡尔·休斯克.世纪末的维也纳[M].李锋,译.南京:江苏人民出版社,2007(Schorske C E. Fin-De Siecle Vienna: Politics and Culture[M]. New York: Vintage,1981)。

同时,在丹尼丝·科斯格罗夫(Denis E. Cosgrove)1984年出版的《象征地景的社会形构》的基础上,进一步阅读社会学教授沙伦·朱津(Sharon Zukin)的《权力地景:从底特律到迪斯尼世界》(针对五个20世纪地景,由钢铁镇、晋绅化到迪斯尼世界的权力地景分析)。这两本书似乎也可以视为比较地景史(Comparative Landscape History)阅读书籍的起点。

丹尼丝·科斯格罗夫.象征地景的社会形构[M].新泽西州:巴诺书店公司,1984(Denis E C. Social Formation and Symbolic Landscape [M]. New Jersey: Barnes and Nobel, 1984);

沙伦·朱津.权力地景:从底特律到迪斯尼世界[M].伯克利/洛杉矶:加州大学出版社,1991(Zukin S. Landscape of Power: From Detroit to Disney World [M]. Berkeley/Los Angeles: University of California Press, 1991)。

还得加上社会学与史学方面的杰出学者——理查德·桑内特(Richard Sennett)的《眼睛的良心:城市的设计与社会生活》与《肉体与石头:西方文明中的身体与城市》,两者都是杰出的都市史贡献:

理查德·桑内特.眼睛的良心:城市的设计与社会生活[M].纽约:威廉·沃德·诺顿公司,1991(Sennett R. Conscience of the Eye: The Design and Social Life of Cities [M]. New York: W. W. Norton, 1991);

理查德·桑内特.肉体与石头:西方文明中的身体与城市[M].纽约:巴诺书店公司,1994(Sennett R. Flesh and Stone: The Body and the City in Western Civilization [M]. New York: Barnes and Nobel, 1994)。

既然提及桑内特的公共空间(Public Space),我们怎么能遗漏王笛的《茶馆:成都的公共生活和微观世界(1900—1950)》与《街头文化:成都公共空间、下层民众与地方政治(1870—1939)》两本书呢?前者在2010年已有社会文献出版社的中译本;后者讨论四川成都的市民、公共空间、街道、街道生活与政治、社会改革与地方政治,获得了都市史学会2005年北美都市史学最佳书籍奖。

王笛.茶馆:成都的公共生活和微观世界(1900—1950)[M].北京:社会科学文献出版社,2010(Wang D. The Teahouse: Small Business, Everyday Culture, and Public Politics in Chengdu, 1900 - 1950[M]. Palo Alto, California: Stanford University Press,2008);

王笛.街头文化:成都公共空间、下层民众与地方政治(1870—1930)[M].李德英,谢继华,邓丽,译.北京:中国人民大学出版社,2006(Wang D. Street Culture in Chengdu: Public Space, Urban Commons, and Local Politics, 1870 - 1930 [M]. Palo Alto, California: Stanford University Press,2003)。

还有,现象学取向的文化地理学者——段义孚(Yi-Fu Tuan)的《空间与地方:经验的视角》(*Space and Place: The Perspective of Experience*, 1977)。一方面,段义孚是新人文主义取向的地理学在实证主义的先驱开拓者,在其早年的《乡土之爱:环境感知、态度和价值观》(*Topophilia: A Study of Environmental Perception, Attitudes and Values*, 1974)取得的成果上,进一步将经验空间中的时间与地方依恋(Place Attachment)的诠释发挥得淋漓尽致,是平衡实证主义的技术官僚理性与其遗忘了人间的城市之最佳对照。另一方面,由于段义孚意识到新人文主义地理学的认识论根源与马丁·海德格尔(Martin Heidegger)的哲学关联,深掘下去的阴暗面竟然是躲在日耳曼的社区共同体之后的纳粹民族主义与社会排除,因此,后来他将研究重心转向了米歇尔·福柯(Michel Foucault),与后现代地理学家爱德华·索雅观点相同,是值得深思的事。

段义孚.空间与地方:经验的视角[M].王志标,译.北京:中国人民大学出版社,2017(Tuan Y-F. Space and Place: The Perspective of Experience [M]. Minneapolis, Minnesota: University of Minnesota Press, 1997);

段义孚.乡土之爱:环境感知、态度和价值观[M].恩格尔伍德克利夫斯,新泽西州:普伦蒂斯霍尔公司,1974(Tuan Y-F. Topophilia: A Study of Environmental Perception, Attitudes and Values [M]. Engelwood Cliffs, New Jersey: Prentice-Hall, 1974)。

总之,20世纪80年代之后的都市史写作,真可谓漪欤盛哉,以阅读引领游园,可谓百花齐放之后,满园奇花异草盛开,如何阅读,殊不易也,但是,作为博士生研究计划中,设计主辅修科目之时,都市史倒是一个值得珍惜的科目。作为主修,是自主的领域,当然不成为问题;作为辅修,现在的都市史很容易与研究者主修领域的方法论结合。

11 补充一点理论辩论的历史——20世纪70年代马克思主义都市社会学范型转移

以下,再提供一点方法论上理论辩论的补充。我们回顾一点理论辩论的历史:从被称为20世纪70年代马克思主义都市社会学范型转移的理论趋势,到空间的政治经济学崛起。下文介绍了理论改变的线索之后,再面对都市化(Urbanization)的理论质疑。

不同于欧洲社会与城市,针对美国资本主义工业化城市,移民劳工所面对的都市整合作用与发展理论所对应的芝加哥学派的都市社会学,在20世纪70年代为新马克思主义的批判都市社会学质疑,质疑与社会达尔文主义结合所建构的人文生态学潜藏的价值观。这个新都市社会学源于法国的两个观点上不一致的马克思主义学者,即亨利·列斐伏尔与曼威·柯司特。

列斐伏尔在空间的生产(Production of Space)以及对城市的权利(The Right to the City)两方面的观点被大卫·哈维及爱德华·索雅所发展。空间被视为资本主义生产的过程,最终束缚了人们的生活。其结果是,当资本认为使人们留在城市中无法获利,但又无法把都市人口再塞回乡村时,一种中介的空间就被打造出来了,即城郊(Suburb)。在欧洲城郊大量出现与工人阶级有关,美国的情形则是与核心家庭和中产阶级有关,但两者的价值观却又都是反都市的(Anti-Urban)[7]。所以,当人们被迫逐出乡村后,或者是被国家政策与房屋市场诱使迁出他们曾经可居的地方,现在,他们的确失去了对城市的权利(The Right to the City)。

而柯司特的批判性的主题则是关于集体消费(Collective Consumption)及都市社会运动(Urban Social Movements)。城市被视为组织起来提供每日生活所需的各种服务系统,并且直接或间接地受到国家的调节与控制。住宅、教育、交通运输、医疗卫生、社会服务、文化设施以及美好舒适的都市环境,这些都是每日生活和经济领域中不可或缺的成分,而且不可能完全不透过国家干预进行生产或达到愿望(好比欧洲的公共住宅与公共运输,美国的联邦储备住宅抵押与补助公路系统)。集体消费(就是国家中介的资本主义劳动力再生产所需的消费过程)同时成为都市基础建设的基本项目,并建构为人民与国家的主要关系。城市被再界定为资本积累与社会分配之间、国家控制与人民自主性之间冲突与冲突的焦点[8]。环绕着这些议题,新都市社会运动(运动的目的是为了对小区生活的掌控以及对集体消费的需求)出现,成为一种面对社会冲突与政治权力的新行动者(New Actors)。于是都市社会学上下翻转,从研究社会整合的学术训练转向对后工业主义新社会冲突的研究[9]。

然后,新都市社会学在理论层次上质疑资本主义经济发展所对应的工业化、都市化、现代化的预设是未经检验的意识形态。由于前述现实里的都市成长与低度发展,针对第三世界的城市提出依赖都市化(Dependent Urbanization)等另类的分析与实践出路。于是,不能再像芝加哥学派那样,将都市化简单地视为以下两个方面:

① 人口与活动的空间集中

这是过于简单的都市化界定,无论是人口集中的程度还是规模都很难一般化为理论概念,即使历史地建构在我们文化中的用语——城市。唐代长安城是人口集中的代表;长安是作为一个当时世界最大的古代国家城市之首、都城、帝国政治与军事的力量的表现。宋代以后的城市,如汴京(开封),则可以说是农业社会商品经济的繁华富庶之地,这种对所谓人气兴旺、生意盎然之所的期望,再现的是一种肯定都市的价值取向;宋代张择端的《清明上河图》影像再现的都市场景与社会生活就是这种繁华富庶、丰富多样的人、物、财货、信息的聚集地方。

② 特定的价值系统、态度与行为的扩散,称之为"都市文化"

都市文化(Urban Culture)被视为现代的、工业化的、资本主义的、不同于传统的、农村的、地方的新的文化,性别、族群、阶级都被刻意掩饰后的一种优势的价值,是一种支配性的意识形态。

其实,替代前述的都市化的模糊观点,生产与社会结构决定了空间组织。这样的概念才具有对现实的分析性,于是,对都市化的发问必须针对三点基本现实与一点火红的实践问题:

① 整个世界都市化加速;

② 都市成长集中于低度发展(Under-Development)的区域,不像在工业化资本主义国家已完成的第一次都市化那样,发展中国家并没有对应的经济成长;

③ 大都会区成为新的都市形式;

④ 针对资本主义生产方式,提出有替代意图的、社会的新形式,两者与都市现象间的关系,成为火红的实践问题。

这也就是说,在20世纪70年代,非资本主义的发展与另类都市化成为实践上的出路,即社会主义提供的另类出路(Socialist Alternative),这一点在当时十分关键。

所以,我们可以这样说:

① 都市化的意识形态用词指涉前述的对应性预设与自然化了的特定社会价值的生产。

② 都市/乡村(Urban/Rural)观点是现代/传统(Modern/Traditional)的意识形态两元对立关系的再现。其实,这是社会组织的空间形式的分化,既非两元对立,亦非像自然般的连续性演化。若发达资本主义国家的都市历史像是自然史一般对待,这样自然无从理解空间形式是社会结构与过程的产物。这时,我们甚至可以说,社会理论(Social Theories)是全面性地重建了都市社会学的思考角度。

③ 空间形式的社会生产才是理论概念建构,而非都市化的简单观点。都市化被视为现代性神话(The Myth of Modernity)的一部分。空间形式的社会生产(Social Production of Spatial Forms),用理论的角度说,空间就是社会,是社会关系,是社会的表现。

④ 分析都市化,它密切关系着经济发展问题。发展的观点创造了同样的困惑,指涉着发展层次(经济与技术的层次)与过程(社会结构的性质转化、生产力潜力的增加)。这又关系着社会的技术与物质资源的积累运动结构性转化的意识形态功能。

⑤ 发展的观点所引发的问题是社会结构的转化,社会则根植于解放逐步积累的能力(投资/消费比)。

⑥ 在国际尺度上的依赖性,即社会形构间的不对称关系。

⑦ 在依赖关系下的社会之间的整体特性内,什么是建构空间与社会结构转化之间的关系?这其实就是前述的实践问题[42]。

⑧ 都市整合的预设必须面对现实社会里都市社会运动与竞争的政治挑战。一直到现在,这一点都还是对芝加哥学派最主要的质疑,我们可以说,在前述这些重要的批判性学者的身后,其实是社会运动与都市政治提供的历史条件造就了 20 世纪 70 年代都市社会学的范型转移⑩。

然而,俱往矣。

就在范型转移之后,学院内的多范型抗争局面的百花齐放理想,竟然是众多学术论文与期刊的发表、形式化的精炼,并没有像 20 世纪 30 年代芝加哥学派,与 70 年代政治经济学取向开展时的都市研究先行者那样,提出具有开创性的新问题、新视野,以及有知识魅力的新研究成果⑪。而最关键的是,这时,资本主义却已经展开了技术经济的再结构过程,现实的资本主义发展把学院的学者抛在了后头。那么,让我们以有反身(Reflexive)能力的角度,由东亚都市化的特殊性,重新面对全球信息化资本主义的挑战,以及新的都市研究的全球转向。

12 对都市化理论质疑之后——都市中国的网络都市化与没有市民的都市化

历史就是在这种都市历史写作拉开的时势之下翻页了,笔者要指出的是,面对 21 世纪网络社会的挑战,过去工业社会崛起时对都市化(Urbanization)的方法论预设,早就得通过必需的理论检验,才能面对 20 世纪 80 年代后中国大陆都市现实中浮现的悖论性空间与社会(Paradoxical Space and Society)。这是当前比较都市史阅读必须面对的也是绕不过的都市现实。

20 世纪 70 年代末开始的都市中国(Urbanizing China)与城乡关系的改变源自国家政策的结构性转变,即纳入全球市场,成为世界工厂,农民工进城,以及前店后厂空间模型,经济全球化推动的越界生产网络(Cross-Border Production Networks),建构了网络化的都市化(Networked Urbanization),例如,20 世纪 80 年代北加州湾区硅谷—台北新竹—东莞越界联结的生产网络,珠三角都会区域浮现;20 世纪 90 年代北加州湾区硅谷—台北新竹—昆山越界联结的生产网络,长三角都会区域浮现,以及高铁网络的等时圈同城效应与各都会区域之间的城际连接。这种网络都市化,或者说,这种网络空间的社会生产、生产的社会组织、生产与社会结构决定了网络空间组织。这也就是说,研究者必须避免过去发达工业化国家的都市理论(Urban Theory)对发展中国家在分析上的不适当性:将经济发展简单地等同于现代化、都市化、西化,甚至将其经验视为一种未经检验的规范性价值,照单全收。接受了这种价值观,就会有意图地改变行政区划,人为地将都市周边的农村土地纳入都市用地;并且,这种偏见会无视都市化(Urbanization)研究本身潜藏的认识论谬误,都市/乡村两元对立的形式化预设;其实,都市与乡村之分,不如说是社会组织空间形式的分化,这是一个特定社会空间形式的社会生产过程(The Social Production of Spatial Forms)。

对于人口快速集中的新进劳动力与农民工而言,由于两元户口制度与地方教育门槛的排外性限制,农民工并未被视为市民。所以,20 世纪 70 年代末以后中国的网络都市化是“没有市民的都市化”(Urbanization Without Citizens)⑫,城市也就是“没有市民的城市”(Cities Without Citizens)。这个没有城市的都市世界(An Urban World Without Cities)被视为 21 世纪的重大悖论;城市(Cities),作为物质上根植于空间集中的人类聚落,而且是在社会组织与文化表现上的特殊空间形式(Cities, as Specific Forms of Social Organization and Cultural Expression, Materially Rooted in Spatially Concentrated Human Settlements)的韦伯式认识角度与普世价值,不仅不易区分中国城市的政治性格与繁华市井的都市氛围,而且面对新的信息技术冲击,在研究分析上显得过时,在实践上难接地气[43]。与前文后现代地理学的反思相呼应,这不正是说明都市中国(Urbanizing China)面对网络都市化的都市现实,必须迎来的正是“后韦伯的时代”吗?其实,面对我们的都市史,必须接受与区分城市的政治性格与繁华市井的都市氛围,例如,在清代城市中,满城的军事驻防的功能与制度性空间的象征意义,如成都市中心和由川入藏的茶马古道、驿站型城镇,由商贸路线、商品流通、聚集成镇的空间社会变迁,两者之间的政治性格与经济特征的区分⑬。这时,哈佛大学出版社出版的《中华帝国史》6 卷的最后一卷——罗威廉(William T. Row)《最后的中华帝国:大清》,与他关于汉口的名著,是对套用韦伯观点的有效质疑,必须阅读:

罗威廉.最后的中华帝国:大清[M].李仁渊,张远,译.北京:中信出版社,2016(Rowe W T. China's Last Empire: The Great Qing[M]. Cambridge, Massachusetts: Harvard University Press, 2009);

罗威廉.汉口:一个中国城市的商业和社会(1796—1889)[M].江溶,鲁西奇,译.北京:中国人民大学出版社,2005(Rowe W T. Hankow: Commerce and Society in a Chinese City, 1796 - 1889[M]. Palo Alto, California: Stanford University Press, 1984);

罗威廉.汉口:一个中国城市的冲突和社区(1796—1895)[M].鲁西奇,罗杜芳,译.北京:中国人民大学出版社,2008(Rowe W T. Hankow: Conflict and community in a Chinese City, 1796 - 1895[M]. Palo Alto, California: Stanford University Press, 1984)。

若是再加上早一点的都市史著作,最主要的就是:

施坚雅.中华帝国晚期的城市[M].叶光庭,等,译.北京:中华书局,2000(Skinner G W. The City in Late Imperial China[M]. Palo Alto, California: Stanford University Press,1977)。

这时，面对清史的写作，在方法论的层次上，一定会遭遇的就是新清史的辩论吧！建议阅读一篇经过在台湾大学历史系执教多年，且与我们研究所长期合作开设中国城市史课程的明史专家——徐泓细心梳理的论文，会很有帮助，不但可以确立学术研究的自主性，而且还可以细读出不同层次国际政治干预的线索：

徐泓．"新清史"论争：从何炳棣、罗友枝论战说起[J]．首都师范大学学报（社会科学版），2016(1)：1－13(《新华文摘》，2016 年第 10 期第 57—62 页）。

当然，套用韦伯对城市的观点更重要的问题是前面提到的：面对新的信息技术冲击，在研究的分析上对当前都市变迁的新局视而不见与格格不入，以至于在实践上难接地气。尤其前面提及的，对于亚非拉发展中国家的历史经验而言，都市化、经济发展、工业化、现代化之间，并非是未经检验就全然彼此相等、可以互换的西方经验，以至于不符合西方既有经验的即属于异常经验吗？这也就是说，我们必须警觉，这是否是一种政治上傲慢而不自觉地将西方经验当作人类发展的历史单行道呢？简言之，我们的都市经验并不是有了经济发展，都市问题就会自动改善，如同过去西方的经验一样。我们必须面对的社会现实是非正式经济(Informal Economy)几乎无所不在，区域均衡才是问题的要害，都市化要被整合在更广大的区域均衡的过程中来对待。不然，仅仅是经济上国内生产总值(GDP)规模的度量，其实不是恭维，而是一种"捧杀"。2016 年的经济现实是，中国的 GDP 约占美国的六成，经济发展的技术质量不高，在高科技与创新能力上美国仍然保持绝对优势，对于一些尖端技术的关键领域，至今对中国完全不开放，我们就是要购买也没有市场。在网络都市化过程中，我们必须面对的都市现实其实是众多自相矛盾的、似非而是的空间与社会，即一种吊诡的、悖论的空间与社会(A Paradoxical Space and Society)。因此，一旦正视 1.53 亿户籍农民在城镇就业，以及 2.17 亿农民在农村从事非农产业这两大现实，以及基于农村土地集体产权和小农家庭财产制的特殊制度性安排，确保了一个规模庞大的临时性和非正式的农村劳动力可以持续被城市资本以低成本吸纳，从而可以提供中国经济发展的比较优势。在这种城乡流动现实里的经验对照，黄宗智就很清楚地拒绝了形式化的马克斯·韦伯式的欧洲中心的普同性预设，提出悖论社会(Paradoxical Society)的中国之道理所在[44-45]。与其说以合法/不合法的角度界定悖论空间与社会，不如说是混乱却充满生机与活力的状态。尤其，国家的法律制定经常落后于现实，法律的执行与现实更有落差，这更加加深了似是而非与似非而是，却又充满可能性的空间，这是悖论性的空间与社会。

再者，由于边缘性(Marginality)理论在 20 世纪 70 年代面对第三世界都市现实的经验研究中就已经破产了，如詹妮丝·普尔曼(Janice Perlman)所指陈[46]。为了避免措辞上的混淆，我们也不宜采用考虑经济活动、交易成本、产权、公司、法令制度的新制度经济学者罗纳德·哈里·科斯(Ronald H. Coase)盛赞 1980 年后中国改革的措辞："饥荒中的农民发明了承包制；乡镇企业引进了农村工业化；个体户打开了城市私营经济之门；经济特区吸纳外商直接投资，开启劳动力市场。与国有企业相比，所有这些都是中国社会主义经济中的'边缘力量'。"科斯以"边缘革命"一词，指涉将私人企业家和市场的力量带回中国[47]。其实，相较于 20 世纪 80 年代之前国家制度的价值取向，私营企业也是和悖论空间与社会关系紧密的、不被国家制度准许的非正式经济。在某种程度上，悖论空间与社会倒是和科斯关心的经济社会趋势所显示的特征符合。

因此，本文指出值得由比较研究的角度，反思亚洲的都市史写作。譬如说，南京大学历史学院罗晓翔教授的比较城市研究课程，就期待学生通过课程的学习，熟悉明清中国城市、前近代西欧城市，以及江户时期日本城下町的城市风貌与特色，这样才能对不同区域背景下城市的政治、社会、经济、文化发展差异的原因做出一定程度的分析[14]。至于规划史，则是都市史中重要的专业者反思的空间实践的历史环节。“移植”(Transplantation)[15]又是发展中国家共同的、重要的殖民现代性(Colonial Modernity)的空间再现经验。这样，吾人得以重构历史写作的疑旨(Problematic)，重新界定都市史，甚至，以不同的认识论视角面对村落史[16]。

13 面对历史中的殖民城市

前述20世纪70年代都市社会学的范型转移之后，对历史中的殖民城市与建筑提供了最有用的角度是空间的政治经济学的分析。面对空间结构的逻辑关系着不同国家与社会间不对称的过程，以下例举西班牙、葡萄牙、英国、法国、日本的殖民城市的历史形构。首先我们需要由世界史的角度看待第三世界之殖民建筑与城市，即使再简略，它至少得包括：由15世纪末叶欧洲开始的大发现与殖民，启动了社会与文化的巨变，其结果必须与工业资本主义社会对传统和以农业文明为基础的社会稳定所造成之断裂一起考察。其次追溯资本主义之重商主义自17世纪由欧洲东来亚洲，思考18世纪法国大革命与启蒙主义哲学的理性要求，保守主义思想之对抗，以及18世纪欧洲民(国)族国家(Nation State)之建构与防卫。最后是19世纪的帝国主义世界性扩张，巩固世界市场与竞相占有殖民地，达到历史高峰。其中，尤其重要的是考察18世纪末到19世纪的亚非拉殖民建筑与城市之历史系谱，审视日本殖民时期台湾地区的建筑与城市。由第三世界的角度反视，而第三世界国家各国的情境又各有其特殊性，共同经验就是资本主义扩张下的殖民历史，长时间为外国力量所支配。因此，殖民地的相对体就是帝国主义。

就世界史之角度而言，1500年时，全世界有16%的土地为欧洲国家所控制。1810年时，有25%的土地为外国所占。到了1878年时，该比例上升为67%。到了1910年，该比例达80%。至1914年第一次世界大战前，整个世界已经有84%—85%的土地是以英、德、法、美、日等国为宗主国。19世纪，整个印度、印度尼西亚、中国(半殖民)、亚洲其他国家(日本除外)、拉丁美洲、非洲，只有东欧除外(而波兰、希腊又除外)，为帝国主义实际上的政治权力所控制，包括了中国的通商口岸(Treaty Ports)。甚至到了20世纪60年代，仍有一半的国家为殖民地。也正因为如此，发展(Development)与低度发展(Underdevelopment)是在同一个世界里进行的事物。第三世界国家是在殖民的历史情境下工业化、现代化与都市化的，即使第二次世界大战后政治上相继独立了，殖民的历史结构却在政治独立之后依然存留下来。甚至是各种地理边界，以至于国界，也是殖民者按其势力范围所划定的，像西非就是一个典型的例子。

这些第三世界国家，或者说发展中国家的空间结构，其逻辑深深地关系着不同国家与社会之间不对称关系的历史过程。譬如说，历史上，这些国家大部分的人口都集中于沿海地区，特别是围绕着大的港口城市分布。

为何如此？因为大部分的关系都是属于殖民母国都会区与殖民地之间之依赖社会(Dependent Societies)的贸易关系。同时，这些关系还要被其他不同类型的依赖关系，如商业依赖、工业依赖、金融依赖、技术依赖、文化依赖、地缘政治依赖……加以修正。假如特殊类型的依赖性(Dependency)强调政治因素重于贸易模式,就会有不同的空间结构之表现。譬如说,不像葡萄牙对巴西之殖民,西班牙在拉丁美洲的殖民是军事与政治的殖民,因此,大城市如墨西哥,就不是一个港口城市。墨西哥与其他殖民地的空间模式相反,可以说是在先前的首都的基础上发展起来的,西班牙人连空间支配的结构都一并占领了。而早期巴西却全然沿着海岸发展出对葡萄牙的贸易关系。

在非洲,英国的殖民地是贸易与商业的功能,所以强调港市,而法国殖民则是政治控制与军事征服。

同样的情形发生在亚洲。英国赋予殖民地贸易港市(通商口岸)之意义,因此,关乎当地社会与制度,被殖民者之买办角色就有其重要性。也因此,殖民者需要以较和平之手段笼络被殖民社会之上层精英,无须对该社会内部功能运作做太多的干预。因为,直接的政治干预反而需要破坏既有社会的机构与制度,要创造新的机构与制度,将所有的殖民人口纳入新的情境中。

前述的西班牙基本上是个君主社会,它要的是黄金与财富。西班牙殖民不是以贸易来组织宗主国与殖民地的关系,不是为了资本的积累而服务,或为投资而服务,其主要的元素是如何控制正在作用的人的资源。所以,西班牙殖民以改变信仰为手段,假如不能控制,就以神的名义屠杀他们。

而葡萄牙则相对较弱,无力控制,所以与地方经济发生贸易关系。像 19 世纪英国在非洲一般,给予港市(通商口岸)地方自主性,在地方精英间作用,所以能进行贸易,而整个社会基本上在精英的统治下运作。

这些不同类型的殖民,并非是说在伦理上何者为佳,或是联系上民族性的成见,只是说,它创造了不同类型的社会、不同类型的机构与制度、不同类型的空间结构。简言之,不同过程产生了不同的形式,不容易一般化为"单一一种"殖民的空间结构。

那么,日本呢?台湾地区是日本之农业基地,土地与农业劳动力是生产之关键元素。因此,一种殖民资本主义与地主经济的接合,共同形成了台湾地区特有的,涂照彦将其概念化为殖民地社会的"二重构造",而汉人农村中之地主与佃农的生产关系一直未见改动,警察之暴力则是日常生活之控制,至于原住民部分,则是更为血腥之镇压了。

然而,不同过程有了不同的形式,难以一般化为单一的一种依赖的城市或依赖的空间结构,依赖社会的空间论纲作为一种松散开放的假说十分有用,因为它说明了城市与区域规划真实的问题之所在。

至于前述的依赖性,这是个分析性的概念,不是政治常识性的措词。依赖性的形式很多,历史上最主要的殖民依赖的概念界定,主要是在于对领土的政治与军事直接的干预,这样才能与商业依赖、工业依赖、金融依赖、技术依赖、地缘政治依赖、文化依赖等不同类型相互区分,而不是过程。

其中,殖民地模式与聚落经常为运输线所强化。经常,空间结构与形式竟然和外部世界形成强大的联系,反而在区域内没有什么有意义的联系。芭芭拉·史塔琪(Barbara Stuckey)的论文曾经清楚地表明,比较前殖民、殖民、后殖民时期空间模式的特性,后殖民的区域空间结构竟然就是殖民区域空间的延续(图 1)[48-50]。

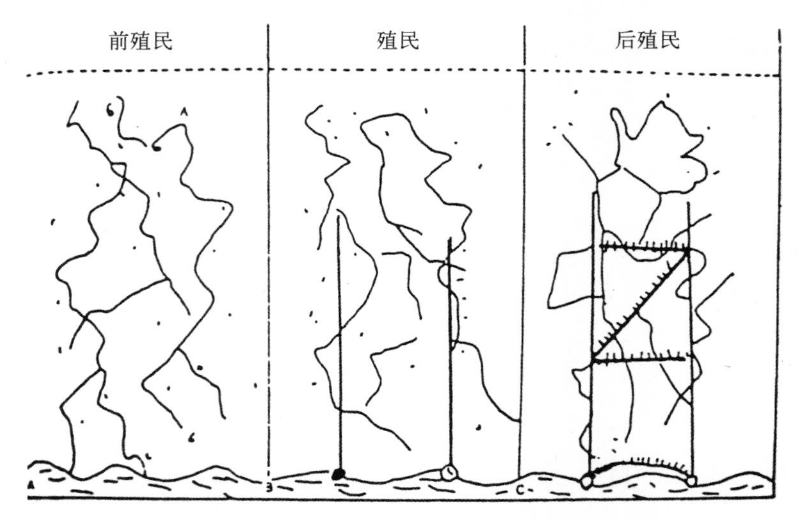

图 1　前殖民、殖民、后殖民时期空间模式的特性

14　在全球史新时势下重思“后韦伯的时代”的都市史

回到在前文提及的，面对 20 世纪 80 年代后纳入世界市场之后的，“后韦伯的时代”的都市中国，在网络的都市化下建构的悖论性社会与空间，我们可以说是在新的全球信息化的历史时势下面对空间形式之塑造，重思都市史的写作。

14.1　中国被迫面对金融危机后的都市与区域过程

全球信息化资本主义问题的起点来自 20 世纪 80 年代纳入世界市场之后的都市中国(Urbanizing China)，其被迫必须面对 2008 年末在美国引爆的金融危机，因此值得阐述其都市与区域过程。2017 年 6 月哈维在南京的演讲中指出，中国在 2009 年被迫创造了2 700万左右的就业机会，国家的政策推动了基础设施的大规模投资。这些物理基础设施投资的部分设计目的是在东部沿海活跃的工业区与相对低度发展的内地之间建立传播联系(Communication Links)，从而在空间上整合中国经济，同时加强南方和北方的工业和消费市场之间的联结性(Connectivity)。与之相伴的则是非常规的强行都市化(Forced Urbanization)，即建造全新的城市，同时扩建已有的城市。2008 年之后，中国 GDP 构成中至少有四分之一来自住宅建造，如果加上全部的实质物理基础设施建设(如高铁、公路、大坝和用水工程、新的机场和集装箱码头等)，大概会占到中国 GDP 的一半。我们可以说中国几乎所有的增长(直到最近都保持在 10%左右)都来自于对建成环境的投资，这就是中国走出萧条的方式，所以中国会消耗如此多的水泥。这种不可能做到的中国政策的做法在世界市场中造成了戏剧性的效果……解决危机方法的出现和危机出现的趋势一样快，所以是不均等发展地理上的无常性(Volatility)。因此我们可以看到，中国在 2008 年之后通过大规模的都市化和对建成环境的投资，扮演了解救全球资本主义的领导角色[17]。

哈维进一步指出：经由债务融资(Debt-Financed)手段，中国经济的债务与 GDP 之比已位居世界前列，但是人民币债务，而非美元或欧元。截至 2014 年，大多数城市其实已濒临破产，因此影子银行系统成长起来，以掩盖银行对不盈利项目的贷款行为，房地产市场遂成为投机无常性的名副其实的赌场。房地产价值贬值的威胁以及在建成环境内过度积累的资本开始在2012年变得具体化，在2015年达到顶峰。其实这是可以预见的建成环境过度投资的问题。大规模的固定资本投资浪潮应该在中国的经济空间内促进生产力并提高效率。将新增GDP的一半投进固定资本，结果却导致增长率下滑，无论如何这也不是一个令人容易接受的结果。中国增长所产生的积极连锁效应就这样被逆转了。然而，面对建成环境内的过度积累和急剧攀升的负债率，又要如何处理过剩资本的问题呢？首先，就是京津冀一体化计划，包括通州副都心与雄安新区计划。以北京为中心，将高速交通和通讯网络进行整合，"通过时间消灭空间"(Annihilate Space Through Time)，吸收资本和劳动力的剩余。其次，中国放眼世界，寻找途径吸收过剩的资本和劳动。于是就有了重建在中世纪通过中亚连接中国与西欧的"丝绸之路"项目[51]，这就是2013年提出的"一带一路"倡议，并且在2017年5月，成功举办了"一带一路"国际合作高峰论坛。我们可以说，面对当前世界形势，中国国家对外的重大政策正是推动一带一路与亚洲基础设施投资银行。

14.2 解决剩余资本的"空间修复"问题

由经济角度看待"一带一路"，当前中国的固定资产投资总规模已经超过了GDP的80%。在这种情况下，投资回报必然下降，投资对经济增长的带动能力也必然下降。所以，哈维说的是对的，面临资本过剩问题，"一带一路"确实是资本行为和基础建设投资，以及解决剩余资本的"空间修复"(Spatial Fix)问题。这里需要对"空间修复"理论概念指涉的意义略做解释：

哈维用"空间修复"来描述资本主义用地理扩张和地理重构来解决内部危机趋势的贪婪动力。他认为：① 如果不进行地理扩张，并不断为自身问题寻求"空间修复"，资本主义就无法存活；② 运输和交通技术的重大创新是扩张发生的必要条件，因此资本主义的发展重点是技术，它能促进逐步、快速地消解商品、人、信息以及观念流动的空间障碍；③ 资本主义的地理扩张模型主要取决于它寻求的是市场、新鲜劳动力、资源(原材料)，还是投资曾以股权为主的新的生产设施的新机会；④ 与资本的过度积累、马克思理论中重要的危机信号如何显示，以及"空间修复"如何被穷追不舍，关系密切[52-53]。

14.3 对空间实践的挑战，邀请与当代资本主义的辩护士辩论

哈维提出的解释在于他看到了资本的运动，因为资本积累的再生产而有这个需求，以及提出关乎实践的问题，即我们是否能沿这条路走下去，或是我们是否应该审视，或者消灭资本与生俱来的无限积累的冲动。换句话说，我们是否该朝向一种辩论：我们未来的世界与明天的城市，是什么样的地方？我们想生活在什么样的都市区域里呢？是支持巴黎的气候变迁协议、符合生态多样性、可持续、有都市文化魅力的宜居城市，还是为了让资本远离危机，在发展性价值的全面笼罩下，无选择地走向水泥丛林的不可持续城市，以及还会伴随阶级固化、空间隔离及社会片断化下的分裂城市陷阱呢？

哈维认为，确实有些未来学家会为这些发展挂帅价值所支持的乌托邦远景煽风点火，有些严肃的记者也会接受这种远景，积极撰写报告，更重要的是，隐身在他们背后的是控制过剩资本的金融家，他们迫不及待地想要利用那些闲置资本，并且让那些远景尽早成真。哈维

期待与这些当代资本主义的辩护士辩论[51]。

14.4 现实里的国族国家保守政治质疑——复制殖民的空间模式?

关系实践的现实政治过程毋庸置疑是更复杂的。与哈维对资本主义形构的历史认识不同,就在“一带一路”倡议提出后,举例而言,2017 年 3 月 29 日德国《世界报》(*Die Welt*)刊登了 1 月才当选欧洲议会议长的意大利籍议员安东尼奥·塔亚尼(Antonio Tajani)专访,谈及欧盟的发展与难民危机,却调口批评“中国殖民非洲”,引发质疑。塔亚尼担心干旱与内战造成的严峻形势需要欧洲着力疏导,否则多达 3 000 万名难民将在 10 年内涌入欧洲。至于如何解决?塔亚尼认为欧盟应该对非洲大投资并发展长期战略。然后他的话锋一转提到中国,称“非洲目前的风险是,它可能成为中国的殖民地”“中国人只想要非洲的原物料,而对欧洲的稳定没有兴趣”。柏林的欧洲政治学者弗莱利克质疑塔亚尼很不专业,塔亚尼话中暗指中国与非洲的难民潮有关,但是实际上欧美国家应该为非洲难民问题负责[54]。其实奥巴马(Barack Hussein Obama)过去任总统时也曾经暗示“一带一路”在非洲复制殖民的空间模式。这正是前节所述的西方帝国主义的黑暗历史。

在政治层面上,“一带一路”是不是帝国主义呢?其实是可以辩论与检验的:“一带一路”倡议引发争议,其中有关中国是否成为新殖民主义帝国,以及中国与相关国家之间的经贸关系是否属于全球南方国家之间的合作等问题,经常成为辩论的焦点。

首先,外交部长王毅正式表示过:“丝绸之路不是门罗主义。”⑱“一带一路”是中国参与全球治理(Global Governance)的新方式,目标是建立欧亚大陆贸易区,以贸易促进各国关系、区域和平。寻求推动国际关系的新框架,跨越国界,“一带一路”提供越界联结的节点与网络,可以朝向互惠的区域发展,目标是“人类命运共同体”。

复旦大学的历史地理学家葛剑雄也在公开演讲中强调对“一带一路”有反省性的价值观,他说:“历史上中国并没有主动地利用丝绸之路,也很少从丝绸之路贸易中获得利益,在这条路上经商的主要是今天的中亚、波斯和阿拉伯商人。”因此,今天要建设“一带一路”,肯定不是历史上的丝绸之路了,相反的,“要坚持互通互补互利、实现共赢”。“一带一路”能不能建成,关键是能不能形成利益共同体,如果能形成命运共同体,那么它才是真正的巩固[55]。

其次,不少媒体报导与经验研究的书籍都已经指陈,中国正在带给非洲一代人“最重要的发展”⑲。经由中国在非洲的援助与投资的经验研究,徐进钰指出“中国在非洲的作为,相较于西方的殖民强权而言,并没有更具掠夺式积累,反而因为中国的崛起,许多发展落后的国家得到了援助而免于被西方国家垄断控制主权。如果中国能够回到 1949 年以来的第三世界的精神,超越民族国家框架的限制,同时避免利用例外空间的形式进行经贸投资,那么,‘一带一路’倡议将可能成为中国反思自我历史,并提出不同于西方民族国家体系之外的方案,进而建构 21 世纪下的新天下主义的契机”[56]。确实如此,这确实不是不可能的计划吧?

更有甚者,还有中央党校的教授公开提出警告,对于“一带一路”的政策定位,要求得比全球治理还要低调,主张“如果我们务实地把它定位为经济合作平台和人文交流纽带,其意义已经很重要,可做的工作已经很多”。考虑中国历史上并没有积累多少“走出去”的智慧和经验。因此强调怀抱“大同”愿景和“天下”情怀,“先天下之忧而忧,后天下之乐而乐”的境界。同时,讲求“中庸之道”,内敛而自省,奉行“己所不欲勿施于人”甚至“己所欲之也慎施于人"的行事原则。心怀天下本身值得赞誉，但在对外关系中我们必须力求务实和稳重。尤其，由于国内严重的贫富分化、社会矛盾、环境污染，以及经济结构调整缓慢和政治改革进程异常艰难，说明国内问题始终是中国必须予以重点关注、全力解决的重心之所在，提醒中国的敌人其实是中国自己[57]。

14.5 朝向"全球公民"时代的21世纪里的世界大同主义

更重要的，若是由社会的角度思考，已经有学者指出，在国家"一带一路"的政策形成与执行过程中，中国的社会与人民的公共视野，似乎也渐渐由"仅盯着西方"拓展至"全球"，这意味着进入一种"全球公民"的时代。从现实物质层次的出境旅游目的地与对外交往的变化来看，泰国跃升为第一，马来西亚、斯里兰卡、马尔代夫名列前茅，赴伊朗、土耳其、埃及旅游的增长率远超过欧美等国。当然，国家政策的转变也发生效果，政府对外教育援助与文化合作，"一带一路"相关国家正在成为新增长点。"一带一路"不只是产能合作、金融投资增长、自贸区建立、产业园推广、跨国执法监管等经济、政策层面上的互联互通，同样也在社会价值观与人民世界观上推进了一大步。伴随着世界视野的形成，完整化了内心的全球观、对世界的空间想象，社会也逐渐成就为"全球公民"的视野，在心理上，社会、人民与整体世界，而不只是西方，正在全面融合中，正在全球层面上，而不只是部分区域，被正视、被接纳、被许可。在学习与传授关系上，中国社会相对于全球社会，既是好学生，也是好老师[58]。或许，对于新浮现的中国市民社会而言，这是一种21世纪里的世界大同主义、四海一家的价值观的建构，一种全球化年代新的世界主义(Cosmopolitanism)的建构吧！

14.6 朝向有反省性的专业机构与制度，采用更具包容性的可持续的技术

继续回到与哈维期待辩论的线索，资本的再生产是否可能采取不那么暴力、不那么具有破坏性的手段呢？[51]在资本的运动与行为的表现之外，商品流通、贸易往来、人员移动，以及在地生活素质需要提高，必要的基础建设要如何做到？考虑地方生态环境，使用可持续发展的手段？能否多考虑地方使用者真实的需要？在执行的过程中，面对社会与使用者的过程时间可以放慢一些，在技术的选择上，采取比较友善的技术，甚至，技术的逻辑必须服从社会空间的优先性，规划与设计的过程最好能采取参与式的社会过程。在执行过程的考虑上，政策先行，规划接续，设计跟上，友善营造。这不但是对国家政策形构的挑战，更是对专业学院与专业者能力与素质的挑战。相较于过去这些年快速都市与区域过程中产生的建成环境与破坏造成的教训，对于专业学院而言，这不正是新的范型产生的时刻吗？对于专业者与专业社群而言，这不正是正在浮现的市民社会组成的必要机构之一，具有相对自主性的专业社群、体制、规则、价值观建构的时候吗？对于西方移植的现代主义与后现代主义美学意识形态的批判性思考之后，特别是针对不可完全被化约的主体性而言，对于空间体验、时间记忆、仪式创造、过程建构优先于拜物教取向，把人的参与和情感投入找回来，从而建构起共同体意识，正是当前学院的专业教育与专业实务执行中亟须的。

有意思的是，当我与东南大学建筑学院历史与理论组里从事遗产保护实践却也正好参与协助非洲科技产业园区项目的同事讨论到"一带一路"倡议在发达国家不同领域与不同层次受到的质疑时，这位同事的自省态度让我感到吃惊。因为发达国家，尤其是西方学者不自觉的傲慢态度，不经意地经常流露出批评的口气，意味着拆除成为中国特色，破坏就是当代

精神的中国专业者，水泥就是中国材料的品牌……而我的年轻同事竟然说："我们过去确实做得不够好，但是，现在'一带一路'倡议下与非洲的合作过程中，我们却会反思过去的教训，在未来的非洲比在过去的中国做得要好，因为我们才做了 30 年，经验太短了，以后会做得更好……"

14.7 在新的历史时势下展开比较都市史的阅读

在相当长的时间里，提起世界，其实就是美欧日等国，提起国际，更多指涉的就是西方。由前述人民的出境经验，到学者的研究角度，发达国家的世界观偏好几乎长期垄断成为建构世界观的唯一性与价值关的单行道，其余世界都像是不存在与看不见的盲区。因此，"一带一路"倡议正提供了在新的历史时势下比较都市史阅读时，视野扩展、目光放远以及眼神关注点多元改变的机会，这是社会知识与思想变化的契机，开始关注西方以外的区域，如西亚、中亚、东亚、北非、中东欧、拉美等。譬如说，截至 2016 年年底，内容涉及"一带一路"的图书超过一千种，涵盖历史、政治、法律、经济、文化、文学、艺术等多学科类别，有关报道超过一千万篇，全球各大智库研究报告超过三千份[58]。"贤者与变俱……循法之功，不足以高世；法古之学，不足以制今"(《战国策·赵武灵王》)。在对全球的想象中，我们阅读两本联系起全球网络中的世界城市的书，新的世界史中的丝路与城市节点。这个主题也关系着成立了 90 年之后，东南大学建筑学院新成立的亚洲研究中心与国际学院想要开展的新方向。前列书籍与文献如下：

大卫·哈维.世界的逻辑：如何让我们生活的世界更理性、更可控[M].周大昕，译.北京：中信出版社，2017(Harvey D. The Ways of the World[M]. New York: Oxford University Press, 2016)；

大卫·哈维.资本的可视化：流动中的价值[Z].中国特色社会主义发展研究院第七期智库论坛演讲.南京：东南大学，2017(Harvey D. The Visualization of Capital as Value in Motion [Z]. Lectures, June 3 rd, June 6 th, Center for Studies of Marxist Social Theory at Nanjing University, Department of Philosophy at Nanjing University, Southeast University, Nanjing, China, 2017)；

彼得·弗兰科潘.丝绸之路：一部全新的世界史[M].邵旭东，孙芳，译.杭州：浙江大学出版社，2016(Frankopan P. The Silk Roads: A New History of the World[M]. London: Bloomsbury, 2015)；

帕拉格·康纳.超级版图：全球供应链、超级城市与新商业文明的崛起[M].崔传刚，周大昕，译.北京：中信出版社，2016(Khanna P. Connectography: Mapping the Future of Global Civilization[M]. New York: Random House, 2016)。

至于，林言椒与何承伟总主编的《中外文明同时空》(六册)(上海锦绣文章出版社出版)，虽然是畅销的普及版书籍，不也正好提供了比较都市史的新起点嘛！

14.8 重思"后韦伯的时代"的都市史——必须接上都市中国的都市现实地气

或许，在这些基础上，也是我们面对在 1980 年后的区域空间结构变迁中，在东部沿海一线，尤其是长三角都会区域，急遽变迁的新城市、城镇、乡村的关系中，杭州作为全球电子商务中心的崛起，与在线城镇化(Online Urbanization)的过程里，冒头浮现的新生事物。这就是说，我们必须去了解在当前网络都市化(Networked Urbanization)所开展的新的城乡关系下浮现的阿里巴巴农村淘宝、淘宝村镇、遂昌赶街等等的网络市民，以至于他们的组织与协会，他们与地方政府的关系，他们的精神状态、价值观及其历史根源。他们就是都会区域

(Metropolitan Regions)里新浮现的网民(Netizens)。而2016年"双十一"当晚的纪录说明它已成为席卷全球的网上商品销售仪式,越界的在线购物狂欢[20]。这是全球化年代网络社会信息化城市在线消费的"仪典"。

注释

① 可以参考:夏铸九:"比较都市史与规划史课程大纲",东南大学建筑学院,2017年。

② 这些建筑取向的通史写作例如:Bacon E. Design of Cities[M]. London: Thames and Hudson, 1974; Moholy-Nagy S. Matrix of Man: An Illustrated History of Urban Environment[M]. New York: Praeger, 1968; Morris A E J. The History of Urban Form[M]. London: Longman, 1974。

③ 张光直. 考古学:关于其若干基本概念和理论的再思考[M]. 曹兵武,译. 北京:三联书店,2013:15(英文原文出版于1966年)。关于城市(City)与Urbanism, Urbanization几个词的讨论,似乎遵循芝加哥学派界定的当代都市文化(Urban Culture)观点(后文会讨论)与刘易斯·芒福德(Lewis Mumford)的界定,因为与张光直关心的中国文明形成期关系不大,他并未多说。见:张光直. 中国青铜时代[M]. 北京:三联书店,2013:28。

④ 王鲁民:《"轩城"、广域王朝与帝尧、大禹的都城制作》,第8届城市规划历史与理论高级学术研讨会暨中国城市规划学会-城市规划历史与理论学术委员会年会(2016年),中国城市规划学会、东南大学建筑学院主办,南京,2016年11月11—12日。

⑤ "带血的斧钺"确立了家天下的体制。见:林言椒,何承伟. 中外文明同时空:春秋战国VS希腊[M]. 上海:上海锦绣文章出版社,2009:2。

⑥ 为了避免欧洲中心主义的模糊地理措词,本文使用西亚替代不清楚的近东。

⑦ 这种理论角度才使我们能对所谓的郊区化(Suburbanization)提法有了分析性认识,对所谓美国梦有解密作用,郊区化也不是人类城市的自然史。

⑧ 也因为这个理论角度,我们才对都市计划(Urban Planning)与国家(State),甚至是地方政府的作用有了分析性认识,这才是理解资本主义,尤其是福利国家社会"都市"(Urban)这个词的关键。

⑨ 这一段简单扼要的新都市社会学的历史回顾改写自:Castells M. Urban Sociology in the Twenty-first Century [M]// Susser I. The Castells Reader on Cities and Social Theory. Oxford: Blackwell, 2000: 390-406;刘益城中译,夏铸九校订,刊登于《城市与设计学报》第13—14期,2002年9月。

⑩ 有意思的是,至于像都市民族志在田野工作的研究方法,倒是历久弥新的优秀传统。

⑪ 对于作者而言,像安东尼·金(Anthony King)在1990年同时出版的两本书(King A. Urbanism, Colonialism, and the World-Economy: Cultural and Spatial Foundations of the World Urban System[M]. London: Routledge, 1990; King A. Global Cities: Post-Imperialism and the Internationalization of London [M]. London: Routledge, 1990),可以说是对20世纪80年代的空间政治经济学取向做了很好的总结,但是,这两本书,尤其是后者,竟也像是20世纪90年代之后,面对经济全球化与信息化资本主义的挑战后,在新理论角度建构时所要求的重新发问之前的句点。

⑫ 没有市民的都市化是土耳其第三世界社会学者伊汉·塔卡利(Ilhan Tekeli)的论点。见:Tekeli I. The Patron-Client Relationship: Land-Rent Economy and the Experience of Urbanization Without Citizens [M]// Neary S, Symes M, Brown F. The Experience: A People-Environment Perspective[M]. London: E & FN Spon, 1994: 9-18。

⑬ 周晶、李天《传统入藏交通在线驿站型城镇的形成与发展研究》,卢川《清代满城规划的历史与范型研究》,见:第8届城市规划历史与理论高级学术研讨会暨中国城市规划学会-城市规划历史与理论学术委员会年会(2016年),中国城市规划学会、东南大学建筑学院主办,南京,2016年11月11—12日。

⑭ 见：南京大学历史系罗晓翔教授的比较城市研究上课大纲。

⑮ 见：Hall P. The Cities of Tomorrow [M]. 2nd ed. Oxford: Blackwell，1997。移植，是其核心概念。

⑯ 见前文，村落与城镇，或许是一个与周围的社会有动态关系的辐射轴心（A Nexus of Dynamic Relationships with Its Surrounding Society）'A Comparative Study of Chinese Local Society in Historical Perspective: Lineage, Ritual, Economy and Material Culture in the Chinese Village'（2005－04－15）。

⑰ Harvey D. The Visualization of Capital as Value in Motion [Z]. Lectures, June 3rd, June 6th, Center for Studies of Marxist Social Theory at Nanjing University, Department of Philosophy at Nanjing University, Nanjing, and Liu Yuan, Southeast University, Nanjing, China, 2017; Harvey D. The Ways of the World[M]. New York: Oxford University Press, 2016:1－3。

⑱ 这是2016年3月8日外交部长王毅在全国人大会议举行的“中国的外交政策和对外关系”记者会上说的话，见：《环球时报》，2016年3月9日，第6页。

⑲ 譬如说，英国《金融时报》亚洲版主编戴维·皮林的媒体网站报导，见：皮林·戴维. 中国带给非洲一代人“最重要发展”[N]. 参考消息，2017－06－20(14)（原标题：《非洲：中国雄心的试验场》）。

⑳ 2016年11月12日零时，阿里巴巴旗下的淘宝天猫平台宣布“双十一”全天在线交易额达1 207亿元人民币，再创新历史纪录。与此前不同的是，电商在线购物涉及成交国家和地区几乎覆盖了全球所有220多个国家，甚至包括在战火中的叙利亚。德国新闻电视台说，这是“新的网络经济帝国”。见：《环球时报》，2016－11－12(1)。

参考文献

[1] Kostof S. Cities and Turfs[J]. Design Book Review, 1986, 10: 35－39.

[2] 夏铸九. 理论城市历史：从戴奥斯、考斯多夫到柯司特[J]. 城市与设计学报，1997(1):51－74.

[3] 夏铸九. 异质地方之营造：理论与历史[M]. 台北：唐山出版社，2016:15－35.

[4] Lynch K. A Theory of Good City Form[M]. Cambridge, Massachusetts: The MIT Press, 1981:73.

[5] Kostof S. The City Shaped: Urban Patterns and Meaning Through History [M]. London: Thames and Hudson，1991.

[6] Kostof S. The City Assembled: The Elements of Urban Form Through History [M]. London: Thames and Hudson, 1992:305.

[7] 苏秉琦. 中国文明起源新探[M]. 北京：人民出版社，2013.

[8] 夏鼐. 中国文明的起源[M]. 北京：中华书局，2009.

[9] 易华. 夷夏先后说[M]. 北京：民族出版社，2012:5－20.

[10] 张光直. 中国青铜时代[M]. 北京：三联书店，2013:498－510.

[11] 张光直. 连续与破裂——一个文明起源新说的草稿[J]. 九州岛学刊，1986(1):1－8.

[12] 张光直. 艺术、神话与祭祀：古代中国的政治权威之路[M]. 刘静，乌鲁木加甫，译. 北京：北京出版社，2016:120－128.

[13] Reinhart K. Ritual Feasting and Empowerment at Yanshi Shangcheng[J]. Journal of Anthropological Archaeology, 2015, 39:76－109.

[14] 中国社会科学院考古研究所. 夏商都邑与文化(一)：“夏商都邑考古暨纪念偃师商城发现30周年国际学术研讨会”论文集[M]. 北京：中国社会科学出版社，2014:209－232.

[15] 张光直. 古代中国考古学[M]. 北京：三联书店，2013:2，498.

[16] Lewis M E. The Construction of Space in Early China [M]. Albany: State University of New York Press, 2006:1.

[17] Lefebvre H. The Production of Space[M]. Oxford: Blackwell, 1991.

[18] 宫本一夫. 从神话到历史：神话时代　夏王朝[M]. 吴菲，译. 桂林：广西师范大学出版社，2014.

[19] 许宏. 大都无城:中国古都的动态解读[M]. 北京:三联书店,2016:15 - 21.
[20] 杨鸿勋. 中国古代居住图典[M]. 云南:云南人民出版社,2007:1 - 77.
[21] 杨鸿勋. 宫殿考古通论[M]. 北京:紫禁城出版社,2009:1 - 76.
[22] Childe V G. The Urban Revolution [J]. Town Planning Review, 1950, 21(1): 3.
[23] Wirth L. Urbanism as a Way of Life[J]. American Journal of Sociology, 1938, 44(1): 1 - 24.
[24] Jacobs J. The Economy of Cities[M]. New York: Random House, 1969.
[25] Soja E W. Postmetropolis: Critical Studies of Cities and Regions [M]. Oxford: Blackwell, 2000.
[26] Taylor P J. Extraordinary Cities: Early 'City-Ness' and the Origins of Agriculture and States[J]. International Journal of Urban and Regional Research, 2012,36(3):415 - 447.
[27] Smith M E, Ur J, Feinman G M. Jane Jacobs' 'Cities First' Model and Archaeological Reality[J]. International Journal of Urban and Regional Research, 2014,38(4):1525 - 1535.
[28] Castells M. The Rise of the Network Society [M]. 2nd ed. Oxford: Blackwell, 2000:459.
[29] Jacobs J. The Nature of Economies[M]. New York: Vintage, 2000:32 - 34.
[30] Sahlins M. Stone Age Economics[M]. London: Routledge, 1972.
[31] Taylor P J. Post - Childe, Post - Wirth: Response to Smith, Ur and Feinman[J]. International Journal of Urban and Regional Research, 2015, 39(1): 168 - 171.
[32] 温铁军. 中国为什么每逢大危机都能力挽狂澜[EB/OL]. (2017 - 06 - 02). 微信公众号:占豪.
[33] 温铁军. 市民下乡与农业进城——农村新政解读[EB/OL]. (2017 - 04 - 21). 新浪微博:爱故乡.
[34] Harvey D. Spaces of Capital: Towards a Critical Geography [M]. London: Routledge, 2001: 284 - 311.
[35] Williams R. The Country and the City [M]. Oxford: Oxford University Press, 1975:2 - 23.
[36] Williams R. Keywords: A Vocabulary of Culture and Society [M]. Oxford: Oxford University Press, 2014.
[37] 中共中央马克思恩格斯列宁斯大林著作编译局. 马克思恩格斯全集[M]. 北京:人民出版社,2006:53.
[38] Nuwer R. Future, Earth, Culture, Capital, and Travel[N]. BBC, 2017 - 04 - 18.
[39] Catterall B. Informational Cities: Beyond Dualism and Toward Reconstruction [M]// Gary Bridge, Sophie Watson. A Companion to the City. Oxford: Blackwell, ch. 17, 2000:192.
[40] Howard E. To-morrow: A Peaceful Path to Real Reform [M]. Cambridge, Massachusetts: Cambridge University Press, 2010.
[41] Le C. The City of Tomorrow and Its Planning[M]. New York: Dover Publications, 1987.
[42] Castells M. The Urban Question: A Marxist Approach[M]. Cambridge, Massachusetts: The MIT Press, 1977):ch. 1.
[43] Castells M. The Culture of Cities in the Information Age [M]// Manuel Castells, Ida Susser. The Castells Reader on Cities and Social Theory. Oxford: Blackwell,2002:367 - 389.
[44] 黄宗智. 中国研究的范式问题讨论[M]. 北京:社会科学文献出版社,2003.
[45] 黄宗智. 实践与理论:中国社会、经济与法律的历史与现实研究[M]. 北京:法律出版社,2015.
[46] Perlman J. The Myth of Marginality [M]. Berkeley and Los Angeles: University of California Press,1976.
[47] 罗纳德·哈里·科斯. 我已 98 岁,对中国有十大忠告[EB/OL]. (2016 - 06 - 13). 微信号:商道风暴商道风暴.
[48] Stuckey B. Moyens de Transport et Development African: Les Pays Sans Access Cotier[M]. [S. l.] Espaces et Societes, 1973:119 - 126.
[49] Stuckey B. Spatial Analysis and Economic Development [J]. Development and Change, 1975,6(1):

89 - 101.
[50] Stuckey B L. From Tribe to Multinational Corporation: An Approach for the Study of Urbanization [D]: [Ph. D. Dissertation]. London: UCLA, 1976.
[51] Harvey D. The Ways of the World[M]. New York: Oxford University Press, 2016:3 - 4,8 - 9.
[52] Harvey D. Spaces of Capital: Towards a Critical Geography[M]. New York: Routledge, 2001: 284 - 311.
[53] Harvey D. Globalization and the Spatial Fix[J]. Geographische Revue, 2001,2(3):23 - 31.
[54] 青木. 欧洲议会议长无理批中国“殖民非洲”[N]. 环球时报,2017 - 03 - 31(3).
[55] 葛剑雄. 丝绸之路与中国和世界[EB/OL]. (2017 - 06 - 11). 搜狐号:方所文化.
[56] 徐进钰. 中国“一带一路”的地缘政治经济:包容的天下或者例外的空间? [J/OL]. 开放时代,2017(2) [2017 - 09 - 29]. http://m.weidu8.net/wx/1000148942120678.
[57] 罗建波. 中国的敌人或许是中国自己[EB/OL]. (2017 - 06 - 14). 微信公众号:应天书院.
[58] 王文. “一带一路”重塑中国人世界观[N]. 参考消息,2017 - 06 - 19(11).

图表来源

图 1 源自: Stuckey B. Moyens de Transport et Development African: Les Pays Sans Access Cotier[M]. [S. l.]: Espaces et Societes, 1973:119 - 126.

“轩城”、广域王朝与帝尧、大禹都城的制作

王鲁民

Title: ‘Xuancheng’, Wide-Area Dynasty and the Capital's Construction of Emperor Yao and Dayu

Author: Wang Lumin

摘　要　按照石峁古城、良渚古城、石家河古城等史前大城城垣的格局，它们都是古人所谓的轩城，不应为全然独立的都城。这种轩城的存在，表明了在距今约 4 500 年前后，覆盖华夏文明中心区的广域国家已经产生。由文献及考古资料推测，为了更好地实施统治，帝尧的都城采取了“主城居中，四方四‘宅’”的多邑组合结构。大禹也结合当时的政治军事形式，根据自己的条件，创制了不同于帝尧都城的“多邑照应，九鼎居中”的都城格局。

关键词　轩城；周城；国家；都城

Abstract: According to the ancient cities' shape of Shimao, Liangzhu and Shijiahe, they are all ‘Xuancheng’ which the ancients so called, and should not be completely independent of the capital. The existence of ‘Xuancheng’ shows that in 4500 years or so ago, the wide-area dynasty covering the central district of Chinese civilization has already been produced. By the literature and archaeological materials, in order to better implement the rule, Emperor Yao's capital took a multi-Yi combination layout of the capital in the middle and four ‘residences’ in four sides. In combination with the form of political and military, according to their own conditions, Emperor Dayu took a layout of the ‘Jiu Ding’ in the capital and multiple Yi around which is different from Emperor Yao.

Keywords: Xuancheng; Zhoucheng; Country ; Capital

1　轩城与广域王朝

公元前 2500 年前后，在华夏文明中心区出现了一系列规模颇为引人注目的城址，这些城址城垣，情况比较清楚的有位于蒙古草原南缘的石峁古城城址、长江流域的良渚文化瓶窑古城城址和汉水流域的石家河古城城址。

石峁古城城址位于陕西省榆林市神木县石峁

作者简介

王鲁民，深圳大学建筑与城市规划学院，教授

村界内的丘陵地带，城址由外城、内城和小城（皇城台）三部分构成。根据出土遗物与碳十四（“C－14”）测年，石峁古城的建造年代应在公元前2300—前1900年。与同时期黄河流域城垣使用夯土技术不同，石峁古城城垣由石块叠砌而成，技术与内蒙古包头一带发现的原始城址相似，表现出强烈的地方特征。该城址东西约2 km，南北最长约3 km，城内总面积约4 km^2，是迄今为止发现的夏代积年之前的最大城址。城址总体轴向大约为东北—西南走向。四边城垣均适应地形多有曲折，但仍可视为东、西两垣大致平行，北垣与东、西两垣垂直，南垣由东向西向外斜出的四边形[1]（图1左图）。

良渚文化存在于公元前3300年—前2300年，文化中心在杭嘉湖平原。瓶窑古城位于浙江省杭州市余杭区瓶窑镇与良渚镇莫角山一带。以古城为中心，在50 km^2的范围内分布有135处良渚文化的聚落遗址和墓地。瓶窑古城轴向为正南正北，东西宽1 500—1 700 m，南北长1 800—1 900 m，城内总面积约2.9 km^2。城墙底部铺垫石块为基础，其上堆筑黄色黏土，制作技术也与黄河流域同期城址不同。大体上看，其北垣和东垣均正向安排，南垣由东向西向外斜出，西垣由北向南向外斜出，西垣与南垣弧形相接[2-3]（图1右上图）。

湖北省天门市石家河镇北石家河古城城址，据层位关系和出土遗物推测，该城址建筑年代上限不早于屈家岭文化中期，使用下限不晚于石家河文化中期，大致存在于公元前4700—前4300年。城址东西宽约1 100 m，南北长约1 200 m，城内面积约1.2 km^2。其城垣与瓶窑古城城址相同，为泥土堆筑而成。该城北墙作弧形，与城东、西墙弧形衔接。城东墙基本正向布置，城西墙由北向南西向斜出，南墙西端较东段略向南推出[4-5]（图1右下图）。

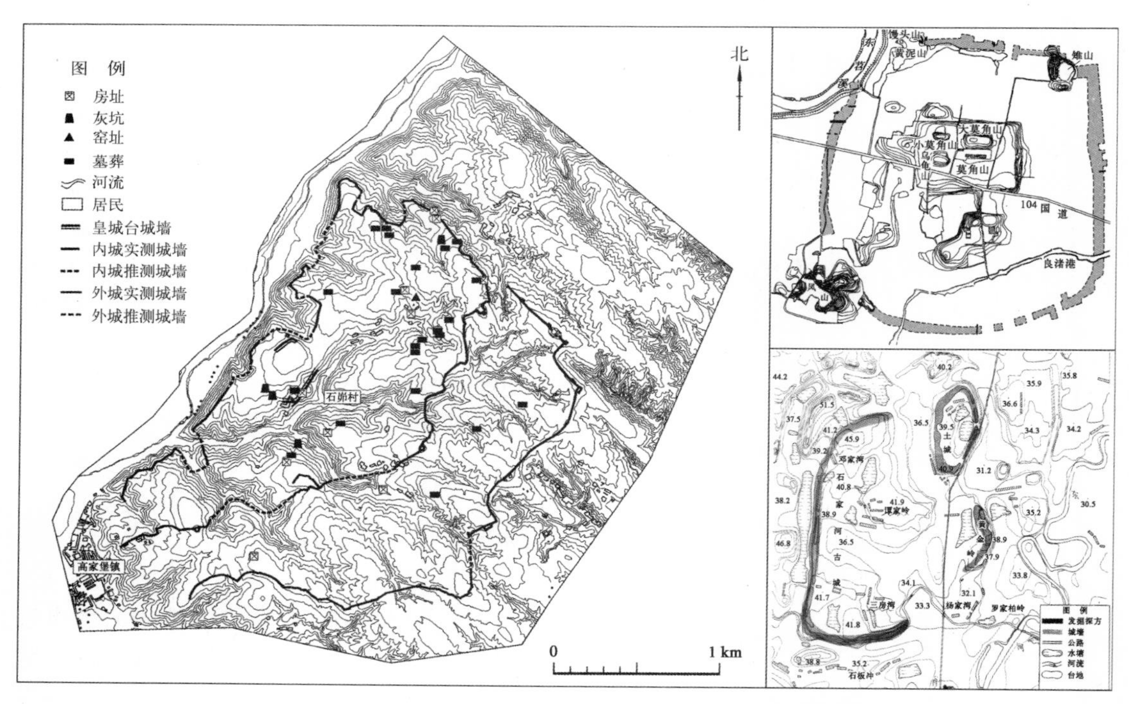

图1　石峁古城（左图）、瓶窑古城（右上图）、石家河古城（右下图）城址图

基于对这一时期社会发展的一般认知，这些城址不凡的尺寸、明确的地方性和相对独立的区位，让许多研究者将其设想为独立国家的中心聚落。可单从城池的形制来看，这种推测面临着很大的挑战。

《公羊传·定公十二年》云："百雉而城。"汉何休注说："天子周城，诸侯轩城。轩城者，缺南面以受过也。"这是说，天子可建四面都有城墙、城圈完整的都城，诸侯的都城则要留下南面城墙不建，在其有过错时，便于天子对其进行讨伐。何休的说法似乎在汉代以后的城池上找不到例证，所以，唐代的徐彦说："旧古城无如此者，盖但孔子设法如是，后代之人不能尽用故也。"他认为诸侯城池缺南面的说法只是孔子根据礼仪要求设置的规则，实际上并未得到施行[6]。可是，石峁、良渚等大型史前古城的城垣安排却表明了何休所谓的轩城曾经存在。

按照考古资料，天门石家河古城遗址的南垣东段，存在一个长约 400 m 的缺口。在石峁古城西南角，外城与内城两道城垣均未封闭，形成了一个宽达 500 m 以上的缺口。由于过去的研究者都认为城垣应该是四周闭合的，所以上述缺口往往被视为遗迹部分毁灭的结果，没有引起应有的注意。可良渚古城城垣的具体样态，表明了这些缺口完全可能是刻意留出来的。良渚古城南垣东段，除了最东边的缺口可为城门之外，还存在连续的三个大型缺口，其中最宽者几乎达到 100 m。从城垣残迹来看，这些缺口两边的城垣端头斩齐，表明了这些缺口是刻意留出来的。单从功能设置的角度议论，这些缺口的存在缺乏应有的理论依据。唯一可能的解释就是，这里的处理是"缺南面以受过"的具体表达。不过与石峁古城和石家河古城都把"缺南面"减缩为南边部分城垣缺失的做法相比，良渚古城更是将缺失分成几段，让人可以利用缺口之间的城垛进行守卫，提升了城池的防御能力。在良渚古城城池南墙缺口南面约 600 m 处，人们发现了东西向展开的狭长住址遗迹，从其位置与形态来看这显然是南墙缺口的补充防御手段，可见轩城的做法对于城池防御能力的消减是严重的。如果按照何休的说法，这些城址都在制度的执行上打了折扣，但也有方便日常的防御控制作为理由，大体上给制度留足了面子①。

这几座采用了"轩城"做法的城池，城内面积至少在 1 km^2 以上。在当时，营造这样的城池需要巨大的社会投入和技术支持，也就是说，这些城池本身已经表明，它们的拥有者不是等闲之辈。这些具有相当能力的地方势力在城池的建设上放弃了一定的防御能力表示某种服从，当然是因为外部存在着在文化及军事能力上更为有力的单位。或者说，这些城池的存在，表明了在距今 4 500 年前后，已经存在着一个影响范围北至陕西北部，东至杭嘉湖平原，南至湖北境内的广大的地区权力单位。拥有石峁、良渚、石家河古城的且具有地方特征的文化政治集团与这个权力单位之间的关系，存在着明确的臣服内容。

提出"游团—部落—酋邦—国家"这一国家产生路径的塞维斯(Elman R. Service)认为，"一个真正的国家，不管发展不发展，与酋邦以及其他更低阶级的社会之区别，突出地表现在一种特殊的社会控制方式之中，也即武力合法地掌握在社会的某一部分人手上，他们不断地使用武力或者威胁要使用武力，以此作为维护社会秩序的基本手段"[7]。上列轩城的存在，一方面表示在它们之外，存在着一个对其持续威胁要使用武力的权力单位，另一方面也毋庸争辩地显示了这些城池的拥有者承认另外有人在一定条件下可以合法地对其动武。也就是说，在距今 4 500 年左右，即在夏王朝成立前的三四百年，某种形式的广域国家在华夏文明的中心区已经产生。

从现知的考古发掘资料来看，城垣缺其一面的做法，主要发生在较大的城址上。中小型的城址，一般不会采用"缺其南面"的做法，如在山东发现的大致同时期的城子崖城址和景阳冈城址，其平面形状分别与良渚古城城址和石峁古城城址相类，面积分别为 20 hm^2 和 38 hm^2，但却并没有采用轩城的格局(图 2)。至于城堡类的城址，更与轩城做法无缘。这似乎是说，在制度的制定者看来，只有那些有可能给最高统治者造成挑战者的城池，才有必要采用轩城的做法。从另一个角度来看，虽然对于天子的周城来说，缺其南面是等级较低的做法，但对于其他聚落来说，轩城反而可以作为其拥有者更具实力的表达。

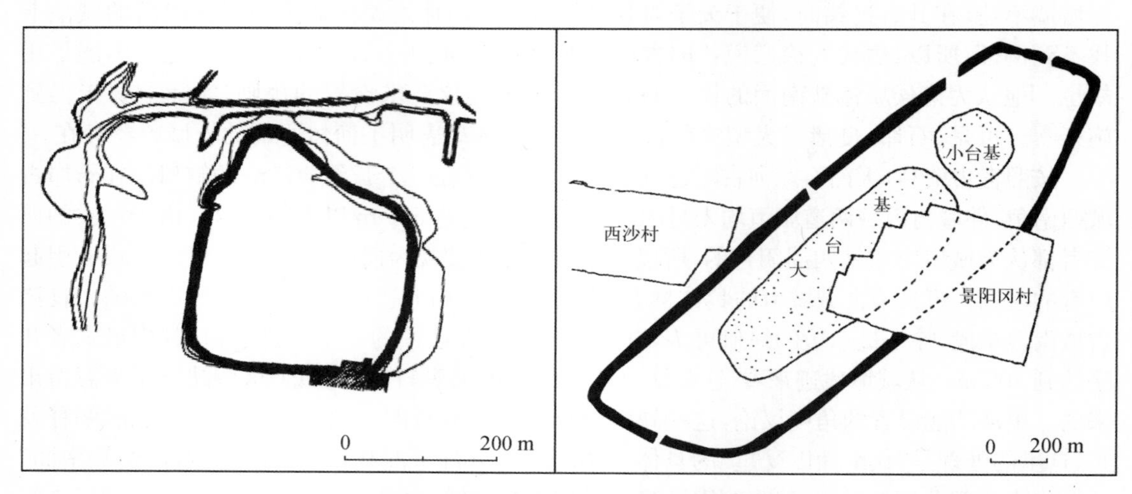

图 2　城子崖(左图)、景阳冈(右图)城址图

2　帝尧都城的制作

既然有一系列的诸侯轩城存在，那么当时的天子之城在哪儿？考古发掘似乎也给这个问题的解决提供了机会。人们在山西发掘到了与上列古城存在时间相若、与帝尧相关的陶寺古城城址。

按照传统文献，帝尧是夏代之前最为重要的广域王朝统治者之一。《尚书·尧典》说：

曰若稽古帝尧，曰放勋，钦、明、文、思、安安，允恭克让，光被四表，格于上下。克明俊德，以亲九族。九族既睦，平章百姓。百姓昭明，协和万邦。黎民于变时雍。乃命羲和，钦若昊天，历象日月星辰，敬授民时。分命羲仲，宅嵎夷，曰旸谷。寅宾出日，平秩东作。日中，星鸟，以殷仲春。厥民析，鸟兽孳尾。申命羲叔，宅南交，曰明都。平秩南为，敬致。日永，星火，以正仲夏。厥民因，鸟兽希革。分命和仲，宅西，曰昧谷。寅饯纳日，平秩西成。宵中，星虚，以殷仲秋。厥民夷，鸟兽毛毨。申命和叔，宅朔方，曰幽都。平秩朔易。日短，星昴，以正仲冬。厥民隩，鸟兽氄毛[8]。

“帝”字的使用，表明了古人认为尧所主持的权力单位与后世王朝相同。“万邦”应该涉及一个相当广袤的空间。“协和”二字则强调王朝的存在和上下关系的确认依靠的是文化与政治的力量。“宅”则是指在一定地方安排住宅甚至聚落，“分命羲仲，宅嵎夷”就是派遣羲仲到嵎夷设立居地。

《尚书·尧典》在对帝尧做概括地介绍后，立即用相当的篇幅叙述他安排一系列人员观测日月星辰，以敬授民时。把这种叙述方式与前文所用的“协和”二字联系起来，似乎暗示在确认统治地位的诸种手段中，相当重要甚至是至为关键的是帝尧一族在历法技术上的优胜。在现代社会，历法的确定首先是一个科学事项，可在 4 000 多年前，在基本靠天吃饭的农耕时代，准确的历法不仅是农业生产以及日常生活秩序建构的核心依据，并且还是人与神灵沟通方式有效和得体的具体表达。对于当时的人来说,提供准确的历法可以是确认自身优势并规范社会的基础条件。所以某些族裔凭借历法技术的优胜,获得他人的膺服是完全可以想象的。依现在的知识,在有限的范围里设置不同的天象观测点对于观测准确性提升的帮助或者有限,但从景观上来看这些观测点的设置却在显现帝尧在文化优势上价值明显。所以,在一定意义上,帝尧颇具形式感的设置安排“羲仲”“羲叔”“和仲”与“和叔”之所宅,不仅是观象的需求,更加是表明自己权利神圣性、有效性的手段。

郑玄《诗谱》曰:“尧始居晋阳,后迁河东。”阎若璩《尚书疏证》说:“尧为天子,实先都晋阳,后迁平阳府。”晋阳大致在今太原;平阳,春秋为晋羊舌氏邑。《左传·昭公二十八年》中指出,晋分羊舌氏之田以为三县,赵朝为平阳大夫。汉代置平阳县,三国魏置平阳郡,故治在今山西临汾市西南[9]。

而陶寺古城正在今山西临汾市西南的襄汾县塔儿山西麓。

陶寺古城由大城和小城两部分构成,大城平面为圆角长方形,南北最长处为 2 150 m,最短处为 725 m,东西最长处为 1 650 m,建造时间在公元前 2100—前 2000 年。大城轴向与石峁古城相同,大致为东北—西南走向。小城位于大城东北部,建于公元前 2300 年前后,平面为圆角长方形,南北长 1 000 m,东西宽 560 m,面积约为 56 hm^2。大城的修造与小城的废弃同步,大城东部有同一时期的夹城。夹城东部为中期贵族墓地,中部是以观象祭祀台为主体的建筑群,西部是零星的小型建筑基址(图 3)。观象祭祀台的建筑平面形状为大半圆形,面积为 1 400 m^2。发掘者根据考古发现的三道夯土墙推测,此处原应有三层台基,第三层平台上有半环形分布的夯土柱列,可能是用来形成观测缝,观测缝的主要功能是观日出、定节气。该建筑附属的夯土东阶及生土半月台,推测应该是用于礼仪活动时人员驻停的场所(图 4)。

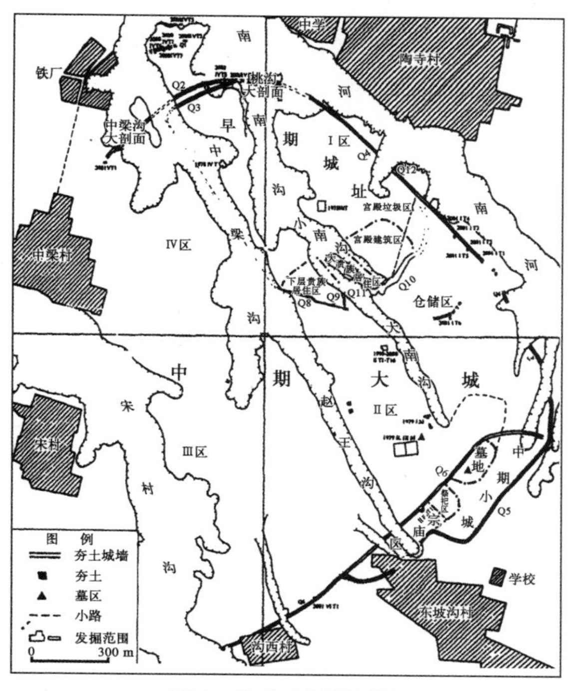

图 3　陶寺古城城址图

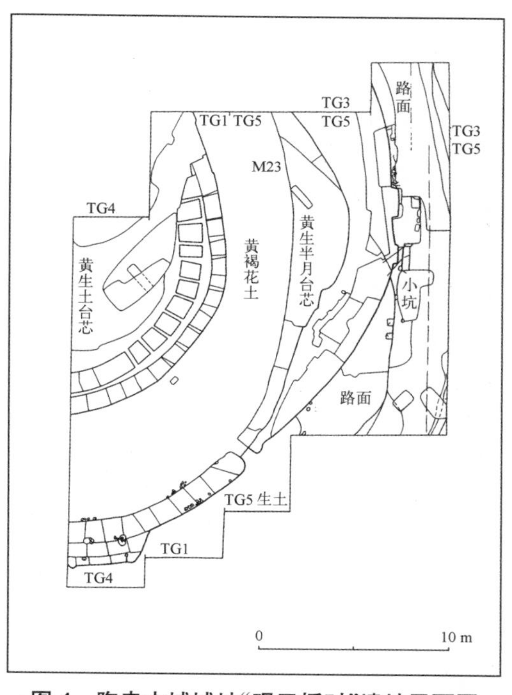

图 4　陶寺古城城址“观天授时”遗址平面图

20世纪70年代末至80年代初，在陶寺古城的大型墓葬中，出土了鼍鼓、特磬及龙纹陶盘、玉钺、王瑗等“重器”[10]。庞大的城池规模，特殊的观象祭祀建筑，高规格的墓葬以及位于临汾市西南的地理位置，让人不得不认为陶寺古城就是帝尧的都城[11]。

可是，从城址的具体情况着眼，把陶寺古城认作尧都有着巨大的障碍。首先，陶寺古城的面积远小于距此不远且存续时间大致相同的石峁古城。其次，也许更为重要的是，陶寺古城也是一个“轩城”，并且是一个南城墙完全缺失的“轩城”。考古发掘表明陶寺古城南部为宋村沟，其东墙与西墙皆在沟边止住，并未形成城垣周环的形态。

那么，这个面积亦属可观的城池在当时是为何而建？结合考古资料和《尚书·尧典》所述，或许可以认为陶寺古城是帝尧在都城之外另设的四个天象观测点之一。陶寺古城夹城中的观象祭祀设施，是对这种判断最有力的支持。在夹城大墓出土的鼍鼓、特磬等不同于一般墓葬所见的可以认作通天功能的器具，不仅表明了被埋葬者身份贵重，而且表明他们是具有特殊通神能力的天象观测师。特别是这些墓葬中的尸体均为头向东南，与观象台在城址上的方位相同，暗示了被埋葬者的职责与观象授时的特殊关系。从建造顺序上来看，这个居地一开始规模有限，在夏王朝诞生前夜进行的城池规模扩张和观象设施规格的提升，似乎显示出当时的统治者面临权威性的挑战，这也正与当时可能的政治军事形势相呼应。

何驽认为，陶寺“并非由小聚落，经中型聚落自然发展，凝结成大聚落或都城，没有前期聚落自然生长的过程，而以‘空降’似的‘落地生根’特征给人以横空出世之感”[12]。高炜指出，“从考古发现看，在同时期各区系中，陶寺文化的发展水平最高，但它的覆盖面大致未超出临汾盆地的范围；它同周邻文化的关系，则表现为重吸纳而少放射。若同二里头文化比较，可明显看到陶寺文化的局限性，说明陶寺尚未形成像二里头那样的具有全国意义的文化中心”[13]。在我们看来，“空降”似的“落地生根”正好说明该聚落是受人指令派遣的产物，而“重吸纳而少放射”则说明了它不是一般意义上的聚落，而是为了根据指令专门执行指定任务的专业性聚落。它虽然文化水平高，但却无意于对周边地区的征服。

虽然陶寺古城的拥有者无意于对周边地区的征服，但是相应的防御还是要给予足够重视的。考古发掘揭示，与陶寺同属一系的聚落主要置于古城的西南方，这种做法，当然是要弥补城南垣缺失造成的防御能力的损失。

《尚书·尧典》述及的“羲仲”“羲叔”“和仲”“和叔”之所宅，应该分别处于都城的四个方向，从都城意义建构上来讲，它们不是全然独立的城邑，而是都城组织的必要部分。从古人往往通过观测日影来判断时间和方位来看，设在东南方向的天象观察点应该是相对重要的，所以陶寺在规格上高于其他三个观测点是可以想象的。虽然有可能存在着差异，但至少在概念上，四向四宅的安排一定会赋予大致位于中心的都城以强烈的中心性，使其明确为形式上的“中国”，并十分明白地凌驾于其他聚落之上。

3　大禹都城的制作

将城址的南部逼近沟壑或水道建设，使得水道和沟壑成为由南边进入城址的障碍，应该是弥补“轩城”所造成的防御体系缺失的重要手段。除去陶寺古城城址，这种做法还可以在龙山末期的另外一些城址看到，如河南新郑的新砦遗址与河南登封的王城岗城址。

王城岗龙山城址位于东周时所建的阳城西南方约1 000 m的地方。城址由大城和小城两部分构成，小城在大城东北部，为两个方约 1 hm^2 的部分东西并列而成。小城建于公元前 2150 年之前，早于夏代积年约 100 年；大城建于公元前 2100 年左右，也略早于夏代积年。大城东濒五渡河，南临颍河，表现出利用这两条河形成东、南方防御屏障的意图。现在发掘到的城墙仅为西墙与北墙。西墙长约 580 m，北墙长约 600 m，东墙应为五渡河所毁，南墙未能发现。如果原来东墙逼近五渡河设置，王城岗古城内的面积约为 40 hm^2。从颍河和城池的位置关系及颍河此段走势与陶寺古城的宋村沟相同来看，南墙应本未建，所以该城亦应为轩城[14-15]（图 5）。

因为王城岗龙山城址就在东周时期的阳城附近，所以推测该城为更为古远的阳城是合理的（图 6）。有学者结合"禹都阳城"的古说，指该城址即为大禹之所都。如果如此，王城岗小城起建之时，其时陶寺古城还正兴盛，其仅 2 hm^2 的规模显示当时禹之一族地位有限。单从城池本身来看，只是小城的王城岗防御相当薄弱，但从地形、区位上来看，它位于颍河上游，北有双洎河、背靠嵩山、西南为箕山、东为具茨山。从外部接近王城岗，相对方便的办法是利用东西和南面的两道峡谷，这当然使其易守难攻；加上其地水源丰沛，所以城虽不大，但却相当安全（图 7）。公元前 2100 左右，应是夏人开始勃兴的时期，与此呼应，王城岗修造了大城，与大城同时兴起的还有瓦店龙山文化聚落。瓦店位于颍河下游，正位于由南向北通往王城岗的通道上，它的兴起对于强化王城岗的防御大有助益。

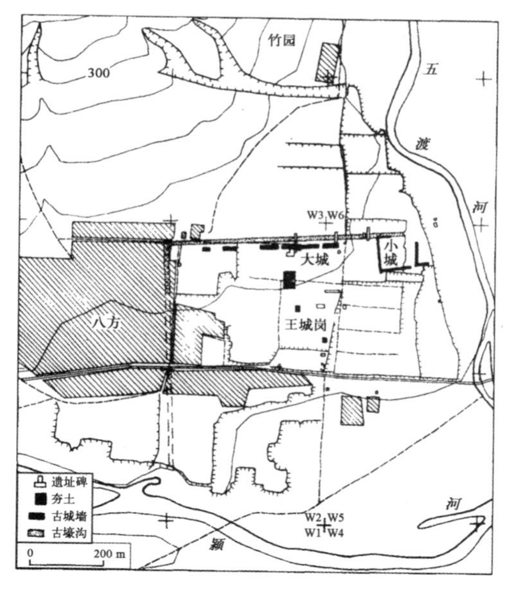

图 5　王城岗城址图

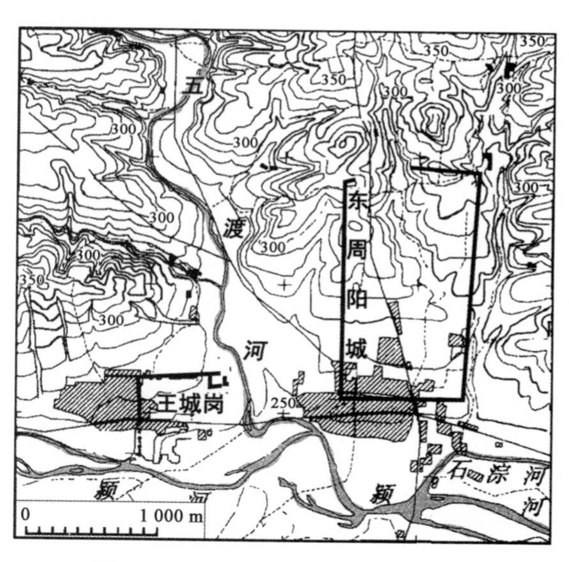

图 6　王城岗与东周阳城位置关系图

在进入夏代积年后不久，即公元前 2020 年前后，在王城岗以东的双洎河上游出现了古城寨龙山城址，从位置上来看，古城寨封住了由东西进入王城岗地区的通道，所以它的出现更进一步增强了王城岗的防御水平。从时间上来看，古城寨兴起于夏人初据主位之时，正是要进一步提升都城安全水平的当口。我们认为，王城岗本身的建设及周边组织聚落的变化与夏人历史状态的耦合，从侧面表明了王城岗古城的特殊性，支持了王城岗古城为"禹之所都"的判断。

王城岗地处丘陵，交通不便，在自身发展与对外辐射上颇受制约，对于一个谋求更大发

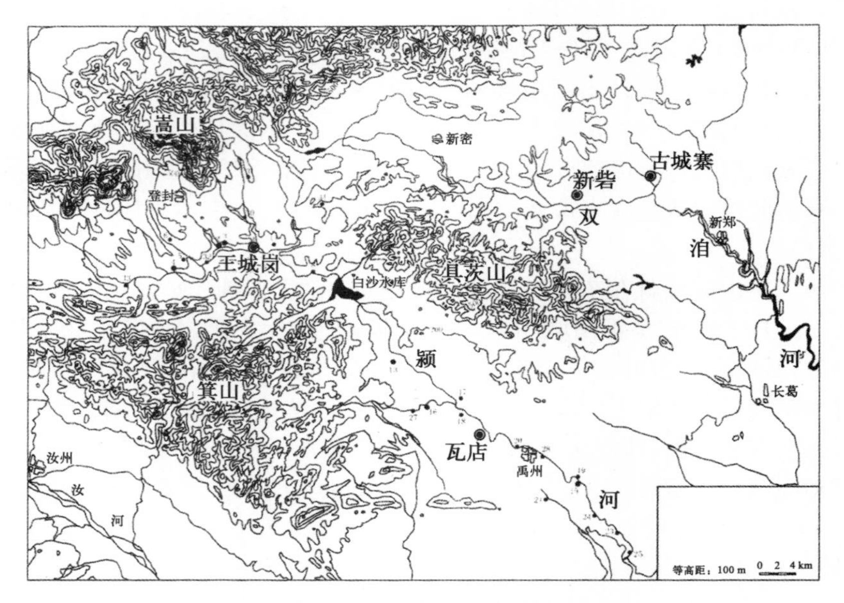

图 7　王城岗区位地形图

展的族群而言，都城走向平原是很自然的要求。约公元前 1900 年，在古城寨附近的双洎河北岸，兴起了大邑新砦。新砦是一个面积达 70 hm^2 的设防聚落，其由内城、外城和外壕三个层次的防御设施组成，在其北面和南面都有河道作为进入的屏障（图 8）。从文化类型上来看，新砦期遗存是王城岗文化与后来的二里头文化的结合，在新砦兴起时，王城岗开始衰落，所以将新砦视为继王城岗之后的夏人都城是有道理的。新砦处在中原开阔空间的边缘，把

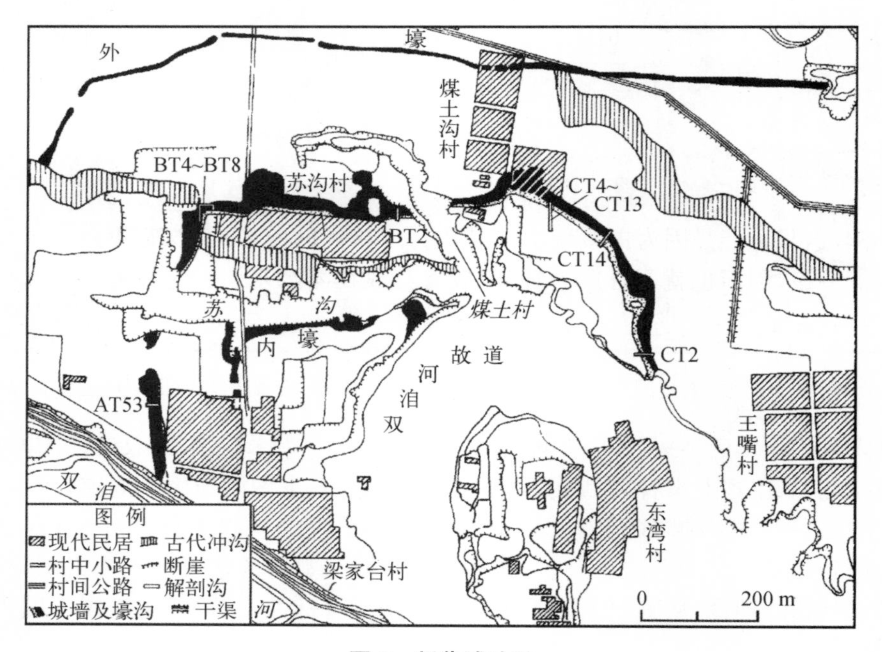

图 8　新砦城址图

新砦遗址与后来被判为夏代中晚期都城的二里头遗址联系起来看，它应是夏人从丘陵走向平原的一个空间步骤。考古资料表明，新砦古城成立以后，相关的文化遗存在更大的范围铺展开来②。

从城址的形态来看，新砦的东、西城垣应该抵达双洎河边不再向前，并且也未沿河形成四周围闭的城池，所以它仍然是一个轩城。从面积来看，虽然它比王城岗大出许多，但与帝尧时的各个大城相比，其规模也应该算是十分有限。

如果新砦也是夏都，那么可以看到，一直到夏代积年之后的 200 余年，夏人的都城仍然没有采取天子之制，这种情况似乎意味着，在相当长的时间里，夏人并不以天子的身份自任。按照《史记·夏本纪》，在舜去世后，禹曾要把帝位让给舜的儿子商均，自己躲到阳城。在其立为天子后，又举用皋陶为帝位继承人，将之举荐给上天，其后又举用益，将国政授予他，禹死后，是益把帝位让给禹的儿子启[16]。这种周折，应该反映了在夏代初年乃至更长的时间里，夏人在政治和军事上并无特别优势，和其他族群的关系长期处在一个此消彼长、互有长短的状态。从政治操作的角度来看，其都城形制长期不采用最高规格，可以视为韬光养晦的策略，以避免他人争较。古代文献所称的“禹卑宫室”[16-17]，既可以视为这种政治策略的组成部分，也可以认为是这种政治策略的曲折表达。至于城池规模有限带来的防御能力不尽如人意的问题，夏人应该采用的还是老办法，即在都城的近便之处安排其他城池，形成具有一定纵深、在关键点实施扼控的京畿地区来解决。

从现有的考古成果来看，似乎在进入夏代以后，石峁古城、良渚古城那样的大型城址就销声匿迹了。现知的石峁古城等城址面积巨大，可其外面不临可以通航的河道，周边土地亦不属丰饶。由外部交通与农耕条件的方面着眼，这里也缺乏支持大量人口聚集的条件。现有发掘可见，石峁古城内部文化遗存的覆盖范围也相当有限，所以其城内居住人口未必充盈。即使是新砦这样的城址，城内也应该还有大量的空地。因而，在某种意义上，帝尧时那样巨大的城池并非人口和设施容纳之必须。它的建造不仅带来了巨大的经济压力，并且还会因为城内人口有限，造成防御上的困难。所以，夏代一朝不见石峁古城那样的巨大城址，在某种程度上是对并不实用的前朝大城做法的扬弃，也是人们开始注意到人与城之间应该有某种对应关系的表现。新砦就在古城砦边上，两者相距不足 10 km。夏人走向平原为何不径直利用古城砦，在其基础上扩展形成新的都城，而是放弃古城砦，另择新地建造城池？依我们推测，这很可能是因为古城砦本来是作为王城岗的配套而建，它不是主体，规模也只有王城岗的一半，因而也就不必造为轩城，故将其放在溱水东岸。这种地形条件，使得将之直接转为既要有一定规模，又不能过于嚣张的夏人都城存在困难。所以，当夏人需要在这个区域营造新的都城时，不用古城砦，在便于形成具有完整防御格局的双洎水北岸修造名义上的轩城就成了一个合理的选择。

《左传》说：“昔夏之方有德也，远方图物，贡金九牧，铸鼎象物，百物而为之备，使民知神奸。故民入川泽山林，不逢不若。魑魅魍魉，莫能逢之。用能协于上下，以承天休。”[18]在这里，我们看到，铸鼎象物之目的是使“民知神奸”，是使人们可以更好地生活在一个和平的秩序之中，其功用与帝尧“历象日月星辰，敬授民时”是一致的。从《禹贡》来看，相应的知识内容虽然不乏想象与创造，但在当时却应有足够的真确性并成为其特殊通神能力的表达。所以，“九鼎”既通过博物志的办法向人们提供了一个生活框架，又是大禹功德及通神能力的显示。把这些铜鼎置于聚落核心空间供奉，是永久地向人们宣示大禹在确立世界秩序上的贡献，并表明他作为天下共主的必然性关键表达。在这层意义上，虽然夏人的都城规模有限，却以“九鼎”的设置使夏人的都城成为神圣之城，从而区别于其他的城池。

4 四宅之设与九鼎之重

大规模城池和城池制度的存在表明了不同的政治文化之间的攻伐已经达到了相当激烈的程度。军事征服当然是秩序建立的重要手段，但它并不是唯一的手段，至少在中国历史上是如此。《左传·成公十三年》云：“国之大事，在祀与戎。”[18]也就是说，在秩序的建立中，祭祀与征伐是并行的两轮。至少在叙述上，祭祀是排在前面的秩序建构手段。外施攻伐、内行侵夺的理由往往是攻伐、侵夺的对象违背了天意、天道，所以，祭祀特权或在通神方面的优势可以是实行军事特权的基础。上古的一定时期，祭祀特权的取得要依托自身的通神能力，而通神这种特殊能力的表现核心其实是对自然更加准确的把握和言之成理的解释。帝尧集团借助在历法上的贡献确定了自己天下共主的地位，大禹一族则是通过梳理纷繁的博物知识，并用治水确认这种知识的有效性获得了天下对其通神能力的认同。帝尧和大禹之居均要在其实施统治的关键场所，以突出的方式向人们展示它们在通神方面的优势，显示它们为人间秩序的源头。于是尧都之外另有四宅之设，禹都中心强调九鼎之重。

［本文为国家自然科学基金资助项目“中国传统建筑类型系统的形成、变迁与应用方式研究”(51378310)、“中国传统聚落型制史与建设性遗存的空间原意呈现型保护”(编号：51678362)部分成果］

注释

① 参见参考文献[1]、[2]、[3]。

② 上文所说各城的建造年代，参考方燕明. 夏代前期城址的考古学观察[M]//吉林大学边疆考古研究中心. 新果集——庆祝林沄先生七十华诞论文集. 北京：科学出版社，2009。

参考文献

[1] 陕西省考古研究所，榆林市考古勘探队，神木县文物局. 陕西神木县石峁遗址[J]. 文物，2013(7)：15－24.

[2] 浙江省文物考古研究所. 杭州市余杭区良渚古城遗址2006—2007年的发掘[J]. 考古，2008(7)：3－10.

[3] 中华人民共和国科学技术部，国家文物局. 早期中国——中华文明起源[M]. 北京：文物出版社，2009.

[4] 石河考古队. 湖北天门市邓家湾遗址1992年发掘简报[J]. 文物，1994(4)：32－41.

[5] 北京大学考古系，湖北省文物考古研究所石家河考古队，湖北省荆州地区博物馆. 石家河遗址群调查报告[J]. 南方民族考古，1993(1)：213－294.

[6] 李学勤. 春秋公羊传注疏[M].《十三经注疏》整理委员会，整理. 北京：北京大学出版社，1999.

[7] 王震中. 重建中国上古史的探索[M]. 昆明：云南人民出版社，2015.

[8] 孙星衍. 尚书今古文注疏[M]. 陈抗，盛冬铃，点校. 北京：中华书局，1986.

[9] 李学勤. 毛诗正义[M]. 龚抗云，等，整理. 北京：北京大学出版社，1999.

[10] 刘庆柱. 中国古代都城考古发现与研究(上)[M]. 北京：社会科学文献出版社，2016.

[11] 何驽. 尧都何在？——陶寺城址发现的考古指证[J]. 史学志刊，2015(2)：1－6.

[12] 何努.2010年陶寺遗址群聚落形态考古实践与理论收获[J].中国社会科学院古代文明研究中心通讯,2011(21):46-57.
[13] 高炜.晋西南与中国古代文明的形成[M]//中国考古学会,山西省考古学会,山西省考古研究所.汾河湾:丁村文化与晋文化考古学术研讨会文集.太原:山西高校联合出版社,1996.
[14] 北京大学考古文博学院,河南省文物考古研究所.登封王城岗考古发现与研究(2002—2005)[M].郑州:大象出版社,2007.
[15] 方燕明.夏代前期城址的考古学观察[M]//吉林大学边疆考古研究中心.新果集——庆祝林沄先生七十华诞论文集.北京:科学出版社,2009.
[16] 司马迁.史记[M].北京:中华书局,2000.
[17] 李学勤.论语注疏[M].朱汉民,整理.北京:北京大学出版社,1999.
[18] 李学勤.春秋左传正义[M].浦卫忠,等,整理.北京:北京大学出版社,1999.

图表来源

图1源自:笔者根据刘庆柱.中国古代都城考古发现与研究(上)[M].北京:社会科学文献出版社,2016;浙江省文物考古研究所.杭州市余杭区良渚古城遗址2006—2007年的发掘[J].考古,2008(7):3-10;湖北省荆州博物馆,湖北省文物考古研究所,北京大学考古学石家河考古队.肖家屋脊[M].北京:文物出版社,1999三篇文献的配图改绘.

图2源自:笔者根据严文明.近年聚落考古的进展[J].考古与文物,1997(2):35-39;山东省文物考古研究所,聊城地区文化局文物研究室.山东阳谷县景阳冈龙山文化城址调查与试掘[J].考古,1997(5):11-24两篇文献的配图改绘.

图3源自:笔者根据高江涛.陶寺遗址聚落形态的初步考察[J].中原文物,2007(3):13-20配图改绘.

图4源自:笔者根据中国社会科学院考古研究所山西队,山西省考古研究所,临汾市文物局.山西襄汾县陶寺中期城址大型建筑Ⅱ FJT1基址2004—2005年发掘简报[J].考古,2007(4):3-25配图改绘.

图5、图6源自:笔者根据北京大学考古文博学院,河南省文物考古研究所.河南登封市王城岗遗址2002、2004年发掘简报[J].考古,2006(9):3-15配图改绘.

图7源自:笔者根据许宏.何以中国:公元前2000年的中原图景[M].北京:三联书店,2014配图改绘.

图8源自:笔者根据中国社会科学院考古研究所河南新砦队,郑州市文物考古研究院.河南新密市新砦遗址东城墙发掘简报[J].考古,2009(2):16-31配图改绘.

城市规划口述历史方法思考：

以《八大重点城市规划：新中国成立初期的城市规划历史研究》老专家访谈为例

李　浩

Title: Thinking on Oral History of Urban Planning: The Interviews with the Old Experts on *The Planning of Eight Key New Industrial Cities: Study on the Urban Planning History in the Early Days of the People's Republic of China*

Author: Li Hao

摘　要　本文结合"一五"时期八大重点城市规划的历史研究工作，针对老专家访谈的具体实践，对城市规划口述历史工作的方法进行了讨论。概括起来，城市规划的口述历史应当采取一种专题性、互动式、研究型的实施方法与技术路线。城市规划的口述历史，并非是要取代档案研究，而是要与档案互动，成为其有益补充，从而促使历史研究走向准确、完整、鲜活和生动。

关键词　城市史；城市规划史；中华人民共和国；"一五"时期；新工业城市建设

Abstract: This paper discusses the methods of oral history work of urban planning by the specific practice of the interviews with the old experts during the study of the planning of eight key new industrial cities in 'the first five-years-plan' period. To sum up, the oral history of urban planning should take a special, interactive and investigative route. The oral history of urban planning is not to replace the study of archives, but to interact with the archives, to become a useful supplement, which makes the study of history to be accurate, complete, fresh and vivid.

Keywords: Urban History; Urban Planning History; People's Republic of China; 'The First Five-Years-Plan' Period; The Construction of New Industrial City

口述历史的兴起，是当代历史科学发展的一个重要现象。越来越多的人开始关注口述历史，电视、网络或报刊上纷纷掀起形式多样的口述史热潮，图书出版界也出现了"口述史一枝独秀"的新格局[1]，甚至有学者将口述史学称为对传统史学研究方法的"一场革命性的变革"[2]。对于城市规划的历史与理论研究而言，口述历史工作究竟有何价值，如何具体运用口述历史的研究方法，这还是学术研究中较少触及的一个话题。本文结合"一五"时期八大重点城市规划的历史研究工作，

作者简介

李　浩，中国城市规划设计研究院，教授级高级城市规划师

针对老专家访谈的具体实践，尝试对此问题做一些初步的思考，期望引起同行的关注和讨论。

1　八大重点城市规划及其历史研究

所谓八大重点城市，是一个城市分类的政策性概念，即国家重点投资建设的一种城市类型。1952 年 9 月，在中央财政经济委员会主持召开的全国城市建设座谈会上，首次提出八大重点城市的概念；1954 年 6 月，全国第一次城市建设会议又进行过一些调整。八大重点城市具体包括西安、洛阳、兰州、包头、太原、成都、武汉和大同八个城市。在这八个城市中，苏联帮助援建的“156 项工程”有着比较集中的分布。从空间分布来看，八大重点城市主要集中在中西部地区，与国家“一五”计划中的华北、西北、华中、西南四大工业基地，有着明确的对应关系。这样的一种格局，明确反映出“防范战争威胁，促进生产力均衡布局”的指导思想(图 1)。

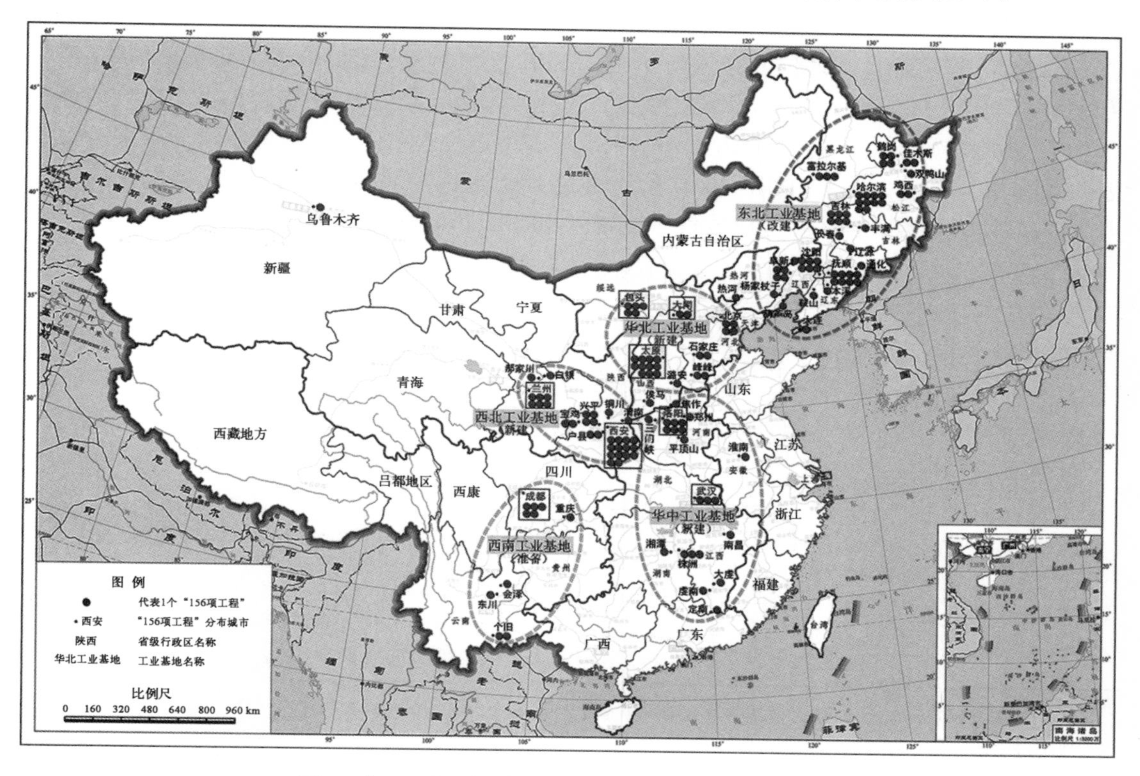

图 1　“156 项工程”与八大重点城市空间分布示意图

注：图中每个圆点代表一个“156 项工程”。审图号为 GS(2008)1272 号。

作为中华人民共和国成立初期国家层面主导的首批最为重要的重大城市规划活动，八大重点城市的规划工作，大致是 1952 年全国城市建设座谈会以后着手准备，1953 年“一五”计划开始后正式启动，1954 年加快推进。规划工作在苏联专家指导下进行，中央和各地区之间开展了相互援助。规划成果在 1954 年 9 月前后编制完成，随后，新成立的国家建委进行了为期两个月的集中审查。1954 年 12 月，国家建委率先批准了西安、洛阳、兰州三个城市的初步规划。1955 年 11—12 月，中央、国家建委和国家城建总局又分别批复了包头、成都、大同的规划。太原和武汉两市规划的情况比较特殊,“一五”期间没有获得正式批复。

在国家自然科学基金的资助下,笔者对八大重点城市规划的历史研究包括两个方面:一方面从城市规划工作的时代背景、规划编制内容与技术方法、规划方案特点及其渊源、苏联专家的技术援助、规划的审批和实施情况,对八大重点城市规划工作进行了系统的历史考察;另一方面针对中华人民共和国成立初期的城市规划技术力量状况、苏联本土规划模式的来源、八大重点城市规划与“苏联规划模式”的关系、“洛阳模式”与“梁陈方案”的对比分析、1957年的“反四过运动”以及八大重点城市规划工作的评价等主要问题,进行了专题分析和讨论。该研究报告已作为中国城市规划设计研究院(以下简称中规院)的重大项目成果,由中国建筑工业出版社正式出版[3]。

2 老专家访谈工作及主要收获

在八大重点城市规划的历史研究过程中,以及研究报告初稿完成后,笔者曾拜访了数十位专家学者,其中,与30多位专家进行了当面交流,近10位专家提供了书面意见,还有部分专家由于没有参加那段工作、不了解相关情况或身体方面的原因等,明确表示提不出具体意见(表1)。值得特别报告的是,在笔者拜访的专家学者中,有20多位老专家属于八大重点城市规划的亲历者。在这些规划完成60多年之后,还能拜访到这么多的历史见证人,他们都已经八九十岁高龄,大多数身体还很健康。对于规划行业而言,这首先就是可喜可贺的事情!

表1 《八大重点城市规划:新中国成立初期的城市规划历史研究》专家访谈情况(截至2016年5月)

类型	专家名单
“一五”时期的城市规划工作者	万列风*、贺雨*、周干峙*、赵士修*、刘学海*、赵瑾*、吴纯*、魏士衡*、徐钜洲*、夏宗玕#、金经元*、石成球+、郭增荣+、刘德涵*、迟顺芝*、赵淑梅*、王伯森*、常颖存*、邹德慈*、夏宁初*、张贤利*、靳君达*+、高殿珠*、王进益#、周润爱#、瞿雪贞*、王健平*、张国华#、王祖毅#等
年纪稍轻的城市规划老专家	陈为邦*、汪德华*、王凤武*、任致远*+、甘伟林*、毛其智*、陈锋*+、刘仁根*+、官大雨*+等
关心规划史研究的专家学者	吴良镛*、胡序威#、王瑞珠*、冯利芳*、俞滨洋*、李百浩+、武廷海*、王军*、汪科*等; 中规院部分专家以及在八个城市承担规划项目的一些同事(名单省略)

注:1)本表以老专家为主,同时也包括部分中青年专家。2)反馈情况:专家姓名后标注“*”者,表示进行了当面交流与讨论;标注“+”者,表示提供了书面意见;标注“#”者,系专家表示提不出具体意见。

对于八大重点城市规划的历史研究而言,近年来的老专家访谈工作主要起到了如下六个方面的作用:

2.1 对有关档案或文献信息的校核与补充

在八大重点城市规划历史研究的前期,研究工作方法以档案查询、整理、分析和解读为重点。在老专家访谈过程中,首要贡献即对有关档案资料的真实性、可靠性等进行了检验。表2是60多年前建工部城市设计院(中规院的前身)刚成立①时的人员名单,主要依据的是中央档案馆的一些档案资料,它在一定程度上反映了中华人民共和国成立初期中央设计机构中的规划技术力量状况。据老专家访谈，这份名单绝大部分与实际是相符的，但也有一些特殊情况。譬如，刘德涵先生回忆，在 1954 年 11 月之前已经进入城市设计院，但该表未列出的人员主要有车维元、黄世珂、张孝纪、徐美琪等[②]；常颖存先生回忆，他入院时是实习生的身份，还没听说过“附属工作室”的说法[③]。

表 2　建工部城市设计院组织机构及主要人员（1954 年 11 月）

<table>
<tr><th colspan="2">系列</th><th colspan="2">机构及负责人</th><th colspan="2">主要成员</th></tr>
<tr><td rowspan="16">副院长：
李正冠、
史克宁</td><td rowspan="11">技术系列</td><td rowspan="5">规划处
（副处长：
万列风、
贺雨）</td><td>总图设计组
（组长：赵师愈）</td><td colspan="2">唐天佑、黄世珂、张贤利、康树仁、王乃璋、郑续华、龚全涛、常启发、马熙成、夏宗玕</td></tr>
<tr><td>第一组
（组长：周干峙）</td><td colspan="2">张恩源、李士达、蒋天祥、赵光谦、孙志聪、谢维荣、胡泰荣、郭耀铨</td></tr>
<tr><td>第二组
（组长：王良）</td><td colspan="2">何瑞华、陆时协、张友良、胡开华、励绍磷、李金融、丁百齐、宁钟琳、黄克心、胡绍英</td></tr>
<tr><td>第三组
（组长：刘学海）</td><td colspan="2">雷佑康、潘家镕、吴纯、张如梅、廖舜耕、谭华、陈慧君、潘志英</td></tr>
<tr><td>第四组
（组长：朱贤芬）</td><td colspan="2">孙栋家、陈文治、魏士衡、栗清干、李玮然、吴明清、曹云森、李月顺、耕欣、刘正、刘欣泰、刘玉丽、沈远翔、余宗爱</td></tr>
<tr><td colspan="2">标准设计处
（副处长：陈明；
副组长：李北就）</td><td colspan="2">陈福镔、周绳禧、何润辉、刘茂楚、石镜磷、黄德良、莫之、方仲沅、王留庆、刘德涵、黄采霞、张全生、谢正平、陈映龙、刘兰萌</td></tr>
<tr><td colspan="2" rowspan="3">工程处
（处长：程世抚；
副处长：柴桐风）</td><td>第一组</td><td>谭璟、陈达文、李宝英、陈广涛、聂悦煤、王福庆、沈振智</td></tr>
<tr><td>第二组</td><td>王学博、曹鸿儒、黄丕德、高益民、赵淑梅、刘荣多、赵永清</td></tr>
<tr><td>第三组</td><td>戴正雄、黄智民、郑士彦、归善继、谢维荣</td></tr>
<tr><td colspan="2">资料组
（副组长：赵瑾、范天修）</td><td colspan="2">金鹏飞、王亮熙、曹润田、姜伯正、线续生、郭云峰、张宇</td></tr>
<tr><td colspan="2">附属工作室</td><td colspan="2">李济宪、孙东生、郑嘉风、刘锡印、陶冬顺、刘国祥、徐华明、吴孔范、赵垂齐、迟文南、王申正、刘德纶、赵砚州、倪国元、郭增荣、杜振安、李择武、常颖存、丁永文、何其中、申文成、董绍统、孙希珍、赵德琼、朱浩全、崔保坤、施平浩、吕长清、姚焕华、何金根、蔡文台、任端阳、利存仁、黄介荣、赵凤翔、张文才、徐德荣、李德契</td></tr>
<tr><td rowspan="5">行政系列</td><td colspan="2">秘书科（副科长：王仙居）</td><td colspan="2">董瑞华、方薇、王文池、石春茯、宋风湘</td></tr>
<tr><td colspan="2">人事科</td><td colspan="2">李光路、丁俊山、李玉珍、王毓兰、刘颖、王景秀</td></tr>
<tr><td colspan="2">计划科（副科长：张国印）</td><td colspan="2">陈良玉、龚如春</td></tr>
<tr><td colspan="2">行政科
（副科长：张增富、刘兆泉）</td><td colspan="2">陈子春、马维良、田增磷、刘港生、郑全喜、周文勋、白玉辉、凌盛兰、王淑贞、康文芬</td></tr>
<tr><td colspan="2">保卫科（科长：李英）</td><td colspan="2">厉敏、周桂枝</td></tr>
</table>

另外,《八大重点城市规划》书稿(草稿)中提到:“1956 年 2 月……鹿渠清被任命为城市设计院的院长,副院长包括史克宁、李蕴华、易锋。”这是引用中规院 40 周年院庆的材料[4]。万列风先生接受访谈时指出,“城(市设计)院副院长没有提到王峰”,并且王峰院长现在仍然健在,已经 90 多岁,就住在阜外大街④。

当然,由于时间久远,一些历史当事人的记忆存在着并不完全准确的情况,因而,老专家的一些口述并不能(宜)作为对有关档案信息进行修正的直接依据。但是,通过大量亲历者的多重检验,有助于历史研究者对有关史料的可信度做出整体性的宏观判断,则又是确信无疑的。

2.2 重要史料和重要人物等的新发现

在老专家访谈过程中,部分老专家提供了一些个人收藏的照片、书籍或文件等,使得八大重点城市规划历史研究的史料素材得以丰富和多样化。尤其是一些珍贵的历史照片,对于烘托或再现历史场景具有强烈的感染力。图 2 是苏联专家什基别里曼的讲稿,这位苏联专家是一位经济专家,是城市设计院苏联专家组的组长。图 3 是 1955 年版的《城市规划编制暂行办法(草案)》,这是 1956 年 7 月国家建委颁布《城市规划编制暂行办法》之前的一个重要的过程稿,对于城市规划编制办法演变的认识具有重要的解析价值。图 4 的这张照片是高殿珠先生提供的,高老当年是苏联专家马霍夫的专职翻译。这张照片非常清晰,里面有城市设计院的很多元老级人物,包括第一位正院长鹿渠清,最重要的一位副院长史克宁,很长时期内唯一的一级工程师程世抚等。

图 2　苏联经济专家什基别里曼的讲稿

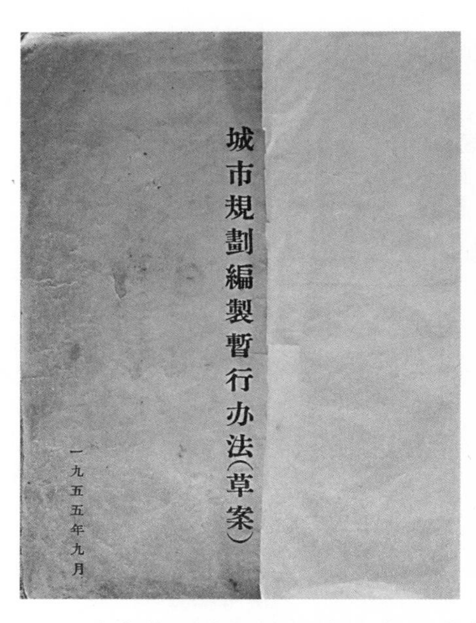

图 3　1955 年版的《城市规划编制暂行办法(草案)》

除了一些重要史料的发现之外,在拜访老专家的过程中,通过老专家的回忆和联想,还追踪到一些重要历史人物的有关线索。以图 5 的这张照片为例,它是张友良先生提供的,但照片中的苏联专家,笔者起初却并不清楚究竟是谁,在高殿珠先生的帮助下,辨认出来可能

图 4　国家城市设计院欢送苏联专家马霍夫回国留影

是巴拉金，并且把当年给巴拉金当专职翻译的靳君达先生的联系方式找了出来，后来，笔者与靳君达先生进行了多次的访谈(图 6)。在帮助我国规划工作的苏联专家中，巴拉金、穆欣和克拉夫秋克是其中最为重要的三位专家；并且，当年的翻译人员，还有兼任苏联专家工作秘书的身份性质。事隔 60 多年之后，还能拜访到巴拉金的翻译靳君达先生，实在是很大的幸运。

图 5　苏联专家巴拉金指导规划工作(1955 年)

图 6　靳君达先生接受访谈(2015 年)

2.3　“活的历史”的呈现

对于历史研究工作而言，有关城市规划活动的一些档案资料，往往是不完整甚或是缺失的，而老专家访谈和口述历史则为弥补这方面的遗憾提供了可能性。譬如，建工部城建局和城市设计院支援八大重点城市的各个规划组的组长信息，档案中并没有记载，笔者是通过向多位老专家请教才了解到的：“西安：万列风/周干峙。洛阳：程世抚/刘学海/魏士衡。包头：贺雨/赵师愈。太原：孙栋家/陈慧君。武汉：刘学海/吴纯。大同：马熙成”等⑤。同时，各个规划组还有一些工作调整的情况，如据刘学海先生回忆，在八大重点城市规划的前期，他曾担任中南组组长，负责武汉和洛阳两市，后期程世抚先生加盟洛阳组，改由程先生任洛阳组组长,刘先生任副组长。这样的工作调整情况,若非当事人的口述与有关说明,研究者是很难准确掌握并了解的。

城市规划工作过程中的一些事情、一些重要人物的贡献等,也只能通过老专家访谈来了解。据靳君达先生回忆,周干峙先生和何瑞华先生是苏联专家巴拉金最为欣赏的规划人员⑥。通过刘学海和魏士衡先生的回忆,生动再现了洛阳规划方案曾经一度“难产”、后来发动全体人员参与设计、苏联专家看中何瑞华方案和魏士衡方案、最后何瑞华方案入选的曲折过程⑦。

此外,老专家在谈话中,还回忆起不少故事,其中不乏“美女”和“美食”等生动有趣的话题。譬如,巴拉金“丢了相机、看到了美女”的故事发生在杭州西湖;西安规划组的规划人员去展览会看美女,看完回去的半路上,又专门返回去再看了一轮;还有梁思成和吴良镛先生去洛阳组观摩、齐康先生到城市设计院实习等。王伯森夫妇在谈话时,回忆起赵瑾先生结婚时的一副对联,横批“完璧归赵”巧妙地运用了赵总夫妇二人的名字(赵瑾、彭璧鼎)。这些故事的呈现,使历史研究不再是枯燥乏味之事,而是有许多感性、鲜活的内容。

2.4 学术观点的“百家争鸣”

对于某些问题,不同的专家有不同的看法,这对有关问题的认识具有开阔思路的重要意义。以武汉市规划为例,“一五”时期没有获得批复,究竟是什么原因呢?笔者研究后推测,这可能跟“二汽”(第二汽车制造厂)从武汉迁往成都选址一样:介于两湖之间,空中目标显著,容易遭受敌人空袭。对此,早期担任中南组组长的刘学海先生回忆:“之所以没有批准,也可能是武汉市本身对批不批准无所谓,比如西安的规划李廷弼就抓得很紧,他是建设局局长。”⑧后期担任武汉组组长的吴纯先生回忆,原因可能是当时的规划方案“艺术布局非常理想化”,“要实现起来困难比较大”。⑨

再以1957年的“反四过”运动为例,不少老同志较普遍地认为,“四过”(规模过大、标准过高、占地过多、求新过急)并不是城市规划工作造成的,“反四过”是冤案。吴纯先生提出,“规划人员的工作是不是就完美无缺呢?出了问题能否都怪领导呢?”她主张大家要冷静下来,积极检查改进自己的工作⑨。而徐钜洲先生则指出,“四过”实际是城市规划工作中最主要的一些内容,也可以用它来衡量城市规划工作究竟是否合适⑩。

2.5 重要史实的澄清和重要科学问题的提出

在老专家访谈过程中,围绕一些重大问题展开持续讨论和追问,访谈逐渐走向深入,使某些重要史实的关键信息得以浮出水面,为一些历史谜团的廓清提供了重要佐证依据。仍以“反四过”为例,2014年9月18日拜访赵瑾先生时,他回忆起20世纪80年代初曾当面听到原国家计委委员、城建局局长曹言行先生说过:“四过是我提的,现在看来是错的。”曹先生自己都承认了。2015年11月26日再度拜访赵先生时,赵先生已经找到了当年的工作日记,曹言行先生的讲话是在1980年全国城市规划工作会议的第2天(10月6日)。日记中的一些文字,如“六〇年(1960年)李富春同志在计划会议上说三年不搞规划,对城市建设工作是一个很大的打击。五十年代(1950年代)批判四过也是一个打击,是给城市建设规划泼冷水。这我参加的有责任。其实标准不高,现在看凡是宽马路的现在都占便宜,窄马路的都吃了亏”(图7),清楚地表明了早年的决策者对于“反四过”问题认识态度的转变。

“城市规划”这个名词的来历，也是一个十分重要的话题。在中国的古代和近代，较多使用“规画”及“都市计划(画)”的概念，“城市规划”是中华人民共和国成立之后才较普遍使用的一个术语。据靳君达先生回忆，之所以叫“城市规划”，是 1952 年下半年刘达容(翻译人员)协助苏联专家穆欣工作期间，由翻译人员“创造”的一个名词，其内涵主要包括三个方面：(1)“这项工作是国民经济计划在一个具体城市里面的落实”，即与国民经济计划的衔接关系，也就是经常所讲的“国民经济计划的继续和具体化”；(2)“你究竟怎么落实，要用科学的方法来进行一个平面设计，以总图的形式表现出来”；(3)“这是一项综合性的工作”，“要编制城市规划总图，总图代表综合性”。那么，当时为什么没有使用“城市设计”一词呢？因为城市规划不是纯技术的内容，规划的确定需要行政方面和领导同志来拍板。为什么没有使用“城市计划”的概念呢？因为计划在没有批准之前什么也不是，规划则具有强制性；同时，使用“城市规划”也能够与“国民经济计划”有所区别[11]。

除了重要史实的澄清之外，老专家在谈话时还提出不少重要的科学命题。魏士衡先生回忆，1981 年参加国家城建总局的一次会议时，曾提出过“什么是城市的本质”的问题，魏先生认为“一个城市，那么复杂的问题你都还不知道，怎么就能搞城市规划了呢?”；“这个问题没解决。到现在也没解决”。[12]徐钜洲先生指出，“就城市规划来讲，应该分为两个部分，一部分是规划的政策研究结论，一部分是技术研究结论”；“研究城市规划，最好分两个阶段来说，不要混合在一起”。[10]刘学海先生提出，“从规划设计程序上来说，应该有一个专门的‘规划方案设计’程序”，“除了要有图，还要有文字的东西，两者共同形成一个东西，作为一项程序性的内容确定下来”，这样也可以明确认定设计人员的一些创造性贡献[8]。

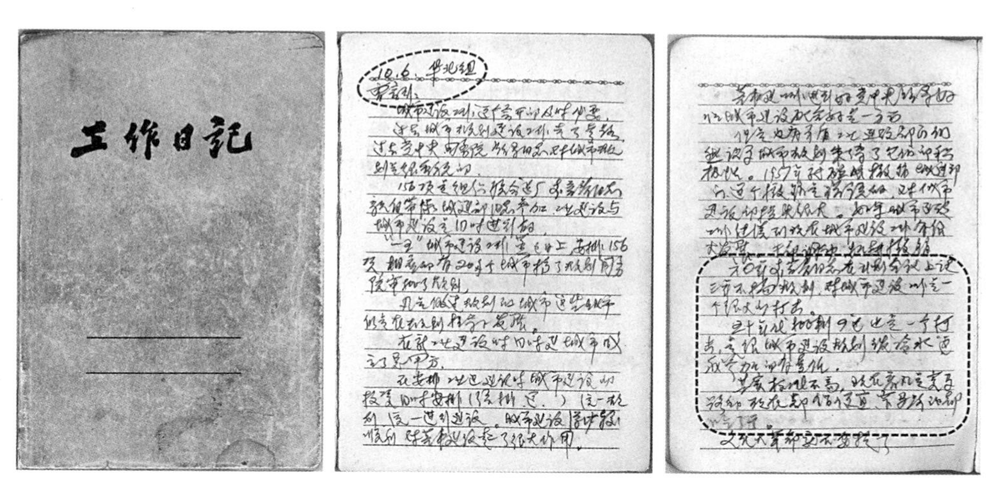

图 7　赵瑾先生的工作日记(关于 1980 年全国城市规划工作会议)

2.6　规划史研究方法的指导

除了上述几方面之外，在老专家访谈过程中，还对规划史研究工作进行了具体的指导和帮助。王瑞珠先生提出，苏联专家谈话记录的档案非常宝贵，分量还可以加大[13]。陈为邦先生提出，规划史研究应当处理好“主题与背景、计划与规划、苏联专家与中国政府、成就与问题、八大城市与相关事件、史实与评论、作者的话与他人的话”七大关系[14]。李百浩先生指出，八大城市规划历史研究的整体逻辑应体现“史与人、内与外、1 与 8、前与后”等几个关系，

"'史'就是规划事实，史料的客观性、真实性，与重要的人物的作用；'内'就是规划的本身，与社会政治史的关联，中国的'内'与苏联的'外'的关系；'1'就是每个城市的个别性与8个城市的共性的关系；'前'就是这8个城市规划前后之间的关联性，以及近代有无影响，每个城市的近代基础与每个城市规划的关联，之后8个城市规划的思想、观念、技术、制度等对当今的规划影响的关系"[15]。

2.7 小结

综上所述，通过实际访谈笔者认识到，对于中华人民共和国规划史研究而言，老专家访谈和口述历史是一项不可或缺的重要内容，这也是相比较于古代史、近代史研究而言，体现当代史研究特色的一项关键性工作。所谓口述历史，当然不是要取代档案研究，而是要与档案互动，成为其有益补充，从而促使历史研究走向准确、完整、鲜活和生动。

3 关于城市规划口述历史方法的思考

上文的这些讨论，读者可能会觉得，老专家访谈和口述历史似乎是很简单的事，只要勤快点、多去找找老专家就行了，实际上可不是这么回事。五六年前，在中华人民共和国规划史研究工作刚起步的时候，课题组也曾提出过规模达数十人的老专家访谈计划，但实施阶段却没有获得成功。当时的问题主要是：一方面，由于年事已高等原因，对于不少事情的一些基础信息，老专家已经很难去回忆，更不可能靠老专家去搜集或查证有关档案资料；另一方面，在"主题"不明的情况下，老专家感到不知该如何谈起，因为城市规划工作涉及内容太广，有不少问题，老专家认为研究者去查查资料即可，不必要他们来口述，而某些问题往往又十分重大和复杂，绝不是一两次口述所能够讲得清楚的。

近两年的老专家访谈之所以能够取得一些突破，主要有三点经验：第一，笔者首先查阅了大量的档案资料，不少信息不需要老专家去回想。同时，大量档案和图纸的呈现，又对老专家的回忆和口述起到了提醒、启发、触动等帮助作用。不仅如此，由于一系列时间、地点、文件和事件等线索的较准确提供，一些基本史实的大致理清，又为老专家访谈提供了重要的支撑，使老专家口述历史的准确性、可靠性得以大大提升。

第二，围绕若干主题组织研究内容，中心比较明确，老专家访谈具有一定的针对性。同时，研究内容又比较全面，正如陈锋先生的评价："对新中国(中华人民共和国)成立后我国城市规划创立时期的历史做了一个横截面的、近乎'全景式'的展示。"[16]不同的人，都可以找到自己的兴趣点和谈话的切入点。

第三，涉及一些亲身经历，老专家有感情、有记忆、愿意谈。在周干峙先生生前，就曾主动谈过一次"三年不搞城市规划"的问题，他看了笔者写的一份材料后，马上就把笔者叫过去进行专门谈话，这次谈话的内容已经公开发表在2015年第2期《北京规划建设》(《周干峙院士谈"三年不搞城市规划"》)。

概括起来，城市规划的口述历史，应当采取一种专题性、互动式、研究型的实施方法与技术路线。这对访问者是一种相当高的工作要求，必须以科学研究的态度去投入口述历史工作。

除此之外，还有一个相当重要的内在因素，这就是，几乎所有的老专家都一致认为，我们城市规划行业，需要开展历史研究，需要加强这方面的工作。第一次拜访吴纯先生时，她曾拿“狗熊掰棒子”的比喻，强调规划历史研究的必要性。20世纪80年代曾参与《当代中国的城市建设》编写工作的赵瑾、魏士衡、金经元、刘仁根等先生，看到年青一代正在开展城市规划历史研究，他们非常高兴，充满感慨。

4 城市规划口述历史的紧迫性

在回顾近两年的老专家访谈工作的时候，还有一个情况值得特别指出。由于各方面的因素，不少老专家的身体情况处于令人担忧的状况。一些老专家虽然仍然健在，但是，或者已不能阅读材料，或者已失去记忆，或者已神志不清。不仅如此，近些年来，我们还不断地经历着一些老专家不幸辞世之噩耗，有的刚刚离开我们不久。无法询问他们的意见，或使他们了解到后辈对于他们早年奋斗成果的整理，成为永远的遗憾。因此，城市规划的口述历史，是一项迫切需要抓紧开展的抢救性工作。

另外，在近年来的具体实践中，我们也深刻体会到，由于城市规划工作的博大精深，城市规划活动的量大面广及类型多样，可资口述历史挖掘和研究的规划项目和规划事件为数众多，不同的地区、机构或人员，都可以根据自身的便利条件和资源优势，开展形式多样、丰富多彩的城市规划口述历史和研究工作。故而，真心呼吁和期待更多的同行尽快加入到城市规划口述历史这项工作中来，共同推动城市规划历史与理论研究的繁荣与发展！

［本文为国家自然科学基金面上项目“城乡规划理论思想的源起、流变及实践响应机制研究——八大重点新工业城市多轮总体规划的实证”(51478439)］

注释

① 建工部城市设计院成立于1954年10月，当时的机构名称为“中央人民政府建筑工程部城市建设总局城市设计院”。

② 2014年8月15日刘德涵先生与笔者的谈话。

③ 2014年8月21日赵瑾、常颖存和张贤利等先生与笔者的谈话。

④ 2015年11月26日万列风先生与笔者的谈话。

⑤ 主要依据：2014年8月15日刘德涵先生与笔者的谈话；2014年8月21日赵瑾、常颖存和张贤利等先生与笔者的谈话；2014年8月27日刘学海先生与笔者的谈话；2014年9月11日万列风先生与笔者的谈话等。

⑥ 2015年10月12日靳君达先生与笔者的谈话。

⑦ 2014年8月27日、2015年10月14日刘学海先生与笔者的谈话；2015年10月9日魏士衡先生与笔者的谈话。

⑧ 2015年10月14日刘学海先生与笔者的谈话。

⑨ 2015年10月11日吴纯先生与笔者的谈话。

⑩ 2015年10月20日徐钜洲先生与笔者的谈话。

⑪ 2015年10月12日、2016年1月7日靳君达先生与笔者的谈话。

⑫ 2015年10月9日魏士衡先生与笔者的谈话。

⑬ 2015 年 10 月 9 日王瑞珠先生与笔者的谈话。
⑭ 2015 年 10 月 12 日陈为邦先生与笔者的谈话。
⑮ 2015 年 11 月 1 日李百浩先生对《八大重点城市规划》书稿(草稿)的书面意见。
⑯ 2015 年 12 月 10 日陈锋先生对《八大重点城市规划》书稿(草稿)的评论和推荐意见。

参考文献

[1] 周新国. 中国大陆口述历史的兴起与发展态势[J]. 江苏社会科学,2013(4):189 - 194.
[2] 刘志琴. 口述史与中国史学的发展[N]. 光明日报,2005 - 02 - 22.
[3] 李浩. 八大重点城市规划:新中国成立初期的城市规划历史研究[M]. 北京:中国建筑工业出版社,2016.
[4] 张启成,等. 中国城市规划设计研究院四十年(1954—1994)[R]. 北京:中国城市规划设计研究院,1994.

图表来源

图 1 源自:有关数据来自董志凯,吴江. 新中国工业的奠基石——156 项建设研究(1950—2000)[M]. 广州:广东经济出版社,2004;工作底图为国家测绘地理信息局网站"铁路交通版"中华人民共和国地图[比例为 1∶1 600 万;审图号为 GS(2008)1272 号].
图 2 源自:赵瑾先生提供.
图 3 源自:迟顺芝先生提供.
图 4 源自:高殿珠先生提供.
图 5 源自:张友良提供.
图 6 源自:笔者拍摄.
图 7 源自:赵瑾先生提供.
表 1 源自:笔者绘制.
表 2 源自:笔者根据城市设计院人事组. 城市设计院编制情况与现有干部配备的初步意见(1954 年 11 月 23 日)[Z]. 建筑工程部档案. 北京:中央档案馆(档案号 255 - 3 - 245),1954:4 整理绘制.

第二部分　城市交通与规划

PART TWO　URBAN TRANSPORTATION AND PLANNING

近代城市规划中机场选址及布局思想的演进研究

欧阳杰

Title: The Evolution of Airport Location and Layout in Modern Urban Planning
Author: Ouyang Jie

摘　要　本文结合近代机场的规划建设状况对近代城市规划中的机场布局进行了阶段划分,分析机场在近代城市规划中从无到有、从无序到有序的演进过程及其规律,比较不同地区、不同阶段的近代城市规划中的机场布局实例,并重点剖析近代武汉城市规划中的机场布局实例,最后从编制体例、功能定位等技术角度论证近代城市规划中的机场布局原理、特征以及机场与其他交通方式之间的规划关联。
关键词　机场布局;城市规划;选址;航空场站

Abstract: According to the planning and construction of modern airports, this paper divides the airport layout which is in modern urban planning, analyzes the evolvement process and rules of airport in modern urban planning from scratch, from disorder to order, and compares different regions and different stages of these examples of airport layout in modern urban planning, and emphatically analyzes the example of airport layout in Wuhan city planning in modern times, at last demonstrates the airport layout principles, characteristics and the planning association between the airport and other modes of transport in the modern urban planning from the angle of compiling system and developing orientation.
Keywords: Airport Layout; Urban Planning; Site Selection; Aviation Station

1　近代城市规划中机场规划的阶段划分

近代航空交通是继公路、铁路之后出现的一种新式交通方式,机场随之逐渐成为近代城市现代化进程中不可或缺的交通设施组成部分。按照机场布局纳入近代各类城市规划文件中的先后时间及其受重视的程度,可将中国近代城市规划中

作者简介
欧阳杰,中国民航大学机场学院,教授

的机场布局思想演进过程分为以下四个阶段：

1.1 机场建设与规划脱节时期(1910—1927年)

第一阶段是指清末民初至南京国民政府成立之前的时期。这一时期，在现代建筑运动的推动下，上海、天津、武汉等国民政府模范城市，青岛、大连等租界地，沈阳、长春、哈尔滨等商埠地以及日俄铁路附属地都先后制订过全市或局部的城市规划。这一时期由于我国的航空业刚起步，近代城市规划文件和图纸都未涉及飞机场的规划建设内容。以哈尔滨为例，松北市政局在1921年编制的哈尔滨《松北市商埠规划》以及东省特别区市政管理局在1924年编制的《哈尔滨城市规划全图》均未考虑机场的选址与修建，而最早将机场布局纳入城市地图的为20世纪20年代出版的《哈尔滨市街图》，该地图列有1924年始建的马家沟飞机场的位置(图示为“飞行场”)。

自1910年北京建成我国第一个机场——南苑机场以来，清末民初时期的机场建设始终是以军用为主，北京南苑、上海龙华等不少的军用机场甚至直接由练兵操场改建而成。这一时期的机场规模小，多建在旧城的城关外围附近位置，既方便进出城门，又可拱卫城内，如西安西关、南昌老营房和郑州五里堡等机场，这一时期的机场规划建设与近代城市规划无甚关联。时至1920年5月8日，北洋政府开通北京南苑机场至天津佟楼的第一条商业航线，并新建上海虹桥民用航空站，我国的民用航空业才由此正式起步发展，机场也由单一的军事功能设施逐渐转向兼具对外交通功能的城市交通设施。

1.2 逐步纳入时期(1927—1937年)

第二阶段是指南京国民政府成立至抗日战争(以下简称抗战)爆发前的时期。在这所谓的“黄金十年”建设时期，以民国首都南京所制订的《首都计划》为发端，天津、上海、杭州等诸多城市也随之编制了又一轮的城市规划，厦门、重庆、昆明等城市也遵从近代城市的理念编制了新城区或重点城区的规划。这些规划多是由留学归国的专业规划人员主持制订，并聘请国外城市规划顾问做指导。伴随着航空交通作为一种新兴的交通方式而逐渐成为近代城市交通体系中的重要组成部分，近代城市规划方案或规划大纲中几乎都将民用机场布局列为不可或缺的交通设施而纳入其中，予以专门论述，而1929年的南京《首都计划》、1930年的《建设上海市市中心区域计划书》以及1930年梁思成、张锐的《天津特别市物质建设方案》甚至还列出“航空场站”或“飞机场站计划”的专项规划，其中南京《首都计划》是我国近代最早系统而全面进行机场布局规划的城市规划文件[1]，并实现了机场布局规划和机场设计方案的有机结合。

1.3 停滞与畸形纳入时期(1937—1945年)

第三阶段是指全面抗战时期。在严峻的时局下，这一时期的国统区仅有少量的近代城市规划活动，如1941年，重庆、昆明、乌鲁木齐和西安等城市分别完成了“陪都重庆分区建议”、《云南省昆明市三年建设计划纲要》《迪化市分区计划》和《西京计划》等。这些近代城市规划中少有涉及民用机场布局规划的，如由西京市政建设委员会与西京筹备委员会编制完成的《西京计划》和《西京市分区计划说明》两套西安分区规划方案均未论及机场布局，同期完成的《西京都市计划大纲》也仅专门谈到道路交通。这主要归因于抗战时期的机场规划建设主要由南京国民政府的中央军事航空部门所掌控，以服务于军事需求为宗旨。

在沦陷区，为了强化殖民化统治，由日本关东军特务部主办的都市规划委员会和伪满政府在伪满洲国开展了大规模的“都邑计划”，另外日本兴亚院和日伪当局在华北、华中等日本侵占地也编制了重点城市的都市计划大纲。这些日本侵占地的城市规划普遍将机场布局纳入其内，各项规划中虽有民用飞机场和军用飞机场之分，但在规划布局及其建设实施中无一例外地都突出了机场的军事功能。如 1938 年由日伪临时政府建设总署编制的《北京都市计画大纲》提出“飞机场拟于南苑及西郊现有者之外另在北苑计划 4 km 见方之大飞机场，并于东郊预定一处”，这使得北京四至范围内均有军用机场拱卫，充分体现了将北京定位为“政治军事中心地”的说法。

1.4 全面纳入时期(1945—1949 年)

第四阶段是指抗战胜利后至中华人民共和国成立前的时期。抗战胜利后，近代中国城市都面临着战后重建的问题，南京、上海、重庆、天津、杭州以及芜湖等许多大中城市都先后制订了新一轮的城市规划，具体包括《首都建设计划大纲》《上海都市计划总图草案》《陪都十年建设计划草案》《天津扩大市区计划》《杭州新都市计划》以及《芜湖市区营建规划》等，这一时期的近代城市规划理念与战前相比已有明显革新，正如美国城市规划专家诺曼·J. 戈登(Norman J. Gordon)在为重庆市 1946 年 4 月 28 日编制完成的《陪都十年建设计划草案》作序中指出产业革命以后的城市规划与过去城市规划的概念不同，并强调在工业社会的时代背景之下，要为汽车、飞机、铁路而规划，为工业化而规划。在这些思潮影响下，抗战胜利后的民用机场布局已经全面纳入近代城市规划之中[2]。

抗战胜利后的许多大城市虽然普遍拥有多个军用或民用机场，但这些经受了战争洗礼的简陋机场已无法满足战后 DC-4、康维尔 CV-240 等大型客机的起降需求，而不少机场场址也不能充分满足城市居民就近进出机场的要求，同时军用机场和民用机场也逐渐有各自截然分开使用的需求，民用机场作为大中城市必备交通基础设施的思想已经获得广泛共识，以至大城市规划几乎无一例外地都涵盖了机场布局规划，即使是安徽芜湖、广西梧州及江苏连云港等中等城市规划也将机场纳入城市规划之中，如 1945 年编制的《大梧州地方自治实验市建设计划草案》提出将广西梧州建成“地方自治实验市”的规划设想，并提出除高旺机场外，远期在龙圩附近另选机场新址，并规划水上飞机场[3]。又如 1947 年编制的《连云市建设计划大纲草案》将全市土地划分为港埠区、渔业区、文化区、飞机场、风景区及绿地等，并将新浦以南、南城以北划为飞机场。这一时期的民用机场规划建设也成为城市对外交通设施重建中的优先考虑选项。为此，不少大城市都拟定了新建、迁建或改扩建民用机场的建设计划，南京、重庆、天津、武汉等城市也已启动实质性的新机场选址筹建工作，但随着内战的全面爆发而终止。

2 近代城市规划中的典型机场布局规划实例

近代的机场建设先于机场规划，直至 1930 年前后兴起的近代城市规划热潮中，以南京的《首都计划》为先导，上海、天津、厦门等地的城市规划开始尝试将机场作为交通设施的组成部分纳入城市规划体系之中(表 1)，这些城市规划中的机场规划思想主要源于欧美国家，如在《首都计划》编制过程中，特聘有美国著名建筑师墨菲（Henry K. Murphy，1877－1954）、古力治（Ernest P. Goodrich，1874－1955）担任技术顾问，其中古力治为交通领域的专家，曾专门在《美国市政评论报》发表过机场规划方面的论文，《首都计划》为此专门列有“飞机场站之位置”的章节，并采用当时国外所流行的“一市多场”的机场布局模式。另外，在日本侵占地的都市计划中，机场布局思想主要是欧美日城市规划思想和侵华日军殖民化统治幻想的杂糅，尽管这些都市计划大多提出了军用机场和民用机场相对分离布局的方案，但出于军事作战和加强与本国空中联系的目的，军用机场选址多与军营毗邻，而民用机场则靠近规划以日本侨居地为主的“新市街”。

作为一种新型的交通方式和一类新兴的用地类型，近代城市规划中的机场选址及其布局原理始终在实践探索之中，有关的机场分类、用地规模及形状等诸多技术层面的内容尚未规范化。但总的来说，随着近代城市规划理论和方法的进步，在城市范围内考虑的机场选址布局因素更为周全，机场与城市的协调发展关系得到了前所未有的重视。

表1　中国近代主要城市规划中的机场布局实例

城市名称	编制规划名称	近代机场规划主要内容	近代机场规划特性
南京	《首都计划》(1929年)	建议飞机总站设在“水西门外西南隅之地段”(沙洲)；提出了红花圩、皇木场、浦口临江地段和小营四个预留飞机场场址	专门设置“飞机场站之位置”章节，按照飞机场和飞机总站、水陆两用机场和水上机场进行分类布局
	《南京市都市计划大纲》(1947年)	提出“交通”的八项规划任务之一是“确定民用、军用航空站之位置”	包括计划的范围、国防、政治、交通、文化、经济、人口、土地八项内容
上海	《建设上海市市中心区域计划书》(1930－12)	在上海中心区域以东、虬江码头以南的翔殷路一带规划“东机场”	首次单独地提出了“飞机场站计划”
	《上海都市建设计画改订要纲》(1942－05)(日伪当局编制)	飞机场计划设于大场，并以龙华等地为辅	江湾、大场、虹桥和龙华四个机场均按照军事设施建设使用
	《大上海都市计划》(三稿)(1949年)	大场(国际和远程国内航线的主要起落站)；龙华(国际和国内航线)；虹桥和江湾(次要机场)；水上机场(淀山湖)	为“国际和国内远程”机场和“国内国际”机场、次要机场以及水上机场和小型机场的组合布局模式
北京	《北京都市计划大纲》(1938－04)(日伪当局编制)	飞机场拟于南苑及西郊现有者之外另在北苑计划4 km见方之大飞机场，并于东郊预定一处	虽有民用飞机场和军用飞机场之分，但实质是满足侵华日军的军事需求
	《北平都市计划设计资料集第一集》(1947－08)	除现有西郊、南苑机场外，于北苑、东郊适当地点，增建机场各一处	征用伪北平市工务总署都市计划局日籍负责人改订
广州	《广州市城市设计概要草案》(1932－08)	在对外交通方面，民用飞机场拟建于河南琶洲塔以东及市西北部牛角围以北的地方	广州城市建设规划史上的第一部正式规划文件，包括航空站地点
	《建设广州新市简要方案》(1945年)	专门列出“交通建设”章节	包括市制、市政设施、土地政策、社会事业、交通建设、文化教育等十个方面

续表 1

城市名称	编制规划名称	近代机场规划主要内容	近代机场规划特性
天津	《天津特别市物质建设方案》(梁张方案)(1930 年)	该方案第十三部分的"航空场站"中建议将航空站设置在天津裕源纺纱厂西、土城以北一带	航空场站设计在参考南京的《首都计划》基础上予以深化
	《扩大天津市区的要求》(1947 年)	天津市临时参议会在该要求中的第四项提出"兴修张贵庄飞机场"	基于 1945 年《天津扩大市区计划》提出扩大市区范围、划分功能分区等主张
重庆	《陪都十年建设计划草案》(1946-04)	在第七章"交通系统"中的"空运"章节提出"另辟弹子石后面平原为永久性的航空港,此地离市中心仅 4.5 km,九龙坡与珊瑚坝则为航空站"	该机场规划方案有航空港与航空站之分,地处长江东岸弹子石的航空港被定位为水陆两用机场
青岛	《青岛市施行都市计划方案初稿》(1935-01)	青岛空中交通近期以沧口机场为用,塔埠头东南沿海一带为将来大飞机场预留地,团岛附近辟为水上飞机场	确定沧口机场为民用航空港,但认为"沧口面积飞行有余而安全地带则不足"
	《青岛特别市母市计划》(1939 年)(日本兴亚院编制)	除现下正在铺装中之城阳机场外,尚无其他适宜之地方,故暂不予以计划	侵华日军于 1938 年秋季修建城阳军用机场,而后三次扩建青岛沧口机场

3　近代武汉城市规划中机场布局思想及其建设实践

3.1　近代武汉城市规划中的机场布局思想

近代武汉城市规划体系完整,历次城市规划中有关机场布局的内容始终延续而未中断,较为清晰地反映了近代城市规划中机场布局思想的演进历程。由于长江天堑的限制和两地的分治,近代的武昌和汉口民用机场需要分别考虑为汉口和武昌两地提供民航运输服务,而在大武汉市的背景下又需要统一考虑武昌和汉口两地的军用、民用机场的选址分工。

近代武汉城市规划中的机场布局可分为抗战前、抗战期间及抗战胜利后的三个阶段。

(1) 1929 年 6 月,武昌市政工程处成立后,该处主任署名编写有《民国十九年武昌市政工程全部具体计划书》,在该计划书中的"公共建筑地点分布"要点中提出将飞机场设在武昌野鸡湖西岸的军事区域内。在当时新旧军阀混战的背景下,该机场布局显然优先考虑了军事目的[4]。

(2) 1944 年元月,湖北省政府编印为抗战胜利后预备的《大武汉市建设计划草案》,该计划草案在空中交通的布置方面,提出扩建汉口王家墩及武昌南湖两个现有机场,在武昌东湖、汉口分金炉暂设水上机场,实际上这些机场都曾在抗战前使用过。该计划草案中的机场布局特征是水上、陆上机场分设,武昌和汉口两地分置,其机场布局方案的军用备战特征突出。

(3) 抗战胜利后的机场使用重心逐渐转为民用。1947 年 2 月 12 日,武汉区域规划委员会召开武汉三镇交通会议,会上确定道路系统及一些交通设施规划方案,并提出"汉口王家墩军用机场靠近市区，建议改为民用，靠近市区部分土地划作市区发展之用”。同年7月，由武汉区域规划委员会编制的《武汉三镇土地使用与交通系统计划纲要》认为，“武汉现有机场三处，以汉口机场最大，似已足应目前之需要。惟(唯)仅有一民用机场，且远在武昌之徐家棚以下，使用上至感不便”。为此建议在汉口设立民用机场。后来认为汉口王家墩军用机场限于地势，将来无法扩展，而改建为民用机场又感觉狭小，更不合空军基地的标准，由此建议军用机场在远离市区的空旷地点兴建为好。这一在汉口设立民用机场的设想与南京国民政府民航局的想法不谋而合，最终推动了另行选址新建汉口刘家庙机场的实施方案。1947年，根据联合国秘书长要征集各国乡村及都市房屋与城市建设计划资料的要求，由汉口市政府下属的工务科编制完成《新汉口市建设计划》，该建设计划提出汉口市的城市性质为全国中部、南部的贸易中心，为国内重要工商业、交通城市。计划将汉口机场改为民用，军用机场迁至青山与徐家棚之间[5](表2)。

表2　武汉近代城市规划中的机场布局思想演进

序号	编制机构和时间	规划名称	机场布局思路
1	武昌市政工程处(1929年)	《民国十九年武昌市政工程全部具体计划书》	在“公共建筑地点分布”要点中提出将飞机场设在武昌野鸡湖西岸的军事区域内，该场址距营房不远，便于军事上使用
2	汉口市工务局(1936年)	《民国二十五年汉口市都市计划书》	提出“飞机场仍在王家墩”
3	湖北省政府(1944-01)	《大武汉市建设计划草案》	在空中交通的布置方面提出，“扩大汉口王家墩及武昌南湖两旧有机场，并建耐炸机库及底下跑道等安全设备，水上机场在武昌方面暂设于东湖，汉口方面暂设于分金炉，均应设有码头”
4	武汉区域规划委员会(1947-07)	《武汉三镇土地使用与交通系统计划纲要》	在“交通系统”章节中提出，“本计划建议，民用机场应设于汉口。现中央正拟于武汉设置民航中心，可即就汉口现在之军用机场与之交换”
5	汉口市政府工务科(1947)	《新汉口市建设计划》	将汉口机场改为民用，军用机场迁至青山与徐家棚之间

3.2　近代武汉的机场建设概况

近代武汉的机场建设始终先行于机场布局规划，且两者相互脱节，直至抗战胜利后，南京国民政府民航局和武汉市政府才达成共识，共同推进刘家庙民用机场的规划建设。1926年9月6日，北伐军在武昌南湖建设临时机场。1935年，张学良主持扩建该机场，并开通多条航线。1931年，建成汉口王家墩军用机场，而后多次扩建。1943年8月，侵华日军在武昌徐家棚铁路车站和过江码头附近建成徐家棚军用机场。1947年7月1日，南京国民政府将徐家棚军用机场永久性拨付给国民政府民航局使用，但民航局认为徐家棚机场作为武汉唯一的民用机场尚存在着一些问题。如该机场地理位置偏僻，远在武昌东北约4英里(约6.4 km)处，且远离江岸；汉口的客货邮件上下均需横渡长江，其运输存在一定风险，常有倾覆之忧；机场设在武昌，航空公司对于民航服务的效能远逊于机场设在汉口的情形等。为此，南京国民政府民航局筹划在汉口刘家庙新建民用机场，1948年征用土地1 900余亩(1亩≈666.7 m^2)，并进展到场址测量设计阶段,但终因时局变化而使刘家庙机场建设项目有始无终。

4 近代城市规划中的机场规划布局特性

4.1 机场规划在近代城市规划中逐渐设置独立章节

近代的航空交通成为继公路、铁路之后的又一种新兴交通方式。在近代城市规划方案中,逐渐将机场选址内容列入"公共设施"或"交通系统"等专项章节之中,与水路、铁路、公路或城市交通等相关内容进行分项规划说明。但早期城市规划中涉及的机场布局内容论述的不多,往往是只言片语,规划方案仅涉及预留机场场址的大致位置。后期近代城市规划中的机场规划则更为细化,通常更为详尽地说明机场的用地规模、功能定位等,且多分门别类进行布局规划。在机场预留用地方面,有方形和圆形之分;在机场等级方面,有飞机站和飞机总站之分;在机场用途方面,有军用机场和民用机场之分;在机场性质方面,有水上机场、水陆两用机场(航空港)和陆上机场(航空站)之分;在规划建设方面,有近期规划和预备飞机场之分。时至抗战胜利后,近代城市规划中的机场布局又侧重于国内机场和国际机场之分。另外,南京、天津等近代城市规划方案提出设置占地巨大的飞机联运站或飞机总站,其设想显然与铁路总站有相通之处,其功能性质类似于现在的枢纽机场[6]。

4.2 普遍采用多机场的规划布局方案

在抗战之前,不少近代城市就有多机场布局思想,如南京的《首都计划》认为"南京为国都所在之地,航空事业,不久必将大盛",为此提出一个飞机总站和四个飞机场(含两个水陆两用机场)所构成的机场体系。近代的南京、上海、重庆和天津等大城市经过二三十年的航空业发展后,实际上已经在城市周边地区形成了多个机场共存的局面。这是由于抗战前的机场多在老城的城厢外围建设,随着城区范围的扩大和城墙的拆除,加之飞机起降机型增大和机场用地规模扩大而导致原有机场满足不了需求,需要在距离城区更远的外围另行新建机场,同时结合战前备战或军事作战的需要,许多城市都建设有军用机场,时至抗战胜利后,南京、上海、北京、哈尔滨、沈阳等众多的大城市已普遍拥有不同性质、不同规模和不同位置的多个机场,并有军用和民用、水上和陆地、国际和国内等不同功能用途,这样在近代城市规划大纲或规划方案中需要对现有的机场场址进行存废取舍及功能定位。例如,1946 年,南京国民政府北平市政府征用伪北平市工务总署都市计划局日籍负责人改订《北平市都市计划大纲》,在飞机场方面,提出"在现有之南苑及西郊飞机场以外,于东郊计划一大飞机场,为备将来应用计,另行在北苑预定一处"(图 1)。

4.3 机场地面交通是机场选址的重要考虑因素

为了满足航空旅客方便出入机场的需求,近距离的机场地面交通是民用机场场址选择的重要考虑因素。近代城市规划方案中所规划预留的机场场址普遍距离城市中心较近,多演进成为都市型机场(Municipal Airport),且多毗邻铁路车站或水运码头,以便联运。南京、上海和武汉等地所编制的近代城市规划类似,也考虑到水陆空之间的多式联运。如南京《首都计划》推荐的沙洲总站场址认为"其交通便利,距南门约 3.6 km,距铁路总站约

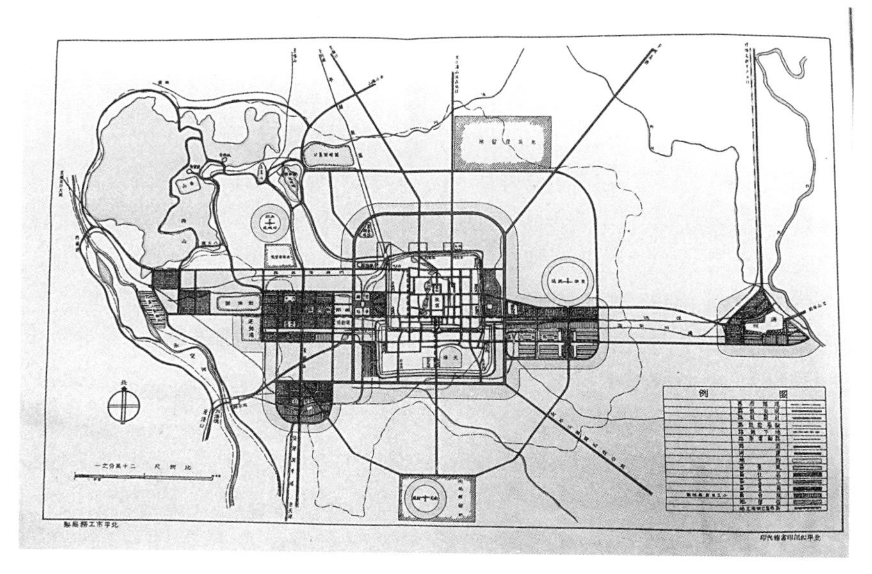

图 1　北平市都市计划简明图

8.5 km,距中央政治区约 10.5 km”,分别从道路交通、铁路交通和市中心三方面予以分析。又如王弼卿拟订的《篙屿商埠计画商榷书》(1931 年)将厦门篙屿商埠新区确定为“货运中心、运输枢纽”,为此,也将呈直角梯形用地形状的机场与火车总站毗邻布局,另设有造船坞。李文邦、黄谦益于 1933 年制订了融合有居住、教育和交通等诸多功能的广州“黄埔港计划”[7],该计划将黄埔港按照内港和外港地区进行综合开发,其中内港设疏港铁路与广九铁路相通,东端与水陆两用飞机场相连。该计划是近代第一个将港口、铁路及机场纳入交通一体化发展的规划,也是第一次将水陆两用飞机场纳入近代城市规划中的专项规划(图 2)。1944 年的《大武汉市建设计划草案》更是具备了设立综合交通枢纽的雏形思想,提出“至于

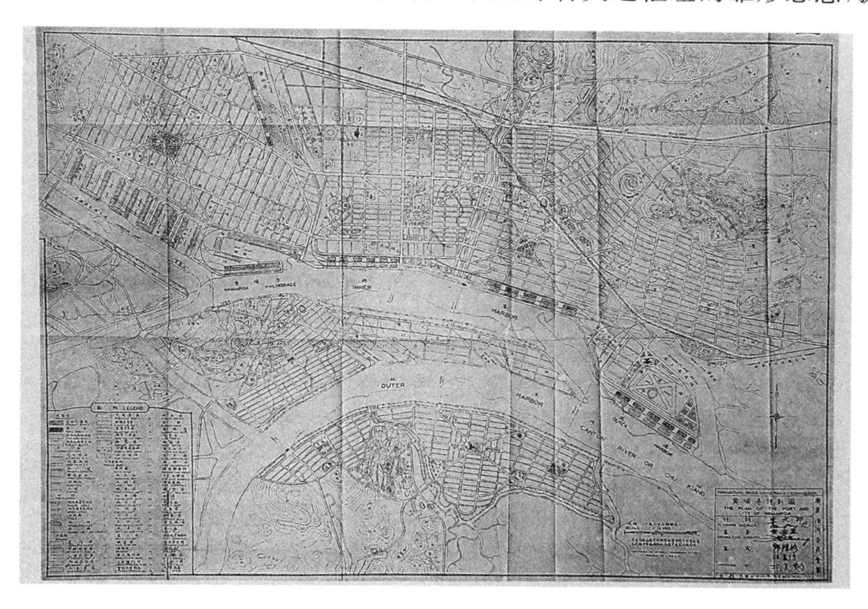

图 2　广东省黄埔港计划大全图

水陆空交通在转换交通工具时，应有联运站，以便利人员来往”。

4.4 趋于从航空技术的专业角度考虑机场布局

近代城市规划中相对成熟的机场布局方案不仅考虑城市总体布局因素，还从航空技术角度考虑了机场用地范围、形状和方位等因素。考虑到城市对机场跑道方位及位置敏感，近代机场场址多规划布置在城市主导风向的两侧，以便飞机的起降不经过城市上空。为了满足飞机逆风起降的需求，规划的机场场址多布置在城市的迎风地带。为了满足水上飞机起降，一般南方城市还在临湖临江地段专门预留水上机场或水陆两用机场场址。

近代城市规划方案中所预留的机场场址形状非圆即方，规整的机场场址面积普遍广阔，适宜未来机场的改扩建。南京《首都计划》中所预留的方形飞行场面积至少为 600 m 见方(600 m×600 m)，圆形飞行场的直径采用 600 m，而飞机总站则建议采用直径为 2 500 m 的圆形机场。梁思成、张锐的《天津特别市物质建设方案》中提出天津机场的规划半径约 3 500 英尺(约 1 000 m)，其中外环为 3 000 英尺(约 900 m)长的跑道，内核为 500 英尺(约 150 m)长的中心圆，用于设置旅舍、飞机停放场、修机厂等。规划中的南京和天津这两个圆形机场均可按每中心角为 60°的扇形场面形状依次分期建设[8](图 3)。

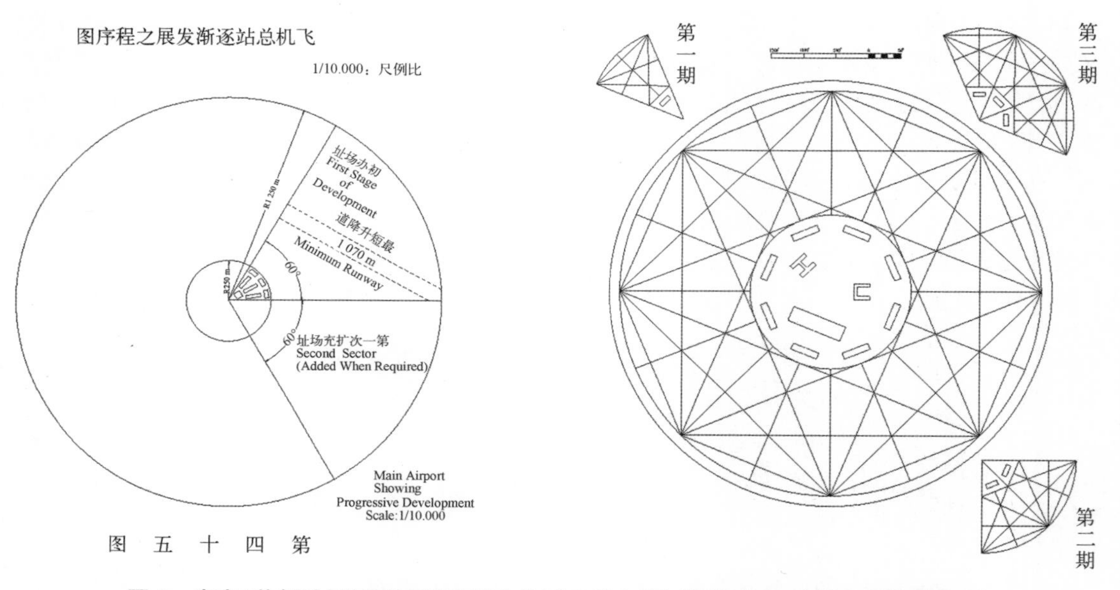

图 3 南京《首都计划》和《天津特别市物质建设方案》(梁张方案)中的飞机场站规划

4.5 近代机场布局与实际的机场建设之间普遍存在脱节现象

近代城市规划中的预留机场场址与最终实际建设的机场场址普遍存在脱节现象，少有吻合之处。毕竟从地方政府的城市规划角度进行民用机场的规划布局与从中央政府的军用航空和民用航空主管部门所主持的机场规划建设在规划原则和指导思想等方面存在着差异。实际上的机场选址建设大多是由中央政府的军事航空主管部门或民用航空主管部门所主导的，往往先于由地方政府城市建设部门所制定的城市规划方案，而中央军事航空主管机构所编制的全国航空站规划也凌驾于各地的民用机场规划建设之上。就城市自身而言，城市外围无净空障碍物的大片空地普遍被认为是理想的机场场址，但这类土地又多为用于耕种的农业用地，为此，机场场址需要在交通用地或农业用地以及其他功能用地上进行取舍，由此而常常存在不同利益集团之间的矛盾冲突。另外，抗战胜利后的地方政府规划部门的机场选址意见也多与南京国民政府民航局所持意见相左，这以编制《大上海都市计划》中的机场布局思路最为典型，其初稿、二稿及三稿中的机场布局几经变更，方案迥异[9]。

5　结语

不同阶段的近代城市规划反映出机场布局从无到有、从无足轻重到不可或缺的演进过程，机场布局和航空场站建设在近代城市规划中的论述篇幅由缺失到三言两语提及，再到分段落论述，最后直至分章节论述；所涉及的机场布局内容也进一步充实，由简单的机场选址意见，逐渐演进到机场的功能定位，再到多机场的存废与否和功能划分，这些机场布局原理逐步的相对完善推动了近代机场布局逐渐全面融入近代城市规划体系之中。

［本文受国家自然科学基金项目"基于行业视野下的中国近代机场建筑形制演进研究"资助，项目批准号为51778615］

参考文献

[1] [民国]国都设计技术专员办事处. 首都计划[M]. 南京：南京出版社，2006.
[2] 赖德霖，伍江，徐苏斌. 中国近代建筑史（第五卷）：浴火河山——日本侵华时期及抗战之后的中国城市和建筑[M]. 上海：同济大学出版社，2016.
[3] 梧州市地方志编纂委员会办公室. 梧州市志·城市规划志[M]. 南宁：广西人民出版社，2000.
[4] 武汉市志编委会. 武汉市志·城市建设志（上卷）[M]. 武汉：武汉大学出版社，1996.
[5] 郭明. 战后武汉区域规划研究[D]：[硕士学位论文]. 武汉：武汉理工大学，2010.
[6] 欧阳杰. 中国近代机场建设史（1910—1949）[M]. 北京：航空工业出版社，2008.
[7] 赖德霖，伍江，徐苏斌. 中国近代建筑史（第四卷）：摩登时代——世界现代建筑影响下的中国城市与建筑[M]. 上海：同济大学出版社，2016.
[8] 天津市地方志编修委员会办公室，天津市规划局. 天津通志·规划志[M]. 天津：天津科学技术出版社，2009：83.
[9] 上海市城市规划设计研究院. 大上海都市计划[M]. 上海：同济大学出版社，2014.

图表来源

图1源自：北平市工务局. 北平市都市计划设计资料第一集[M]. 北京：北平市工务局铅印本，1947：53－62.
图2源自：赖德霖，伍江，徐苏斌. 中国近代建筑史（第四卷）：摩登时代——世界现代建筑影响下的中国城市与建筑[M]. 上海：同济大学出版社，2016：315－316.
图3源自：[民国]国都设计技术专员办事处. 首都计划[M]. 南京：南京出版社，2006：152；梁思成，张锐. 天津特别市物质建设方案[M]//梁思成. 梁思成全集. 北京：中国建筑工业出版社，2001：36.
表1、表2源自：笔者整理绘制.

日本私铁引导新城开发的空间演变研究：以大阪北大阪急行电铁与千里新城为例

李传成　赵　宸　谢育全　加尾章

Title：Research on the Spatial Evolution of New-Towns Development Guided by Private Railways in Japan：A Case Study of Senri New-Town in Osaka and Kita-Osaka Kyuko Railway

Author：Li Chuancheng　Zhao Chen　Xie Yuquan　Kao Akira

摘　要　在20世纪50年代末兴起的日本新城建设热潮中，铁路对于新城的开发及建设起到了至关重要的作用。本文以大阪千里新城为借鉴，研究大阪急行电铁对于新城开发的影响以及推动，通过研究千里新城与主城空间演变的关系，总结出铁路是如何带动新城产业集聚以及土地升值的，并提出铁路站点周边用地相关的开发模式以及运营策略。

关键词　日本铁路；千里新城；空间演变；站点周边开发

Abstract：At the end of 1950s，railways played a crucial role for the new-towns' construction and development in Japan's upsurge of the construction of new towns. This paper takes senri new-town for reference，studies on the influence and promotion of Kita-Osaka Kyuko Railway on the development of new-towns，by researching the relationship of the spatial evolution between the senri new-town and the city，summarizes how railways to drive new-towns' industrial agglomeration and land appreciation，and puts forward the development mode and operating strategy related to the land use around the railway stations.

Keywords：Japan Railways；Senri New-Town；Spatial Evolution；The Stations Around Development

作者简介
李传成，武汉理工大学土木工程与建筑学院，教授
赵　宸，武汉理工大学土木工程与建筑学院，硕士生
谢育全，武汉理工大学土木工程与建筑学院，硕士生
加尾章，中央复建工程咨询株式会社（CFK），高级工程师

1　引言

日本新城的出现是出于缓解因高速经济发展期，人口和产业在城市中心过度集中而产生的住宅需求，以及阻止城市因过度膨胀而导致的建成区无序蔓延而采取的对策[1-2]。日本1963年颁布《新住宅城区开发法》，其主导思想是保证大规模居住用地的供给，这时期新城的规划在此法的框架下得以实施[3]。在新城发展兴盛期，日本规模较大且具有代表性的轨道交通以及铁路沿线的新

城达到16个，其中最有代表性的新城有千里新城、多摩田园都市等，如表1所示。

表1　日本主要新城信息

新城	中心都市	项目开始年份	轨道交通开通年份	现状规模（hm^2）	规划人口（万人）	与主城距离（km）	开发主体
千里新城	大阪	1958	1967	1 160	15.0	12.3	大阪府（公共主导开发）
泉北新城	大阪	1964	1971	1 520	19.0	20.0	大阪府（公共主导开发）
千叶新城	东京	1969	1979	1 933	7.5	25—45	公共主导开发
千叶海滨	东京	1968	1979	1 480	13.5	30—35	公共主导开发
多摩田园都市	东京	1956	1966	5 000	52.5	15—35	东急电铁（私营开发）
多摩新城	东京	1966	1974	2 892	20.5	19—33	公共主导开发

新城（New-Town）建设是日本最具代表性的大型城市开发工程[4]，而铁路对新城的引导作用主要体现在空间、产业、土地开发、投融资模式等方面[5]。研究日本铁路对新城的引导作用，对当代新城建设的热潮具有启示作用。

2　日本新城与相关铁路开发建设概述以及研究对象的选取

2.1　日本新城、与新城相关的铁路建设概述

日本的新城开发以及与新城相关的铁路开发建设分别有四个阶段（图1）：第一，新城建设始于20世纪50年代后半期，同时，相关铁路线也进入筹备阶段，电气铁路公司纷纷争取相关路段的开发资格。第二，新城因《新住宅城区开发法》的颁布进入大规模开发阶段，新城内正式开始铁路线工程开发，铁路站点相继规划建设完成，周边同时进行了大规模商业开发，铁路线与新城开发同时进行。第三，在20世纪70—80年代，日本中央政府通过尝试规划建设规模较大的新城中心来提高新城的自足化程度，在此基础上，城市产业的发展为新城的建设带来再次转型。此外，日本《新住宅街市地建设法》的颁布为新城向多功能综合化方向发展提供了更直接的法律依据，新城发展思路与方向越来越明确。新城相关铁路建设也趋于成熟，与周边铁路线不断完成对接，与主城区地铁线相互直通运营。第四，20

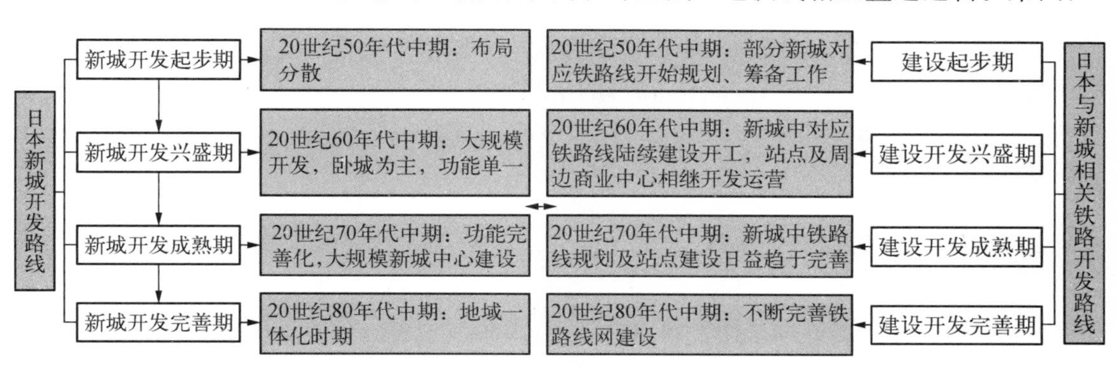

图1　日本新城、与新城相关的铁路开发路线

世纪 80 年代中期以后，新城功能已经发展到近乎完善，并与周边区域建立起功能互补的地域一体化空间联合体，而铁道也开始大规模改良项目，诸如铁路线复线化、铁路线之间相互直通、铁路线延伸等[6]。

日本新城开发的先决条件是要与中心城市保持便捷的交通联系，因此，铁路建设成为新城开发建设的先导和推动力[7]。同时期日本新城中铁路线的开发主体、站点分布等如表 2 所示。

表 2　日本主要新城相关铁路线概况

新城	主要铁路线	铁路建设主体	站点个数(个)		长度(km)	区间
			总数	新城中站点个数		
千里新城	阪急千里线	阪急(私营)	11	3	13.6	天神桥筋六丁目—北千里
	北大阪急行南北线	北大阪急行电铁(私营)	4	2	5.9	江阪—千里中央
多摩田园都市	东急田园都市线	东急电铁(私营)	27	13	31.5	涩谷—大和市中央林间

2.2　研究对象的选取

大阪千里新城是在日本颁布的《新住宅城区开发法》框架下开发实施的最早、规模最大的新城。整体开发是“私营开发轨道＋政府主导开发新城”的典型模式，后来也被作为 20 世纪后日本新城规划的代表模式[8]。千里新城整体是先规划，再引入铁路，新城内五个主要区域是依托站点来建设的，分别由两条单一的铁路线引导，整体发展受铁路的影响较明显，通过铁路线与大阪市中心联系密切。新城整体建设历时较短，发展演变过程在 50 年内完成，是日本铁路引导新城发展最具代表性的案例，因此本文选择千里新城作为研究对象。

千里新城由大阪府负责规划建设，以邻里社区规划理论为指导，最初规划规模为 1 160 hm^2，规划人口为 15 万人，位于距大阪站 8—15 km 的区域范围。千里新城于 1958 年进行规划，同时开始征收周边农用土地及空置土地，于 1962 年诞生，新城西部于 1970 年引入北大阪急行南北线，由北大版急行电铁公司建设运营；东部于 1963 年引入阪急千里线，由阪急电气铁路公司开发运营；由大阪府负责建设的大阪单轨电车线于 1997 年开通，联结千里中央站和山田站，贯穿新城。此外，西部的南北线于 1970 年与地铁御堂筋线直通运营，联结新大阪、大阪站，东部的阪急千里线于 1970 年与地铁堺筋线联结，贯穿城市主要区域，千里新城通过铁路线与城市中心联系密切(图 2)。

3　铁路与新城空间演变的关系研究

千里新城的主要节点均依托于铁路站点建设，阪急千里线以及大阪急行线对于千里新城的演变以及开发起到了推进作用，站点周边区域构成了主要的新城节点区域，对于新城的发展来说至关重要。

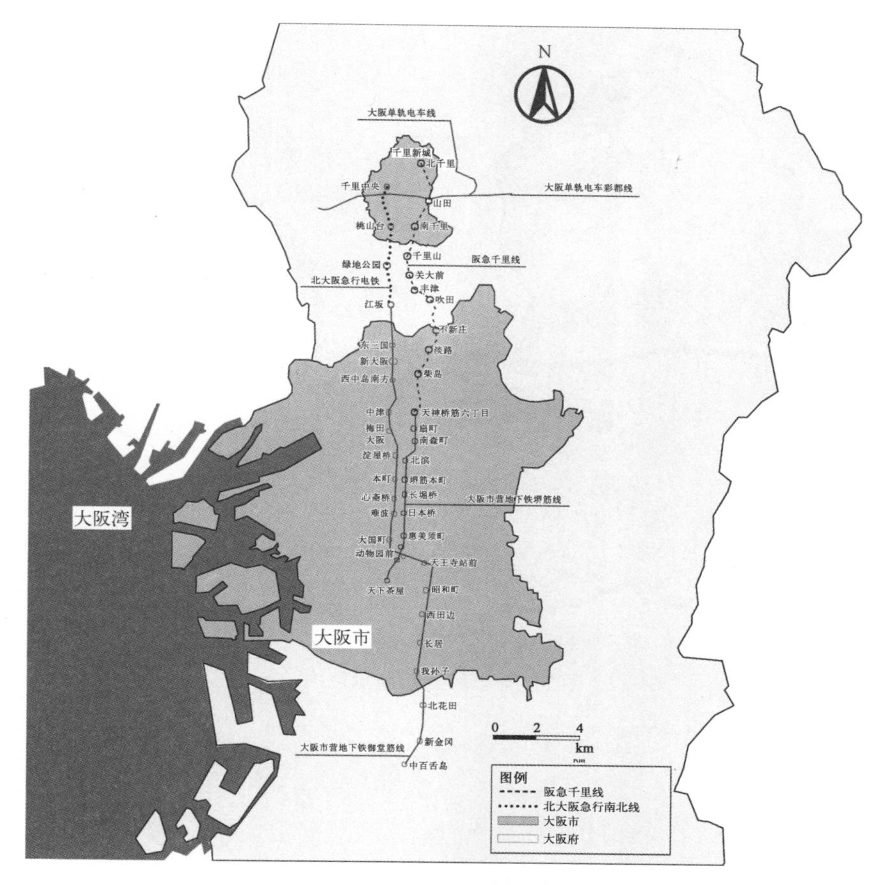

图 2　千里新城与城市的关系分析

3.1　铁路引导下新城与主城空间结构演变

千里新城的建设主要依托于大阪中心区北部城市副中心的形成以及规划，由于城市主城区人口逐渐饱和，城市开始向北部扩张，交通与新城均开始规划。千里新城基于原有居住，有一定的基础，对于千里新城的规划来说，其主要商业以及居住均依托于铁路建设，居住为主要的用地类型（图 3）。千里新城依托于大阪北部区域节点的交通区位以及优势，新城在开始建设的同时，铁路也向新城延伸，铁路线完全引入之后，千里新城有了以多个站点为节点的发展模式，在 50 年的发展过程中，站点周边逐渐整合形成整体的千里新城（图 4）。

3.2　铁路引导下新城规模演变

对千里新城的规模演变进行分析：千里新城的规模于 1961—1970 年的增长比较迅速，于 1975 年之后趋于稳定，铁路的建设主要集中在 1966 年至 1970 年之间，规划与建设同时进行，在这期间内，千里新城东部区域主要依托于阪急千里线的规划与建设，规模逐渐扩大，而西部区域则主要依托于北大版急行电铁的建设与规划，规模也逐渐扩大，并且在铁路建设前后的两三年中，新城规模逐渐达到最大水平（图 5）。

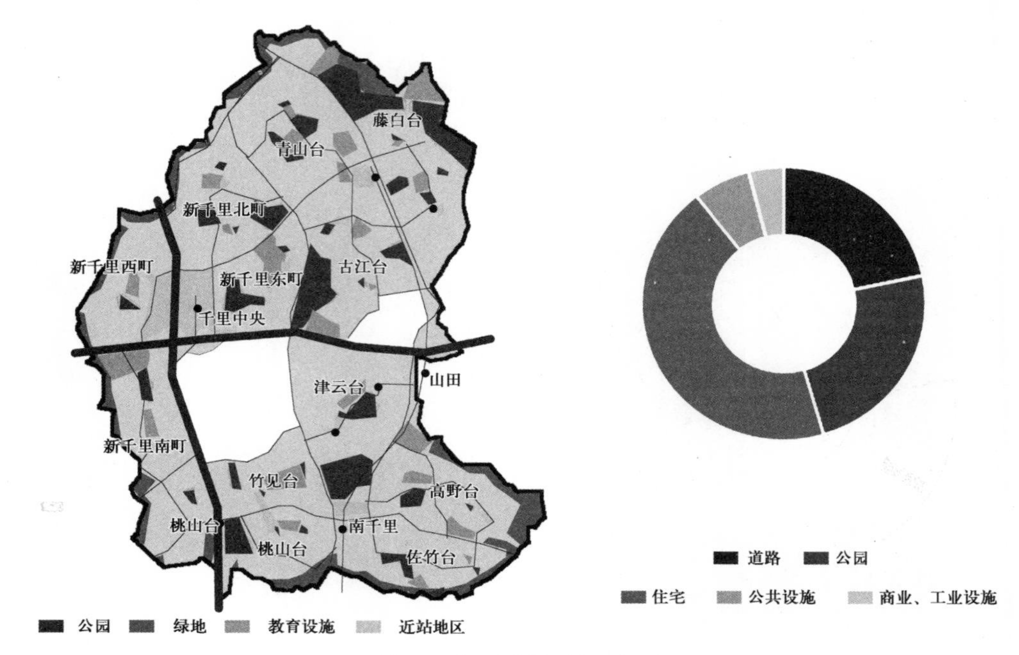

图3 千里新城规划示意图

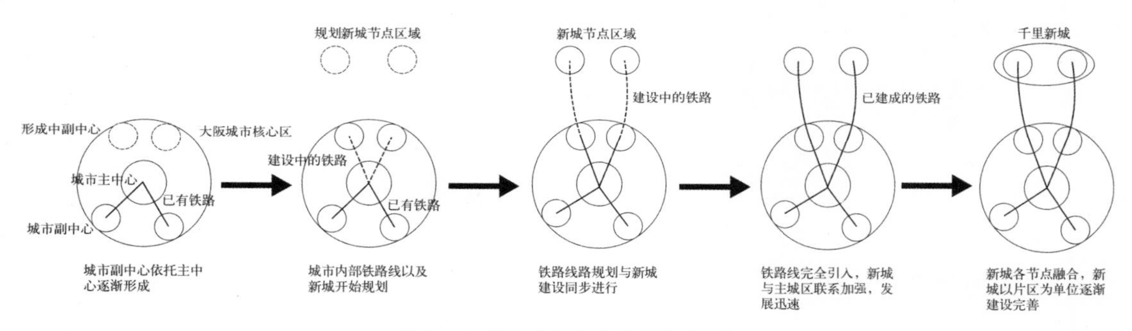

图4 千里新城形成过程示意图

3.3 铁路沿线站点与周边演变关系

针对千里新城的相关站点，对千里中央站、桃山台站、南千里站、山田站、北千里站站点周边自建站以来的用地、交通、土地开发强度进行分析，研究站点周边空间的演变因素，总结铁路站点对周边的影响以及带动作用。

(1) 北大阪急行电铁南北线对千里新城的空间引导作用

千里中央站建于1970年，1966年居民已经开始入住。千里中央站周边是目前千里新城中最大的地区中心，并且同时成为北大阪的中心地带，周边主要的发展以居住和商业为主。在1970年，千里中央站的建设受到了当时世博会的影响顺利建成，在保存该地最早的历史村落的同时，发展商业以及居住；直到1997年，大阪单轨道电车线路全线通车，站点周边的开发强度以及用地进一步完善。

桃山台站建于1970年，1967年居民开始入住。桃山台站是千里新城中与大阪市内最快连接的站点，1970年建站以前，站点南部地区的发展较快，并且随后一直是站点周边发展的

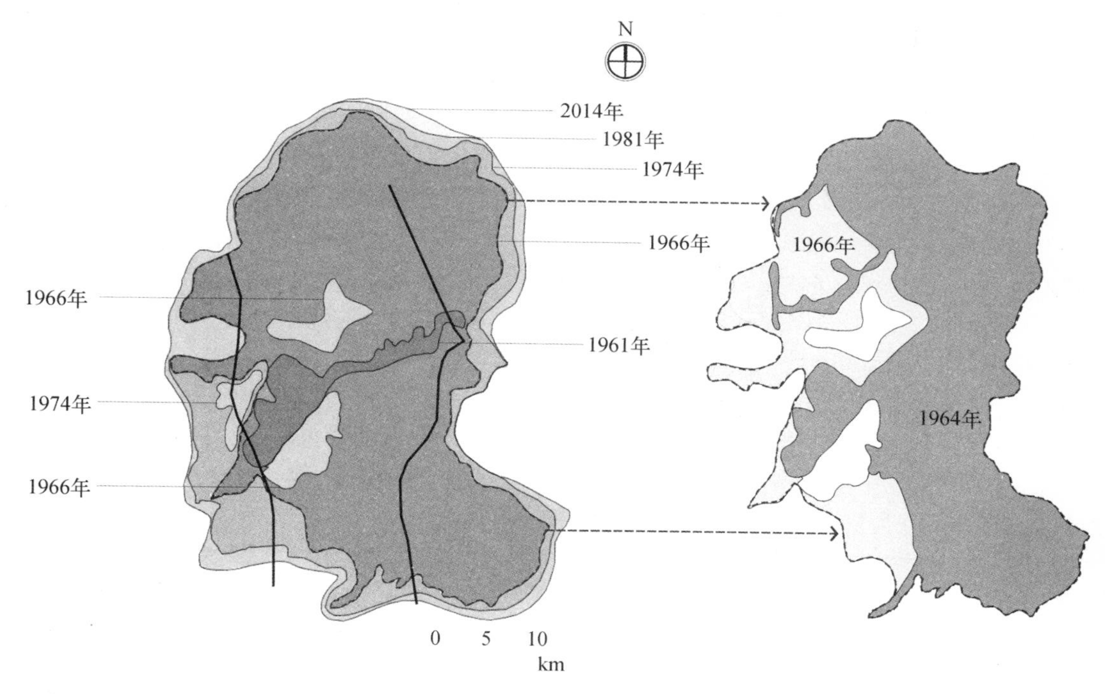

图5　千里新城规模演变示意图

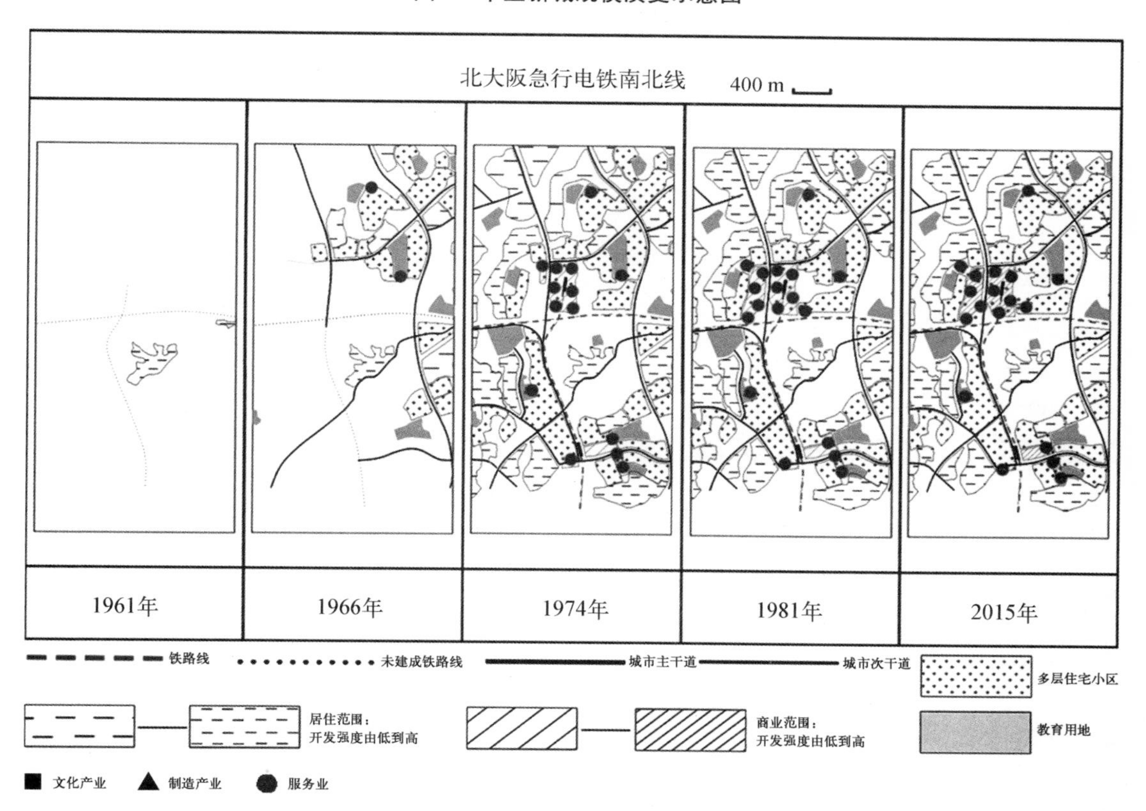

图6　北大阪急行电铁南北线对新城空间演变影响示意图

重点；1970年之后，站点周边依托其区位优势，主要以居住用地的建设为主(图6)。

(2) 阪急千里线对千里新城的空间引导作用

南千里站建于1965年，1962年居民已经入住。以阪急南千里站为核心的地区中心，主要以商业为主，这一块是千里新城中最早开发的地段，1965年开业以来建设幅度非常大，1974年千里南公园建成之后，人口通过铁路进一步聚集，站点周边地区的活力增强。

山田站建于1973年，建站之前周边主要为山体和农田，站点周边用地扩张不明显，北部以及南部多为居住以及商业用地，但是大多数建于建站之前。1981年，大阪生物科学研究所建立之后，周边用地开始大幅度开发建设；直到1997年，大阪单轨电车线路全线通车，山田站周边的开发幅度进一步增加。

北千里站建于1967年，1964年已经规划完全并有居民入住。该区域主要以科研用地以及居住用地为主。1967年千里北地区开业以后，站点周边建设非常迅速；随着1974年周边绿地公园以及研究中心和学校的迁入，北千里周边人气开始聚集；到了1981年基础设施逐渐建设完善，站点与周边主要节点的交通也非常便利(图7)。

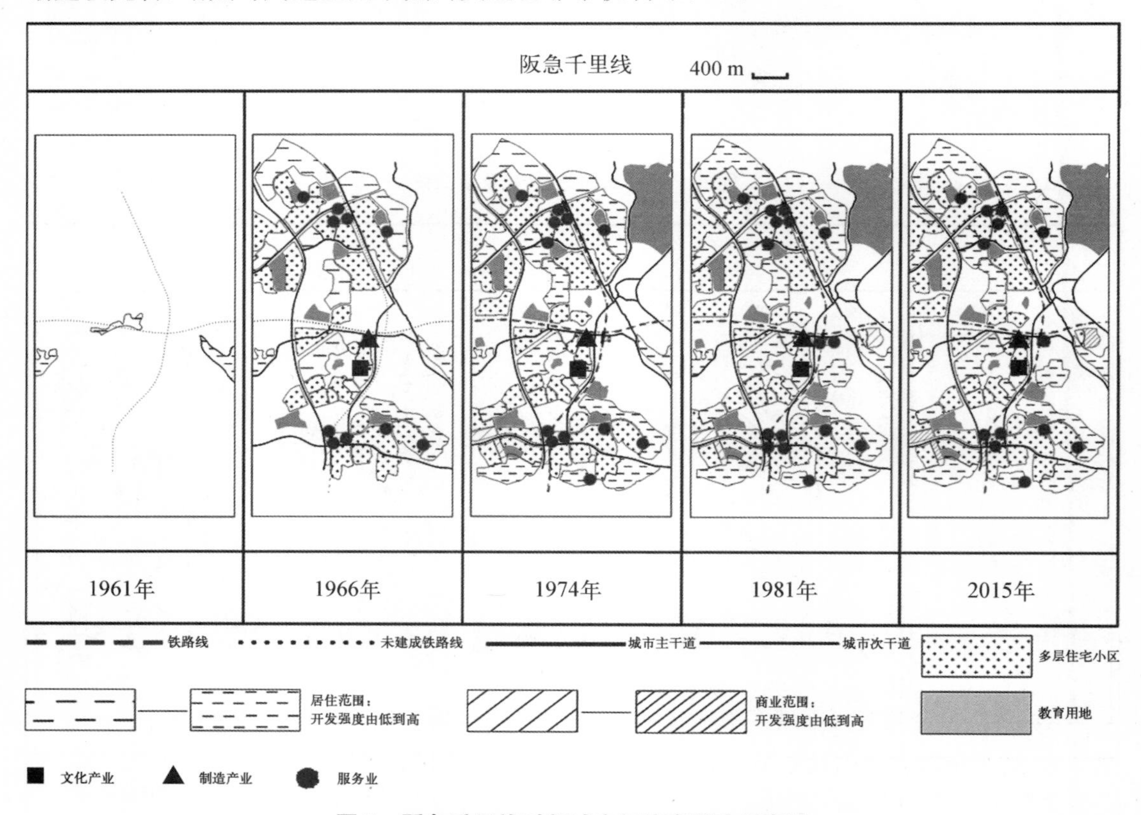

图7　阪急千里线对新城空间演变影响示意图

4　铁路对新城开发的引导作用研究

通过总结铁路线引导下新城功能成长的问题，对其产业功能、土地以及开发模式的组织特征与发展动力进行总结，有助于在铁路的建设中充分把握新城功能成长的规律，进而实现效益的最大化[9]。

4.1 铁路对新城产业的引导

要实现新城功能结构的升级与铁路建设价值的充分发挥，必须对铁路引导下新城的功能成长与产业组织进行深入研究，把握其发展规律与趋势。千里新城经过了50年的发展，形成了包括交通、土地开发、教育、科学研究、文化，以及制造业等为主的产业体系，主要以消费性服务产业、文化产业、制造产业的发展最为突出，其被引导特征如表3所示。

表3 铁路对新城不同产业的引导特征

类别	新城产业	千里新城代表主体	铁路引导特征
一	消费性服务产业	阪急百货、银行办公、房地产公司	主要以铁路站点为中心向周边发展，从市中心到新城，沿铁路线围绕站点形成多个产业中心
二	文化产业	大阪大学、万博纪念公园	教育产业的转移通常是沿铁路线向新城慢慢转移；而文化、大型医疗科研产业是趋向于直接选址在新城附近，城市整体文化产业向新城发生转移
三	制造产业	电子科技公司、制药业	制造产业的公司总部一般设立在市中心，而厂区的建设则沿着铁路线慢慢转移到近郊区，进一步在新城中设立分公司及分厂，便于与周边交通圈进行业务往来

新城与主城之间的产业主要依托交通为载体，产业的变更由制造性产业逐渐转化为消费性产业，新城初期产业发展主要依托主城区的产业转移，以制造性产业为主，后期逐渐转变为消费性产业[10]（图8）。

（1）千里新城中铁路对消费性服务产业的引导

消费性服务产业是千里新城中最重要的产业。这一类产业在千里新城中包含范围较广，主要有交通、房地产开发、金融、零售、餐饮、百货等方面。其中，伴随着1963—1970年千里新城各大站点线路的开通运营，对应运营的千里中央、南千里、北千里商业中心最为突出，主要以铁路站点为中心，在站点及周边高强度、高密度分布，形成了区域中心。

新城消费性服务产业被铁路引导是基于日本“多元化经营”这种模式，即铁道和土地共同开发的模式，在铁路的带动下，从城市中心区到新城，以站点为节点，沿铁路线发展出多个产业中心。

（2）千里新城中铁路对文化产业的引导

1970年，在紧邻千里新城东部地区举办了世博会，世博会结束后，在此区域建设了万博纪念公园，此后陆续在园内设立国立民族学博物馆、日本民间艺术馆等文化设施。此外，大阪大学总部自1968年开始转移到紧邻千里新城东北角区域，1993年，大阪大学医学部附属医院也转移至千里地区，靠近北千里站及山田站，部分大学宿舍也沿阪急千里线布置于新城中。

这类文化、大型教育、科学研究产业倾向于靠近铁路站点，在新城附近选新址。这是因为，一方面，随着城市的发展，主城区开发建设日趋饱和，新城附近通常为尚未开发的城市近郊区，有大面积尚未开发的土地，借此机会大力开发周边土地。另一方面，新城交通便利，主城区的旅客通过铁路线能很便利地抵达，同时也保证了客流。上述产业选新址后，在最初一段时间内，主城区的文化产业和新城的文化产业会共存，渐渐地就会从主城区完全转移到近郊区。

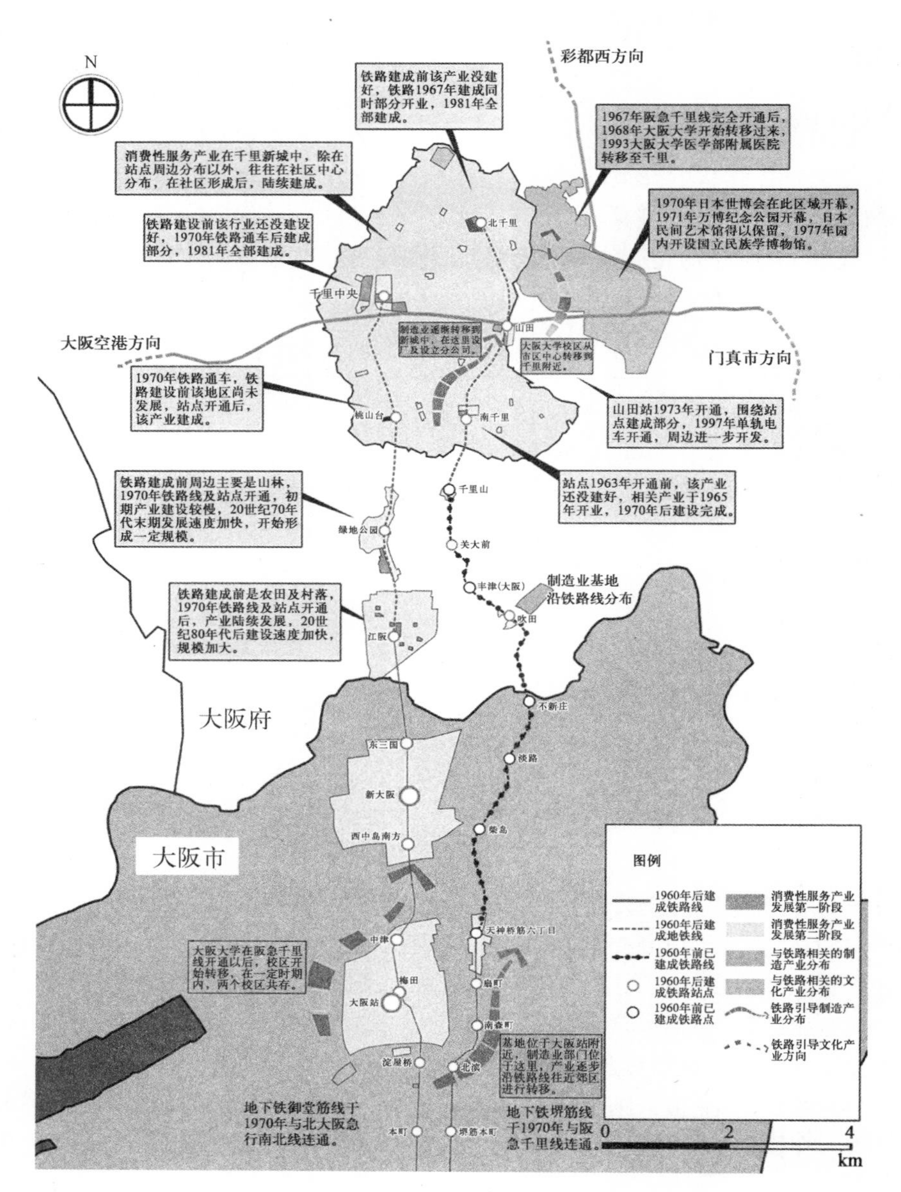

图 8 铁路对新城产业引导示意图

（3）千里新城中铁路对制造性产业的引导

制造产业在千里新城中所占比例虽然不大，但是近年来逐渐发展起来。电子产品公司、大正制药等制造业公司汇聚于以千里中央站为核心的中心区域，在千里新城其他区域也分布着武田药品工业分公司及住宅楼、须贺工业住宅楼群等制造业相关产业。

制造产业往往伴随着物资的转移与运输，基地选址需依托便利的交通条件。这类产业是依托铁路线从主城区逐渐转移到城市边缘区，接着再转移到铁路线末端的新城中的。制造产业最开始在主城区大量分布，随着城市化进程的推进，倾向于将基址选择在沿铁路线土地更为富足、地价更为低廉的主城区外围，随着城市化进程进一步发展成熟，产业沿铁路线向近郊区的新城发生转移，在此设置产业基地及分部，主城区则转变为公司总部所在地。

4.2 铁路对新城土地的引导

站点周边用地与站点之间相关，也是新城发展最根本的物理基础，只有深入研究铁路导向的新城土地使用特征，充分把握其发展规律，才能有效解决铁路引导下新城建设中各方面的利益和冲突，保证新城建设的顺利、高效实施。这些导向特征主要体现在土地价值与人口客流的关系、站点周边土地价值变化以及土地价值与站点距离之间的关系等方面。

(1) 新城土地价值与新城人口以及客流量的关系

通过对千里新城的土地平均价值与人口以及铁路总客流量的变化关系分析，千里新城在1970年前平均地价的增长与客流量和人口呈正相关的增长趋势，1970年达到最大值；在1970年之后，新城人口继续增长，但是新城的平均地价随着客流量的减少逐渐降低；1990年之后，人口以及客流量的变化对新城的平均地价影响逐渐减弱。因为，新城的土地开发与人口以及客流量的关系存在正相关[11]，初期的土地利益决定于新城人口增长的幅度，增长速度一般，后期铁路与交通客流量具有负相关或者无相关关系，弹性系数为1；因此铁路交通的建设与新城的规划与建设应该同步进行，以保证土地价值的最大化(图9)。

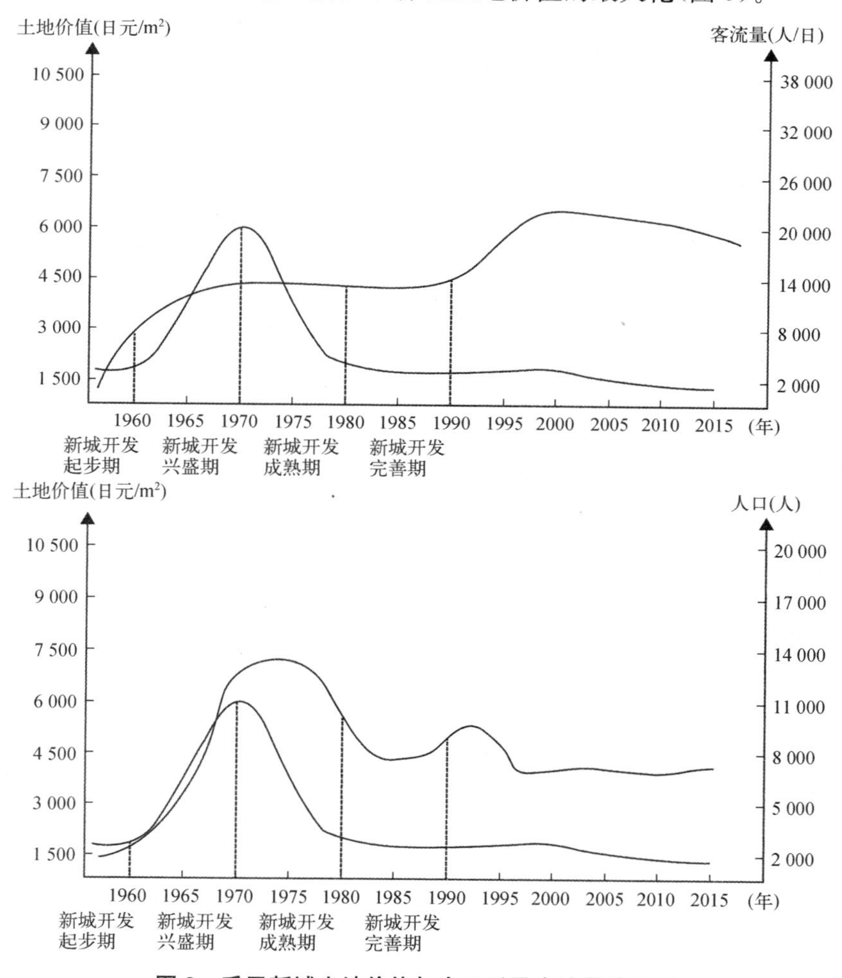

图9 千里新城土地价值与人口以及客流量的关系

（2）新城铁路站点土地价值变化分析

新城铁路的建设对于站点周边的影响主要存在于铁路建设事件以及政策对于客流量的拉动作用。千里新城每个站点周边随着铁路线的开通，平均地价均有较高的增长，直到1980年之后新城发展成熟以及受到经济泡沫危机的影响，平均地价才有所下滑；但随着有轨电车的线路规划以及开通，站点周边地价均有不同程度的增长，所以交通对于新城土地价值的提升作用较大，第一是依托于铁路站点的建设以及事件的影响，比如千里中央站主要依托于大阪世博会的影响，千里中央站作为当时主要的交通节点，土地增值趋势较明显；第二是依托初期的规划、铁路站点的建设，比如南千里站和北千里站，初期以区域中心节点的规划构思决定土地增值的趋势；第三是初期的规划、铁路站点的建设以及主要事件促使地价在建站初期有较大的增长趋势，随后地价有一定程度的下降，在中后期站点周边主要通过产业转移以及其他交通方式的接驳来完善整体的用地功能以及交通体系（图10）。

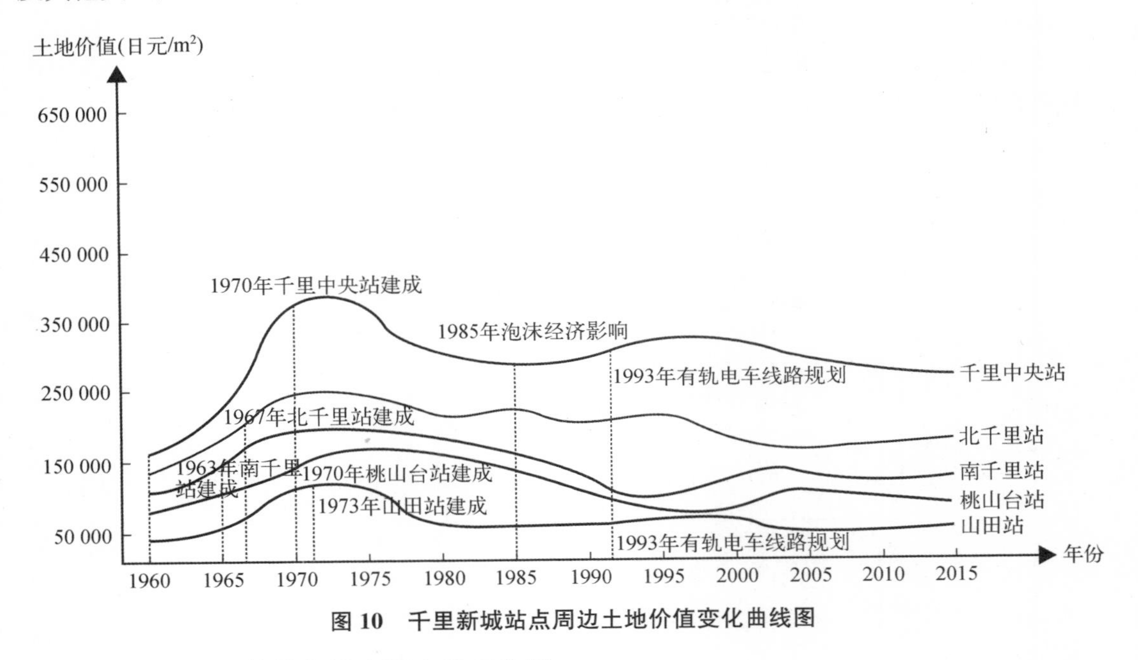

图10　千里新城站点周边土地价值变化曲线图

（3）新城土地价值与站点距离关系分析

从对土地增值与到铁路站点距离的关系分析中得知，以铁路站点为核心，随着距离的延伸，沿线土地利用的增值效应也在发生着较为规律的变化，即从站点向外，土地利用的增值效益逐渐减小，并在距离铁路站点800 m以内的位置有波动，之后便逐渐减弱。而新城区域的车站不同于主城区，主城区区域站点附近的商业氛围已基本形成，其土地增值的周期相对较短，而新城区土地增值周期通常较长，随着区域交通网络的逐步完善，新城土地的增值将逐渐变缓，因此商业的价值主要是在距离站点250 m以内以及750 m左右的区域开发商业，居住则在距离站点200—500 m以及1 000 m左右范围开发为宜（图11）。

4.3　铁路对新城站点周边开发收益的引导研究

铁路开发过程中地价的增值使得沿线居民、各类商家、企业、金融业等主体都得到不同程度的受益，但这一受益情况在铁路运营初期要远远低于轨道沿线土地所有者的受益程度；

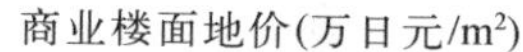

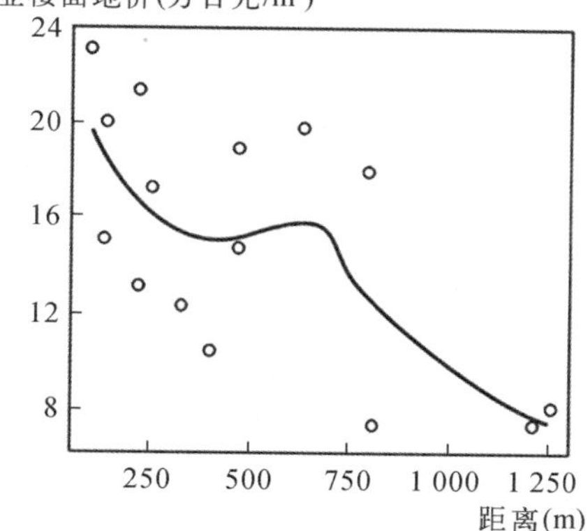

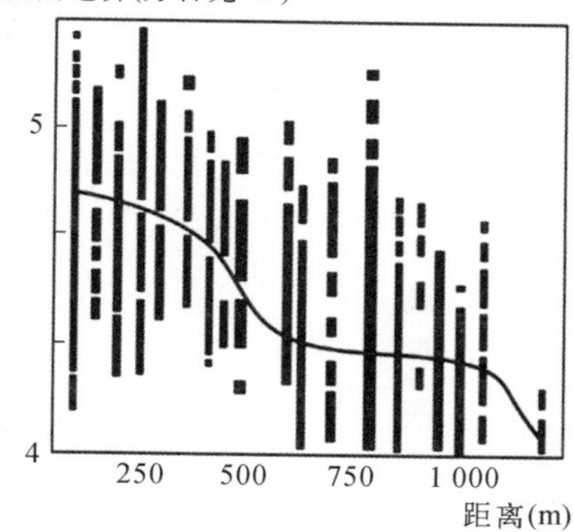

图 11　千里新城站点周边商业以及居住用地价值线性回归曲线图

随着铁路的运营，商业以及产业等价值得以体现，其收益逐渐增加，铁路公司的收益也逐渐增大，而土地所有者的收益率则逐渐降低，这是随着时间的增长，土地价值越来越低所导致的，而铁路公司则利用交通流对于商业的基本需求以及企业的入住，完成自我开发运营价值的实现(表 4)。

此外，铁路对于新城建设发展中的低价格住宅及经济适用房也起到了积极的促进作用。由于交通运输成本的降低和联系便捷度的提高，铁路大大改善了大都市区外围区域受地理位置的牵制性，使居民在新城获得与中心城区联系便捷且价格相对低廉的住宅。可以说，铁路与新城的合力发展，不仅仅是拉近了外围组团与主城区的时空距离，还进一步提高了大都市区土地资源的高效利用，对解决当前住房制度改革中的市场供应问题起到了积极作用。

表 4　铁路隶属以及铁路站点周边收益情况统计

	站点	铁路公司	运营阶段	相关政策以及事件	年份	受益主体	增长
北大版急行电铁南北线	千里中央站、桃山台站	北大版急行电铁公司	0—15 年	《新住宅市街地开发法》实施	1970—1985	土地所有者	收益率高达 70%
						商业、企业	收益率约为 13%
						居民	收益率约为 14%
						铁路公司	收益率约为 6%
			15—30 年运营期	新城文化产业的聚集、《日本国有铁道法》和《地方铁道法》	1985—2000	土地所有者	收益率高达 56%
						商业、企业	收益率约为 31%
						居民	收益率约为 13%
						铁路公司	收益率约为 16%
			30—45 年运营期	《铁道事业法》《铁轨道整备法》	2000—2015	土地所有者	收益率约为 28%
						商业、企业	收益率高达 60%
						居民	收益率约为 12%
						铁路公司	收益率约为 45%

续表 4

	站点	铁路公司	运营阶段	相关政策以及事件	年份	受益主体	增长
阪急千里线	北千里站、山田站、南千里站	阪急电铁公司	0—15 年	《新住宅市街地开发法》实施	1967—1985	土地所有者	收益率高达 75%
						商业、企业	收益率约为 8%
						居民	收益率约为 14%
						铁路公司	收益率约为 6%
			15—30 年运营期	新城文化产业的聚集、《日本国有铁道法》和《地方铁道法》	1985—2000	土地所有者	收益率高达 53%
						商业、企业	收益率约为 34%
						居民	收益率约为 13%
						铁路公司	收益率约为 27%
			30—45 年运营期	《铁道事业法》《铁轨道整备法》	2000—2015	土地所有者	收益率高达 31%
						商业、企业	收益率约为 57%
						居民	收益率约为 12%
						铁路公司	收益率约为 41%

通过分析铁路地价与效益的关系，可以发现，在铁路线建设初期，地价较高的区域往往依托于政策与规划的指导，地价很贵但是实际效益并不明显，而铁路设施完善之后，同一地价带来的效益完全不同，即交通设施改善之后，地价与效益的平衡点越早出现，整体效益越明显大于交通设施未改善之前。在铁路建设初期，交通带来的效益非常明显，土地收益比原收益要翻一番；在铁路建设中后期，交通聚集效应带来的效益收入逐渐减低，但是，随着铁路交通初期带来的人流聚集效应形成之后，后期通过产业的调整、用地功能的完善、居住以及商业开发的进行，经济效益带来的土地效益则更多，比初期效益的增长幅度更大(图 12)。

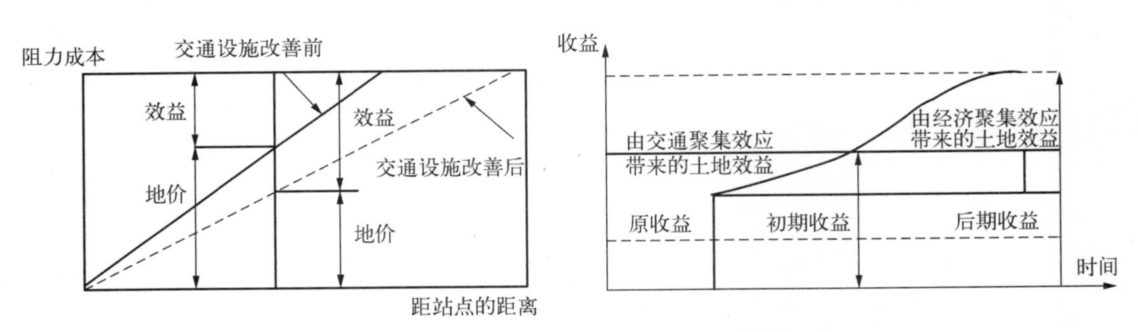

图 12　千里新城站点周边收益变化趋势示意图

综上所述，区位条件决定了土地利用价值，且这种内在关系的发展多起因于可达性的改变。铁路交通在这一关系过程中是先导者，在规划之初即对新城沿线的土地价格产生重大影响，且随着铁路交通的建设运营逐渐增强。由于铁路交通开发后的社会效益远远高于它本身的经济效益，而开通后的增值效益却多数由土地所有者(开发商)所获得，因此，必须全面协调铁路交通与新城土地的联合开发，强调铁路私有化制度的进行，在建设时序、开发强度、空间布局等方面统筹引导，并通过产业功能的落位夯实新城对铁路交通的运营支撑(图 13)。

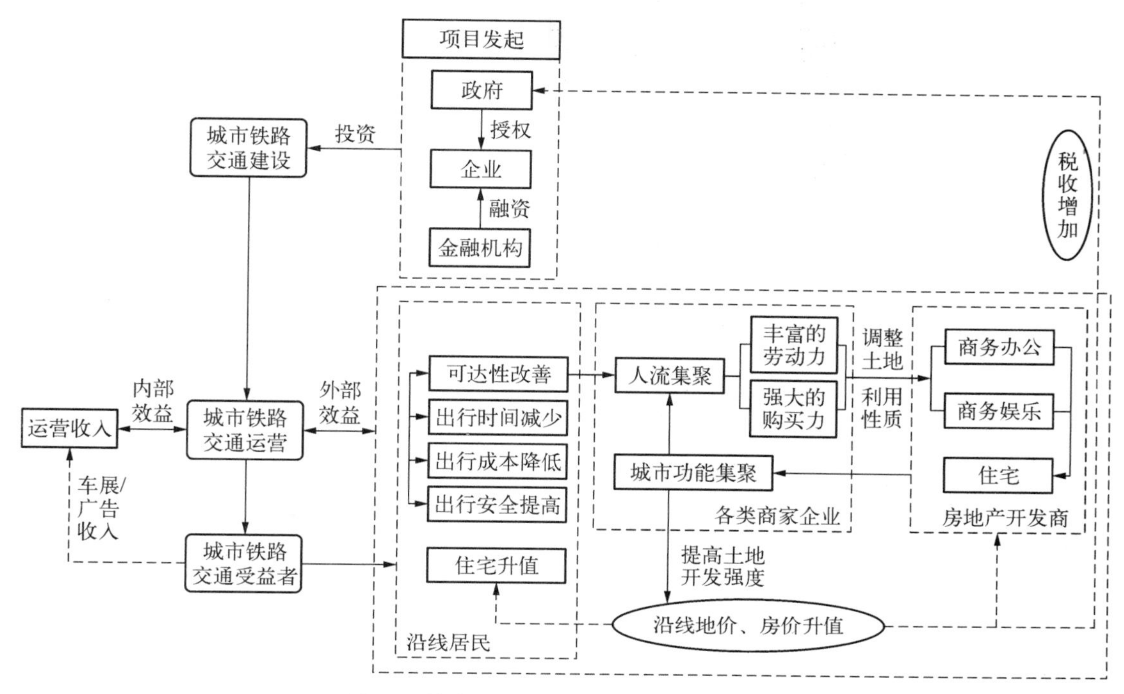

图 13　铁路周边开发以及收益模式示意图

［本文为湖北省哲学社会科学基金一般项目“一线城市铁路引导空间发展热点问题探究”资助成果，基金号为 2016175］

参考文献

[1] 孙志毅. 日本铁路经济发展模式研究[M]. 北京：经济科学出版社，2012.

[2] 郑明远. 轨道交通时代的城市开发[M]. 北京：中国铁道出版社，2006.

[3] 樱井旬子. 日本設計の考える環境—かわてと・かわらないてと[M]. 东京：建築画報社，2012.

[4] 王雷. 日本大规模新城开发对周边地区的影响——以神户市西区为例[J]. 城市规划，2003(4)：61－68.

[5] 李道勇，运迎霞，董艳霞. 轨道交通导向的大都市区空间整合与新城发展——新加坡相关建设经验与启示[J]. 城市发展研究，2013，20(6)：148－151.

[6] 日建设计站城一体开发研究会. 站城一体开发：新一代公共交通指向型城市建设[M]. 北京：中国建筑工业出版社，2014.

[7] 李道勇. 大都市区多中心视角下轨道交通与新城的协调发展[D]：[博士学位论文]. 天津：天津大学，2013.

[8] 高津俊司. 鉄道整備と沿線都市の発展ーりんかい線・つくばエクスプレスの事例 2008[M]. 东京：成山堂書店株式会社，2008.

[9] 王春兰，杨上广. 上海人口郊区化与新城发展动态分析[J]. 城市规划，2015，39(4)：65－70.

[10] 铃木博明，罗伯特・瑟夫洛，井内加奈子. 公交引导城市转型——公交与土地利用整合促进城市可持

续发展[M]. 赵晖，李春艳，王书灵，译. 北京：中国建筑工业出版社，2013.
[11] 汪劲柏，赵民. 我国大规模新城区开发及其影响研究[J]. 城市规划学刊，2012(5)：21－29.

图表来源

图 1 源自：笔者绘制.

图 2 源自：笔者根据竹内正浩. 地形で読み解く鉄道路線の謎「首都圏編」[M]. 东京：JTBパブリッツソグ，2015；AERA 編集部. 開業 50 周年記念「完全」復刻アサヒグラフ臨時増刊東海道新幹線[M]. 东京：朝日新聞，2014；矢島隆・家田仁. 鉄道が創りあげた世界都市・東京[M]. 大阪，ニッセイ工ブロ株式会社，2014；社団法人日本交通計画協会. 駅前広場計画指針—新しい駅前広場計画の考え方[M]. 东京：技報堂，1998 绘制.

图 3 源自：http：//senri50. com/c4689. html.

图 4 源自：笔者绘制.

图 5 源自：笔者根据历年卫星图与中央复建工程咨询株式会社(CFK)联合绘制.

图 6、图 7 源自：笔者根据富田和晓・藤井正. 新版图说大都市圈[M]. 王雷，译. 北京：中国建筑工业出版社，2015；青山吉隆. 图说城市区域规划[M]. 王雷，蒋恩，罗敏，译. 上海：同济大学出版社，2005；梅原淳. いまとそ楽しみたい—新幹線の旅[M]. 东京：凸版印刷株式会社，2014 绘制.

图 8 源自：笔者根据竹内正浩. 地形で読み解く鉄道路線の謎「首都圏編」[M]. 东京：JTBパブリッツソグ，2015；AERA 編集部. 開業 50 周年記念「完全」復刻アサヒグラフ臨時増刊東海道新幹線[M]. 东京：朝日新聞，2014；矢島隆・家田仁. 鉄道が創りあげた世界都市・東京[M]. 大阪：ニッセイ工ブロ株式会社，2014；社団法人日本交通計画協会. 駅前広場計画指針—新しい駅前広場計画の考え方[M]. 东京：技報堂，1998 绘制.

图 9 至图 12 源自：http：//tw. tochidai. info.

图 13 源自：笔者绘制.

表 1 源自：笔者根据王宏远，樊杰. 北京的城市发展阶段对新城建设的影响[J]. 城市规划，2007(3)：20－24 及维基百科绘制.

表 2 源自：笔者根据维基百科绘制.

表 3 源自：笔者绘制.

表 4 源自：笔者根据 http：//tw. tochidai. info 绘制.

近代五邑侨乡台山城的发展与形态演变

姜　省

Title: The Development and Morphological Evolution of Taishan City, Overseas Chinese Hometown of Wuyi in Modern Times

Author: Jiang Xing

摘　要　台山于明弘治年间立县建城，是广东著名的侨乡。1900年以后因获得巨大侨汇挹注而快速发展——机械化交通加强了台山城的聚集效应，其城市格局以旧县城为中心向东西两翼扩展。原西门圩、西宁市改建为金融商业区，旧县城成为文教、行政、住宅区，东部新建成文教区。城市外围的西侧、南侧、北侧规划建设了多个公园，标志着城市空间扩展的范围。旧县城组团的内部街道维持"T"字形格局，保全了传统街坊；新县署建在清代衙署基址之上，强调了原有的权力空间轴线。西宁市和西门圩建设为均质的方格网式格局，不设大型公共建筑，显示了房地产经营背景下的新城区规划方法。台山城的城市形态是近代社会力量与地方政府分工协作在物质空间中的表达。

关键词:空间扩展与整合;机械化交通;华侨投资;地方自治

Abstract: Taishan city was founded during the reign of Hongzhi in Ming dynasty, and it was also one of the most famous overseas Chinese hometowns in Guangdong Province. It started a rapid process of development since the 1900's with numerous overseas remittance supporting the exploration of the business trade in China—Mechanical traffic net drew a great number of people to live there, and the size of the city was enlarged by the west commercial and financial wing and the east educational wing, which were jointed by the old small county town between the two groups. Three gardens were planned in the west, south and north of the outside ring of the city and limited the city border. The streets in the old county town group were kept in the original T-shaped layout, and the traditional neighborhood has been preserved. The new government building was reconstructed on the site of the old Yamen in Qing Dynasty, and this dominated the old powerful axis in the new city. The other two groups named Xining city and Ximen Xu were rebuilt into a grid square city shape without large public buildings, which illustrated the new method of city planning based on chasing of land value. The

作者简介

姜　省，广州大学建筑与城市规划学院，副教授

transformation of the city form of Taishan city was the spatial representation of the division and cooperation of the local government and social forces.
Keywords: Spatial Expansion and Integration; Mechanical Traffic; Investment of Overseas Remittance; Local Autonomy

1 引言

台山位处珠三角五邑侨乡①中部，南临南海，北接潭江，东西分别有山岭与新会、恩平分界(图 1)。台山明时建制，称新宁县，1914 年更名为台山县。台山治旧称新宁城或宁城，民国以后称台山城，简称台城。台山现已升格为县级市，称台山市。

台山是江门五邑侨乡华侨集中地之一，1900 年以后，在侨资侨汇的滋养之下，现代交通和商业经济快速发展，城乡建设开展较早，建设成果十分突出。因此，台山城是五邑侨乡近代城市建设和改良的楷模，其形态发展演变具有重要的研究价值。

图 1　台山市地理位置

2　明清新宁城的形态特征

2.1　明清新宁城的发展沿革

明弘治十一年(1498年),为方便控制土著瑶族,新会县分十六都建新宁县;弘治十二年六月(1499年6月)卜地建城,“北枕三台,西傍宝鸭,东南夹圆岗,西南临牛股墩”。城址地形北高南低,城东多山陵,城西平坦临通济河,城北临三台山,城南南门外为通济河,时有山潦水患。四面城墙围合成城市边界:北城墙紧靠三台山设虚门,其他三面城墙各设一门;城东南角为连珠山,城墙将部分山体围于城内。县城内设县署、醮楼、学宫、城隍庙,城外设山川社稷坛、厉坛,城西设演武亭,仪典与权力建筑配置完备。清代,广州、番禺等地人口外溢,新宁城获得发展机遇。清康熙二十五年(1686年),在西城墙外兴建西门圩;光绪八年(1882年),又向朝廷申请建立西宁市。城南也形成了若干聚居点,城东相较发展迟缓。

2.2　明清新宁城的形态特征

从明清《新宁县志》的记录来看,台山城从建城以来城市范围基本维持原貌,虽经十几次台风水患损伤城墙,但均在原址修复重建。从清道光年间城市地图来看(图2),县内主要街道呈“T”字形,以文章街、县前街作为东西向主街通向东西门,西与西门外的宁阳书院相接,东与社稷坛相连;正市街、南门直街作为南北向主街,通向南门,并直通南门正街,连接城南通济河上的丰和桥出城。这些街道构筑了清晰的“T”字形空间结构,城市发展重心也倾向于城市南侧;北城墙上的北门仅虚设城楼,重视城市北侧的防御,符合明以来县城空间结构的普遍形态。城内道路也多采用“T”字形交接,有重防卫之意,符合其当初建城以控制土著瑶族的初衷。

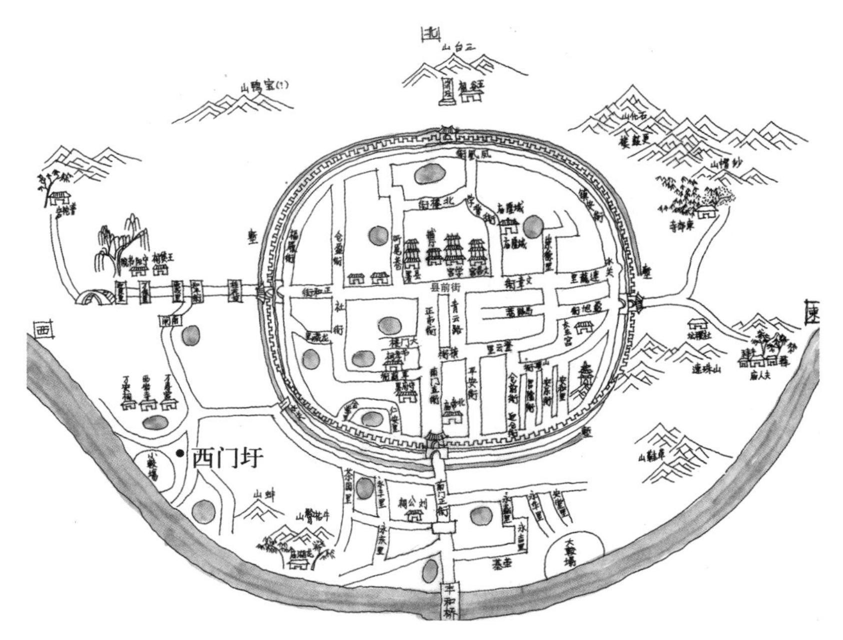

图2　清道光十九年(1839年)新宁县城图

城内公共建筑按县城建制配置完备，其布局进一步强调了城市空间的主要轴线。县署、捕厅、学宫和文昌宫由西至东依次列于县前街的北侧，其位置正对正市街和南门直街；城墙外围分别于东西两侧设社稷坛与宁阳书院，从空间意向上强调了城市东西向轴线的存在。南门直街的东西两侧分设北帝庙、守署府、节孝祠等公共建筑，从空间意向上强调了南北向轴线的存在。

从清光绪十九年(1893 年)的新宁城地图可以看到，此时宁城南门和西门外均已发展出不少聚居点，这是城市人口聚集的结果。城西的西门圩(旧称西门墟)和西宁市均为位于城外的商业与居住单元，已经十分繁盛，周围分布着西康里、西成里等聚居点，以及众多的佛寺、神庙、忠烈祠、书院等公共建筑，如石化寺、万寿宫、包公庙、圣母庙、瑞峰书院(旧称瑞丰书院)、宁阳书院等。这表明了新宁城发展趋向城西的特点，应是受限于城东山地较多这一地形条件，城市主动选择了这一发展方向(图 3)。

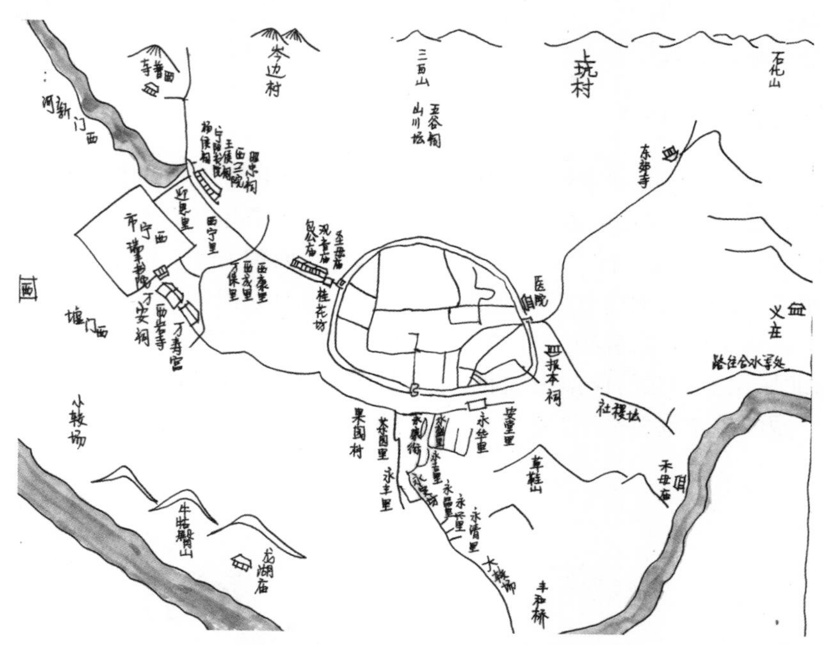

图 3　清光绪十九年(1893 年)台山县城附郭图

3　1900 年后台山城发展的契机

经历明清的积累与发展，到 1900 年前后新宁县逐渐繁荣起来，其契机为大量的侨汇挹注和投资。在资金支持下，机械化交通网络在民国建成运营，改变了台山城的地理区位并促进其规模增长，日常消费与房地产投资的兴盛支持了其城市内部改良与扩展建设。1924 年台山县在广东省内率先实施地方自治，从制度设计和规划管理上促成了城市空间的现代转型。

3.1　侨汇丰厚

台山县内华侨数量众多，19 世纪晚期至 20 世纪初期，北美、东南亚等地区实行激烈的排华政策；1894 年甲午海战之后，清政府开始吸引华侨回国回乡投资经营，国内外的政策变化使侨汇数量大增。据《台山县政公报》登载，1930 年台山全县侨汇达到 3 000 万美元上下，几乎占全国侨汇 9 500 万美元的 1/3[1]。因华侨众多，所以单笔侨汇数量少，主要用于赡养家眷而成为近代台山县的经济支柱。

随着侨汇的累积和侨乡商业的繁盛，侨汇开始投资到市镇房地产业，台山县的中心城市台山城成为侨汇争相投资的热土。这些投资主要有两种：分散的侨汇投资多见于台山城骑楼铺屋建设，以华侨家庭投资为主；集资合股的投资用于较大区域的开发，如由旅港华侨集资成立的光兴公司开发了西门圩。此外，还有一种集资用作公益投资，如旅美华侨集资捐建了台山县立第一中学、台山女子师范学校和台山县立医院等建筑(群)。这些侨汇侨资支持了侨乡城镇空间的快速扩展。

3.2 交通机械化

台山县域地形为中部高南北低，南北两坡的河流分别流向南海和潭江，无法形成整体的水运网络，因而一直存在内部交通不便的问题。因此，近代台山县内交通网络主要由新宁铁路和公路构成，水运影响甚微。

1) 新宁铁路

台山爱国华侨陈宜禧于 1906 年投资兴建新宁铁路，分三期修筑，主线和支线共 133 km，建设车站 47 个[2](图 4)。1909 年贯通县境南北的公益到斗山段通车，1913 年连通县境与江门的公益至北街段通车，1920 年全线通车。

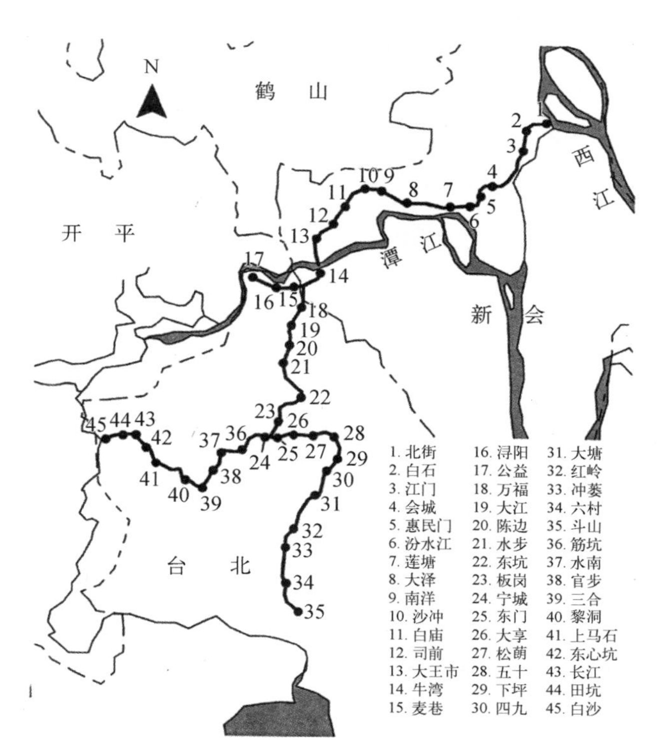

图 4 新宁铁路线路图

注：有 2 个小车站因未考明位置，故未在图中标注。

从空间布局来看，新宁铁路以台山城为中心：北段由台山城经新会至江门，终点在江门北街；南段由台山城经四九、冲蒌至斗山；东段由台山城经三合至白沙。铁路运输客货运并重，据统计台山县内的公益至斗山段客货车厢数量总计为 70 个，公益至北街段为 53 个。1917 年的列车运营时间表显示，台山县内运营班次比往江门的多 2 个[3]，可见新宁铁路着重于解决台山腹地交通不便的问题。它的全线运营促进了县内客货流通，还通过江门埠连通与港澳、省城以至海外间的客货流，间接推动了台山县内商业贸易的发展。

2）公路建设与公共交通发展的影响

孙中山先生在《地方自治开始实行法》中提倡“实业发达，非大修道路不为功”，广东省政府督促各地政府践行了这一观念。民国十年（1921 年），台山县成立公路局，开始筹筑公路。民国十一年（1922 年）夏，开始测量台山城至广海及台山城至荻海、新昌的路线，到民国十七年（1928 年），台（城）荻（海）、台（广）海和台新（昌）等公路建成通车。民国十八年（1929 年）印行的《台山物质建设计划书》公布了计划的十大县道干线和十三条乡道。除前文所述的几条公路外，台山城至四九、公益（台鹤）和斗山至都斛（台赤）等公路也已建成，形成了以台山城为中心，辐射四乡主要圩镇的公路交通网。到 1934 年台山县内计有已完成公路里程 446 里②（1 里＝500 m），规划的主要干道基本完成（图 5）。抗战期间这些公路虽遭破坏，但据广东省建设厅公路处 1946 年、1947 年两年统计，幸存的公路里程仍达到 216 里[4]。

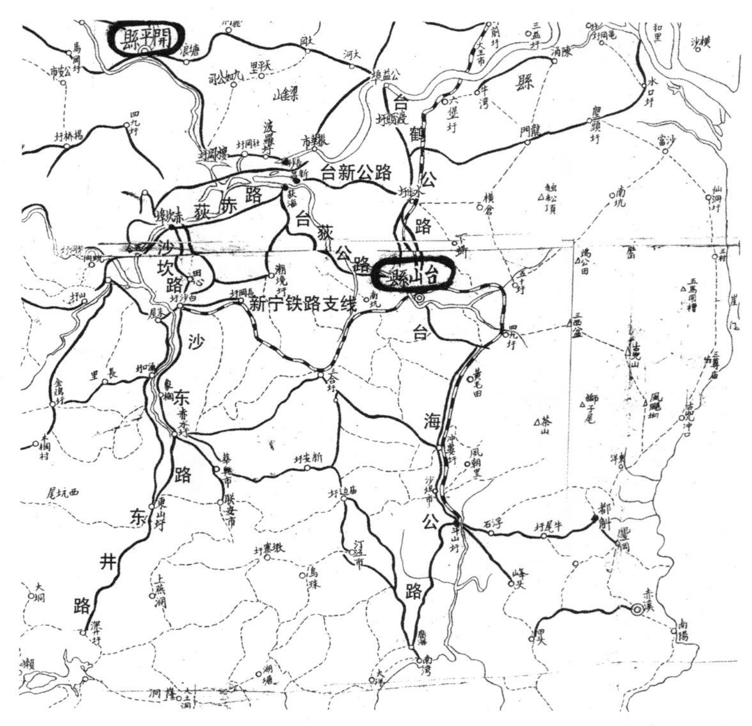

图 5　1947 年台山县内公路图

公路修通伴随着公共交通的扩展，政府鼓励民间资本（主要是侨资）投入公共交通运营，既提高了运输效率，又促进了商业发展。这一时期，长途公交和城市公交均有长足发展。台山县组织了“台山县全属公路行车公司”，运营城镇间的交通线路，使用进口公共汽车和各种货运车辆。

3）台山城地理区位的转变

城市地理区位的核心是“城市的交通地理位置”[5]。1913年新宁铁路主线贯通运营后，缩短了台山县各城镇与江门的相对距离，使江门进口的货物转运更加便捷。台山城位于新宁铁路南北干线和东西支线的交汇点，又是县内公路干道网络的辐射中心，公路网沿途经过大小重要市镇，可进一步将商货转往末端乡村，台山城因此成为县内的交通枢纽。

便利的交通枢纽区位使台山县内的各种资源快速向台山城集中，包括侨汇投资、各业人才和政策支持，促进了台山城商业、金融、房地产等行业的繁荣，使其成为台山县内的首位城市。这些职能产生了人口聚集效应，城市空间规模快速扩展，并在城西铁路和公路车站的引导下产生功能分化；城市基础设施和公共设施建设也加速发展，改观了城市景观，使台山城成为五邑侨乡的城镇典范，获得“小广州”之称。

3.3 民国台山县地方自治

1914年，新宁县改称台山县。1924年，县长刘栽甫向时任大元帅的孙中山申请地方自治获批，并获得五条自治办法③，为台山县政府推行新政、自主落实地方事业和城镇建设提供了政治保证。在县政府和工务部门的主持下，仿拟广州颁行了一系列市政例规章程，包括《修正台山县取缔全属城市、墟镇建筑章程》等，同时开始进行土地测绘与城镇规划，并推行建前报批、竣工验收等建设管理程序，推动了城镇建设的有序开展。旧县城、西宁市和西门圩这三个基本组团最先开始进行市政改良和重建，快速改变了城市景观。

4 1900年以后台山城的空间转型

4.1 城市规模扩展与功能分区

近代台山城的空间扩展以旧县城为中心展开，向西扩展为商业组团，向东、向南扩展为文教组团。旧县城为过渡和结合部分，居住、商业、文教和行政等多种功能兼顾。

20世纪20年代初台山县城内的铺屋已不敷使用，地租铺屋升值迅猛。由于临近新宁铁路宁城车站和台山县全属公路行车公司，加之清代作为商业圩市的历史，城外西宁市和西门圩成为城市商业组团扩展的重要方向。西宁市北侧紧邻宁城车站，西临通济河，“向为商务繁盛之区”。规划修筑沿河长堤，并按方格网格局建设马路，经招商兴建骑楼商铺后，成为台山城金融和商业最繁盛的单元。西门圩历史悠久，也采用方格网式布局进行规划改建，成为商铺、旅馆林立的新城区。到1929年，通过桔园路、通济路等马路与旧县城连接，完成了新台山城的空间扩展与格局整合(图6)。由此，城市的商业重心西移，原有的三个城市单元逐渐弥合为一体，城市空间大大扩展。

城市向东部、南部的扩展以台山县立第一中学、台山女子师范学校等文教建筑为主：城东纱帽山一带设台山县立第一中学，城南连珠山一带设台山女子师范学校，城东南设台山师范学校，加以旧县城内的溯源技校等学校，使城市东部扩展为文化教育区。

此外，台山城内外在工务局的主持之下规划建设了三个公园。一是位于环城西路附近、西濠街上的环城公园，一是位于城西、在原凌云古塔旧址上改造修建的中山公园，一是位于

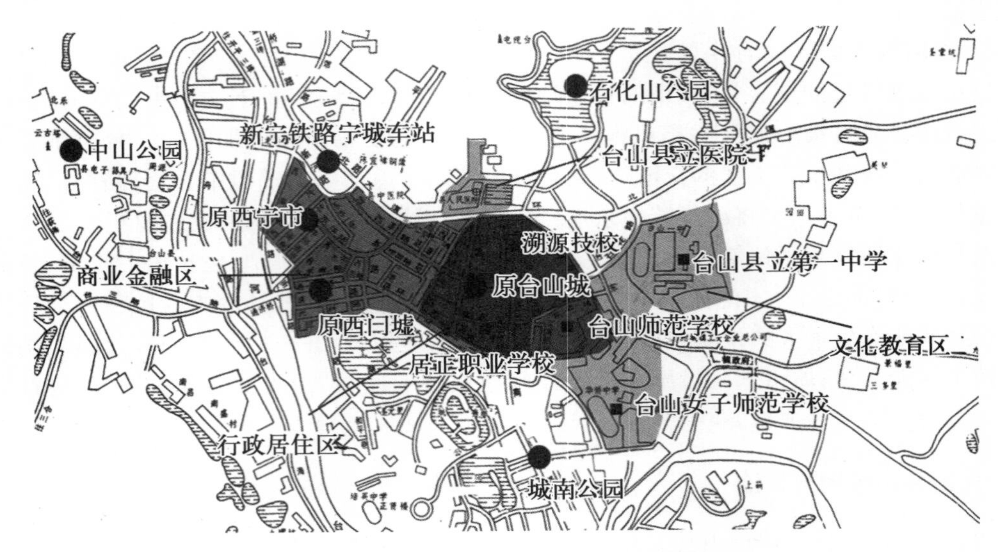

图 6　20 世纪 30 年代台山县城功能布局图

城市北侧石化山上的石化公园。《台山物质建设计划书》还计划利用旧县城南部的低洼地势修建城南公园，并结合公园建设全邑万人运动场，勾画了美好的城市愿景。这些公园的布局充分考虑了台山城周边的地理条件，并结合了古塔等文化遗产；公园设于城区外围，界定了规模相当可观的城市空间，应是受到了田园城市思想的影响。

台山城在一系列空间扩展完成之后，集商业、金融、行政、文教等职能为一体，城市功能分区更加明确，实现了由传统治所到综合性城市的转型。

4.2　城市组团格局与空间肌理

1）旧县城组团

1923 年台山县县长刘栽甫主持启动了台山老城的改良计划，随后组织市政勷办处，在县城内拆城墙、筑马路，拓宽取直，并拆除街道两旁的单层破旧建筑，建设统一规划的骑楼马路(图 7)。城市街道按等级进行尺度控制，城墙拆除后修筑的环城东、西、南路以 46 英尺(1 英尺＝0.304 8 m)的宽阔尺度清晰地标示了旧县城的边界。城内东西向的县前路、正和街与南北向的正市街、南门正街也被扩宽为宽阔的主街，使城市格局仍延续了旧县城“T”字形的轴线关系。草荫街和盈旭街等低一级的街道，街道宽度约为 24 英尺，沿线修建的骑楼马路将城内原有街坊界定得更加清晰，但街坊尺度比旧县城扩大不少。

同时，台山新县署办公大楼于明清衙署旧址上规划重建，民国十八年(1929 年)规划建筑，至民国二十二年(1933 年)建成启用。“前县长钟喜焯拟将署(笔者注：即旧县署)之前半筑马路辟为市场，以余地标卖所得之价，就后半改建新署。其面积广狭不一者，稍收附近民房以整齐之”，规划经历三版修改，最终确定将县署各部门集中于一栋大楼内，“署之面积，纵七丈四尺，横八丈零四寸，凡为楼三层……县之所辖公安、建设、财政、教育、土地凡五局，悉隶入焉”。建筑体量左右对称，南面正对拓宽的南门骑楼街，形成了道路末端的对景，强调了其庄严感(图 8)。建筑立面设计为西洋古典主义风格，造型新颖，使“邦人士瞻仰，咸有美哉轮奂之叹”[6]。新县署在旧址上重生，标志着台山城的行政功能得以延续，也使城市空间的南北轴线关系更加明晰。

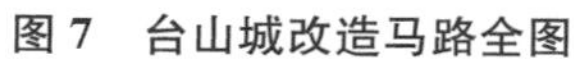

图 7　台山城改造马路全图

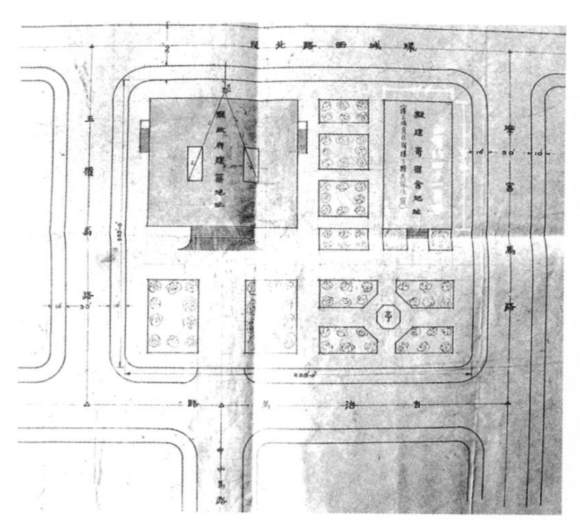

图 8　台山县署总平面规划

同时，旧县城内设置了众多文化机构，中小学校包括敬修中学、育英中学、居正中学、任远中学等中等学校，栽华职业学校、溯源技校和尚实会计学校等职业学校。城内学宫旧址设有县立图书馆，另有《台城舆论报》《民国日报》和《台山县政公报》等五家报社以及《新宁杂志》《台山华侨杂志》等十多家侨刊社，使其成为名副其实的行政与文化组团。

2)西宁市与西门圩组团

西门圩与西宁市地权所属不同，民国改良时二者均作为独立单元进行改造。

1922 年台山县县长刘栽甫授权商会会长李克明改建西宁市，西门圩则由旅港侨商组建的光兴公司主持改建。

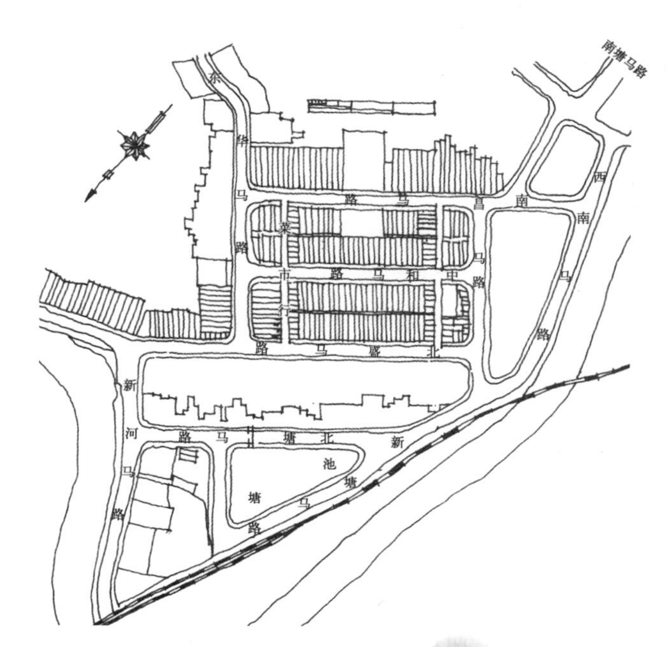

图 9　改造西宁市区图

西宁市由县政府工务局进行规划，五条主街——东华马路、西荣马路、南昌马路、北盛马路与中和马路，对空间肌理进行了界定(图 9)，形成了方正的空间格局。街道为东北—西南、西北—东南走向垂直相交，仅在沿河处顺应河道走向进行了调整。在街道两旁建设尺度统一、各种风格的骑楼建筑，不设大尺度的公共建筑，呈现出均质的空间肌理。这反映了此区商业、金融业独立经营且规模较小的特点，是当时台山城小型个体经营集中的片区。

西门圩的空间肌理与之相近，其主要街道有通济路、光兴路、革新路、西岩路等。但由于街道方向接近正南北、东西向，不仅无法与西宁市的街市融合为一个整体，还在两市之间形成了一个三角形隔离地带无法弥合。这显示出因主持建设的主体不同，两个组团形成了竞争关系，其街道走向的差异清晰地显示了组团的独立性。

3）组团衔接部分

由旧县城正和街延伸而出的台西路将西宁市与其东西向主街连接起来，由旧县城环城南路延伸出的通济路将西门圩与其相接。

台西路联系旧县城与西宁市，商务尤其繁盛，“行人来往肩摩毂击，两旁商户崇墉栉比，尤为台城唯一之冲繁道路”，沿路建有天桥商场、中国银行这样的大型公共建筑，说明其作为商业、金融中心的地位。为顺应原有城市组团的街道方向，台西路和通济路均为东南—西北走向的街道，宽度为 46 英尺，为主干道级别。两条道路之间界定出了楔形的长条街区，其间分布的支路如桔园路、革新路、西岩路等形成了三个城市组团之间的多向度联系，在其后发展为城市繁华地段，使三个独立的城市单元逐渐弥合。

清末分布于这一街区的书院、佛寺、神庙等建筑在改造后消失，新建的天主教堂和基督教堂成为重要节点，显示了城市形态中对传统文化的抛舍和对西洋文化的推崇，符合华侨族群对城市商业组团建设的期许，反映了其深受西方文化影响的城市空间特点。

5　结论

近代台山城市形态演变的主要特点是城市单元的跳跃性发展和逐渐弥合，使城市形态的演进历程清晰显现。作为侨乡城镇，其发展演变与侨汇数量增减所导致的社会、经济背景紧密相关。20 世纪初，以陈宜禧为代表的华侨族群投资于新宁铁路建设，在空间上连通了台山县内南北交通并与江门建立了直接联系，提高了台山城的地理区位；20 世纪 20—30 年代，手握侨汇侨资的华侨族群和掌握行业资源的地方商会成为城市建设中的两股重要力量，在政府的支持下进行西门圩和西宁市两个组团的改建，为城市改良带来了广泛的社会认同和雄厚的资金支持，促成了这一时期城市空间的快速拓展。同时，他们的土地经营理念也在城市形态中显现为均质的方格网式肌理。

县政府与工务部门控制城市的总体发展方向，按照现代规划方法进行城市规划；同时结合旧县城的传统格局进行市政改良，设计并主持县政公署、城市公园等重要公共空间和堤坝沟渠、桥梁道路等基础设施的建设，发挥了现代政府的职能，调动社会团体进行分工协作，良性推动了台山城的现代转型。台山城各组团的整合和空间扩展，城市分区、田园城市思想的应用恰当地结合了原有城市空间格局，既表现了城市规模的增长，也体现了政府工务部门将现代城市规划方法与传统城市格局进行结合的努力。

[本文为广东省哲学社会科学“十二五”规划一般项目资助成果，项目批准号为 GD13CHQ01]

注释

① 五邑位于珠三角西南，东北紧接珠三角核心区的佛山，与广州相距不远；东侧邻珠海、中山，并靠近香港、

澳门地区；西邻两阳（阳江与阳春）、高州、雷州、廉州、海南、肇庆；东南濒临南海，沿海有多个优良港口可通南洋、港澳，尤其江门往来港澳十分便利。

② 邹鲁修、温廷敬等纂：广东通志（未成稿，未出版），国立中山大学广东通志馆，民国二十四年（1935年）。

③ 台山县自治办法：（一）台山县署因行政利便，对于调查户口、测量田土、修筑道路、疏浚河道、推行义务教育、开辟公共坟场等设施及革除迷信奢侈等陋习，得强制执行之。（二）台山县署因扩充地方行政、发展地方事业，得就地筹款，增加新税，呈报省府备案。（三）统一全县财政，除原属县署直接管理经收外，其余一切征收机关及征收委员等隶属于中央政府或省政府管辖者一律划归县署办理，其各种税收向解中央政府或省政府者概由县署照旧解缴。（四）台山县署因维持全县治安，得组织警备队350名至750名，所应需枪炮子弹得向兵工厂备价领取。（五）台山县署为保全自治之尊严计，对于军事机关，除参谋部、军政部、联军总司令部、粤军总司令部外，概用咨文。各客军因军事之必要驻扎台山者，其军需由省库或中央支给，县署不任供应，并不得在县内就地筹饷，但政府特别指定，经县署同意者，得双方协商决定之。

参考文献

[1] 广东省地方史志编纂委员会. 广东省志·华侨志[M]. 广州：广东人民出版社，1996：148.

[2] 台山市档案馆. 陈宜禧与新宁铁路[M]. 台山：台山市华宁彩印有限公司，2002：10-12.

[3] 东亚同文会馆. 广东省志[M]. 东京：秀英舍，1917（大正六年）：200.

[4] 广东省建设厅公路处. 各县公路里程概况[A]. 广州：广东省档案馆缩微档，案卷号：6-2-620，621，1947.

[5] 周一星. 城市地理学[M]. 北京：商务印书馆，1995：160.

[6] 台山县政府. 台山新县署记，台山县政年刊[Z]. 台山：台山县政府，1933（民国二十二年）.

图表来源

图1源自：笔者根据江门地情网，http://www.gd-info.gov.cn/shtml/jms/index.shtml 中的江门市地图绘制.

图2源自：张深：《新宁县志·舆图》，道光十九年（1839年）.

图3源自：何福海、黄鼎珊：《新宁县志·舆图》，光绪十九年（1893年），民国十年（1921年）校刊.

图4源自：任健强. 华侨作用下的江门侨乡建设研究[D]：[博士学位论文]. 广州：华南理工大学，2011：177.

图5源自：台山市档案馆馆藏图纸.

图6源自：笔者根据广东省地图出版社，武汉测绘科技大学制图系. 广东省县图集[M]. 广州：广东省地图出版社，1989 中的台山县城地图改绘.

图7源自：台山县政府建设局. 台山建设图影[M]. 台山：西华印书馆，1929（民国十八年）.

图8源自：广东省立中山图书馆藏图纸.

图9源自：台山县政府建设局. 台山建设图影[M]. 台山：西华印书馆，1929（民国十八年）.

传统入藏交通线上驿站型城镇的形成与发展研究

李　天　周　晶

Title: Study on the Formation and Development of Service Station Towns Along the Transportation Routes to Tibet

Author: Li Tian　Zhou Jing

摘　要　驿站是旧时由内地进入西藏交通线上的重要节点，也是西藏传统驿站型城镇赖以形成与发展的基础之一。本文对西藏初级城镇的重要类型——驿站型城镇进行研究，探讨茶马古道入藏交通线上城镇形成的背景与条件，梳理驿站型城镇的社会构成与空间格局特征，阐述影响驿站型城镇发展与兴衰的宗教文化、社会制度及交通环境因素。

关键词　贸易路线；西藏；驿站型城镇

Abstract: The service stations along the traditional trade roads from inner land to Tibet used to play a very important role, and some traditional service station towns in Tibet were formed based on these service stations. This paper studies on the functional characteristics of service station towns, explores the background and conditions of urban formation on the line of the tea-horse road, combines the social composition and spatial pattern of service station towns, explains the influence of religious culture, social system and traffic environment on the development of service station towns.

Keywords: Transportation Route; Tibet; Service Station Town

在交通不便、以畜力运输为主的时代，从内地入藏不但路途遥远，而且十分艰苦。宣统三年(1911年)出版的《西藏新志》中有这样的描写："西藏与邻邦及内地之交通自地形上观之殊觉困难。高岭耸云，大河横空之处危险异常，故炮车辎重以及货物之运输，悉以兽畜负载。"[1]因为气候条件恶劣，一年中可供通行的时间十分有限，在旧时介绍西藏的书籍中，程站是必不可少的章节。程站当为路程与驿站的缩略，某些书籍中仅对各驿站之间的路程距离做一一罗列，有些书籍中则对较为重要的驿站做了简短注释，比如何处为打尖之地，何处有柴草和住宿、有守兵(塘铺)以及驿

作者简介
李　天，西安交通大学人居环境与建筑工程学院，讲师
周　晶，西安交通大学人居环境与建筑工程学院，副教授

站是否有西藏地方政府提供的差役等。虽然旧时书籍多惜墨如金,注释也不过寥寥数语,却也包含了驿站所在地的自然环境特点、经济社会发展水平、人口数量、房屋建筑风格、民风民俗和土特产品等重要信息。通过旧时文献中有关入藏交通线上驿站的描述,我们可以发现,由于进藏途中特殊的自然条件和交通状况,历史上长期作为交通驿站的居民点、放牧点、寺院、戍边营地等,逐渐发展成了城镇,如类乌齐、硕般多、乍丫、工布江达等。作为进藏交通沿线的主要城镇,它们在古代便是茶马古道、唐蕃古道等古代贸易路线上的重要节点。在藏传佛教影响力最为鼎盛的时代,这些交通节点因为人口的聚集和贸易的繁盛吸引了佛教的传播者在此建立寺院,宏传佛法。由于整日游走在生死边缘的商队和旅人期冀佛陀的庇佑以确保艰难道路上的平安,那些原本只为茶马古道上的商队提供歇脚之处的偏僻驿站,因为寺院的修建和寺庙商业的繁荣形成了人口聚集的市镇,成为货物集散地兼崇拜中心,历代政府驻军营地和政府治所的设置,又进一步提升了驿站的功能,使之成为具有初级城镇功能的驿站型城镇。

1　贸易路线上驿站的设置对入藏沿线城镇形成的影响

1.1　茶马古道与入藏途中的城镇

茶马古道是一个非常特殊的地域称谓,它兴于唐宋,盛于明清,二战后期最为兴盛。茶马古道分川藏、滇藏两路,连接川滇藏,伸入不丹、尼泊尔、印度境内,直到西亚、西非红海海岸。川藏茶马古道又分成南、北两条支线:北线是从康定向北,经道孚、炉霍、甘孜、德格、江达抵达昌都,即今川藏公路的北线,再由昌都通往卫藏地区;南线则是从康定向南,经雅江、理塘、巴塘、芒康、左贡至昌都,即今川藏公路的南线,再由昌都通向卫藏地区。

旧时经川藏茶马古道至拉萨全长约四千七百华里(即约 2 350 km),“所过驿站五十有六,渡主凡五十一次,渡绳桥十五,渡铁桥十,越山七十八处,越海拔九千尺以上之高山十一,越五千尺以上之高山二十又七,全程非三四个月的时间不能到达”[1]。川藏茶道的开拓,无疑促进了川藏道沿线市镇的兴起。大渡河畔被称为西炉门户的泸定,明末清初不过是区区“西番村落”,境属沈村,烹坝,为南路边茶入打箭炉的重要关卡。康熙四十五年(1706年)建铁索桥后,外地商人云集泸定经商。到宣统三年(1911 年)设为县治,1930 年已有商贾 30 余家,成为内地与康定货物转输之地(图 1)。

图 1　20 世纪 30 年代泸定旧照

另一个因茶马贸易兴起的城镇打箭炉(康定)也曾经是荒凉的山沟。明代开碉门、岩州茶马道后,这里逐渐成为大渡河以西各驼队集散之地,清代开瓦斯沟路,建泸定桥,于其地设茶关后,康定迅速成为“汉番幅凑,商贾云集”的商业城镇。西藏和关外各地的

图 2　20 世纪 30 年代康定旧照

驼队络绎不绝地来往于此，全国各地的商人在这里齐集，形成了专业经营的茶叶帮，专营黄金、麝香的金香帮，专营布匹、哈达的邛布帮，专营药材的山药帮，专营绸缎、皮张的府货帮，专营菜食的干菜帮，以及专营鸦片、杂货的云南帮等，出现了 48 家锅庄、32 家茶号以及数十家经营不同商品的商号，还有缝茶、制革、饮食、五金等新兴产业。民国时期，民居、店铺、医院、学校、官署、街道纷纷在康定建立，使之成为闻名中外的西陲都市，民国政府还有意将此地定为西康省首府(图 2)。除此之外，理塘、巴塘、道孚、炉霍、察木多(昌都)、松潘等茶马古道上的重要贸易点，也都在清代茶道兴起时发展为商业城镇。由此，川茶输藏是促进川藏交通开拓和川藏高原市镇兴起的关键因素。

"唐蕃古道"即今天青藏公路的前身，也包括在茶马古道范围内。唐蕃古道是唐朝和吐蕃之间的交通大道，也是唐代以来中原内地去往青海、西藏乃至尼泊尔、印度等国的必经之路。文成公主远嫁吐蕃王松赞干布走的就是这条大道，松赞干布亲自到玉树迎接文成公主，说明当时的玉树已然是唐蕃交通节点和聚落所在地。唐蕃古道的起点是古代的长安，终点是吐蕃都城逻些，即今天的拉萨。古道跨越今天的陕西、甘肃、青海和西藏 4 个省区，全长约 3 000 km，其中一半以上路段在青海境内。清末民初《西藏志》的作者陈观浔说，唐宋以来，内地差旅主要由青藏道入藏，"往昔以此道为正驿，盖开之最早，唐以来皆由此道"。在这条交通路线上，有著名城镇玉树、类乌齐、丁青、巴青、索县和藏北重镇那曲等。

1.2　驿站型城镇的形成背景与条件

驿站最早是中国古代供传递官府文书和军事情报的人员，或者来往官员在途中食宿、换马的场所，至今已有 3 000 年历史。但"驿站"一词在元朝才开始在汉语中出现。由于疆域辽阔，驿站制度成为元朝巩固政权的重要手段。清顺治帝入关后，驿站被分解为驿、站、铺三部分。"驿"是指官府接待宾客和安排官府物资的运输组织；"站"是传递重要文书和军事情报的组织，为军事系统所专用；"铺"则由地方厅、州、县政府领导，负责公文、信函的传递。可见驿站具有官府性质。但旧时进藏沿途的驿站设置，因藏地较为特殊的地理环境和社会发展状态，有其特殊性。

清人黄沛翘编著的《西藏图考》生动地记述了从川藏线入藏沿途的自然景观和风土民情，也包括驿站所在地的地貌特征与环境状况、人口情况、是否有聚落以及是否有住宿和柴草、乌拉供应等(图 3)。旧时从江卡到拉萨道路沿线，可以提供住宿、差役的驿站大致可以分为官府和驻军营地、著名寺院所在地、农业聚落与商业集市等几类，其中某些驿站设在原本就是藏地的重要城镇中，如察木多(昌都)、拉孜、德庆、墨竹工卡。重要驿站通常会设在几条进藏路线的重合交叉口上，如江卡、乍丫、类乌齐、洛隆宗、硕般多、达隆宗、拉里、江达、芒康，它们均地处川藏、青藏线的起点或者交汇处，商业和贸易发达，城镇中还建有重要寺院，如著名的类乌齐查玛杰大殿，就建在类乌齐镇过境公路边上。旧时书籍记载自四川成都经打箭炉(康定)至拉萨的川藏线途中合计有 103 个驿站，4 946 里(1 里＝500 m)路程；自西宁至拉萨的青藏线交通线途中合计有 74 个驿站，5 000 多里路程；自云南大理至拉萨的滇藏线途中合计有驿站 57 个，共计 3 063 里路程。但绝大多数驿站并没有发展成为城镇。可以说，贸易路线经过与佛教寺院建立，加上较好的自然条件和聚落条件，共同构成了入藏驿站型城镇形成的基础。

图 3 《西藏图考》插图

2 驿站型城镇的空间格局特征

2.1 驿站型城镇的自然环境特征

从旧时书籍对驿站所在地的描述中可以发现，驿站一般设置在自然条件相对较好、地势较为平坦、植被较为茂盛、出产农牧产品的地方。地处四川西部川、滇、藏三省区交界，被称为川藏大道咽喉的巴塘可谓典型。

清代王世睿的《进藏纪程》中这样描写巴塘："其地东接里塘，西连江卡，与瞻对毗邻，世相仇杀。土广淳熟，番人顺化，地暖无积雪，节气与内地无殊。土产则葡萄、核桃之属。沿东有温泉，澄泓一池清洁可浴，街即小溪，司粮务者，工余凿池引之，构草亭于其上触景舒啸亦足以极一方之圣楫焉。"[1]姚莹的《康輶纪行》描述巴塘："地土肥沃，四面皆山，中开绿野平畴，周约三十数里，青稞小麦并种，弥望葱秀，惟无大米。蕃民数百户，有街市，皆陕西客民在此贸易。旧有蕃城隍庙，神象戎装。近建汉城隍庙及关帝庙。其西山一带则皆剌麻寺，粮务署在寺内。"[2]

被称为藏东门户的江达是另一个自然条件较好的驿站型城镇。江达镇现在隶属昌都，东与四川省石渠、德格、白玉三县隔江相望，北与青海省玉树藏族自治州玉树市毗邻，南接贡觉县，西连昌都市卡若区，是四川、青海、西藏三省区的结合部位，川藏公路 317 国道经过这里。光绪年间编撰的《察炉道里考》中对江达这样描述："此地坐落三山之凹，二水环绕，设有碟巴外委一员，防兵四十名，拉里粮务站移驻此处。有蛮户百余家，少有市面，水土平和。商家为山、陕西人最多。事办麝香、鹿茸。”[3]《西藏图考》中描述江达：“在拉里西南，其三星桥、甲桑桥二水汇合之地，乃东西要津，而所辖之章谷、并鄂说与叠工接壤，又北通西海之要隘也。……江达凭山依谷，形势险要，有工布碟巴供给差役。江达地不甚寒，有驻防塘铺、柴草。”[4]

2.2　驿站型城镇的社会构成特征

（1）以寺院作为社会中心负责管理城镇与运营驿站

清朝以后，藏传佛教格鲁派在藏区传播广泛，即便是偏远之地也多建有寺院，这些寺院不但为入藏官员担负换乌拉和提供柴草等功能，甚至地方的行政管理也由寺院负责，俨然政教合一体制的缩微版。察雅县城烟多镇以著名寺院烟多寺得名，该寺由扎西曲宗寺一世活佛扎巴江措于1680年（藏历铁鸡年）建成，是察雅罗登西绕呼图克图的主寺，清代《会典图》中注释为“察雅庙”。康熙五十八年（1719年）颁给其主持印信，并在这里设守备一员，把总二元，外委二元，分驻塘汛。旧时书籍称乍丫（察雅），有寺院、碉房、柴草、驻防塘铺换乌拉。但是这里的居民习性桀骜，不容易驾驭。在乍丫过后的昂地驿站，也有驻防塘铺，但是由喇嘛供应乌拉，说明当地寺院有能力接待商旅和入藏官员，是当地社会的生活中心。

（2）以地方政府作为社会中心负责管理城镇与运营驿站

与察雅有所不同，巴塘自元以来为土司统治，明代一度为丽江木土司府所辖，清朝时派第巴驻巴塘、理塘，征收赋税。清政府在巴塘设立粮台（又称军粮府），以县级官员充粮务委员（简称粮员或粮务）负责输藏地的粮饷转运，兼理地方土司、政务。又设驻防都司、专汛千总各1员，专司台站文报；外委1员，负责稽查金沙江渡口；以流官例，任命当地土头为宣抚使司1员，副宣抚使司1员管理地方，其下辖六品土百户7员。说明巴塘当时已经具备了一定的城镇功能。

2.3　驿站型城镇的空间格局特征

囿于地理条件限制，进藏路线上的驿站型城镇基本上沿着过境交通线形成，城区沿着道路延伸，进深较短。由于进藏道路多沿峡谷河流蜿蜒展开，道路两边发展空间很受限制，驿站官署和寺院，以及民居聚落多散布在河谷两侧的山坡之上。位于洛隆县向西大约25 km的地方硕般多地势平缓，自然环境良好，自古就是盛产粮食的地方，史料记载硕般多“筑甃石为城，凭枕山梁，俯临河坎，前阔后尖，略如扇形。僧众俱在城内修建房屋，环绕居住。俗碟巴亦居城内民房”[4]。这些城墙大约是1911年赵尔丰任川滇边务大臣时主持修建的，目的是为了防备念青唐古拉山以南的波密人的骚扰。《西招图考》中还描述硕般多“居人稠密，物产亦饶，有碉房，柴草，有驻防，换乌拉”[4]。硕般多城还有两座寺院，“硕般多的喇嘛寺和市区都是依山而建，喇嘛寺规模宏伟，金顶灿烂。市区有居民两百来户，市面上的几条街道也显得颇为整洁，硕般多宗本官邸及办公处，都在喇嘛寺内”[5]。洛桑珍珠喇嘛1937年进藏途中到过此地，描述这里还有清朝时期的城墙残迹，市内街道也有些规模。在硕般多城内，还居住着一些汉人。

3　影响驿站型城镇的兴衰因素

3.1　寺院在传统城镇社会生活中具有核心地位

与严重依赖交通与商业贸易生存的城镇一样，进藏途中驿站型城镇的形成、发展和兴衰受社会制度与经济发展的制约非常明显，特别在西藏社会制度变化之时，其兴衰转换非常快。由于寺院在进藏交通线上不仅承担宗教功能，还担负一定的贸易功能和行政管理功能，在西藏内部政局稳定、当权者执政能力较强时，即使在地处偏远的驿站，僧侣也尽职尽责地担负驿站的各项职责。旧时清朝政府在各进藏驿站安排戍卒，但数量非常少，每个驿站区两三人，也许仅能够承担进藏官员日常的迎来送往，对于地方管理应该是无能为力。民国时期，国民政府与西藏地方政府关系疏离，进藏途中所需柴草和乌拉全依仗沿途寺院。因此，寺院在城镇社会生活中的核心地位更加突出。

3.2 宗教势力衰退与交通方式的变化导致驿站型城镇的衰落

到了西藏和平解放之后，寺院仅作为宗教场所的功能固定下来，僧人的供养方式发生变化，寺院世俗生活中的地位下降，僧人的数量减少，寺院周围的市场不再是居民唯一的交换场所。到了依靠汽车运送进藏物资阶段，进藏道路沿线的兵站取代了旧时的驿站。值得关注的是，这些兵站所在地，几乎都是依托清朝设立的驿站，那些位于交通节点的大兵站所在地，也均为旧时的驿站型城镇。

需要指出的是，随着车轮的延伸发展和交通状况的改善，旧时的道路经过了改线与合并，进而造成了城镇中心的迁移，也造成了某些昔日茶马古道重镇的衰落。如类乌齐古镇中有茶马古道东西穿过，南北间云南、青海的商人也多在此通行和贸易。虽然现在这里仍为连接藏、滇、青三省区的 317 国道必经地，但由于古道废弃、县城南迁，该镇多少有些落寞，现在也仅有几家四川餐馆。类乌齐镇的民居从前也多分布在山坡上，房屋质量很差，夜间没有路灯，居民出行很不方便。因此，那些偏离交通中心的驿站型城镇，在交通优势和宗教优势均不在的情况下，衰落在所难免。

4 小结

驿站型城镇形成于特殊的历史背景与地理条件，其形成与发展过程在中国城镇发展史中有一定的特殊性。具有较好的自然条件和聚落条件，地处重要贸易路线，建有一定规模的佛教寺院共同构成了入藏驿站型城镇兴起的基础。在入藏路线上驿站型城镇的发展过程中，产生了以寺院作为社会中心负责管理城镇与运营驿站及以地方政府作为社会中心负责管理城镇与运营驿站两种模式。

近代以来，贸易路线的变动、社会制度的变革、交通环境的改善以及宗教气氛的改变，使功能较为单一的驿站型城镇在生存与发展上因无法适应社会发展需要而衰落，然而驿站型城市独特的空间形态仍具有较大的历史与文化价值。

[本文为教育部人文社会科学基金项目“宗堡对西藏早期城市形成与发展的影响研究”(12YJAZH212)、西安交通大学基本科研业务费专项科研项目(SK2016030)研究成果]

参考文献

[1] 张羽新. 中国西藏及甘青川滇藏区方志汇编 2:藏程纪略[M]. 北京:学苑出版社,2003.

[2] (清)姚莹. 康輶纪行[M]. 欧阳跃峰,整理. 北京:中华书局,2014.

[3] 张羽新. 中国西藏及甘青川滇藏区方志汇编 2:西康行军日程[M]. 北京:学苑出版社,2003.

[4] (清)松筠,黄沛翘. 西招图略　西藏图考[M]. 拉萨:西藏人民出版社,1982.

[5] 邢肃芝(洛桑珍珠),张健飞,杨念群. 雪域求法记:一个汉人喇嘛的口述史[M]. 北京:三联书店,2003.

图片来源

图 1、图 2 源自:孙明经,张鸣. 1939 年:走进西康[M]. 济南:山东画报出版社,2003.

图 3 源自:(清)松筠,黄沛翘. 西招图略　西藏图考[M]. 拉萨:西藏人民出版社,1982.

第三部分　城市文化与保护

PART THREE　URBAN CULTURE AND CONSERVATION

百年间北京旧城历史片区的街道网络演变研究：以锣鼓巷、前门为例

汪　芳　商姗姗　李　薇　于枫垚

Title: Research on the Evolution of the Street Network in Old Beijing City over the Last One Century: Cases of the Luoguxiang and Qianmen Historical and Cultural Districts

Author: Wang Fang　Shang Shanshan　Li Wei　Yu Fengyao

摘　要　伴随着旧城整体保护的深入，其街道网络面临着优化提升的重大机遇。北京旧城街道网络是现代城市中继续沿用大面积古代城市街道规划的典型案例。本文以北京旧城中的锣鼓巷、前门两个片区作为研究对象，借助空间句法的理论与方法，通过历时性的定量拓扑分析，系统研究其街道网络在1912—2013年呈现的深层次结构特征及演变过程中的潜在规律：(1) 旧城片区内的街道网络空间肌理基本稳定，而其拓扑结构却在不断变化；(2) 深层次的拓扑关系反映了相应的政治、经济和文化特征；(3) 拓扑优势空间会出现与真实生活、社会功能“错位”的现象。研究结论将为旧城片区街道网络的更新、优化及业态选址等提供支撑。

关键词　街道网络演变；旧城保护更新；空间句法；锣鼓巷片区；前门片区；北京旧城

Abstract: As the deepening of overall protection, the street network of old city will face enormous development opportunities. As a typical case of using the ancient layout, the street network of old Beijing city has a great research value. This paper performs a systematic study through a qualitative historical research and a quantitative topology analysis. It focuses on the deep-seated structural features and evolutionary guidelines of the street networks from 1912－2013 in the Luoguxiang and the Qianmen districts of old Beijing city via space syntax: (1) The street networks of the districts in Old Beijing city are stable, while their topology structures are changing; (2) The deep relationship of topology reflects the politics, economic, and cultural characteristics; (3) There is the mismatch of social function and topology analysis results. The results will provide support for the renewal, development and site selection in the street network of old city.

Keywords: Evolution of Street Network; Conservation and Renewal of Old City; Space Syntax; Luoguxiang District; Qianmen District; Old Beijing City

作者简介

汪　芳，北京大学建筑与景观设计学院，教授

商姗姗，北京大学建筑与景观设计学院，硕士生

李　薇，北京大学城市与环境学院，硕士生

于枫垚，北京大学建筑与景观设计学院，硕士生

1　研究背景

棋盘式道路网和胡同格局是北京旧城空间体系的核心部分，构成了城市交通骨架，也体现出浓厚的文化底蕴与气质。同时，街道赋予城市生命[1]，作为城市背景的街道网络比建筑等建成元素更加具有持久性和适应性，承载了丰富的历史信息。北京旧城历经700余年的发展，形成了复杂而多样的街道网络，却在近现代100年的建设中趋于简单、单调，这无疑是对历史城市复杂性、完整性和延续性的一个巨大威胁。北京旧城不仅是保留和延续传统文脉的历史文化精华区，也是北京地理空间和社会经济的中心区，在同一空间上既要保护旧城，又要建设现代化城市，是旧城频现各种问题的症结所在。中华人民共和国成立之后，在以旧城为核心的"单中心"发展模式之下，旧城街道网络经历了不断拓宽、拉直和大面积数量减少等变化，以适应现代化交通发展的需要。《北京市城市总体规划(2004—2020年)》中着重强调了对旧城街道网络格局的保护[2]，这使得旧城街道格局的保护引起了多方重视，获得了保护、更新及优化的重要机遇。

目前有关城市街道网络演变的研究，主要通过全景式的历史进程分析，用定量的方法分析街道网络自身的几何特征、拓扑特征和分形特征的演变规律及其与土地利用或功能布局的相关性。相关研究包括：(1) 城市街道网络演变研究逐渐由定性走向定量。如莫哈耶里(Mohajeri)用熵值法定量描述了三个具有不同地理条件的城市在几十年到几百年间街道网络几何特征的演变，揭示了街道网络生长的两个主要进程——街道网络致密化和空间扩张，探讨了地理环境的约束对街道网络几何特征的影响[3]，马克・巴泰勒米(Marc Barthelemy)采用定量的方法分析了巴黎在1789—2010年街道网络关键性指标的演变进程[4]；(2) 街道网络演变的历史进程、动力机制以及演变规律探讨等研究内容，如盛强等采用空间句法的线段地图分析来捕捉天津1900年至今各个历史时期不同尺度层级的街道网络拓扑形态特征，揭示天津在快速建设的过程中对城市分形结构造成的影响[5]。

关于北京旧城街道的相关研究包括：(1) 从历史研究角度对旧城街道网络进行定性分析。如邓奕等结合现状与文献、地图进行对比研究，分析北京旧城的街区构成与街道尺度，认为旧城建筑大量消失的同时，街道、胡同仍记载和传递着大量的历史信息[6]；徐苹芳从历史和考古角度分析北京旧城街道格局的形成过程及其价值，指出街道整体网络在中国城市规划史上是一个杰作，当下亟须抢救北京旧城街道网络格局和历史风貌[7]。(2) 以演变中的北京旧城为研究对象，定量地揭示街道格局的历史变迁和潜在规律。如董明等基于地理信息系统(GIS)技术，对1949—2005年六个典型年份的胡同进行调查，建立胡同的时空数据库，清晰地分析旧城的胡同现状与历史变迁[8]；王静文等用空间句法研究1981—2003年北京旧城街道网络的演变过程，揭示城市发展中传统街道层级性的弱化和几何尺度的扩大，典型的胡同格局持续遭受破坏[9]。

在总结现实状况和梳理研究进展后得知，现阶段的研究问题主要集中在城市形态、街道网络及演变特征上，研究对象中选取城市尺度的较多，但大多关注单个片区，进行片区之间对比研究的较少。本文选取北京旧城中两个典型片区为对象，试图探讨以下问题：(1) 经过历史优选的片区，其街道网络结构、内部层级结构是否发生变化？(2) 两个旧城片区街道网络在不同历史阶段呈现何种演变趋势？这些特征是否存在差异？(3) 南锣鼓巷、大栅栏等

"明星"街巷的形成与街道网络结构有着怎样的关系?

2 研究设计

2.1 研究对象的空间范围

选取锣鼓巷、前门两个片区(图1)的街道网络进行分析、比较的原因如下:(1)街道网络的完整性与代表性:锣鼓巷片区有着整个北京城保存最完整、面积最大的传统胡同网络,还囊括了元、明、清以及近现代的城市空间与街道肌理,是诉说北京旧城演变的活化石;前门片区作为历史上北京外城的核心区域,其自发形成的迷宫式街道网络依然非常完整。(2)片区面积上的相似性与空间位置上的差异性:两个片区面积近似;锣鼓巷片区与其他历史保护区接连成片,而前门片区空间位置上相对独立,与其他历史保护区间的相互影响作用相对较少。(3)与城市主干道的关系:锣鼓巷片区被城市主干道包围,但前门片区与城市主干道分隔开,具有典型性。

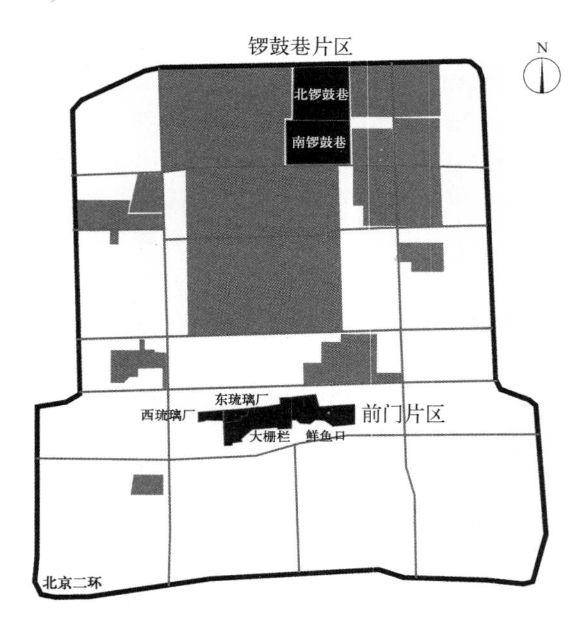

图1 锣鼓巷片区与前门片区区位示意图

其中,锣鼓巷片区主要包含北京市人民政府规定的南锣鼓巷、北锣鼓巷两片历史文化保护区,总面积约为1.07 km^2。这是自元大都时期以来便成为北京城重要的街道网络,也是"左祖右社、前朝后市"中后市的组成部分之一,750多年前规划整齐、经纬分明的坊市肌理保留至今,还是整个北京城保存最完整、面积最大的传统胡同网络。而前门片区主要包含北京市人民政府划定的西琉璃厂、东琉璃厂、大栅栏及鲜鱼口四片历史文化保护区,总面积约为1.04 km^2。

2.2 研究方法

对旧城片区街道网络各阶段的历时性变化进行分析,揭示城市复杂表象下的深层次结构特征及其社会文化逻辑，空间句法、核密度估计是其中重要的两个方法。

（1）空间句法

本文根据空间句法的理论和方法，基于GIS的操作平台和可视化手段，选取希利尔（Hillier）等提出的标准化最小转角距离法[10]，采用特纳（Turner）提出的运算方法中的两个核心变量，分别为标准化穿行度（NACH）与标准整合度（NAIN）[11]。此外，整合/穿行核心（Integration/Choice Core）、前景网络（Foreground）、背景网络（Background）等变量也用于描述旧城片区街道网络的演变（表1）。

表1　空间句法相关参数解释

名称	概念
整合度	研究系统中一个街道段距离其他所有街道段的远近程度，表示该街道段在系统中所处的位置赋予其相对其他街道段的可达性水平
穿行度	研究系统中一个街道段被其他任意两个街道段间最短拓扑路径穿过的频率，表示该街道段在系统中所处的位置赋予其承载其他街道段间最短拓扑路径穿越的潜力
整合/穿行核心	分别表示整合度、穿行度测算数值排在前10%的街道，具备明显的空间优势
前景网络	整合度、穿行度测算数值排在前20%的街道，对应热闹、活跃的空间与用地
背景网络	整合度、穿行度测算数值排在后80%的街道，对应安静、功能较单一的空间与用地

（2）核密度估计

核密度[$f_n(x)$]估计作为经典的非参数估计方法，根据点或折线要素计算每单位面积的量值，将各个点或折线拟合为光滑锥状表面，进而对要素的集聚与空间分布进行分析。核密度估计可将服务业分布数据转化为栅格数据进行分析，且综合考虑路网密度与服务业分布密度，得到服务业分布的密度图。

2.3　研究数据获取与处理

本文的时间区间为1912—2013年。通过对不同发展阶段的临界年份地图进行筛选，综合考虑地图信息、制图精度等因素，以20年为一个研究阶段，选取了1914年、1936年、1950年、1976年、1993年和2013年六个重要的时间节点作为研究对象（图2），包括了明清北京、民国北平与中华人民共和国首都北京三个重要的历史时期。

本文在数据预处理过程中通过GIS纠偏和地理配准来减少空间误差。首先，对上述所有历史地图以准确的2013年矢量数据为参考进行几何校正，使得不同时期的历史地图统一至相同空间参考。其次，利用计算机辅助设计（CAD）平台绘制各时期北京旧城的街道网络轴线图，建立拓扑数据集。

3　研究分析

3.1　锣鼓巷片区街道网络演变

为了描述锣鼓巷片区内街道网络演变的特征和规律，对不同时期的空间句法模型相关参数进行整理（图3）。整个片区的全局穿行度均值分布在[0.831—0.911]之间，呈现先降后

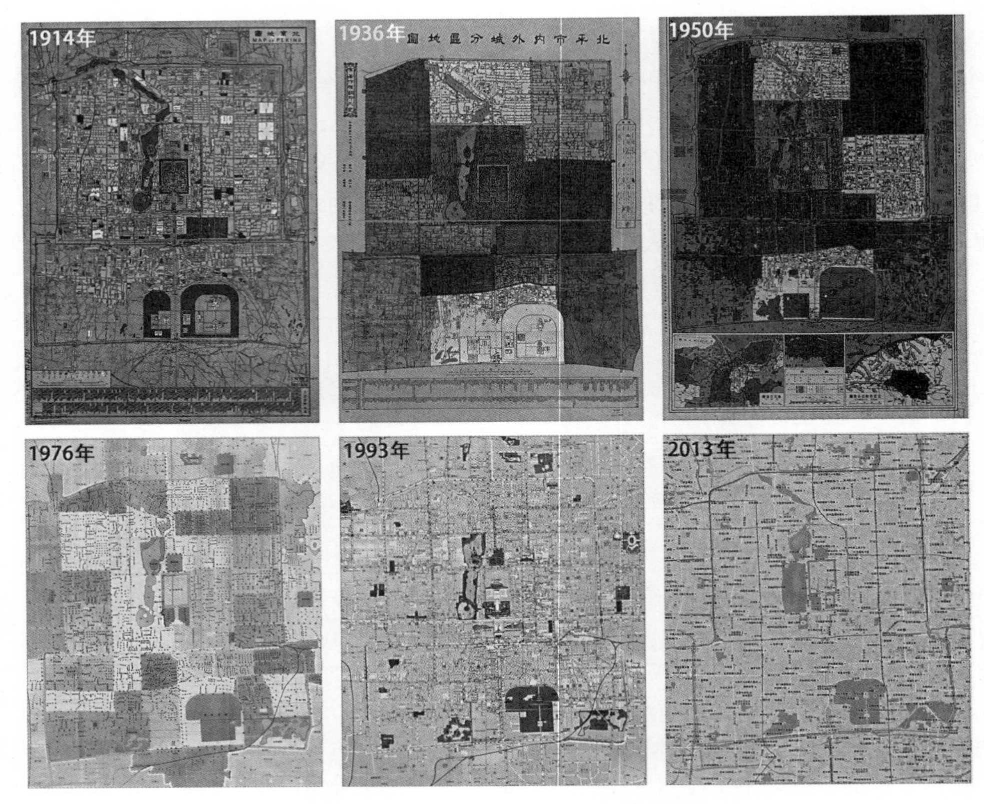

图 2　1912—2013 年各时期历史地图

升、再降再升再降的波动趋势；局部穿行度均值分布在[0.886—1.151]之间，呈现先降后升趋势；全局整合度均值分布在[1.099—1.357]之间，呈现先降后升趋势；局部整合度均值分布在[0.981—1.038]之间，呈现先降后升再降趋势(图 4)。前景网络的全局穿行度均值分布在[1.314—1.357]之间，呈现先降后升、再降再升的波动趋势；局部穿行度均值分布在[1.306—1.502]之间，呈现先升后降再升趋势；全局整合度均值分布在[1.342—1.709]之间，呈现先降后升趋势；局部整合度均值分布在[1.370—1.445]之间，呈现先降后升、再降再升再降趋势(图 5)。

1914 年，无论是全局还是局部整合度，安定门西大街、安内大街、交道口南大街以及地安门东大街的空间整合优势突出，鼓楼东大街与北锣鼓巷同样拥有较高的可达性，是这一区域居民生活的重要公共场所。作为当今北京旧城的重要地标，南锣鼓巷却并没有展现良好的可达性，仅在局部尺度出现在前景网络的街道中，整体而言，锣鼓巷片区在这一时期呈现明显的东优于西特征。究其原因，东侧两条大街作为当时整个北京城的核心街道，对这一片区的带动作用明显。同时，区域内东侧胡同均与两条大街直接相连，而西侧则出现较多的弯路与尽端路，相应的可达性下降。在穿行度分析中，安定门内大街与交道口南大街同样展现了明显的通勤优势，承载着大量交通流，鼓楼东大街与地外大街承载短距离出行的作用同样明显。在内部街巷中，南锣鼓巷、北锣鼓巷两条鱼骨式街道出现在前景网络中，作为串联周边生活性胡同的要道，具有良好的局部可达性与交通承载力。

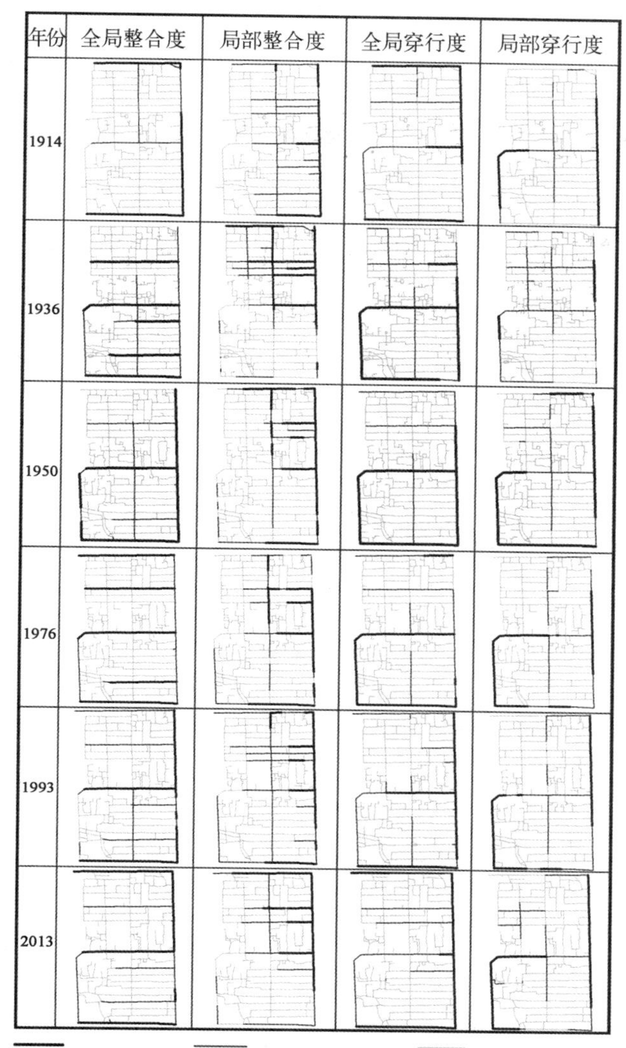

图3 锣鼓巷片区街道网络演变图

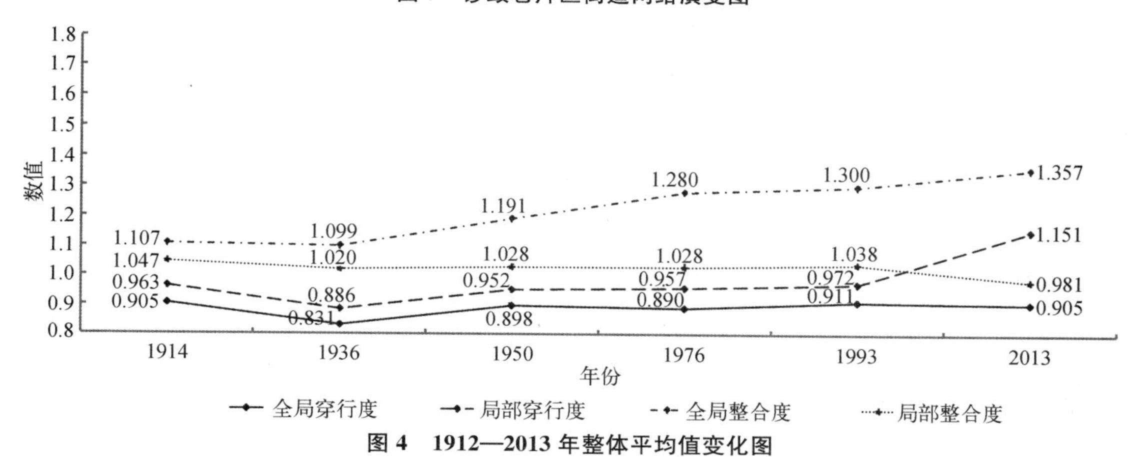

图4 1912—2013年整体平均值变化图

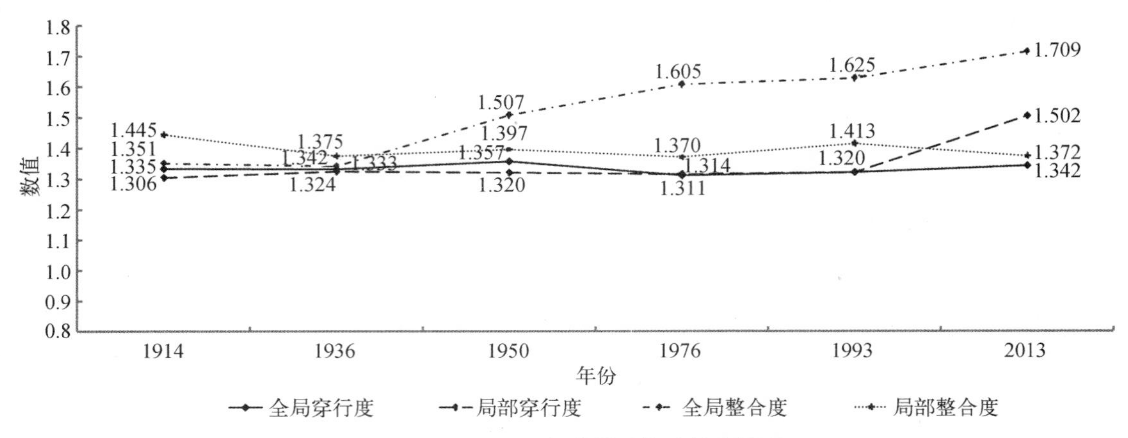

图 5　1912—2013 年前景网络均值变化图

1936 年,空间句法线段数量由 384 条增加至 601 条,且多为居民自发营建的邻里路,片区整体结构出现较大变化。在原有的“环绕式”核心街道网络的基础上,片区内部的主要道路得到明显优化。在全局尺度中,净土胡同、鼓楼东大街以及雨儿胡同等东西向街道已经成为整个系统的整合核心街道,系统的前景网络街道整体出现向北侧移动的趋势,南锣鼓巷、地外大街的整合度明显提升。但在局部整合度中,1914 年的“东优于西”转为较为明显的“北优于南”,其中以鼓楼东大街为界,北侧出现了四横三纵的前景网络街巷结构。差异产生的主要原因为:首先,内外城的连通促使原本分离的街道网络体系变得整体化,相应的系统的整合度重心也就向南偏移。其次,轴线图展现了这一时期新建街道的布局,南侧片区的新增街道明显多于北侧片区,且主要集中在玉河一带的明清肌理,可达性较差,在一定程度上降低了片区的局部整合度均值。在穿行度分析中同样出现了类似特征,南侧片区呈现侧“日”字形前景网络结构,北侧原有的两条核心街道的通勤性出现了不同程度的下降,宝钞胡同在这一时期承载着重要的交通流。这种与全局整合度的同时性变化进一步说明,民国以来内外城的互通对不同区域的街道网络均造成了一定的影响。局部穿行度同样出现北侧前景网络街道增多的现象,北锣鼓巷、宝钞胡同、净土胡同承载了重要的局部交通流。

1950 年,片区内整合度特征较 1936 年变化并不明显,整体的层级性更加清晰。全局尺度的整合核心街道进一步精简至安定门西大街、交道口南大街、鼓楼东大街及地安门东大街,南锣鼓巷、北锣鼓巷串联净土胡同与雨儿胡同成为前景网络街道。局部高可达性街道则集中在东侧,特别是东北区域。在穿行度分析中,全局层面较上一时期最明显的变化即宝钞胡同的消失,而安定门外大街重新拥有了较高的交通承载力。在局部尺度中,净土胡同承载短距离交通的能力迅速降低,而南锣鼓巷及地安门东大街的穿行度明显增强。

1976 年,全局整合度的前景网络出现明显的变化,安定门西大街、净土胡同、鼓楼东大街、雨儿胡同以及地安门东大街五条东西走向的街道成为整合核心,局部整合度则基本延续了上一时期的特征。在穿行度分析中,较 1950 年并无明显变化。

1976—1993 年,各项数值均变化较小。各街道在局部尺度的可达性与交通承载力均保持着上一时期的水平,空间句法轴线图显示,两个年份的街道网络基本不变,全局尺度的变化则具有一定的趋同性:首先,东西向街道网络的等级下降,特别是可达性下降明显。其次,交道口南大街与安定门内大街的街道等级上升,同时变为整合与选择的核心街巷。

2013年，锣鼓巷片区的空间句法线段数量由上一时期的481条减少至426条。整合度与1993年相差无几，唯一明显的变化是南锣鼓巷可达性的减弱，这一点在整体与局部分析中也有体现。在穿行度分析中同样展现了南锣鼓巷、北锣鼓巷交通承载能力在不同尺度的弱化。这一时期全局穿行度的核心位于安定门西大街、安定门内大街、交道口南大街及地安门外大街，作为区域内的主要交通干道，同时具备极高的可达性与交通承载力，凸显了在整个北京旧城的重要地位。

3.2 前门片区街道网络演变

为了描述前门片区内部街道网络演变的特征和规律，对不同时期空间句法模型的相关参数进行整理(图6)。整体而言，各项参数波动不大。整个片区的全局穿行度均值分布在[0.892—0.919]之间，呈现先升后降、再升再降趋势；局部穿行度均值分布在[0.983—1.207]之间，呈现先降后升、再降再升的波动趋势；全局整合度均值分布在[0.989—1.233]之间，呈现先升后降再升趋势；局部整合度均值分布在[0.904—1.025]之间，呈现先升后降、再升再降再升的波动趋势(图7)。前景网络的全局穿行度均值分布在[1.190—1.241]之间，呈现先升再降的趋势；局部穿行度均值分布在[1.294—1.530]之间，呈现先升后降再升的波动趋势；全局整合度均值分布在[1.205—1.504]之间，呈现先升后降再升的趋势；局部整合度均值分布在[1.136—1.298]之间，波动趋势与局部穿行度保持一致(图8)。

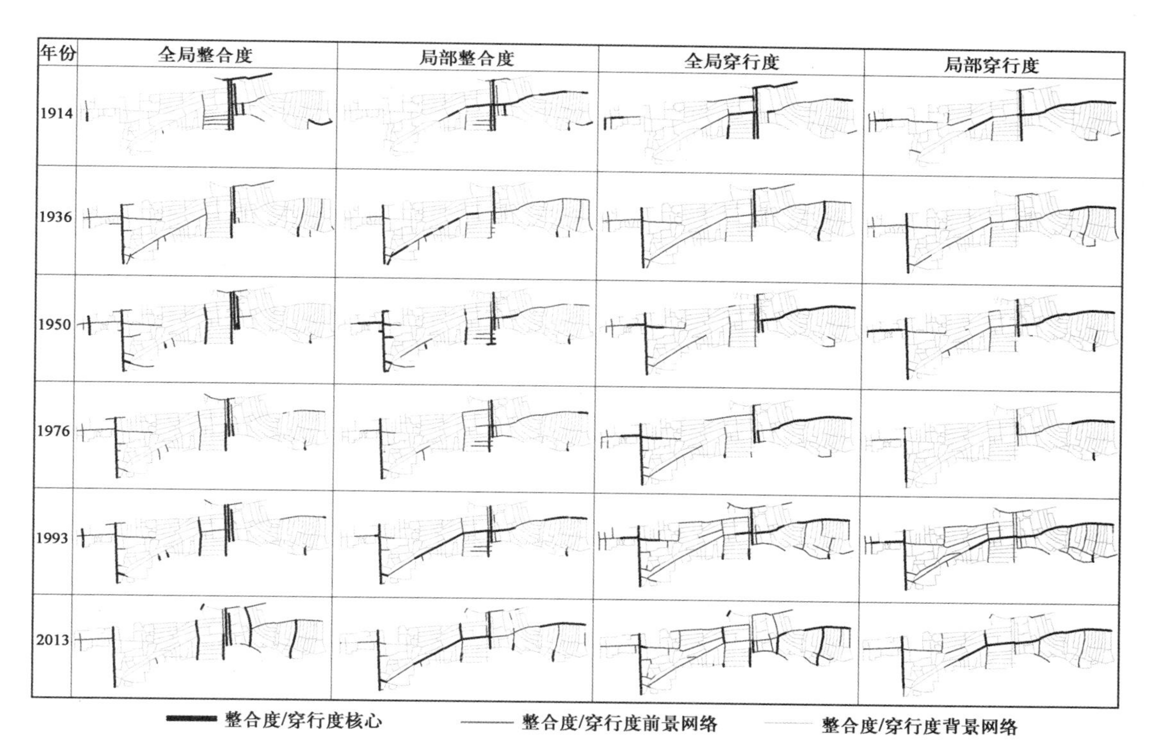

图6 前门片区街道网络演变图

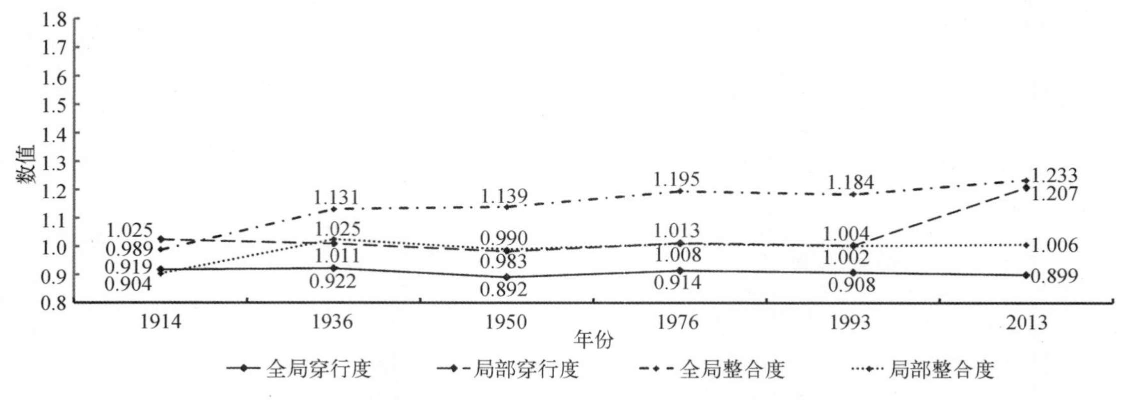

图 7 1912—2013 年各时期整体平均值变化图

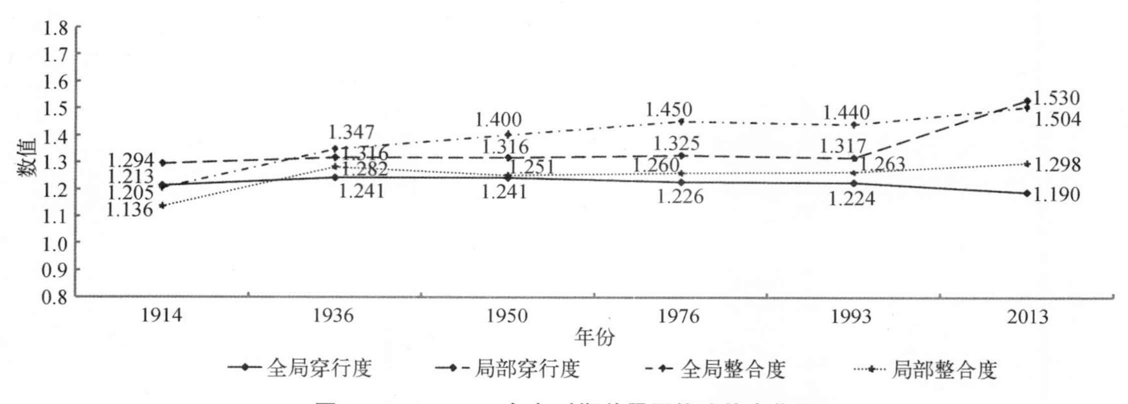

图 8 1912—2013 年各时期前景网络均值变化图

1914 年，前门片区正处于最兴盛的时期，这一时期前门大街及周边连通街道具有明显的全局空间可达优势，基本囊括了核心与前景网络街道，凸显了前门大街一带在清末北京城的重要地位。在局部整合度中则出现前门大街、大栅栏与鲜鱼口共同构成的“十”字形前景网络街道。在穿行度分析中，前门大街、大栅栏与鲜鱼口同样具备良好的交通承载力，而廊房头条与琉璃厂大街同样位于前景网络之中。在局部穿行度中，“十”字形街道网络作为穿行核心，交通承载优势明显，琉璃厂主街同样位于前景网络之中。1914 年的分析表明：前门大街、大栅栏与鲜鱼口三条主要大街所构成的“十”字形网络统领了以自组织生长特征为主的前门片区，在不同尺度上均具备显著的空间优势，这也就不难解释为何这三条街道是当时北京城最繁华、喧闹的区域。

1936 年，较 1914 年差异明显，南新华街作为由内城直达香厂而新建的现代马路，对片区西侧的带动作用明显，迅速成为全局尺度的整合核心，具有极高的可达性，尤其还带动了周边的琉璃厂东、西街与大栅栏的发展，其在全局尺度可达性的提升在局部整合度分析中更加明显，南新华街、大栅栏、前门大街与鲜鱼口作为高层级网络串联起了整个片区。另外，草厂十条在这一时期发展迅速，其中三条、八条与十条均具备良好的可达性。全局与局部穿行度的分析具有相似性，琉璃厂大街、南新华街、大栅栏、前门大街与草厂十条成为不同尺度居民出行的主要通勤性道路。

1936—1950年，前门片区的街道网络基本保持原有的空间肌理，然而，拓扑结构变化却较为明显。在整合度分析中，大栅栏的可达性相比较而言降低，全局整合度呈现前门大街、南新华街—琉璃厂大街的分离式前景网络结构，在局部尺度中，原本处于核心的大栅栏已趋于脱离前景网络，鲜鱼口区域街道的局部可达性也在一定程度上下降。在穿行度分析中，原本由东向西的串联式核心街道网络同样在大栅栏出现隔断。另外，草厂胡同迅速脱离了不同尺度整合度与穿行度的前景网络。

1976年，较1950年而言变化极小，1976年的各项属性值均值均较1950年增长明显，基本延续了原有结构的拓扑特征。

1993年，前门片区的全局整合度较1950年而言无明显变化，这也说明其结构已较为稳定，而在局部整合度中，大栅栏的地位明显上升，重新回到小尺度出行核心区域。穿行度与上一时期相比，变化重点同样集中在大栅栏上，无论在局部还是整体其均具备良好的交通承载力。

2013年，传统的街道网络结构依旧保存。较1993年，全局整合度的变化较小，其中东侧以鲜鱼口为核心的街巷网络全局可达性明显增强，包含鲜鱼口街、西兴隆街、前门东路以及草厂三条。在局部整合度中，这四条街道同样延续着显著的空间可达优势，而这种优势自1914年至今从未间断。穿行度分析与上一时期差异最大的地方也与鲜鱼口片区相关，其主街串联的前门东路、草厂三条的交通承载力显著增加，具有承载大量人流、车流的潜力。局部尺度的分析结果与上一时期相似。自1914年以来便存在的大栅栏“弱”而鲜鱼口“强”的特征依旧存在。

4 总结与结论

本文试图回答研究之初提出的三个问题，将从以下三个方面对锣鼓巷、前门两个旧城历史文化片区进行对比与总结：

（1）总体演变的共性规律

总体而言，两个片区的街道网络结构发展具有良好的一致性，街道线段数量经历先上升再下降的总体趋势，而路网趋向整合与通达。全局整合度与局部穿行度有较显著提升，全局穿行度和局部整合度变化较小。自1936年以后，街道网络空间肌理基本稳定，而深层次的拓扑结构不断变化。

结合文献，分析其原因包括：① 民国时期，为了适应近代化交通的发展和发展商业的目的，政府一方面强化南北、东西轴线，另一方面也采取环状放射与网状相间的布局来增加交通联系的便捷性。因此，两个片区的街道网络结构都趋向整合与通达。在管理松动的背景下，居民自发的“非正规”建设如雨后春笋般涌现。这样大规模的自组织城市建设，使得两个片区的线段数量也显著增加。② 中华人民共和国成立初期，北京旧城内出现了中华人民共和国成立以来的第一次大拆改和大规模的城市建设。这一时期的拆改和新建都比较谨慎，多集中在街坊内部，因而两个片区的线段数量略有变化。③ 十年“文化大革命”浩劫给北京旧城带来了空前破坏，两个片区线段数量有所减少。④ 进入20世纪90年代后，北京城市建设进入全面发展阶段，旧城整体的空间形态发生显著变化，两个片区的线段数量也明显减少。

可见，两个片区全局拓扑结构的变化源于北京城整体街道网络结构的变化，城市整体的动态发展对历史保护区静态结构产生显著影响。随着北京旧城的内部重组和外向扩展，城市的空间结构发生了显著变化，从而极大地推动了局部片区的街道网络随着整体系统而不断变化，从侧面反映出一种隐性分形秩序的维持。

（2）关键时间节点上的显著差异

在所选取的1936年、2013年这两个时间节点上，两个片区的空间句法数值在变化趋势上出现较明显差异。1936年，锣鼓巷片区线段数量激增而各项句法数值显著下降，前门片区线段数量略增而句法数值明显增长。2013年，北京城市建设进入全面发展时期，旧城内传统的低层级街道网络逐步弱化消失，街区尺度变大，在这一背景下，两个历史片区线段数量纷纷减少，而全局尺度的道路等级提升。锣鼓巷片区这一时期的全局整合度和局部穿行度远高于其他数值，更是高于一直作为旧城商业中心的前门片区，说明该区域道路等级和步行尺度的通达性显著提升。随着环路的发展，交道口南大街与安定门内大街的街道等级上升，同时变为整合与选择的核心街巷。随着城市更新、可持续胡同再生项目的实施，这里已经成为北京城重要的地标之一。

然而，2013年的前门片区全局整合度变化较小，而局部穿行度却有显著增长。这表明随着北京向东、向北方向发展以及王府井、国贸、金融街、中关村等现代商业中心的建设，作为南城重要核心的前门片区，在拓扑网络结构上已经逐渐丧失原本的优势。而经历了前门大街、大栅栏整体改造之后，以鲜鱼口为核心的街巷网络全局可达性明显增强，鲜鱼口街、西兴隆街、前门东路以及草厂三条在步行尺度上的空间可达优势显著提升，虽然该片区不再在城市道路系统中具有优势等级，但却逐渐成为适于步行交通的历史文化街区。

（3）街道空间—活力错位现象

首先对2013年两个片区的服务业分布数据进行分析（图9），再通过核密度估计分析，可以识别服务业分布的核心热点区分别位于锣鼓巷片区的南锣鼓巷、鼓楼东大街和前门片区的大栅栏、琉璃厂西街，这恰恰也是两个片区中游人如织的街道网络。

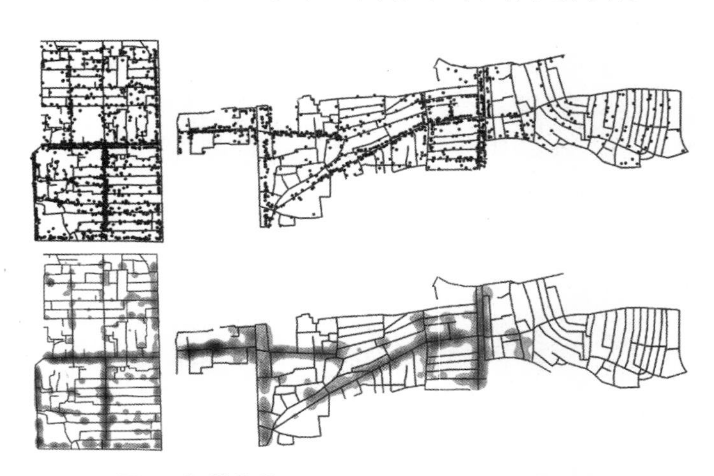

图9　锣鼓巷片区、前门片区服务业分布密度图

2013年的南锣鼓巷无论是整合度还是穿行度，较上一时期甚至是以往所有时期并不具备空间优势。在前门片区，自1914年以来便存在的大栅栏“弱”而鲜鱼口“强”的空间句法特征一直存在。但前门大街、交道口南大街等片区的绝对核心街巷，现今其活力却不如南锣鼓巷、大栅栏和琉璃厂等空间拓扑优势并不明显的区域。究其原因，归纳为以下几点：① 街道网络历史的路径依赖。南锣鼓巷、大栅栏和琉璃厂三个片区本身具有悠久的历史，形成了复杂而多样的街道网络和较强的适应性，在不断发展变化中得以保持其基本结构，以相同或连续的形态来履行不同连续的功能。② 随着近现代机动交通的快速发展，南锣鼓巷、大栅栏和琉璃厂由于相对内生的几何位置和拓扑结构，得以保留适宜的步行尺度和环境；而交道口南大街和前门大街由于空间优势而承载了较大的目的性和穿越性人流，在现代交通方式的影响下发生了空间形态的“变质”。③ 在历史街区更新中，政策的大力扶持和规划的科学引导，使得南锣鼓巷、大栅栏和琉璃厂的社会功能和空间结构产生良好的互动，使其成为老北京展示的重要窗口和城市名片。

通过分析两个典型的北京旧城片区在不同历史阶段的街道网络结构，本文揭示了在城市复杂表象下的深层次结构特征及社会文化逻辑，发现了拓扑优势空间与真实生活、社会功能“错位”的现象。主要结论如下：

① 旧城片区的街道网络空间肌理基本稳定，而其深层次的拓扑结构却在不断变化，这种静态表象肌理和动态内在结构的矛盾源于何处？首先，主要原因来自北京旧城及北京城整体结构的改变，城市整体的动态发展对旧城片区的静态结构会产生显著影响；其次，局部拓扑结构的变化源于片区的自组织小范围营建以及周边建成环境的变化。

② 通过分析锣鼓巷、前门片区中的南锣鼓巷和大栅栏等“明星”街巷的形成与街道网络结构，发现不同时期具有相应的形态、社会结构，而其深层次的拓扑关系（包括城市空间结构的变化、城市前景网络的继承与变迁等）也深刻揭示了其相应的政治、经济和文化特征。

③ 片区街道网络中某些节点的演变更为突出，拓扑优势空间会出现与真实生活、社会功能“错位”的现象，因此在小尺度地段中，社会政策、建成环境或意识形态可胜过空间力量而成为社会诸多功能发生的驱动力。

[本文受中德科学中心基金（中国国家自然科学基金委员会、德国科学基金会共同设立）“大规模城镇化进程中地方性的保存和发展研究”资助，编号为 GZ1201]

参考文献

[1] 赛奇・萨拉特. 城市与形态：关于可持续城市化的研究[M]. 陆阳，张艳，译. 北京：中国建筑工业出版社，2012.

[2] 北京市规划委员会. 北京市城市总体规划（2004—2020 年）[Z]. 北京：北京市规划委员会，2004.

[3] Mohajeri N, Gudmundsson A. The Evolution and Complexity of Urban Street Networks[J]. Geographical Analysis, 2014, 46(4): 345 - 367.

[4] Barthelemy M, Bordin P, Berestycki H, et al. Self-Organization Versus Top-Down Planning in the Evolution of a City[J]. Scientific Reports, 2013, 3(7): 2153.

[5] 盛强，韩林飞. 北京旧城商业分布分析——基于运动网络的层级结构[J]. 天津大学学报（社会科学版），2013，15(2)：122 - 130.

[6] 邓奕，毛其智. 北京旧城社区形态构成的量化分析——对《乾隆京城全图》的解读[J]. 城市规划，2004，

28(5):61-67.
[7] 徐苹芳. 论北京旧城的街道规划及其保护[J]. 北京联合大学学报(人文社会科学版),2008,6(1):23-27.
[8] 董明,陈品祥. 基于GIS技术的北京旧城胡同现状与历史变迁研究[J]. 测绘通报,2007(5):34-37.
[9] 王静文,毛其智,党安荣. 北京城市的演变模型——基于句法的城市空间与功能模式演进的探讨[J]. 城市规划学刊,2008(3):82-88.
[10] Hillier W R G, Yang T, Turner A. Normalising Least Angle Choice in Depthmap and How It Opens up New Perspectives on the Global and Local Analysis of City Space[J]. Journal of Space Syntax, 2012, 3(2): 155-193.
[11] Turner A. From Axial to Toad-Centre Lines: A New Representation for Space Syntax and a New Model of Route Choice for Transport Network Analysis[J]. Environment and Planning B: Planning and Design, 2007, 34(3): 539-555.

图表来源

图1源自:笔者绘制.

图2源自:1988年侯仁之主编的《北京历史地图集》;美国国会图书馆的电子资源;北京市地质地形勘测处编制的《北京市地图册》;中国地图出版社出版的《北京市区图》;谷歌地图(Google Earth).

图3至图9源自:笔者绘制.

表1源自:笔者绘制.

理性与情怀：
论康乾时期建筑遗产的法律保护

张剑虹

Title：Ration and Feelings：Research on the Legal Protection of Architectural Heritage in Kangxi and Qianlong Period

Author：Zhang Jianhong

摘　要　作为中国封建社会的最后一个盛世，康乾时期对历史文化遗产不遗余力地进行保护，其中以宫殿、楼阁、寺庙、苑囿、陵墓等为主要表现形式的建筑遗产是重要部分。虽然没有诞生现代意义上的专门性保护法律法规，但用法律进行保护却是不争的事实。综合运用故宫博物院、中国第一历史档案馆馆藏清代档案、谕旨汇编、起居注等资料，本文从立法、司法两个层面，动态与静态相结合，分析康乾时期对建筑遗产保护的基本状况，探讨以皇帝为核心的士大夫阶层的支持与推动在贯彻法律制度中的关键性作用，进一步指出理性的法律条文背后是传承与发扬礼教文化的情怀。

关键词　康乾时期；建筑遗产；法律

Abstract：As the last flourishing age of Chinese feudal society，there were so many efforts to protect historical and cultural heritages. Among of them，architectural heritages (such as palaces，pavilions，temples，tombs of Yuan You and emperor's mausoleums) were the main part. In that time，there were no special protection laws in the modern sense，however，it is an indisputable fact that laws were used in protecting architectural heritage. Based on the archives of the Qing Dynasty，assembly and Qijuzhu from the Palace Museum and the First Historical archives of China，the paper tries to analysis the basic situation of the protection of architectural heritage in Kangxi and Qianlong period from two aspects of legislation and judicature，discusses the support and promotion from the literati class where the emperor is the core have been the key role in carrying out regulations，points out the feelings of inheritance and development of Confucianism culture behind the rational legal provisions.

Keywords：Kangxi and Qianlong Period；Architectural Heritage；Law

作者简介

张剑虹，故宫博物院，历史学博士后

1 引言

作为历史文明古国，我国有着文化遗产保护的悠久历史，学术界亦对此有所关注。综合故宫博物院、中国第一历史档案馆的资料，这些成果分析了古代遗产保护的历史与基本制度，并归纳了特征。具体到建筑遗产，将建筑遗产的保护追溯到西周时期，对整个中国古代社会对建筑遗产的保护进行了梳理。它们为进一步的研究奠定了基础，本文在此基础上，选取清代康乾时期，从法律角度探讨如何保护建筑遗产。为什么要选取这个时期呢？作为中国封建社会的最后一个盛世，康乾时期创造了高度的物质文明，对历史物质文化遗产的保护不遗余力，全国各地现存的古代寺庙、道观、陵墓、桥梁，绝大部分在这个时期都进行过修缮。而从法律层面来看，清代的法律也在这个时期完备、定型，有关物质文化遗产保护的律、例、谕旨、案例、乡规民约等数量众多。与此相应的是，学术界对此研究鲜见。这也正是本文选题的原因与意义之所在。

与现代意义上的专门性文化遗产保护法不同的是，康乾时期并未制定专门性的保护法律，而是散见于《大清律例》《大清会典》、相关部门则例等当时的主要法律性文件之中，形成了以《大清律例》中的刑法性保护与会典、则例的行政法保护相结合的保护体系。

2 立法规定

2.1 《大清律例》的规定

建筑遗产的保护涉及《大清律例》中的礼律、刑律和工律三部分，《礼律・祭祀》篇规定了破坏祭坛及其木植行为的惩罚，《刑律・发冢》篇规定了盗掘坟墓行为的惩罚，特别是历代帝王先贤陵寝，《工律・营造》篇规定了建筑修缮中几种违法行为的惩罚。因此，《大清律例》的规定属于禁止性规定，从惩罚破坏建筑遗产的行为角度提供保护。

1）毁大祀丘坛

国之大事，在祀与戎，祭祀是中国古代政治生活的重要事项，是统治者建构天下秩序、强化君权神授、施行道德教化的礼制礼仪[1]。而祭祀本身也有等级之分，大祀是最高级别，祭祀天、地、社稷，因此，进行大祀的场所非常讲究，祭坛修建花费了很多心思，并传承下来，对后世来说，是宝贵的建筑遗产。就清代而言，传承、沿用了明代修建的大祀祭坛，主要有天坛、地坛和社稷坛等。鉴于大祀的重要性，国家基本法典对于破坏大祀祭坛的行为给予严厉的处罚，处以仅次于死刑的流放。《大清律例》规定，凡大祀丘坛毁损者，不分故、误，杖一百，流两千里。根据清人沈之奇的解释，大坏曰毁，小坏曰损。据此可以看出，对于祭坛的破坏，不管破坏程度如何，一体处罚，而且不分故意与过失。作为一个建筑体系，祭坛绝不是孤零零的一个丘坛，而是坛外有坛，从外坛之门进入内坛，这个外坛之门被称为壝门，属于迎神之所，因此毁坏壝门也要受到处罚，比照毁坏丘坛，减二等处罚，即杖九十，徒两年半。

在律文之下，还有相关条例予以补充，雍正时期的一个条例规定，天地等坛内纵放牲畜作践，杖一百，枷号一个月，牲畜入官。乾隆时期增加一条：八旗大臣将本旗官员职名书写传牌，挨次递交，每十日责成一人，会同太常寺官员前往天坛严查。有放鹰、打枪、成群饮酒、游戏者，即行严拿，交部照违制律治罪[2]。

除了大祀丘坛，对于其他低级别的祭祀丘坛也予以保护，毁坏这些丘坛比照毁大祀丘坛处理。《大清律例》祭享专条中规定，“中祀有犯者，罪同。余条准此”。毁大祀丘坛属于祭享后面的一条，可以适用之。“本律不言毁损、弃毁、遗失、误毁中祀之罪，前条曰中祀有犯者罪同，注曰：‘余条准此’，则应同科矣。”[3]

2）历代帝王陵寝

《大清律例》规定，凡历代帝王陵寝，及忠臣烈士、先圣先贤坟墓，不许于上樵采耕种，及牧放牛羊等畜。违者，杖八十。对陵寝的保护不仅包括作为建筑的陵寝本身，还包括陵寝内的树木。“凡盗园陵内树木者，皆杖一百，徒三年。”[2]这里的树木，不论是仪树、野树，还是枯枝、已经倒地的树，皆受到处罚。在古人看来，树木属于对陵墓的荫护，盗砍树木即毁坏陵墓，属于大不敬。守护历代帝王、先贤名臣的陵墓，体现了国家崇道重德之意，符合儒家的传统。正如清代大臣吴坤修所言：“凡历代帝王曾奉天而子民，圣贤、忠烈足师世而节俗。其陵寝坟墓所在，有司当时加护守，以见国家崇道重德之意。”[2]

樵采放牧尚且要杖八十，那么掘坟呢？在以孝治天下的古代，掘坟被认为是性质非常严重的罪行，会受到严厉处罚。法律对此做了详细规定，具体情节不同，刑罚也有所不同，比如只见到棺椁与开棺见尸，前者可能被处罚流放，而后者可能是死刑。与发掘普通人的坟墓相比，发掘历代帝王陵寝属于性质更为严重的犯罪，处罚更重。充军是最轻的处罚，大多数情况下是死刑。比如，顺治律中收入的条例规定，“发掘历代帝王、名臣、先贤坟冢，开棺为从与发现棺椁者为首者，俱发边卫；发见棺椁为从与发而未至棺椁为首，及发常人冢开棺见尸为从与发见棺椁为首者，俱发附近，各充军。如有纠众发冢起棺，索财取赎者，比依强盗得财律，不分首从，皆斩”[2]。康熙十九年（1680 年）的《刑部现行则例》规定，“发掘前代王坟冢已开棺椁见尸，为首者拟斩立决，为从者俱拟绞立决。发掘坟冢见棺，为首者拟绞立决，为从者俱拟绞监候，秋后处决。发掘坟冢未至棺椁，为首者拟绞监候，秋后处决，为从者佥妻俱发边卫永远充军，到配所各责四十板。如有发掘历代帝王、名臣、先贤坟墓，俱照此例治罪。所掘金银交与该抚，令地方官修葺坟墓，其玉带珠宝等物，仍放在坟内”[2]。该规定为康乾时期所施行，直至道光年间予以修订。

3）擅造作、虚费工力采取不堪用

擅造作专条属于《工律・营造》部分的第一条，内容是工程应当上报而不上报，擅自雇人开工的，则按照开工耗费的人力和财力，按坐赃论处。即使申报，但是申报不实，以少报多的，也计赃论处，罪止杖一百，徒三年。该条禁止的是擅自开始工程。在该条之下，有各种例加以进一步补充规定，比如雍正时期定例规定，京城各处修理工程，工价 50 两以内、物料银 200 两以内的，依据各处的印文，开始修理。超过这个界限的，必须启奏工部，由工部官员复核费用。各省修建工程，工价银 200 两以下、物料银 500 两以下的，该督抚咨明工部，知照户部令其动项兴修，超过这个界限的，该督抚要先做好预算，题报工部查明定议，会同户部指定款项题覆，准其动用兴修，竣工后还必须通知工部、户部查核。工程修筑不坚固，三年内倾圮的，承修工程的官员及其上司都要承担赔修责任。

虚费工力采取不堪用专条规定的是负责工程的官员雇佣的工人不能胜任工作，或采办的物料质量差，不堪用，无法达到工程要求的，按照所花费的工价钱和物料钱计赃论处，罪止杖一百，徒三年。如果在施工中造成他人财产的损失，则负责工程的官员与施工工人要承担赔偿责任。误杀人的，以过失杀人论。该条意在表明庀材、鸠工必须谨慎。

这两条分别从启动工程的程序、工人与物料的要求等角度规范施工，从而保障工程的质量，不仅适用于新建工程，也适用于修缮工程，对历史建筑的修缮自然也要遵守这些规定。

2.2 《大清会典》的相关规定

《大清会典》是个总称，具体指的是康熙、雍正、乾隆、嘉庆、光绪五个朝代修订的会典，也被称为五朝会典。具体到本文涉及的康乾时期，指的是康熙、雍正两朝的《大清会典》，乾隆年间的《大清会典》和《大清会典则例》。从内容上来看，会典收录的规定其实是皇帝针对某一类事项颁发的谕令或是批准的各部门或大臣的题奏，所以经常在会典中看到"康熙某年定""康熙某年上谕""雍正某年议准""乾隆某年咨准"等字样。会典中关于建筑遗产的保护主要集中在《大清会典・工部》《大清会典・内务府》《大清会典・太常寺》等部分。

1）古昔陵庙、祠墓的防护

康熙、雍正、乾隆三位皇帝都曾下谕旨保护古昔帝王、先贤名圣的陵庙、祠墓，这些谕旨被收录到《清会典事例・工部・防护》中，形成了古昔帝王陵墓的防护制度。该部分采取列举的方式规定了需要防护的226个古昔陵庙，记载了顺治至同治年间的42条保护古昔陵庙的谕旨，其中26条系康乾时期产生。这些谕旨规定了保护古代陵庙的各种措施，比如设立陵户，专司看守；委派地方官和军官，加强日常管理和巡护；禁止居民樵採，规定陵庙修缮的费用来源与使用方法；命令各地总督巡抚查清本地的古昔陵庙，及时登记造册，上报朝廷。值得一提的是，乾隆曾下令对古代帝王、先贤名圣陵庙的保护不限于会典中列举的这226个，其他不在名册的也要给予保护。这就等于是弥补了列举式立法的不足。从保留下来的清代奏折来看，每年地方官都给乾隆上报本地方的古代陵庙情况。特别是新发现的古迹，乾隆会命令相关地方官进一步打探清楚其来龙去脉。比如，乾隆二十九年(1764年)，通过廷寄给山东巡抚崔应阶发布上谕："崔应阶前奏该省魏家庄大营有四贤祠，陈家庄有晏子祠，其建祠时代始末，及诸贤姓氏事迹，并费县之万松山有无故实可稽，着即确查，详悉具奏，钦此。"[4]

2）历史建筑修缮的一般性规定

这部分内容主要见之于《清会典事例・工部》。其中，营建通例篇规定了支给钱粮、监工官员、料估、核销、报销期限等项。物材篇规定了琉璃物件、砖瓦、灰石、木料等所需的物料的烧造、开采、采伐和价格，以及从生产地到使用地的运费价格。工程做法篇规定了建造城垣、油饰、彩画、建造房屋、房屋装修等几大类的具体做法。从宏观到微观，把建筑修缮中的各个环节都给予了详细规定，是一部技术规程，可操作性较强。

重点讲一下对修缮工程的监督以及对呈现出的各种违法行为的惩罚。毕竟，工程容易滋生贪腐。康熙强调都察院的监督作用，并为每处宫殿修建工程配备五名监督官员。雍正则进一步增加监察人员，对大祀丘坛、前代帝王庙等处，在每处各拥有1名监造官的基础上，各配备1名给事中御史、1名六部司官[5]。乾隆则加强对花费在百两以上的修缮工程的监督[6]。

对修缮过程中的故意延迟、偷工减料、浪费等不法行为给予严厉惩罚。比如，城池不预先修理，以致倾圮者，罚俸六个月[7]。内务府的匠役在工作时偷盗物料，对监工官罚俸六月，其他人偷盗的，对监工官罚俸一月。不应内廷行走之人偷盗的，对守门官罚俸六月，应行走之人偷盗的，对守门官罚俸一月[8]。修理后的工程在三年内倒坏的，将监造官革职并赔修[9]。

2.3 相关部门则例的规定

则例是清代各机构的办事准则，各部院衙门均有自己的则例。“聚已成之事，删定编次之也。”[10]则例与《大清会典》共同构成了清代的行政法律，就内容来看，则例属于对会典的实施规则，它们之间是纲与目的关系。与大清会典的规定相类似，与建筑遗产保护相关的则例主要是《钦定工部则例》《钦定太常寺则例》《钦定总管内务府现行则例》。

《钦定工部则例》是由皇帝亲自批准颁行、由工部主管的有关营造制作事务的规则和定例，内容非常具体，包括每种营造建筑、制作物品的规格、尺寸、重量，工艺、材料的品种、成色和产地，工价、材料费和运费等。对历史上存留下来的建筑的修缮与日常维护，均按照《钦定工部则例》的规定执行。也可以说，《钦定工部则例》是一部技术法规。

太常寺负责祭祀，坛庙多为祭祀场所，因此对坛庙的日常维护与管理也属于太常寺的职责范围内，《钦定太常寺则例》在其总则《凡例》中规定各坛庙在祭祀前的修理、擦抹糊饰等工作要逐项登记，以避免纰漏。《禁例》中规定天坛的典守官平时率领坛户内外巡察，发现有妄生事端者，要严行处罚。遇有损坏之处，要立即上报，如迟延不报，以致瓦石、木植等物被盗或灭失的，则责任者要受到处罚。

内务府负责紫禁城事务，紫禁城各宫殿的日常管理与维护在其职责范围之内，《钦定总管内务府现行则例》中规定了如何对各宫殿进行岁修与日常打扫。

根据上述分析，可以将康乾时期保护建筑遗产的法律体系用图1表示。

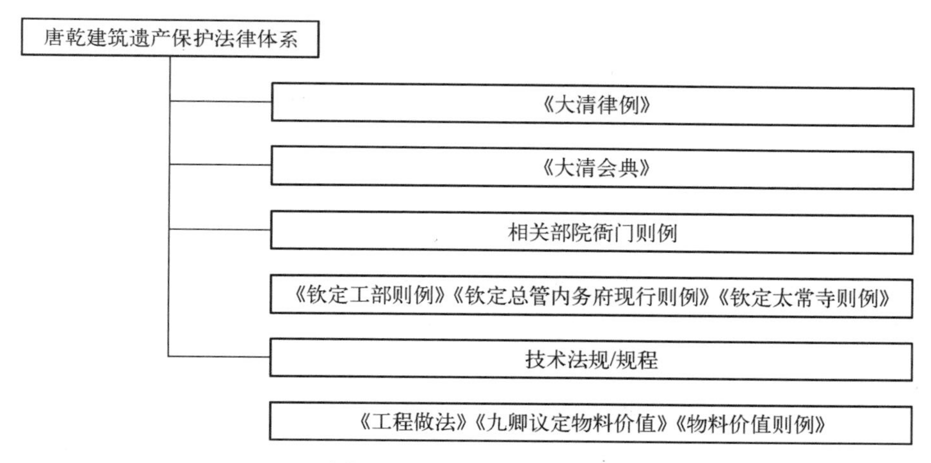

图1 康乾时期建筑遗产保护法律体系图

3 典型案例

3.1 对明陵的保护

康熙、雍正、乾隆三位皇帝都非常重视对明十三陵（图2）和明孝陵的保护。康熙时期下令保护明十三陵的殿宇和树木。“朕近行幸汤泉道经昌平，见明朝诸陵殿宇虽存，户牖损坏，附近树木亦被摧残，朕心深为悯恻。尔部即严加申饬守陵人户，令其敬谨防护，仍责令该地方官不时稽察，勿致仍前怠玩，以副朕优往代之意。”[11] 当时发生了一件守明陵太监擅伐陵树案。守明陵太监杨国桢擅伐陵树一百一十五株，拆毁房屋四间，刑部认为应对其责打四十板，徒三年。康熙认为“此事殊为可恶，所议尚轻，着再从重议处具奏”[12]。派江宁地方官管理、修缮南京的明孝陵。诸皇子及领侍卫内大臣等拜奠明十三陵。雍正元年(1723 年)、七年(1729 年)分别发布保护古昔帝王陵寝的谕旨。乾隆时期，由国库出资，对明陵进行了大规模的修缮，并派专人监管，“交直隶总督责成霸昌道，就近专管稽查，仍于每年十月着工部届期奏请派该部堂官一员，前往查勘。如有殿宇墙垣树株伤损等事，惟该管道员是问，以示朕加礼胜朝保护旧陵至意”[13]。这些谕旨汇成了固定的保护制度，被工部则例所收录。比如，乾隆朝的《钦定工部则例》第 108 卷第 1 条规定了明陵的日常维护：明陵附近禁止樵採，殿宇墙垣交直隶总督，责成霸昌道就近稽查，随时修理，如有墙垣、殿宇、树株损坏等事，惟该道员是问。每届三年工部奏派堂官前往查勘一次[14]。

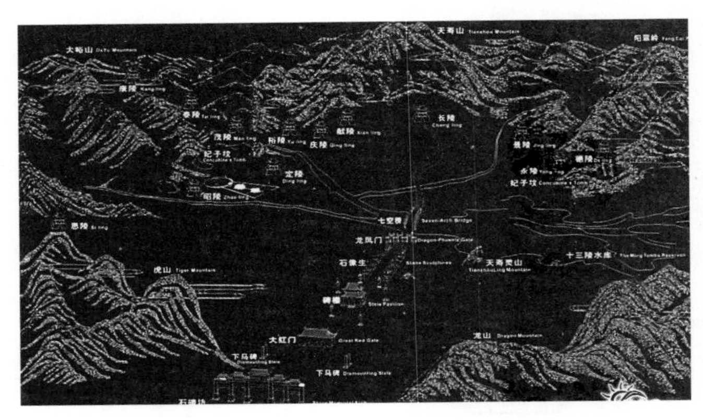

图 2　明十三陵分布示意图

3.2　重修阙里孔庙案

雍正二年(1724 年)，山东曲阜阙里孔庙因火灾受损严重，朝廷决定立刻进行修缮。雍正非常重视此事，甚至当时有人建议由社会捐资进行修缮，他都没有同意，决定从国库正项中动支，任命时任山东巡抚陈世倌监修。一晃三四年过去了，雍正对陈世倌的工作并不满意：“数年以来，降旨申饬，至再至三”[15] 最后只得派塞楞额顶替之。然而，塞楞额也并非能干之员：“陈世倌委用不得其人，既已耽误于前，而塞楞额又复因循怠玩于后，以致工程迟滞，久未告成，朕心深为痛恨……”[16] 最后派通政使留保、岳钟琪的儿子岳浚前往工地督催。雍正七年(1729 年)，该工程终于告成。

在重修阙里孔庙事件中，雍正对各种违法犯罪行为的各级官吏均给予处罚：将浮冒侵蚀钱粮达两万七千多两白银的钮国玺处以斩监候，秋后问斩；让“因循苟且，玩愒迁延”的陈世倌戴罪继续监工；将知府金以成，同知张文炳、张文瑞，通判黄承炳，知州高令树、王一夔、王敷贲，知县马兆英、崔弘烈、干斐、张曰琏、王澍、何一蜚等人离任，从事修理工程，若表现好，工程完毕后可复还原任。

3.3　唐山县知县赵杲擅毁寺庙案

雍正年间，直隶顺德府唐山县知县赵杲拆毁了该县 10 余处庵观寺庙，并焚毁了寺庙中的佛像，击碎古碑30余座，砍伐松柏古木300余株，把僧道逐出境，勒令尼僧还俗。该案上奏到雍正，雍正将之革职枷号并赔修所毁寺庙。谕旨提到："闻夫寺庙之设，由来已久，即僧道之流亦功，令之所不禁，若伊等不守清规，干犯法纪，自有应得之罪。今知县赵杲无故将寺庙全行拆毁，僧尼悉皆驱逐，暴厉乖张生事滋扰。朕治天下，惟恐一夫不复其所，今赵杲任意妄行，若此将见托身空门之人仓促无依，还有流离失所者，赵杲著革职，即于本县枷号，将所毁寺庙一一赔修完毕，令僧道等照旧居住，俟赔修完日，该督再行奏。"[17]

4 康乾时期建筑遗产法律保护特点及背后的关键因素

4.1 特点

通过上述分析，可以看出康乾时期对建筑遗产的法律保护有以下几个特点：

(1) 将建筑遗产的保护纳入国家行为，给予普遍性保护。《大清律例》《大清会典》、谕旨、则例等均是清代的主要法律渊源，在这些法律渊源中均有建筑遗产的保护规定，通过国家立法的形式给予普遍性保护立法。

(2) 建筑遗产的法律保护与祭祀、宗教密切联系在一起。从前述可以发现，国家法律重点保护的建筑遗产多为祭祀的场所，甚至可以说，在近代文化遗产保护意识产生之前，中国古代对建筑遗产的保护出于祭祀，从祭祀的角度对祭祀的场所加以保护。国家的法律规定了祭祀的等级、场所、程序、参加人员的礼仪等等，中国的祀典制度就是古代版的遗产保护制度，与现代西方的遗产登录制度相当。同祭祀一样，宗教活动的场所为历史建筑。我国有着悠久的宗教信仰传统，佛教、道教等宗教一直有着深厚的民间基础，信徒众多，不少帝王也是虔诚信徒，历朝历代都会新建、修缮宗教活动场所，久而久之，这些宗教活动场所即被称为重要的历史建筑，对它们的保护，也被视为对宗教信仰的保护。

(3) 对建筑遗产的保护以修缮为主。综合这些法律规定，大部分内容是围绕修缮展开的，从修缮的负责机构、启动程序、方式方法到质量要求、法律责任等，规定都非常详细。但值得一提的是，这些修缮的法律规定并非专门针对建筑遗产的，其他建筑的维修也适用。

(4) 继承了前代立法经验与本民族的传统。康乾时期对建筑遗产的法律保护并非完全自创，一方面是继承了前代的立法经验。最直接的继承对象为《大明律》，比如《大明律》中的历代帝王陵寝、盗园陵树木等专条内容直接为清律所继承，而《大明律》以唐律为蓝本，很多条款内容可以上溯到唐律，比如《唐律疏议》规定，盗园陵内草木，徒两年半。另一方面，也有着本民族的传统。清入关之前，便有着保护建筑遗产的意识与法令。1621年，努尔哈赤发布汗谕："不准任何人毁坏庙宇，不要在庙里拴马牛，不要在庙里出恭。发现违背指示，或毁庙，或拴牛马的人，逮捕治罪。"1632年，皇太极率大军过归化城，特以谕旨悬于格根汗庙："归化城格根汗庙宇，理宜虔奉，毋许拆毁。如有擅敢拆毁，并擅取器物者，我兵既已经此，岂有不再至之理，察出决不轻贷。"[18]入关以后的第一位皇帝顺治对历史遗产的保护较为关注，设立坛庙内监，负责坛庙的日常打扫。制定坛场禁约，刊立木牌，严饬守护郊坛官役，不许纵容闲人擅入，以致污秽盗窃，如违，该寺参究[19]。设立陵户，专门看守明陵，"自长陵以下十四陵，皆设官守之"[20]。

(5) 并非现代意义上的物质文化遗产法律，但在客观上保护了建筑遗产。康乾时期对建筑遗产进行法律保护出于德政、认同并维护传统文化、敬天法祖、祭祀等因素，并非现代意义上的物质文化遗产保护意识。因此，也不会诞生现代意义上的物质文化遗产保护法。但通过法律条文、谕旨、案件审判来打击毁坏建筑遗产的各种行为、修缮建筑遗产，客观上实现了对建筑遗产的保护。

4.2 背后的关键因素

康乾时期虽然法制完备，但终究是人治模式，仍遵循着人存政举、人亡政息的规律，建筑遗产保护各种规定的落实仍依靠人来推动。

（1）皇帝重视。皇帝亲自过问保护情况，从建筑遗产的调查、册报、修缮、防护到破坏建筑遗产的惩罚，从推动保护性立法到违法犯罪案件的处理，处处都能看见皇帝的影子，谕旨中的谆谆教诲与详细安排，构成了建筑遗产得以保存的屏障。皇帝作为“中华之主”的责任之所在。既为中华之主，必然要维护中华的历史文化遗产。作为天子的皇帝自然为一国之主，这在西周、汉代等汉族建立的朝代中自然无可争议，可是对于像清朝——由少数民族建立的全国性政权来说，并非如此。武力上虽然统一了汉族居住的中原大地，但在思想，或意识形态上的统一，并不简单。雍正、乾隆时期发生的华夷、正统的论争即可见一斑。以吕留良为代表的明朝遗民认为清灭明，属于“夷狄窃夺天位”，华夷之别高于君臣之义，雍正则提出了“天下一统、华夷一家”，乾隆则进一步提出了以入主中华作为正统的标准，而不论统治者的民族与出身。这场持续了几十年的论争从思想上确立了清为中华正统的合法性。而且，清朝皇帝为了证明这一点，对于中华历史文化遗产的保护不遗余力，甚至做得比汉族皇帝更好。而在众多的历史文化遗产中，集观赏性与功能性于一体的建筑遗产，由于更容易被世人所见所感，自然成为保护历史文化遗产的首选。比如，对于山西、陕西、四川、河北、山东、江苏等名胜古迹较多的省份，皇帝经常询问地方督抚这些古迹的状况。

（2）士大夫阶层的推动。康乾时期建筑遗产的保护在很大程度上依靠地方官的身体力行：一是奏折陈述。向皇帝上递奏折，告诉本地方有哪些未被发现、重视的古迹，陈述保护的必要性与紧迫性，估算保护的费用，建议如何保护古迹等。乾隆时期，安徽按察使闵鹗元向皇帝奏请立砍伐名胜古迹树木之禁令，并草拟了禁令的条文[21]。山西巡抚明德提出实行五台山岁修制度，为皇帝所认可。二是亲自实践。比较著名的是乾隆时期的毕沅，根据学者的考证，在任陕西巡抚期间，毕沅考察了陕西境内 12 个州府 77 个县的名胜古迹，并登记建档，计有宫阙殿堂遗墟 136 处，名人宅第苑囿 150 处，祠宇寺观 190 座，帝王陵寝 53 座，著名墓冢 120 余座等。主持整修了西安碑林，收集清理碑石，重新编排陈列，并开辟专门房舍收藏陈列，同时还成立了直属巡抚衙门的碑林管理机构，制定了保护管理和碑文拓印制度，编印了《关中金石记》和《关中胜迹图志》，主持对礼泉县昭陵进行了保护维修，修筑了护陵围墙 3 000 余丈，碑亭 10 余座，公告全县民众保护陵园，在昭陵前树立了“大清防护昭陵之碑”[22]。三是出资捐修。地方官经常自己出资，同时发动本地方乡绅、商人捐资修缮建筑遗产。以江苏的宝华寺、天宁寺为例，康乾时期的修缮基本上是地方官与盐商出资。作为四书五经熏陶出来的封建士大夫，保护儒家历史文化传统、维护儒家精神是其责任与使命。这种责任感、使命感与皇帝的文教政策一拍即合，在共同维护儒家礼教的过程中实现了历史文化遗产的保护，各种千年古刹得以幸存。

5 结论

康乾时期尽管没有形成现代意义上的物质文化遗产保护意识与法律，但在继承本民族的传统和前朝立法经验的基础上，频繁运用法律来推动建筑遗产的保护，为当今物质文化遗产的法律建设提供了深厚的法治本土资源。在这些法律条文的背后，是以皇帝为核心的封建士大夫阶层维护、传承中国礼教精神与传统文化的决心与热忱。他们是法律得以落地、贯彻的主要推动力量。可以说，建筑遗产的保护，体现了法律条文的理性与传统文化的情怀的交汇与融合。

参考文献

[1] 吴良镛. 中国人居史[M]. 北京：中国建筑工业出版社，2014：323.
[2] (清)吴坤修，等. 大清律例根原(二)[M]. 上海：上海辞书出版社，2012：623－624，868，1145.
[3] (清)沈之奇. 大清律辑注(上)[M]. 怀校锋，李俊，点校. 北京：法律出版社，2000：386.
[4] 佚名. 宫中档乾隆朝奏折(第二十三辑)[Z]. 台北：台北故宫博物院，2014：65.
[5] 佚名. 雍正帝谕圜丘方泽等坛并太庙前代帝王庙等处著差给事中御史院司官修理等事[A]. 北京：故宫博物院，文档编号：长编 30208.
[6] 佚名. 工部覆准宫殿紫禁城皇城修建管理规定[A]. 北京：故宫博物院，文档编号：长编 30113.
[7] 佚名. 工部题准城池不修致倾圮者罚俸六个月[A]. 北京：故宫博物院，文档编号：长编 30518.
[8] 佚名. 工部题准廷工所偷盗处罚规定[A]. 北京：故宫博物院，文档编号：长编 30474.
[9] 佚名. 清会典事例(第十册下)[M]. 北京：中华书局，1991：257.
[10] 佚名. 钦定工部则例正续编[M]. 北京：北京图书馆出版社，1997：1.
[11] 佚名. 康熙帝谕礼部防护昌平明朝帝王诸陵事[A]. 北京：故宫博物院，文档编号：长编 21502.
[12] 中国人民大学清史研究所. 清史编年(第二卷)[M]. 北京：中国人民大学出版社，2000：364.
[13] 佚名. 乾隆帝谕工部每年十月派员前往明陵查勘保护事[A]. 北京：故宫博物院，文档编号：长编 26290.
[14] 佚名. 钦定工部则例[M]. 香港：蝠池书院，2004：405.
[15] 佚名. 阙里文庙工程滥用劣员雍正帝谕令另委贤能克期告竣事[A]. 北京：故宫博物院，文档编号：长编 01171.
[16] 佚名. 阙里文庙工程迟滞钦差留保等前往督催事[A]. 北京：故宫博物院，文档编号：长编 60332.
[17] 中国第一历史档案馆. 雍正朝汉文谕旨汇编(第二册)：雍正七年至十三年谕旨[M]. 桂林：广西师范大学出版社，1999：118－119.
[18] 张晋藩，郭成康. 清入关前国家法律制度史[M]. 沈阳：辽宁人民出版社，1988：466－467.
[19] (清)允禄，等. 大清会典(雍正朝卷 202 至 212)[M]. 台北：文海出版社，1991：13320.
[20] 徐珂. 清稗类抄(一)[M]. 北京：中华书局，1984：244.
[21] 佚名. 奏请立砍伐名胜古迹树木之禁事[A]. 北京：中国第一历史档案馆，档号：03－0346－025.
[22] 佚名. 中国古代的文物保护管理[EB/OL]. [2017－10－11]http：//www. qianlongtongbao. com/gubi/6435. html.

图表来源

图 1 源自：笔者绘制.
图 2 源自：http：//www. onegreen. net/maps/HTML/49348. html.

先秦都城手工业作坊的空间耦合现象初论

张译丹

Title：A Preliminary Study on the Spatial Coupling of Handicraft Workshop in Pre-Qin Capital City

Author：Zhang Yidan

摘　要　通过对三代至秦汉时期18个都城中的手工业作坊进行量化统计，分析其空间构成、分布位置及演变的特征，发现早期都城中手工业作坊内不仅包含生产空间，还有生活空间、墓葬空间和祭祀空间等多种其他功能，这种多重性质空间的"耦合化"现象，伴随着早期王国至帝国的发展，作坊内居址、墓葬数量比例下降，祭祀空间逐渐消失，呈现出空间耦合化程度逐渐降低、出现耦合空间作坊数量减少的现象，随着秦汉以后作坊与市场的逐渐合并，空间发生了新的变化。同时，发现作坊内不同的产业门类的空间耦合度不同，且与作坊产业门类的重要程度直接相关，铸铜作坊的耦合化程度最高，其次是制骨、冶铁、制陶作坊。这些现象反映出早期王国至帝国初期，都城空间划分的手段、用地的社会等级结构，及国家形态、族邑管理、工官制度、宗教文化等多种内在动因的变化。本文也对当今城市产业空间、社会空间分层化等问题有一定的启示意义。

关键词　都城；手工业作坊；空间耦合

Abstract: By analyzing the spatial structure, distribution and evolution of the handicraft workshops in 18 cities in the Three Generations to the Qin and Han dynasties, it is found that the handicrafts workshop in the early cities not only includes the production space, but also the living space, the burial space, the sacrificial space and other functions, this kind of multi-nature space 'coupling' phenomenon, accompanied by the early kingdom to the development of the empire, the workshop address, the proportion of the number of burials decreased, the sacrificial space gradually disappeared, showing a spatial coupling the degree gradually reduced, and the phenomenon of the number of coupled space workshop reduced. With the Qin and Han dynasties after the workshop and the gradual merger of the market, the space changes. At the same time, it is found that the different types of industries in the workshop have different spatial coupling degrees, and they are directly related to the importance of the workshop

作者简介

张译丹，西北大学文化遗产学院，博士生

industry. The coupling degree of the cast copper workshop is the highest, followed by the bone, the iron and the pottery. These phenomena reflect, from the early kingdom to the early empire, the means of spatial division of the capital, the social hierarchy of the land, and the changes in the internal motivations (such as the state form, the town management, the workers' system, and the religious culture). This paper also has some enlightenment significance to the problems of nowaday urban industrial space and social stratification.
Keywords: Capital City; Handicraft Workshop; Spatial Coupling

1 引言

自19世纪末20世纪初考古学在中国学界形成开始，对古代都城中宫殿、宗庙的研究就一直是重点，这一倾向也同时影响着建筑、城市规划学科，对于手工业生产空间的研究一直未受到广泛关注，该类型空间系统的形制、特性、演化规律、规划思想，能够从另一视角印证古代国家形态、政治治理体制的变化，亦能从侧面对宫殿、宗庙等"权力性"空间的规划思想进行佐证。

长期以来，对于城市规划功能分区的理论存在依赖，似乎将城市空间格局固化在一个受明确用地分区的思维中，也因为考古资料或文献的局限，对于古代城市中具体某种类型空间内部的属性解读，往往过于单一。一般认为，古代都城空间格局的划分意识要高于普通的"聚"，其空间边界清晰，功能区划呈现等级差别，空间的格局可以反映出社会等级秩序，不同类型的空间存在着直接或间接的交互关系。先秦都城的空间格局划分，可以分为行政、祭祀、生产、生活、市易几种空间类型[1]。以往通常将与手工业作坊相关的空间界定为"生产性空间"，但这种归类目前看来存在局限性。本文将王国早期阶段至秦汉时期都城内的手工业作坊进行了统计，经过对秦汉以前都城手工业作坊的空间位置、形制、内部遗存的统计发现，早期都城手工业作坊的空间不仅仅包括单纯的生产空间，大量的作坊或"手工业园区"的内部还存在其他性质的空间类型，如居住、墓地、祭祀空间。尤其是官营手工业区，通常有明确而严格的边界，有些甚至是由作坊、住宅、墓地构成的专业性倾向性很强的聚落[2]，这些空间的耦合化现象持续时间很长，在不同时期的程度也不同。

对于城市空间格局和用地的研究需要定量化的研究，"耦合"理论源于自然科学领域，指两个或两个以上的电子元件紧密配合并相互影响，目前在物理学、地理学、经济学中都有应用，并在区域经济空间、城市交通空间、城市土地及开放空间的研究中都有所涉及，耦合空间这一概念涉及空间的形态、模式等指标，本文将对古代都城中手工业作坊空间耦合的现象、属性、变化特征进行初步研究，由于古代都城土地类型数据获取度困难较高，本文将量化研究与定性结合分析。

2 秦汉以前都城手工业作坊的基本信息及特征

对夏至西汉时期考古资料相对充分的18个都城进行整理，统计该时期内所有手工业作坊及疑似作坊的手工业遗迹点，得出每个都城内不同种类手工业作坊的数量(表1)，其中，夏商时期都城内手工业作坊的总量为50个，西周时期为65个，春秋战国时期为173个，秦汉时期为37个(图1)。考虑到各时期考古资料的不均衡性,在考古报告中提及的"某区域出现某类手工业作坊""疑似为手工业作坊的遗迹点"等不确定性信息,都计入本次统计。其中,铸铜作坊的总量为57个,制骨作坊为54个,制石作坊为8个,制陶作坊为143个,制玉作坊为12个,冶铁作坊为39个。

表1　先秦都城内含有居址、墓葬、祭祀空间的手工业作坊列表

都城	手工业作坊	规模	居址遗迹	其他遗迹(墓葬/祭祀)	属性
陶寺遗址[3-5]	西南小城石器工业园YJ5	20万m^2	生活场所、窑洞居址[6];手工业衙署建筑ⅢFJT2	园区有沟墙,分割监控[7]	官营
	城东北部陶窑	2座	4个灰坑[4]		
二里头遗址[8-11]	绿松石、铸铜作坊在宫城南北重要轴线上		作坊有封闭隔墙;有可能存在封闭的居址		官营
	其他手工业作坊(属性不明)			附近有墓葬	
郑州商城遗址[12-14]	内城外南部C5、C9区铸铜作坊	1 000 m^2		卜骨、带陶文的大口尊,属于具有祭祀功能的主流器物[15];可能还有人头骨坑[16]	官营
	铭功路制陶作坊(城内最大的陶坊)	1 400 m^2		在C11F102和F121基址上发现6座墓葬,作为奠基在铺设作坊地坪时埋入[17]	
偃师商城遗址	宫城内铸铜遗迹点[12]		宫城东西各有一小城,发现排房附属建筑		官营
	大城内制陶作坊区	4.5万m^2	小型地面建筑和半地穴式建筑[12,18-20]	城址内外发现的160座墓葬中,多数在城墙内侧正在使用的道路上,少数在作坊内[21]	
周原遗址[22-26]	李家铸铜作坊	数千平方米	灰坑、房址、水井等居住遗存[27]		
	齐家北制石作坊(齐家综合作坊区)	2万m^2	应为专职工匠[27]	墓地(M1/M5/M19)见于齐家、召李作坊区[27]	王室
	贺家、礼村、齐家、云塘、庄白等地			多处墓葬与居址、灰坑相互打破,且墓葬多数为中小型墓葬[28]	
丰镐遗址	张家坡制骨作坊		H143、H160深土窑式房屋,工匠居所[28]		部族
	冯村制骨作坊		2013SFCH1发现大量板瓦,应为居址或生产场所		可能为部族
	新旺贵族居住区附近青铜器窖藏	9 000 m^2	作坊人群很可能生活在该区域[28]	附近可能有高等级宅邸[29]	

续表 1

都城	手工业作坊	规模	居址遗迹	其他遗迹(墓葬/祭祀)	属性
东周王城(洛阳)	王城西北隅陶窑(战国中—晚)	18个	工场、作坊集居区,含有灶[30]	墓葬[31]	官营
	瞿家屯上阳华府陶窑(战国)	1个		墓葬[32]	
	第一干休所陶窑	2个		墓葬	
	汶河南县城制石	1个		墓葬[33]	
秦都雍城[34-37]	豆腐村制陶作坊(姚家岗手工业区内)	3.5万 m^2	园区有夯土墙,相对独立,南部B区为工匠生活区[38]		官营
鲁国故城[39-41]	药圃铸铜遗址(西周晚期—春秋晚期)	1.4万 m^2	居址	墓葬	官营
	林前村北制骨作坊(战国)	15万 m^2	南部紧邻居住遗址		官营
中山国灵寿城[42-43]	5号铸铜冶铁作坊	大规模	作坊管理建筑/居住区[44]		官营
晋国新田故城[45-48]	Ⅱ及ⅩⅫ铸铜作坊	5万 m^2	生活用陶、68个房址	37个墓葬	官营
	石圭作坊(Ⅱ及ⅩⅫ铸铜作坊附近)南为ⅩⅪ祭祀坑	5 000 m^2	11个房址、灰坑	墓葬	晚期降为卿一级管理
	农贸市场制陶作坊	2万 m^2	西部为灰坑		
燕下都[49-51]	23号冶铁铸铜(兵器)遗址(战国晚期)		北半部似有居址[47]	与21号、18号几个重要官营作坊集中分布,东为宫殿区,西为“虚粮冢”高级墓葬区	官营
齐临淄城[52-53]	大城内冶铁作坊	4万—40万 m^2	作坊区与居住区、墓葬区交错分布		官营
赵邯郸城	市博物馆后楼铸铜遗迹			墓葬[54]	
郑韩故城[55-56]	郑国大吴楼铸铜遗址(春秋—战国)铸造礼器、兵器、钱币	10万 m^2 有余	75个春秋居址灰坑[57]	此处铸兵器、礼器的作坊虽然比仓城作坊少一些,但居住灰坑要多许多,有可能技术封闭	
	郑国仓城冶铁作坊(铁农具)	16万 m^2	8个居住灰坑		
	郑国东城制骨作坊(春秋—战国)	7 000 m^2	59个灰坑[58]		
	韩国能人路制陶作坊(战国晚期—西汉)	5万 m^2	生活居址		官营
	大吴楼制陶作坊		生活居址[59]		
	韩国在郑国的宫殿基础上,新建铸铜冶铁作坊(小城内)				

都城	手工业作坊	规模	居址遗迹	其他遗迹(墓葬/祭祀)	属性
秦咸阳城[60-62]	宫殿区附近有官营作坊,市场附近有制陶区		状况不明	可能与居住区交杂	
汉长安城[63-77]	官营作坊主要分布在西市内,民营作坊在市场外		东西市内未见作坊内部出现居址,但文献记载市场内部已经有居住		

注:表格中空白部分为考古报告中未见记载或无具体数据。ⅢFJT2 这类字符表示探方和遗迹单位符号,其中罗马数字表示探方发掘区,T2 表示探方序号,多年发掘的遗址,其探方、遗迹编号之前可能还会加上发掘年份或其他特殊表示法;一般采用其汉语拼音的第一个字母标识遗址类型,如 M 墓葬/F 房址/H 灰坑。

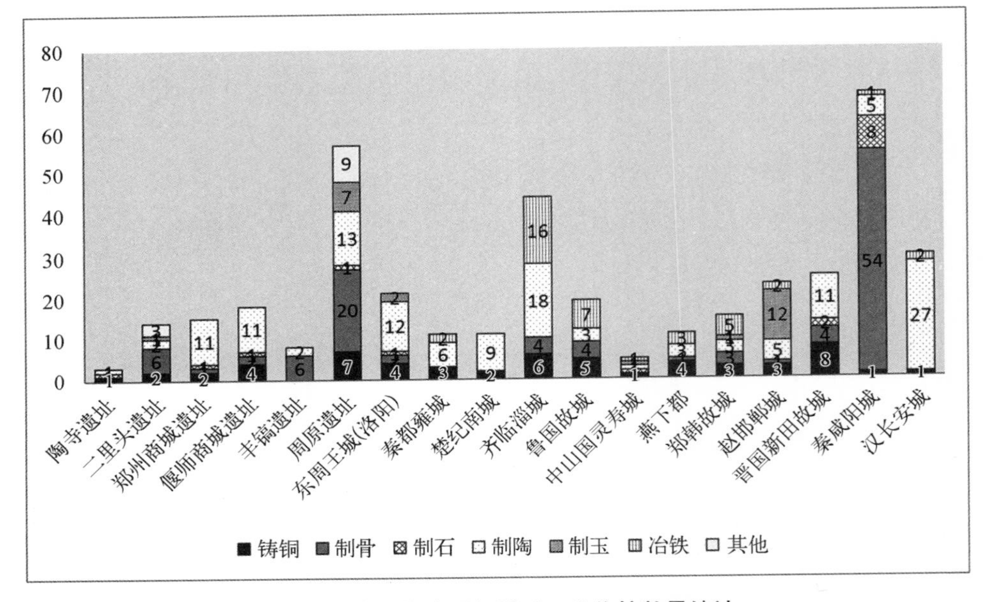

图 1 先秦时期主要都城手工业作坊数量统计

目前都城手工业作坊附近发现的房址,多数为含有灰坑的居址,少数为管理形制的衙署建筑。刘庆柱先生认为,“王国都城的宫城周围及其附近有铸铜、玉石等官工业作坊”[66]。根据笔者对王国都城手工业作坊的统计发现,不仅在宫城周围存在手工业作坊,诸多时期在都城的宫城内部,也出现了铸铜、制骨、制玉、制陶等官营手工业作坊。这种把作坊布置在宫区内的控制行为,不仅针对手工业生产活动本身,也是为了限制工匠的流动性。

目前在少量宫城内部的作坊中发现手工业者居址的信息,如二里头遗址内的铸铜和绿松石作坊均有围墙隔离的空间状态,安阳殷墟遗址、偃师遗址商城宫区内部铸铜遗址旁的附属性建筑或小城,燕下都宫区内的兵器作坊,这些官营作坊内的工匠有可能居住于作坊内部,但宫区内未发现低等级墓葬。

从晚商时期宫殿区内发现的附属性建筑可以猜测,在早期都城内,宫殿区内的重要官营手工业作坊(如铸铜)工匠的居址,应多在宫区内,这是由于青铜时代对手工业生产技术的高度封锁造成的,宫区内其他性质手工业作坊的工匠居址状况目前因考古资料的缺乏尚不清楚,我们可以猜测,宫区内制骨或制玉等高等级手工业作坊内,也应存在工匠居址。

从宫城外的作坊来看，不同时期、种类的作坊都曾出现过一定程度的空间隔离，如陶寺时期的制石、制陶手工业作坊，秦都雍城姚家岗手工业作坊均以围墙环绕，这些空间呈现出了不同程度的封闭性。

3 手工业作坊的空间耦合现象及特征

3.1 长时段的空间演化特征

通过统计表可以看到，同时含有居址、墓葬的作坊，通常规模较大，除晋国石圭作坊为 5 000 m^2 外，其他作坊均超过万余平方米甚至十几万平方米，中山国灵寿城的综合性官营作坊规模则达到了 60 万 m^2。这些作坊多为官营手工业作坊，少数属于部族。

从长时段来看，从夏代到西汉时期，18 个都城中含有居址的手工业作坊总量为 28 个(图 2)，含有墓葬的作坊为 20 个，含有祭祀空间的作坊为 5 个，其中含有居址的数量占比高于墓葬。同时，手工业作坊内含有居址、墓葬、祭祀空间的数量占该时期数量总数的比值，总体呈现下降趋势。除去秦汉时期作坊内部考古资料不完善这一因素，含有居址的作坊占比从夏商时期的 16%下降到东周时期的 8.6%；含有墓葬的作坊占比在夏商时期是 6%，到西周时期达到峰值 13.8%，东周时期又下降至 4.6%；商代各个都城内的作坊均发现祭祀遗迹，东周时期除秦都雍城内有一处，其他都城别无，祭祀行为可能是变相延续的，但这种专属空间则在作坊内逐渐消退。

此处，还需考虑一个状况，西周时期周原遗址的统计数据受到资料限制，考古报告中提及周原遗址多个聚落点中的居址与墓葬相互打破，且这些聚落点多数也存在手工业作坊，如礼村、齐家、云塘、庄白等地；在丰镐遗址中，也存在多处居民点与作坊紧邻的状况。所以推测在实际状况中，西周时期手工业作坊中居葬合一的现象应比统计数据更高，西周时期含有居址的作坊比例很可能接近甚至超越夏商时期。在秦汉时期的秦咸阳城与汉长安城的考古报告中，均未详细提及手工业作坊内部的居址或墓葬状况，也未见祭祀遗迹。历史文献中有提及西汉长安城市场内出现居住的记载，但并不明确与手工业作坊空间的关系，故本次统计不计入。

夏代至商代，手工业作坊尤其是重要的官营手工业作坊，空间耦合化程度很高，作坊内包括生产性质的工场、管理衙署、工匠居址、工匠墓葬、祭祀专属空间，这与早期王国的工官制度对工匠的工官管理制度有关，伴随着晚商至西周时期“族邑制”的人口管理制度，作坊内的空间耦合现象在西周时期达到鼎盛。

春秋以降，随着东周时期都城经济活动的活跃，都城空间格局较之前一时期有比较明显的转折，手工业作坊内的生活空间和墓葬等公用设施空间开始逐渐分化缩减，同时出现多种空间类型的作坊数量锐减，作坊的空间化耦合程度下降。

管子对于城市空间功能分区的思想，可能对该时期手工业生产者的活动空间有着极大的影响，按照不同身份将居住空间集中化，在“四民者”中，工匠靠近官府，商贾靠近集市，管子将齐临淄城划分成 21 个乡，其中 6 个为工商之乡，由“三族”进行管理，这是因为百工之乡多按照甲组传承并分有不同的族系。并且在齐国，工商业者不能轻易改变职业。孔子时代，《论语・子张》中子夏讲“百工居肆，以成其事”，即百工生活于他们临街的作坊和店铺内，“百工”这个阶层在春秋晚期逐渐平民化，原先封闭的作坊渐渐与市场空间出现叠合。

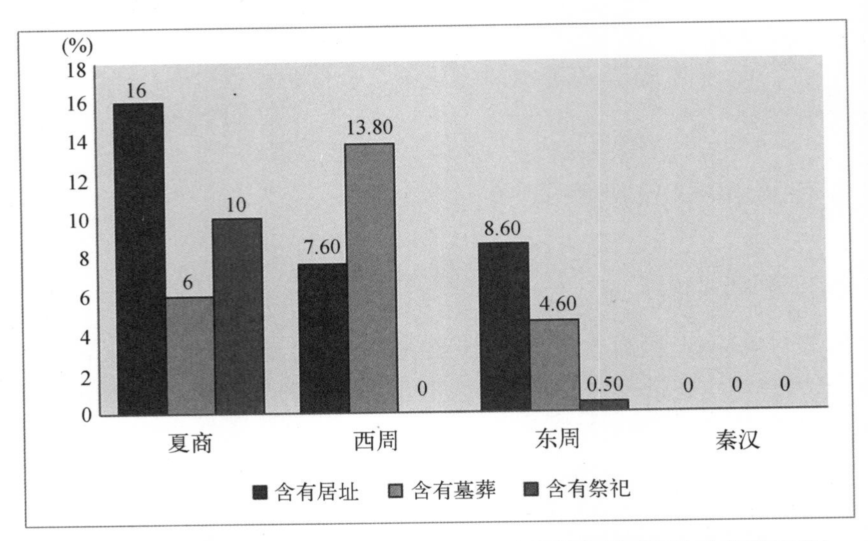

图 2　先秦时期含有居址、墓葬及祭祀空间的作坊占同时期作坊总量比值

进入秦汉帝国时期，随着市场与手工业作坊空间的逐步合并，汉长安城东西市内已经不见墓葬空间，但居住空间依然存在，依附于市易空间(图 3)。

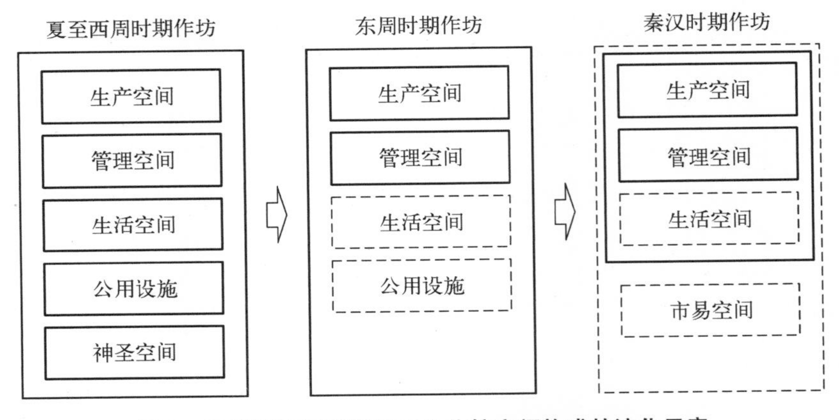

图 3　三代至秦汉时期手工业作坊空间构成的演化示意

3.2　不同产业门类作坊的空间耦合状况

从产业门类上来看，不同种类的手工业作坊其空间耦合化程度不同，具体如图 4 所示。

可以看出，制石作坊内存在居址、墓葬的作坊比例最高，其次是铸铜、制骨、冶铁、制陶作坊，制玉作坊没有发现居址，可能与其等级相对较高、多位于宫区内有关。制石作坊的数据有特殊性，由于 18 个都城中共计发现 8 个制石作坊，其中 2 个含有居址或墓葬，分别为陶寺遗址和郑韩故城，陶寺遗址中制石作坊在一个相对封闭的制石工业园区内，陶寺遗址中期高等级居所与石器、陶器相邻而建在城内较高畅地带[68]。二里头等遗址再未出现制石作坊，可能与该项手工业已经转移到周边专业性聚落有关，不同家族氏族有各自作坊[69]，郑韩故城中的制石作坊则生产石圭等礼器性石制品。

除制石作坊外，铸铜作坊含有居址、墓葬遗迹的比例也远高于其他种类手工业作坊，且

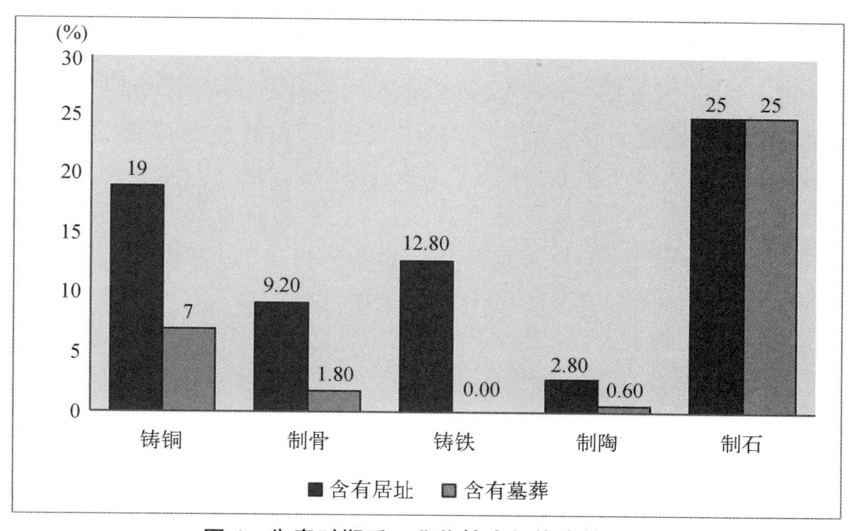

图 4　先秦时期手工业作坊空间构成的演化

作坊内同时出现居址和墓葬的作坊也是铸铜作坊。有学者发现制骨作坊与铸铜作坊往往成对出现,所以内部含有居址、墓葬空间的制骨作坊比例仅次于铸铜作坊,也体现出该类作坊的空间封闭性。随着春秋战国时期铁制品的出现,铁被广泛应用于武器和工具的生产制造中(目前尚无铁质礼器的发现),由于铁的原材料可获得程度高于铜,这种大量广泛的生产对工匠数量的要求也很大,但冶铁作坊内含有居址的比例并不是最高,其相对地位低于铸铜、制石作坊。如郑韩故城中郑国时期的大吴楼铸铜作坊和仓城冶铁作坊,这两处冶铸类作坊的时期相同,规模近似,面积均在 10 余万 m^2,但大吴楼铸铜作坊内的居址数量为 75 个,远远高于仓城冶铁作坊,原因可能在于大吴楼铸铜作坊生产的器具为礼器、兵器、钱币,而仓城冶铁作坊生产的是铁农具,大吴楼铸铜作坊的重要级别明显高于仓城冶铁作坊,将工匠大量控制在作坊内部生活居住,对于国家需求、国家安全、政权运行来说也是一种必要的保障。

4　影响秦汉以前都城中手工业空间耦合的根源性因素

4.1　铸铜作坊作为早期都城的"国家机器",具有长期高等级地位

不同类型手工业作坊的管理强度不同,国之大事,在祀与戎,早期王国阶段,青铜器作为国家政权的道具,权力主体对铜矿资源、生产技术、铸造空间都具有绝对的占有性,铸铜作坊可以被视为"国家机器"的一部分。都城中铸铜作坊空间位置的选择也极其重要,相对于其他手工业空间来说,具有强烈的"排他性",是与宫殿、宗庙区等级平行的"权力性空间"。由于中国古代对手工业生产的技术封闭性,对于如铸铜等高技术性手工业,常实行技术上的封闭和管理上的控制,可以看到,这种控制不仅仅体现在了作坊的空间区位、技术的世袭制、作坊的空间封闭性,还体现在了对工匠生活场所的限制。

我们不能固态地理解铸铜作坊为单纯的"生产性空间",这种将生产与管理场所、工匠起居、工匠墓地、祭祀场地严格控制在一个封闭性单元中的空间耦合现象,体现出早期国家中权力的高强度。

4.2 族邑制度影响着殷周时期都城手工业空间的耦合

手工业空间中的“工、居、葬”合一的形制，可能与土地所有权制度和人口管理密切相关，这一点在殷周时期体现显著。殷墟实施“大杂居小聚居”的族邑管理制度，分散性与族居性相统一[70]，使用世袭办法，世工世族，使技术掌握在专业人员手中，防止生产技术流失[71]，同一作坊的工匠及某些管理者可能以氏族形式聚居，且家族内也同时进行农业生产，工农结合，多种手工业结合，不同族邑形成了独立的综合单元区，拱卫宫殿中心区[72]。并且，这些手工匠并非都是奴隶，从安阳殷墟遗址西区的墓葬陪葬品来看，有十分之一的墓主人属于手工业者，应当是专业手工业人员，身份属于自由民[73]，这些自由民长期在族邑内部进行生产和生活，死后葬于同一区域的空间范围内。

西周早期承袭殷制，在族邑制度上，与殷墟的管理体制非常相似，当时工商业及其组织，以及所有制的形式，均带有农村公社所有制的形式。农村公社制度就是一种可以支配所有生产关系的政治治理手段，马克思、恩格斯认为，古代社会工业的组织及其相应所有制都带有土地所有制的性质[74]。

“国人”成分的构成，只有征服者认定被征服者与自身具有同等地位和共同利益的前提下，被征服者才有资格居住在国中，那么周对殷遗民的治理，就带有这种性质[75]，周迁殷人于陕西，是为了发展经济。周原作为异性贵族的集居地，让殷移民世居周原，从事手工业生产，早期来到周原的工匠，很可能是专职手工业者，不应是工业奴隶，日本学者佐藤武敏认为，殷周时代的青铜器生产工匠，是具有氏族结构的职业集团[76-77]。这些专业手工业者被安排在一个相对狭小的手工业作坊区域内，至少在周原附近没有属于他们的田地，只有葬于手工业作坊内[27]。有学者通过对铸铜工具“陶管”的分析，认为西周手工业者的墓葬就在作坊内部[27]。

这种空间合一的特质，在族邑管理机制之下，形成了“综合性空间单元”，并不能简单地将“手工业空间”归为“生产空间”或“权力空间”，此时，生产（工场）、生活（居址）、权力（管理型建筑）、神圣空间（祭祀）、公用设施空间（墓葬）是耦合化的，在族邑管理之下，属于“分支权力综合体空间”，所承担的手工业生产，与国家形态和国家管理机制密切相关。甚至可视这种综合体空间为最早期具有经济属性的“族民公共空间”，是部族居民聚合进行生产的空间。

4.3 宇宙观及宗教意识的变化影响着作坊内祭祀行为的空间需求

在手工业作坊内出现祭祀的遗存最早可以追溯到仰韶时期[78]，商周时期祭祀现象普遍，手工业作坊生产的活动被赋予着神话色彩，生产国家礼器的作坊尤甚，目前所发掘的所有商代都城的手工业作坊中均可发现祭祀遗迹。在商周铸铜与制陶作坊内，发现不少坑中埋人、动物、器物的遗存，这种空间的分布应当是有所规划的，辟出了专门的空间；商周作坊中神圣空间的存在，表明这类祭祀空间的规划至少可以追溯到二里岗下层之前或夏代。

随着祭祀对象的变化和祭祀行为的简化，与之对应的是祭祀空间的缩减。手工业作坊内的祭祀空间在秦都雍城时期虽有发现，但在整个东周时期并不普遍，还不能判断出这种类型空间是否在其他东周都城作坊内一定存在。自宋元以后，行业神崇拜已成为手工业制造行业普遍的民间信仰方式，但由于诸如窑神庙之类的建筑与一般居址很难区别，有的行业神可能只是一块石头[17]。

早期都城作坊内的祭祀空间，曾占有非常重要的空间地位，这种空间形式随着时间推演发生变化，作坊内部原先的普遍性祭祀空间缩减或消失。这与国家祭祀场所的逐步规范化整合有关，可能祭祀或行业崇拜的行为已然发生，但祭祀空间本身则可能在面积上逐渐降低或消失。

总体来看，三代至秦汉时期，都城内手工业作坊内部的空间耦合化程度整体呈现下降趋势，这种空间现象，是国家形态与权力强度、社会治理制度、宗教文化等多方面根源性因素演化的外在显现。

［本文受国家社会科学基金项目“新型城镇化背景下的陕西古县城保护研究”(14XKG005)，国家自然科学基金青年科学基金项目“政经视野下重庆近代城市行政变迁与规划变革的历史研究”(51508429)、“中国本土近现代城市规划形成的研究——以清末民初地方城市建设与规划为主(1908—1926年)”(51408533)资助］

参考文献

[1] 韦峰. 先秦城市空间格局研究[D]:[硕士学位论文]. 郑州:郑州大学,2002.
[2] 程平山. 论陶寺古城的发展阶段与性质[J]. 江汉考古,2005(3):48－53.
[3] 牛世山. 陶城址的布局与规划初步研究[M]//中国社会科学院考古研究所夏商周考古研究室. 三代考古(五). 北京:科学出版社,2013:51－60.
[4] 山西省考古研究所. 陶寺遗址陶窑发掘简报[J]. 文物季刊,1999(2):3－11.
[5] 蔡明. 陶寺遗址出土石器的微痕研究:兼论陶寺文化的生业形态[D]:[硕士学位论文]. 西安:西北大学,2008:41.
[6] 何驽. 都城考古的理论与实践探索——从陶寺城址和二里头遗址都城考古分析看中国早期城市化进程[J]. 三代考古,2009(8):3－60.
[7] 霍文琦. 山西襄汾陶寺:帝尧之都——中国之源[EB/OL]. (2015－06－15)[2017－04－08]. http://jjsx.china.com.cn/lm268/2015/318830.htm/.
[8] 张国硕. 夏商时代都城制度研究[D]:[博士学位论文]. 郑州:郑州大学,2000.
[9] 朱君孝,李清临,王昌燧,等. 二里头遗址陶器产地的初步研究[J]. 复旦学报(自然科学版),2004,43(4):589－596,603.
[10] 李久昌. 偃师二里头遗址的都城空间结构及其特征[J]. 中国历史地理论丛,2007,22(4):49－59.
[11] 廉海萍,谭德睿,郑光. 二里头遗址铸铜技术研究[J]. 考古学报,2011(4):561－575.
[12] 李令福. 中国古代都城的起源与夏商都城的布局[J]. 太原大学学报,2001,2(3):5－8.
[13] 刘彦锋,吴倩,薛冰. 郑州商城布局及外廓城墙走向新探[J]. 郑州大学学报(哲学社会科版),2010,43(3):164－168.
[14] 韩香花. 郑州商城制陶作坊的年代[J]. 中原文物,2009(6):39－43.
[15] 左骊文. 郑州商城出土二里冈文化时期遗物空间分析[D]:[硕士学位论文]. 郑州:郑州大学,2013.
[16] 河南省文物考古研究所. 郑州商城——一九五三—一九八五年考古发掘报告[M]. 北京:文物出版社,2001:506－507.
[17] 王迪. 中国北方地区商周时期制陶作坊研究[D]:[博士学位论文]. 济南:山东大学,2014:190－195.
[18] 黄展岳. 中国古代人牲人殉[M]. 北京:文物出版社,1990.
[19] 中国社会科学院考古研究所洛阳汉魏故城工作队. 偃师商城的初步勘探和发掘[J]. 考古,1984(6):

488－504.
[20] 中国社会科学院考古研究所. 偃师商城(第一卷)[M]. 北京:科学出版社,2013:725.
[21] 陈国梁. 偃师商城遗址聚落形态的初步考察[M]//中国社会科学考古研究所夏商周考古研究室. 三代考古(六). 北京:科学出版社,2016:164－191.
[22] 佚名. 周原遗址考古揭示周原聚落面貌和社会特征:聚邑成都的“移民之城”[N]. 光明日报,2014－01－14(7).
[23] 孙明. 也论周代青铜礼器的生产与流动[J]. 濮阳职业技术学院学报,2012,25(1):51－53.
[24] 张永山. 西周时期陶瓷手工业的发展[J]. 中国史研究,1997(3):43－52.
[25] 陕西周原考古队. 扶风云塘西周骨器制造作坊遗址试掘简报[J]. 文物,1980(4):27－38.
[26] 徐天进. 周原遗址凤雏三号基址 2014 年发掘简报[J]. 中国国家博物馆馆刊,2015(7):6－24.
[27] 雷兴山. 论周原遗址西周时期手工业者的居与葬——兼谈特殊器物在聚落结构研究中的作用[J]. 华夏考古,2009(4):95－101.
[28] 付仲杨. 西周都城考古的闻顾与思考[M]//中国社会科学考古研究所夏商周考古研究室. 三代考古(二). 北京:科学出版社,2006:518.
[29] 中国社会科学院考古研究所沣西发掘队. 陕西长安沣西客省庄西周夯土基址发掘报告[J]. 考古,1987(8):692－700.
[30] 曹蕊. 东周王城手工业遗址研究[D]:[硕士学位论文]. 大连:辽宁师范大学,2015:22.
[31] 洛阳市文物工作队. 洛阳东周王城战国陶窑遗址发掘报告[J]. 考古学报,2003(4):545－577.
[32] 洛阳市文物工作队. 洛阳考古发现(2007)[M]. 郑州:中州古籍出版社,2009.
[33] 洛阳市文物工作队. 洛阳春秋刑徒墓发掘简报[J]. 中原文物,1998(3):1－4.
[34] 陕西省雍城考古队. 秦都雍城钻探试掘简报[J]. 考古与文物,1985(2):7－20.
[35] 尚志儒,赵丛苍. 秦都雍城布局与结构探讨[M]//《考古学研究》编委会. 考古学研究:纪念考古研究所成立三十周年. 西安:三秦出版社,1998:482.
[36] 梁云. 关于雍城考古的几个问题[J]. 陕西省历史博物馆馆刊,2001(8):11－18.
[37] 陕西省雍城考古队. 陕西凤翔春秋秦国凌阴遗址发掘简报[J]. 文物,1978(3):43－47.
[38] 王元. 秦都雍城姚家岗“宫区”再认识[J]. 考古与文物,2016(3):69－75.
[39] 河北文物研究所. 战国中山国灵寿城——1975—1993 年考古发掘报告[M]. 北京:文物出版社,2005.
[40] 武庄. 中山国灵寿城初探[D]:[硕士学位论文]. 郑州:郑州大学,2010.
[41] 河北省文物研究所. 中山国灵寿城第四、五号遗址发掘简报[J]. 文物春秋,1989(Z1):52－69.
[42] 邯郸市文物保管所. 河北邯郸市区古遗址调查简报[J]. 考古,1980(2):142－146.
[43] 河北省文物管理处. 赵邯郸故城调查报告[M]//《考古》编辑部. 考古学集刊(4)[M]. 北京:中国社会科学出版社,1984:162－195.
[44] 甄鹏圣. 战国时期中山国商业经济发展研究[D]:[硕士学位论文]. 石家庄市:河北师范大学,2007:20.
[45] 山西省考古研究所侯马工作站. 晋都新田[M]. 太原:山西人民出版社,1996:65－79.
[46] 河北省文物研究所. 燕下都[M]. 北京:文物出版社,1996.
[47] 许宏. 燕下都营建过程的考古学考察[J]. 考古,1999(4):60－64.
[48] 李晓东. 河北易县燕下都故城勘察和试掘[J]. 考古学报,1965(1):83－106.
[49] 山东省文物管理处. 山东临淄齐故城试掘简报[J]. 考古,1961(6):289－297.
[50] 群力. 临淄齐国故城勘探纪要[J]. 文物,1972(5):45－54.
[51] 许宏. 先秦城市考古学研究[M]. 北京:北京燕山出版社,2000:100.
[52] 王凯. 郑韩故城手工业遗存的考古学研究[D]:[硕士学位论文]. 郑州:郑州大学,2010.
[53] 蔡全法. 郑韩故城与郑文化考古的主要收获[M]//河南博物院. 群雄逐鹿:两周中原列国文物瑰宝. 郑州:大象出版社,2003:208.

[54] 韩立森,段宏振.近年来赵都邯郸故城考古发现与研究[J].邯郸职业技术学院学报,2008,21(4):6-9.
[55] 张学海.浅谈曲阜鲁城的年代和基本格局[J].文物,1982(12):13-16.
[56] 许宏.曲阜鲁国故城之再研究[M]//中国社会科学院考古研究所夏商周考古研究室.三代考古(一).北京:科学出版社,2004:286-289.
[57] 郑韩.新郑县大吴楼东周铸铜遗址[M]//中国考古学会.中国考古学年鉴(1983).北京:文物出版社,1983:185-186.
[58] 蔡全法,刘海旺,马俊才.郑韩故城遗址[M]//中国考古学会.中国考古学年鉴(1995).北京:文物出版社,1997:251-252.
[59] 河南省文物研究所.河南新郑郑韩故城制陶作坊遗迹发掘简报[J].华夏考古,1991(3):33-54.
[60] 王学理.秦都咸阳[M].西安:陕西人民出版社,1985.
[61] 刘庆柱.论秦咸阳城布局形制及其相关问题[J].文博,1990(5):200-211.
[62] 陈力.秦都咸阳金属窖藏性质试析[J].考古与文物,1998(5):94-96.
[63] 赖琼.汉长安城的市场布局与管理[J].陕西师范大学学报(哲学社会科学版),2004(1):38-42.
[64] 汉长安城工作队.汉长安城东市和西市遗址[M]//中国考古学会.中国考古学年鉴(1986).北京:文物出版社,1987.
[65] 李毓芳.汉长安城的手工业遗址[J].文博,1996(8):44-49.
[66] 中国社会科学院考古研究所山西工作队,临汾地区文化局.1978—1980年山西襄汾陶寺墓地发掘简报[J].考古,1983(1):30-42.
[67] 高炜.龙山时代的礼制[M]//《庆祝苏秉琦考古五十五年论文集》编辑组.庆祝苏秉琦考古五十五年论文集.北京:文物出版社,1989:235-244.
[68] 何驽.2010年陶寺遗址群聚落形态考古实践与理论收获[EB/OL].(2010-05-16)[2017-03-16].http://www.kaogu.net.cn/html/cn/xueshuyanjiu/yanjiuxinlun/juluoyuchengshikaog/2013/1025/33670.html.
[69] 朱君孝,李清临,王昌燧,等.二里头遗址陶器产地的初步研究[J].复旦学报(自然科学版),2004,43(4):589-596.
[70] 王震中.商代都鄙邑落结构与商王的统治方式[J].中国社会科学,2007(4):184-208.
[71] 何毓灵.殷墟手工业生产管理模式探析[J].三代考古,2011(12):280-291.
[72] 王元.殷墟布局规划研究[D]:[硕士学位论文].石家庄:河北师范大学,2007:34-44.
[73] 郭胜强.中国古都城建布局之再认识[J].三门峡职业技术学院学报,2014(2):1-5.
[74] 卡尔·马克思.政治经济学批判[M]//中共中央马克思恩格斯列宁斯大林著作编译局.马克思恩格斯选集第2卷.北京:人民出版社,1972:109-110.
[75] 朱红林.周代"工商食官"制度再研究[J].人文杂志,2004(1):139-145.
[76] 佐藤武敏.中国古代の青铜工业[M]//波多野善大.中国古代工业史の研究.东京:吉川弘文馆馆,1962:309-311.
[77] 松丸道雄.西周青铜器制作的背景[M]//樋口隆康.日本考古学研究者·中国考古学研究论文集.东京:东方书店,1990:263.
[78] 中国社会科学院考古研究所安阳队.安阳鲍家堂仰韶文化遗址[J].考古学报,1988(2):169-188.

图表来源

图1源自:笔者根据各时期最新发掘信息及相关考古报告整理绘制.

图2源自:笔者根据图1及表1进行整理绘制.

图3、图4源自:笔者绘制.

表1源自:笔者根据各时期最新发掘信息及相关考古报告整理绘制.

唐—五代"坊空间"重构与古代城市规划制度变革

邬　莎　李百浩

Title: The Reorganization of the 'Block-Space' Between the Tang and the Five Dynasty and the Transformation of Ancient Urban Planning System

Author: Wu Sha　Li Baihao

摘　要　坊市规划制度变革是研究中国古代城市规划制度演变的关键，同时也是反映坊市制变迁的一个重要侧面。本文结合唐都长安、五代后周都城开封分析唐至五代"坊空间"的形态变化，认为其三种主体结构分别经历了"面—点—线"的空间变化及重组现象，由此构成了坊市规划制度变革的空间变迁轨迹。"坊空间"重构对古代城市规划制度变革的意义体现在：确立了城市空间规划的基本单元；突破了街道空间的特定职能；推进了城市公共空间的形成。

关键词　坊市制；坊空间；古代城市规划制度；中国古代城市规划史

Abstract: The change of the block-mart planning system is the key to studying the evolution of the urban planning system of ancient China. It presents one aspect of the transformation of the block-mart system at the same time. The morphological change of the 'block space' from the Tang to the Five Dynasty was studied combining the Tang's capital Chang'an and the Houzhou's capital Kaifeng. The three main structures of the 'block space' have passed through the spatial change and reorganization from the 'plane' to 'point', and to 'line' respectively, which formed the track of spatial change of the block-mart planning system. The significant meaning of the reorganization of the 'block space' to the transformation of the urban planning system of ancient China can be concluded as follows: it established the basic unit of the urban planning space; it broke through the specific function of the street space; and it propelled the construction of the public urban space.

Keywords: Block-Mart System; Block Space; Ancient Urban Planning System; Ancient Urban Planning History of China

作者简介

邬　莎，东南大学建筑学院，硕士生

李百浩，东南大学建筑学院，教授

1 引言

唐代沿袭魏制，对城池实施单元封闭的坊间管理形式，其严格的管制方式将中国古代坊市制推向高潮。唐前中期至五代后期，坊市制经历了漫长的松动、变革直至崩溃的动态变迁过程①。坊市规划制度变革研究是反映该历史过程的一个重要侧面，同时，它也是研究中国古代城市规划制度演变的关键。杨宽对中国古代都城制度史进行了梳理，在规划制度方面更注重宏观层面各郭城的布局轮廓，对微观层面的坊市规划没有进行深入探讨[1]。贺业钜将坊制和市制分开，从商业经济的角度分析坊市制崩溃的过程，对坊市规划的具体过程及内容较少涉及[2]。

"坊空间"是坊市规划制度实施的客观载体，其变迁轨迹是反映制度特征及变革的重要手段。本文结合唐都长安、后周都城开封②分析唐至五代"坊空间"的形态变化及结构重组现象，由此考察其对于中国古代城市规划制度变迁的意义。

2 "坊空间"及其特征

2.1 概念界定

1）坊的概念变迁

坊③由农村居邑里④演化而来，故在较长一段时期内作为居住空间而存在。这一时期的市⑤也被定义为纯粹的商业空间。至唐前中期，城池内公共建筑增多，坊内出现了居住以外的功能，"军营校场、一些政府官署和大里的寺庙，也都开始分布在坊内"[3]。此后，商业功能也被置于坊内。功能混合促使坊的内涵发生了实质性变化，"坊不是纯粹的居住区，而是被干道划分而成的一个个规划地块"[3]。更客观地说，坊是由坊墙围合的区块空间及其所容纳的城池功能共同构成，具备"空间"与"功能"两种属性。

2）"坊空间"的概念界定

基于坊的概念，剥离其功能属性，将抽离出的空间属性定义为"坊空间"。狭义的"坊空间"是指由坊墙、坊门围合的区块空间。除此之外，还应考虑数量特征的影响。众多坊的排布，界定出另外一种线形空间——街道。在坊市制下，由坊界定出的街道空间所占比例极高，如唐长安外郭主干街道的总面积约为 10 m²，占外郭城总面积的近 1/7[4]。并且，不同于坊，"街道在城池空间区划中具备相对独立性，这使它在城市社会空间领域发挥着坊区与市区不可替代的作用"[4]。由此得出，"坊空间"是由坊墙、坊门围合的区块空间及其界定的街道空间。

2.2 三种主体结构及其特征

坊及街道构成了"面、线"两种类型的主体结构。除此之外，也不应忽视坊门这一特殊的"点"状空间，它是坊市制下联系坊与街道的唯一通道，是研究坊市制变革进程中重要的突破口。

以唐都长安的坊市规划为例说明"坊空间"（图 1）的构成主体及其特征。

1）坊区块

坊区块作为"坊空间"的主体构成要素，也是唐都长安的重要空间。长安规划有 109 坊

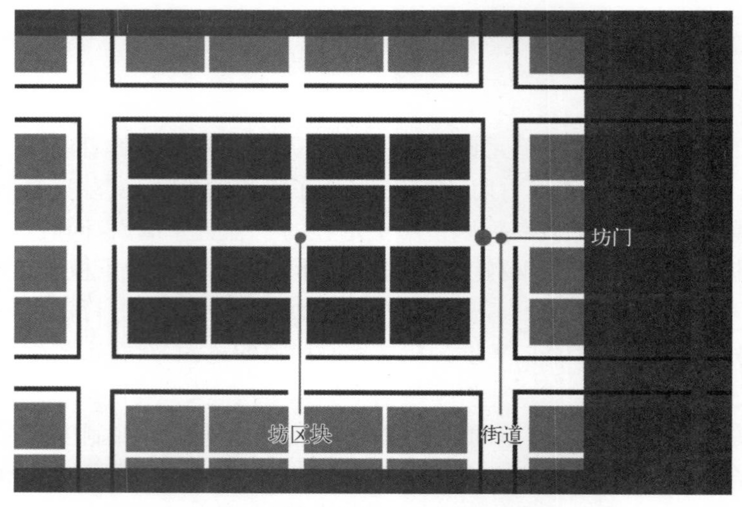

图 1 “坊空间”的三种主体结构

及东西 2 市。坊的尺度可分为小、中、大三种类型(图 2):第一种为皇城南侧小尺度坊,宽度由皇城南各城门的间距决定;第二种为宫城东西两侧的中尺度坊,宽度由市决定;第三种为皇城东西两侧的大尺度坊。这三种坊大致代表了不同的功能:小尺度坊以百官私第及坊市居人为主;中尺度坊以商品交易及普通住宅为主;大尺度坊则以官僚私宅为主⑥。不同尺度的坊严格区分了官员宅第、官市与普通的住宅。

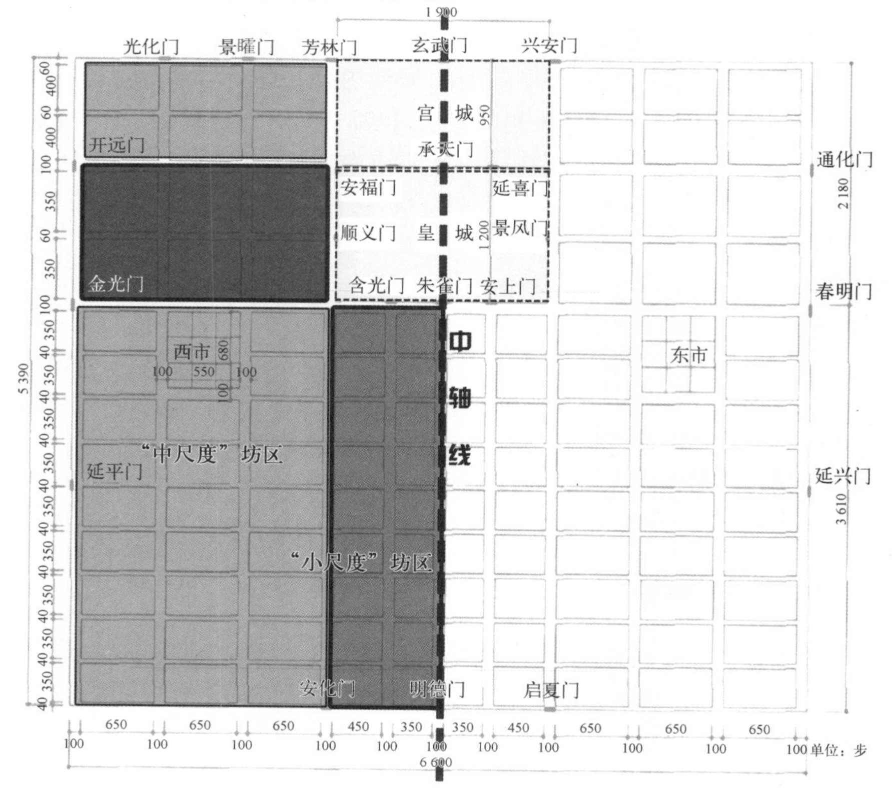

图 2 唐都长安坊的三种尺度类型

坊有相对固定的布局模式：先于坊墙上设坊门，再内设十字街连通并划分坊区，各区块内再设十字巷，“层层十字街的区划是隋唐城布局的特点”[5]（图 3）。除此之外，坊的管理严格：坊的功能需单一，尤其是商业和居住应严格分开；“不同等级的曲巷道路均在一定的规划和建设管理下形成”[3]，故不得随意更改；坊门管理严格，早晚需统一开闭等。

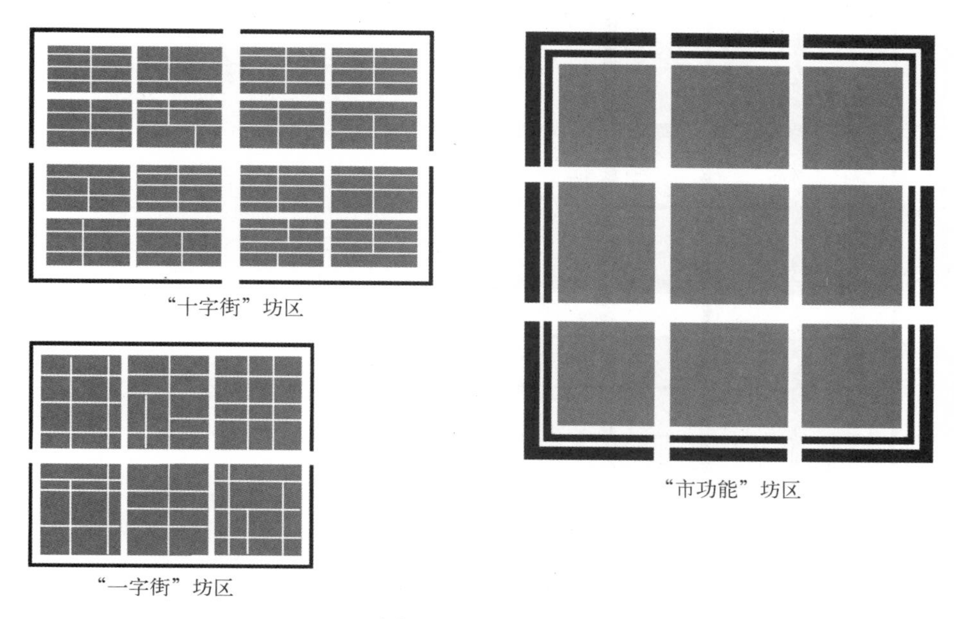

图 3　唐都长安坊的三种布局模式

2）线形街道

长安城街道共 25 条，东西向 14 条，南北向 11 条。按街道尺度可大致分为三种类型（图 4）：第一种是围绕宫城和皇城的“井”字形及南北向中轴共 5 条主街；第二种是贯通城门的南北向 3 条及东西向 8 条次街；第三种是坊区之间的坊街。这三种不同尺度和等级的街道与不同的功能片区结合，产生了不同的意义。主街“具有宣示、警示、信息传播、教育示范等政治与社会功能，是实现特定的公共与公众功能的重要空间”[4]；次街连通各城门，具有过境道路的性质；坊街是各坊的通道，具备更多的生活性。

基于街道的政治与社会传播意义，其管理和规定异常严格。体现在空间上，即严格控制尺度，不得私自占用：“禁止当街取土。禁止擅自植树。禁止夜间街行。”[6]体现在其他方面，则是对街道出行人员、出行时间及目的有规定。总体而言，主街的管理比次街和坊街严格。

3）点式坊门

坊门是“坊空间”结构体系中的核心要素，它是联系、贯通坊区与街道的重要节点，也是研究坊市制向街巷制过渡的突破点。长安城坊门的开设方式有两种（图 5）：一种是位于皇城正南的 4 列 36 坊，“每坊但开东西二门”[7]而无南北门；另一种是其他“坊”，坊内有纵横十字街，街道笔直，直通 4 个坊门。由于长安城内坊区面积大（坊区最小面积为 26 hm^2）、道路密度不高，故坊门数量的设置应该不符合实际需求。

尤其，坊门管理也与街道同步，存在严格的规定，“坊皆有垣有门，门皆有守卒”[8]，实行门禁政策，依鼓声启闭，且翻越坊墙会受到严厉惩罚。可以说，作为联系坊区与街道的唯一空间节点——坊门，不仅在数量上不符合实际需求，连开闭时间及出入目的也受到严格管控，因而可以想象坊区与街道空间联系的难度之大。

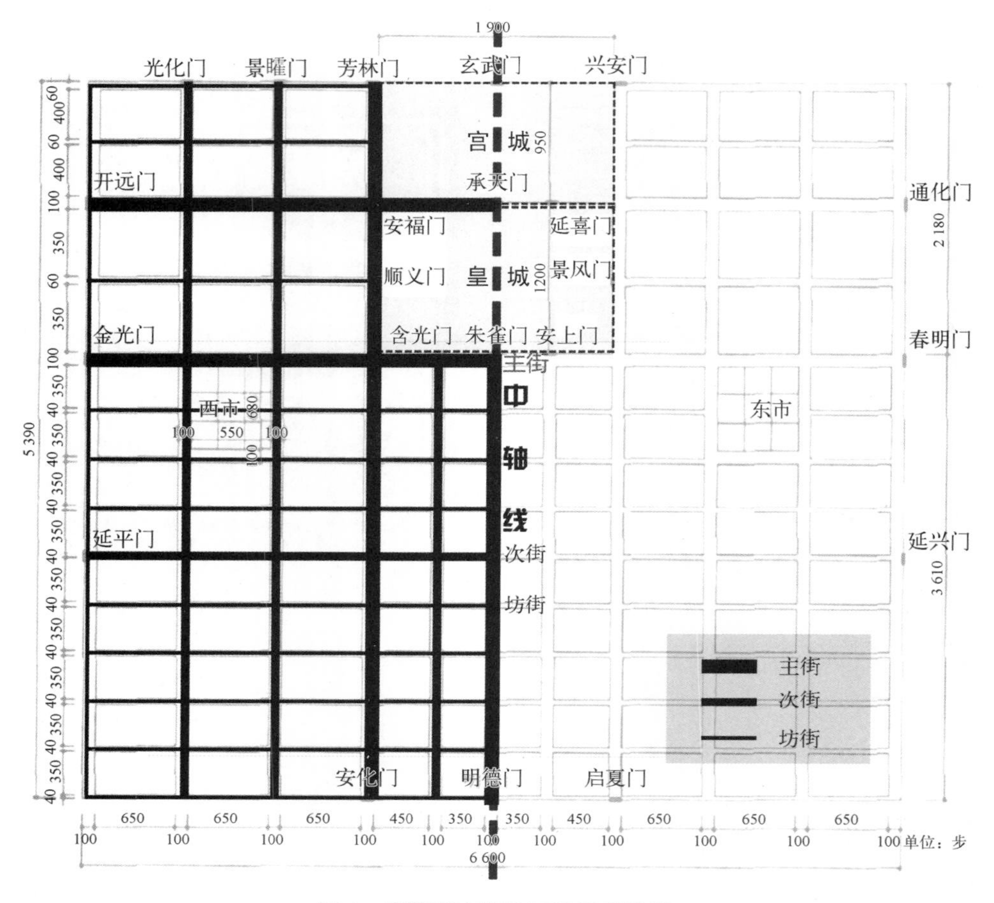

图 4　唐都长安街的三种尺度类型

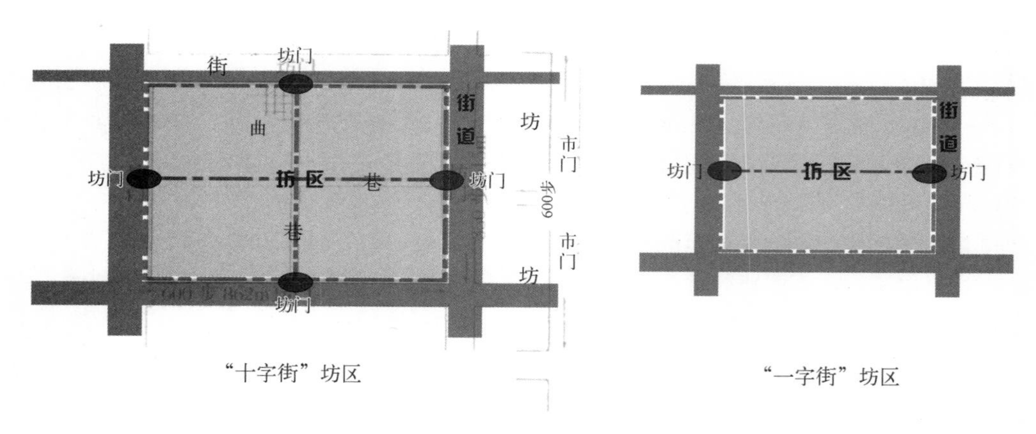

图 5　唐都长安坊门的两种类型

3 唐至五代:“坊空间”重构与坊市制崩溃

唐至五代后周,坊内空间形态开始变化,致使坊墙被突破,坊门点空间开始无序增加。它们“连点成线”,与原有街道空间结合形成了新的开放式街道,“坊空间”也在此过程中完成了加速重构。“面—点—线”的变化轨迹见证了坊市制从松动到崩溃开启、加速再到正式崩溃的过程。

3.1 “坊空间”变化与坊市制变革

1) 坊内形态变化与坊市制松弛

坊区块内部空间形态的变化始于唐高武时期(628 年),具体表现为:① 公共建筑:寺观、庙宇等建筑增多。② 功能混合:“坊内设店”与“市内设坊”。③ 立体空间:建筑拔高建楼。④ 道路交通:自由的“曲”增多。

(1) 公共建筑:寺观、庙宇等建筑增多

坊原本是纯粹的居住概念,寺院、道观等功能的出现改变了坊的用途,也丰富了坊的原始涵义。唐朝建立后不久,佛、道信仰在长安等各城池各阶层中广泛传播,随之而来的是寺院、道观等建筑在坊内的大量出现。如长安城崇化坊内于贞观五年(631 年)新立龙兴观、保宁坊于显庆元年(656 年)改为昊天观等。据考,唐长安城内有佛教寺院 109 座(平均每坊 3—4 座),道观 42 座[9]。除寺庙建筑外,少量军营校场、政府官署、旅馆及手工业作坊等也陆续出现并布置于坊内。

大体量、高楼层的寺观等非居住建筑的增多,开始改变城池原本的空间形态。更重要的是,它改变了坊作为居住功能的唯一性,也为坊内宅第与其他功能的混合提供了前提。

(2) 功能混合:“坊内设店”与“市内设坊”

在坊市制前期,商住的严格区分是最基本的特征,但随着商品经济的发展,坊市功能开始逐渐混合。首先体现在城内大量出现的“增设铺店”行为。最早的店设于近市的“场”[10]内。如唐玄宗开元二十九年(741 年),官员在东西两市“近场处广造铺店出租”,玄宗限制其“每间月估,不得过五百文”[11]。此诏反映出增设店铺的行为已较为普遍,而玄宗却未下令拆除,说明当时发展民间市集的需求紧迫。近市的场必然不能满足需求,于是逐渐发展成“坊内设店”。日本学者妹尾达彦对长安城内商业设施的数量统计显示,唐前期(618—713 年)时市以外的店铺为 5 处,开天时期(713—756 年)为 17 处,唐后期(756—904 年)达 34 处,这些店铺多布局在坊内官员宅第附近、坊门内侧及城关处[12-13]。

商业的增加与坊市严苛管理的矛盾,促使商人住宅重新布局。在坊市制建立之初,商人一般“近市而居”,原因是“坐垆肆者,不得宿肆上”,即市中仅允许设置店肆,不容商人居住。受限于交易时间的严格控制,商人不得不以市为中心安置宅第。至唐时,商人开始入市定居,后普通居民也渐渐加入。据考,唐代洛阳南市有齐良朗宅,北市有王孙宅、曹琳宅和曹义宅[14]。又如,“张仁亶幼时贫乏,恒在东都北市寓居”[15]等。

坊市功能的混合使坊由居住空间向多功能区块空间转化。同时,它突破了坊市制功能需严格区分的规定,对制度松动带来了较大的冲击。

(3) 立体空间:建筑拔高建楼

除平面布局之外,立体空间也开始有所突破,建筑违规建楼现象出现。在坊市制下,为保证行政官署建筑的私密性及权威性，对坊内建筑有高度的限制，如“其士庶公私第宅，皆不得造楼阁，临视人家”[6]。对于两市的控制同样如此：“诸坊市邸店，楼屋皆不得起楼阁。”[16]即便严格控制，建楼造店的事件也层出不穷，《新唐书·中宗八女传》记载过长宁公主的府第：“又取西京高士廉第、左金吾卫故营合为宅……作三重楼以冯观。”[17]

可以看出，禁楼律令意在禁止普通居民临视官署人员，目的是维持官员的行政权威与尊严。突破律令行为的出现，表明官民阶层隔离的局面在一定程度上开始柔化，这是对于坊市制本质思想的解禁，同样也推进了该制度的变革进程。

(4) 道路交通：自由的“曲”增多

在坊市制建设之初，由于编户、宅地分配等情况的存在，坊内道路系统的最低级“曲”应该是作为划分用地的手段而在规划管理下建设的。郑卫、李京生也通过大量史料证明“曲”是城市规划和建设管理的产物[3]，但这种情况维持的时间并不长。如前面所提，随着坊内公共建筑增多、功能混合等现象的出现，原有的地块划分模式必然被打破。尤其，高官、贵族开始圈地造宅，如唐太宗(627—649年)四子魏王泰因宠冠诸王“盛修第宅”[18]，开国功臣尉迟敬德也“穿筑池台，崇饰罗绮”[19]等。这些现象的累加使得“曲”突破了原有的规划形制，坊内出现了比规划原型复杂得多的路网形态。

以“曲”为代表的道路系统脱离规制走向自发，暴露出坊内地块权属不明、划分不均、使用不当等诸多问题，这为下一步民宅破墙开设坊门埋下隐患，成为坊市制松动的又一迹象，也进一步推动了其变革的进程。

2) 坊门点空间增加与坊市制崩溃开启

时间过渡到安史之乱后的唐末至五代后周以前。此前，坊区块通过建筑、功能及道路体系等空间形态的变化体现出对坊市制的突破，但却始终未触及核心空间——坊墙。伴随着社会经济的进一步发展，坊墙开始受到突破，“破墙开门、临街设店”是第一步。

从官府颁布的法令分析坊墙突破的过程。唐前期规定，“越官府廨垣及坊市垣篱者，杖七十。侵坏者，亦如之”[20]。严厉的处罚机制体现了坊市制的严格程度，而这一情况在唐肃宗至德年间(756—758年)、穆宗长庆年间(821—824年)已经改变，部分合法群体的出现成为重要的突破口。据载：“及至德、长庆年中前后敕文。非三品以上，及坊内三绝，不合辄向街开门。……如非三绝者，请勒坊内开门，向街门户，悉令闭塞。”[16]这一时期的条文开始允许“三品以上”及“坊内三绝”人员突破“坊”墙。虽然普通居民仍受到限制，但唐前期的杖罚措施已经消失。这说明官府对待此行为的态度开始趋于温合。

坊内三绝允许向街开门是出于不得已的现实约束。“坊内三绝”是指宅第三面均被封堵的坊内民户[21]。此前提到，唐前中期城池中曾出现过贵族、高官大面积无序造房现象，这迫使多数普通住宅三面遭受封堵。坊墙的存在，使得“三绝”宅第数量庞大，可以想象，此时坊内空间已经无序占用到无法控制。当然，城池规模扩张及坊内布局无序也是原因之一。唐中后期，随着社会经济的迅速发展，人口急剧膨胀，官府政策进一步松弛，普通居民也加入到破墙行为中。

坊门点空间的增加，促使其“连点成线”，与街道合二为一。它是增进坊与街道联系的重要环节，标志着坊市制崩溃的正式开启，也促使坊从封闭迈向开放。

3) 街道功能复合与坊市制加速崩溃

五代后周之前，同样是街道空间被快速侵占的时期。商市的发展带动了空间布局的变化，也促进了街道线形空间从功能到性质的全面改变。

从律令分析街道空间的侵占过程。严格坊市制下的主街是官府传播礼教的空间，具备政治社会意义："凡行路巷街，贱避贵，少避重，去避来。"[22]此时的街道是高官专属，居民禁止私自使用。唐玄宗天宝年间(742—756 年)后，这些规定难以执行。代宗永泰二年(766 年)出现禁止侵街的条文："是岁不许京城内坊市侵街筑墙造舍，旧者并毁之"。第二年，唐官府二度发令，要求整治侵街打墙行为："敕诸坊市街曲，有侵街打墙，接檐造舍，先处分一切不许，并令毁拆……如有犯者，科为敕罪，兼须重罚。"两条连续令文，且惩罚措施愈发严格，说明此时的侵街并"接檐造舍"行为猖獗。直至文宗太和五年(832 年)街使上奏："伏见诸街铺近日多被杂人及百姓、诸军诸使官健起造舍屋，侵占禁街。"[23]至此，侵街行为开始普遍。

侵街行为的普遍没有想象中快速，相反却异常缓慢。如果说破墙行为的允许是出于现实的逼迫，那么占用街道空间的行为则绝对不能容忍。木田知生认为，"官府禁止侵街与坊制的存在及维持有密切关系"[24]。确实，街道是维持坊市制的最后一道防线，是坊市制存留的最后堡垒。这也是为什么在近百年的时间里，居民的"侵街行为"与官府的"撤除律令"此消彼长，彼此博弈，直至宋代以后，不少中小城市仍在继续着这种斗争。

侵街行为促使街道功能从政治社会型向商业复合型转变：坊墙的突破促使市从坊区迁移至"临街"布置；侵街接檐造舍推进了商业"侵街"布置；侵街范围的进一步扩大促使商业"夹街"布置。街道商市功能的形成，使得街道使用人群从以政府官员为主到商人民众的普遍加入，街道从"特定公共空间"向"普通公共空间"转化。这些都加速了坊市制的崩溃。

3.2 "坊空间"重构与坊市制正式崩溃

至五代后梁时，开封⑦取代唐都长安成为新的政治中心。后周时，开封已经"华夷辐辏，水陆会通……工商外至，络绎无穷"[25]。后周世宗在扩建城池的契机中，酝酿出了一轮全新的制度改革。它是坊市制在长期加速变革下的一次崩溃，也体现了坊空间各要素在全面变化后的结构重组与内涵重构。

1) 从严控市集到鼓励发展：奖励邸店新规定

显德二年(955 年)，后周世宗下诏："在原州城外围别筑外城(罗城)，周围四十八里二百三十三步"(比原州城扩大了四倍)。原因是："……东京华夷辐辏，水陆会通；时向隆平，日增繁盛；而都城因旧，制度未恢。诸卫军营，或多窄狭；百司公署，无处兴修；加以坊市之中，邸店有限；工商外至，络绎无穷……而又屋宇交连，街衢湫隘……"[26]即军营、公署无处兴修；邸店有限；屋宇相连，街衢狭隘；夏季防暑湿、烟火。

其中，"邸店有限"透露出世宗对街市的态度较以往各朝有重大转变。果然，世宗随即便发布了奖励居民沿汴建造邸店的政策："周显德(954—960 年)中，许京城民居起楼阁，周景威于宋门内昨汴建楼十三间，世宗嘉之，手诏奖谕。"[27]即将军周景威请求世宗准许其在京城居民临汴造屋，世宗准许并嘉奖他起造巨楼的行为。这表明，后周时沿街建造邸店已经合法，甚至受到鼓励和嘉奖。可以想见，这种政策必然会引发沿街邸店数量的急剧增加。而在街宽不变及坊墙的限制下，街道空间随即大幅缩减。随即，街路整修开始，新的街道政策也应运而生。

2) 从复合街道到公共街道：街路整修新方式

据载："显德二年十一月。大梁城中民侵街衢为舍，通大车者盖寡，上命悉直而广之，广者至三十步。"[28]面对城内严重的侵街现象，世宗首先命令"扩展街路至三十步"（约 46m）。显德三年（956 年），又对街道使用做出新规定："……其京城内街道阔五十步者，许两边人户各于五步内取便种树掘井，修盖凉棚。其三十步以下者至二十五步者，各与三步，其次有差。"[25]即都城内街道若阔至 50 步则两侧留出各 5 步，若阔至 30 步则两侧各留出 3 步宽的空间，允许居民"种树、掘井，修盖凉棚"。这说明，此时的街道规定两侧可以各留 1/10 的空间为普通居民使用。

新的街道政策是在唐前期"禁街"政策上跨出的一大步，它的产生是基于街道空间自身功能与内涵的漫长蜕变。此前分析过，商市功能的发展变化，使得街道完成了政治社会功能与商业功能的全面复合。此后，街道的变化并没有停留在仅仅是增加沿街商业这种特定功能上。商市功能的形成促使普通民众加入街道空间的使用队伍，由此成为推动街道功能丰富性的起始力量，"种树、掘井，修盖凉棚"等非商业行为在政策中的提及正说明了这一点。

3）从区块划分到街巷划定：规划布局新思路

以唐长安为例说明严格的坊市制下城池规划的布局思路。王晖、曹康对长安的规划步骤推测如下：(1) 确定宫城、皇城格局；(2) 确定南北向主街宽度；(3) 规划主要坊的规模与尺寸；(4) 确定两市规模、位置；(5) 综合权衡布局剩余的坊[29]。这种"宫城、皇城—主街、主要坊—剩余坊、次街"的规划步骤，说明坊市制前期遵循以"政治功能"为核心的布局模式。

至后周，世宗在扩建汴京城时采取了完全不同的布局思路。显德二年（955 年）所下的诏书说明了筑城的具体要求和步骤："……今后凡有营葬及兴窑灶并草市，并须去标识七里外。其标识内，候官中劈画，定街巷、军营、仓场、诸司公廨院务了，即任百姓营造。"[26]《资治通鉴》也有相似的记录："其标内，俟县官分画街衢、仓库、营廨之外，听民随便筑室。"[30]以上表明，完成"街巷划定"和"军营、街巷、仓场等营造"后，便可在由街巷划定的区块中出口随意营造。此时，布局的重点是对街巷密度、数量、尺度、位置及形式的考量，而将军营、仓库等行政功能布局置于其次。这说明，用地的整体划分上升到重要地位，它成为城池规划的手段和前提。

至此，"坊空间"完成了"面—点—线"的重构（图 6）：(1) 坊区块由坊墙划定变成街道界

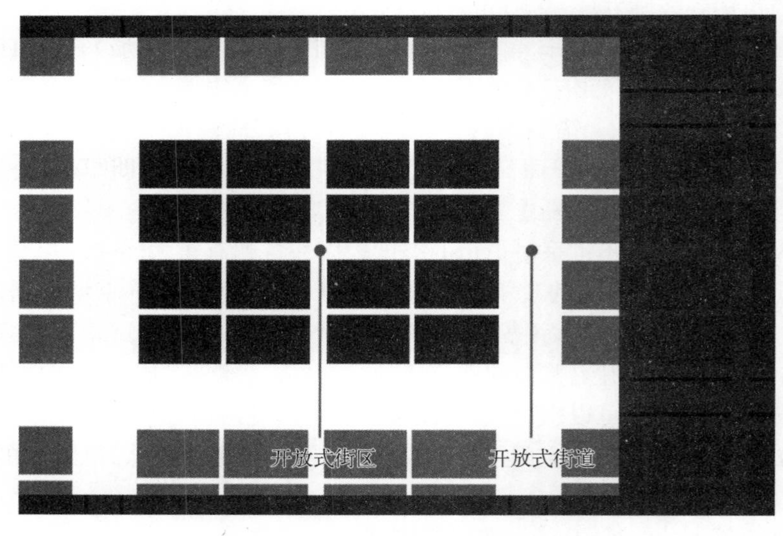

图 6 "坊空间"重构结果示意

定，其意义与内涵均发生改变；(2) 坊门点空间“连点成线”，与街道空间合二为一；(3) 街道功能实现商业与政治的复合，性质从政治社会空间向公共活动空间转变。其三级主体结构转变成为“面、线”二级主体结构，实现了坊市制向街巷制的过渡。

4 “坊空间”重构对城市规划制度变革的意义

4.1 确立了城市空间规划的基本单元

在严格坊市制下的城池规划中，“先王室后庶民”[29]的官本位思想是最高指导法则，由坊及其界定的街道共同定义的“坊空间”这一特殊元素，则成为这种思想的物质载体。唐长安的规划过程说明了这一点：宫城、皇城格局决定主街、主坊的布局，两者又进一步决定了剩余坊、次街的布局。

为此，坊成为统一开闭的方正有墙院落，而由其界定的街，则作为官府传播政治社会礼仪的特定空间。此时的“坊空间”，基于其明确的边缘界定及单元重复的特性，其实已经开启了“用地规划单元”的萌芽。只是长期以来，特殊的功能要求与严格的管理体制占据主导，其空间意义才未凸显出来。

此后，坊内空间形态发生变化，体现出官僚空间与普通居民空间的隔离开始柔化，官本位思想也因此受到冲击。更进一步则是“坊门”增多与商市建筑侵占街道，街道的政治社会功能也受到突破。由此，官、民空间从“严格分离”向“全面融合”转变，官本位思想也逐渐瓦解。

伴随着这一思想的变化，“坊空间”的主导功能逐渐消隐，坊墙也逐渐弱化进而消退，但是其明确的区块特征得以延续，且单元重复的空间特征也开始凸显⑧。脱离了官本位思想的限制，新制度下的区划更多地考虑用地的整体性，因而“划分区块”成为用地布局的重要手段和前提。从此，用街和巷界定区块的规划手法逐渐固定，它保留了“坊空间”的空间特性，在新的制度下进化成为城市空间用地规划的基本单元。

4.2 突破了街道空间的特定职能

坊市制下的街道是官府实现特定公共职能的空间。维护职能的专一性、控制空间的独立性是制度维持的重要手段。而“坊墙的突破、坊门空间的增加、商市的转移”则打破了官府极力维持的街道运行规则，因此成为推动制度变革的主要力量。

早期坊市制由于坊门数量及出入行为的控制，极大地限制了坊与街的空间联系，在一定程度上保证了街道空间的“独立性”、功能的“单一性”及使用人群的“固定性”。随着坊内一系列形态变化，坊墙逐渐被突破，表现为联系街道的坊门点空间急剧增多。这种点空间的实质是沿街建筑陆续开设临街坊门，而坊内并未增加通往临街坊门的通道，因而其沟通坊区与街道的效率低于由十字街串联的坊门。尽管如此，坊墙的围禁功能仍然较之前弱化，街的独立性也因此开始大幅降低。

临街开设坊门的最初动因便是坊内商业突破坊墙向沿街建筑的转移。临街坊门的增多促使临街商业连点成线，走向成熟。至此，街道作为政治社会职能的单一性难以维持，开始向商业复合功能转变。与此同时，街道的使用人群也从以官署人员为主转变为商人、普通民众的陆续加入，其固定的使用人群也开始受到突破。

至此，严格坊市制下的街道运行规则被逐渐突破。它增进了坊与街道的联系，削弱了坊墙的功能，降低了坊的封闭性，因而成为推动坊市制变革的基础。

4.3 推进了城市公共空间轴线的形成

在坊市制下，市因其交易品种的多样性及服务人群的规模性，在城池中形成了以之为中心的公共活动圈层。随着寺院、庙宇等具备公共功能建筑的增多，以这些建筑及其周边的"场"结合而成的公众使用空间出现。一方面，受限于坊墙、坊门的存在，这些"节点"式空间布局于封闭的坊区块内，散布于城中，未形成公众活动空间系统。并且，它们虽为"公众所用"却是"私人所有"，故只能作为"半公共"空间⑨。另一方面，这一时期的街，因特定的政治职能及使用人群而体现出"排他性"，又因限制普通居民的日常活动而未能体现出"包容性、平等性"，这些都使它远离公共活动空间的本质⑩。

在坊市制后期，随着侵街商业的产生和发展，封闭式的市因失去作用而逐渐被坊或刑场功能替代[1]，以市为中心的"节点"式空间向街道"线形"空间转移。

这种转移是第一步也是最重要的一步，它成为破解街道空间独立性的突破口——提高了普通民众出入街道的自由性，增加了其出入街道的可能性。这种改变成为推动街道功能进一步丰富的起始力量。此后，"种树、掘井，修盖凉棚"等日常活动也被逐渐纳入街道空间。至此，街道功能实现了"单一—复合—多样"的转变，街道使用人群也发生了"官员为主—普通民众"的积极变化，街道性质则完成了"独立—开放"的蜕变。在此漫长的过程中，街道逐渐演替成为城池中第一个真正意义的公共活动空间轴。

5 结语

"坊空间"是制度实施的客观载体，其形态特征是制度特征的反映，其变迁轨迹是制度变革过程的缩影。"坊空间"从"面—点—线"的三级主体结构向"面—街"二级结构的转变过程，推动了中国古代城市规划布局模式、思想及空间结构的全面调整。首先是规划布局模式从"以政治区为中心扩散"向"以街区为规划单位"转变，布局思路从"中心论"调整为"整体论"；其次是规划思想实现了从官民"严格隔离"到"逐渐融合"的悄然变化；最后是城市空间结构从功能、等级分明的"单中心、组团式"向功能混合的"多中心、分散式"全面调整。

由此说明，坊市规划制度变革研究不仅是中国古代城市规划制度转折的关键，亦是研究中国古代城市规划发展史的关键。

[本文为国家社会科学基金"近代中国本土城乡规划学演变的学科史研究"(14BZS067)、国家自然科学青年基金"政经视野下重庆近代城市行政变迁与规划变革的历史研究"(51508429)成果]

注释

① 对于坊市制的崩溃时间，学界历来有不同的观点。例如，唐宋城市制度研究成果丰硕的日本学者加藤繁提出，唐代的坊制至宋初时仍在沿用，在真宗天禧年间还存在，到神宗熙宁年间才开始衰落，直到北宋末

年崩溃(加藤繁.宋代城市的发展[M]//加藤繁.中国经济史考证.吴杰,译.北京:中华书局,2012)。梅原郁却对此说法提出了疑问,他指出,唐代的坊制,至少其社会风气在五代初期就已经不存在了,宋代的开封,从一开始就不存在这种框子(梅原郁:《宋代的开封和城市制度》,《鹰陵史学》,1977年)。以上不同观点的出现源于学者对坊市制涵义的不同理解,以及由此衍生出的判定制度崩溃的不同标准。同时,坊市制从松动到崩溃有一段漫长的历史过程,这个过程也恰恰是新制度孕育、建立的时期,这种由于制度演替而产生的"叠合时期"使得问题更为复杂。笔者从"坊市空间变迁"角度的分析,得出的结论更倾向于后者的观点。

② 日本学者宫崎市定在《中国史》(下卷)中指出北宋国都开封的重要性,他认为要研究考察北宋时期的城市制度,就必须把开封作为一个最理想的研究对象(宫崎市定.中国史[M].译者不详.台北:华世出版社,1970)。事实上,五代后周时,世宗便对开封进行了一系列城建改造工程及创新政策,这成为坊市制变革的重要力量,也是制度崩溃的标志之一。

③ 最早出现于北魏,指宫中的贵族住宅。坊通"方"或"防",有"方正的有墙院落"的涵义(成一农.里坊制及相关问题研究[J].中国史研究,2015(3):111-128)。

④ 最早出现于西周,为强化管理而采取封闭形制。里和坊相似,在城市职能方面却各有侧重:里是居民户籍管理的单位,其行政意义大于空间涵义;坊则将居民的户籍管理与空间结合,更为注重其在城市空间中的具体定位。

⑤ 战国出现了封闭结构的市。市作方形,四周构筑市垣,中间设市门,再用十字街连通,早晚统一开闭。

⑥ 引自:(宋)司马光.资治通鉴[M].卷二百六十四昭宗天复三年二月乙未条.北京:中华书局,2005。该书中载"唐北门禁卫之兵,皆屯于宫苑;百司庶府及南衙诸卫,皆分居皇城之内;百官私第及坊市居人,皆分居朱雀之左右街"。

⑦ 后梁时,汴州升为开封府,为都城。此后,除后唐定都洛阳,后晋、后汉、后周均定都开封。日本学者木田知生认为,"从五代时期的开封来看,在后周世宗登基以前,开封并没有进入到很繁荣的阶段"(木田知生.关于宋代城市研究的诸问题——以国都开封为中心[J].冯佐哲,译.河南师范大学学报(社会科学版),1980(2):42-48)。

⑧ 这一过程被解释为:"宋代以后的城市撤去坊墙,改为坊巷制,沿用里坊制城市的方格网街道,并把坊内街、巷改造成以东西为主的巷,以利于建造南北向的住宅。……元明两代沿用这种道路网,街和巷作为城镇道路的名称沿用至今"(中国大百科全书出版社编辑部.中国大百科全书:建筑、园林、城市规划[M].北京:中国大百科全书出版社,1992:268)。它对于街巷空间形成过程的理解偏重于"方格网街道沿用"的角度,笔者却认为,在坊市制初期,方正道路网的形成是以坊区块的划定为根本的,也就是说坊区块对方格网街道的形成具有决定性作用。因而要讨论这种传承关系,不能简单地以"去除坊墙,保留街道"表述,而应该从街道形成的根源——"坊区块的形成与变化"入手,深入探讨街道划定的区块与坊区块的关系。

⑨ 迪特·哈森普鲁格(Dieter Hassenpflug)提出公共空间是一个"复杂、多维度的和动态的"现象,它与"私有空间"及"政治空间"有着广泛的交叉和互补。除城市道路、绿地、广场之外,带有服务性质的公共建筑也具备明显的公共性。它们被认为是公共的或部分公共的空间,虽属私人所有,却为公众所用,因而也被称为"半公共"空间(迪特·哈森普鲁格.走向开放的中国城市空间[M].译者不详.上海:同济大学出版社,2005)。

⑩ 迪特·哈森普鲁格认为,带有开放性、市民性内涵的"公共空间"与排他性的"政治空间"相反,公共空间体现了社会的公正与宽容,作为公有财产平等地对所有人开放。这种具有包容性的"公共空间"象征着市民在城市生活中的民主参与和使用城市设施的自由权利,它是作为政治个体的公民的空间,是汇聚着城市的文化物质,包容着多样的社会生活和体现着自由精神的场所。这一解释充分地说明,坊市制早期的政治型街道因其排他性而不能称为真正意义的城市空间(迪特·哈森普鲁格.走向开放的中国城市空间[M].译者不详.上海:同济大学出版社,2005)。

参考文献

[1] 杨宽. 中国古代都城制度史[M]. 上海:上海人民出版社,2006.
[2] 贺业钜. 唐宋市坊规划制度演变探讨[J]. 建筑学报,1980(2):43－49.
[3] 郑卫,李京生. 唐长安里坊内部道路体系探析[J]. 城市规划,2007,238(10):81－87.
[4] 宁欣. 街:城市社会的舞台——以唐长安城为中心[J]. 文史哲,2006(4):79－86.
[5] 宿白,隋唐城址类型初探[M]//水涛,贺云翱,王晓琪. 考古学与博物馆学研究导引(上). 南京:南京大学出版社,2011:376－381.
[6] (宋)王溥. 唐会要[M]. 北京:中华书局,1985.
[7] (后晋)刘煦,(宋)欧阳修,(宋)宋祁. 旧唐书[M]. 北京:中华书局,1997.
[8] (宋)司马光. 资治通鉴[M]. 卷二百六十四昭宗天复三年二月乙未条. 北京:中华书局,2005.
[9] (清)徐松. 唐两京城坊考[M]. 张穆,校补. 方严,点校. 北京:中华书局,1985.
[10] 宁欣. 唐宋城市社会公共空间形成的再探讨[J]. 中国史研究,2011(2):77－89.
[11] 李希泌,毛华轩,等. 唐大诏令集补编(下)[M]. 上海:上海古籍出版社,2003.
[12] 妹尾达彦. 唐代長安の盛り場(上)[J]. 史流,1986(27):1－60.
[13] 妹尾达彦. 唐代長安の店鋪立地と街西の致富譚[M]//妹尾达彦. 布日潮沨博士古稀纪念论集・东アジの法と社会. 东京:汲古书院,1990.
[14] (清)徐松. 增订唐两京城坊考[M]. 李健超,增订. 西安:三秦出版社,2006.
[15] 王汝涛. 太平广记选(下册)[M]. 济南:齐鲁书社,1980.
[16] (宋)王溥. 唐会要(卷五十九):工部尚书[M]. 北京:中华书局,1985.
[17] (宋)欧阳修,宋祁. 新唐书[M]. 北京:中华书局,1975.
[18] (后晋)刘昫,等. 旧唐书(第2册)[M]. 陈焕良,文华,点校. 长沙:岳麓书社,1997.
[19] 中国文史出版社. 二十五史(卷六):旧唐书[M]. 北京:中国文史出版社,2003.
[20] (唐)长孙无忌,等. 唐律疏议(卷八):卫禁律[M]. 刘俊文,点校. 北京:中华书局,1983.
[21] 魏美强. 论唐宋都城坊市制的崩溃[D]:[硕士学位论文]. 南京:南京大学,2016.
[22] (唐)长孙无忌,等. 唐律疏议(卷二七):杂律[M]. 刘俊文,点校. 北京:中华书局,1983.
[23] 周绍良,栾贵明,等. 全唐文新编(第5部第2册)[M]. 长春:吉林文史出版社,2000.
[24] 木田知生. 关于宋代城市研究的诸问题——以国都开封为中心[J]. 冯佐哲,译. 河南师范大学学报(社会科学版),1980(2):42－48.
[25] (宋)王溥. 五代会要[M]. 上海:上海古籍出版社,1978.
[26] (宋)王溥. 五代会要[M]. 北京:中华书局,1985.
[27] (宋)王辟之,陈鹄. 渑水燕谈录:西塘集耆旧续闻[M]. 韩谷,郑世刚,校点. 上海:上海古籍出版社,2012.
[28] (宋)司马光. 资治通鉴[M]. 王振芳,王朝华,选注. 太原:山西古籍出版社,2004.
[29] 王晖,曹康. 隋唐长安里坊规划方法再考[J]. 城市规划,2007,13(10):74－80.
[30] (宋)司马光. 资治通鉴[M]. 胡三省,音注. 标点资治通鉴小组,校点. 北京:中华书局,1956.

图表来源

图1源自:笔者绘制.

图2源自:笔者在平冈武夫. 唐代的长安与洛阳[M]. 译者不详. 上海:上海古籍出版社,1991基础上绘制.

图3源自:笔者绘制.

图4源自:笔者在平冈武夫. 唐代的长安与洛阳[M]. 译者不详. 上海:上海古籍出版社,1991基础上绘制.

图5、图6源自:笔者绘制.

第四部分　规划历史与理论研究

PART FOUR　URBAN PLANNING HISTORY AND THEORY

规划创新的跨国传播历程：
研究进展

曹　康　李琴诗

Title: The Process of the Transnational Flow of Planning Innovations: A Review

Author: Cao Kang　Li Qinshi

摘　要　规划创新的跨国传播在21世纪以来正成为一个国际学术研究热点。这个热点源起于创新传播研究，呈现出交叉领域和初期研究领域的特征——受多学科影响，且尚无成熟的本领域理论和方法论。本文分析了这个研究热点的发展过程与主要研究议题，认为传播研究始于19世纪末，创新传播研究始于20世纪30年代，规划创新传播研究最早可追溯至20世纪90年代。当前的研究主要关注传播的原理或模式、传播载体、传播类型以及语境研究。

关键词　规划创新；创新传播；跨国传播；国际交流

Abstract: The Transnational flow of planning innovations has become a hot topic since the 21st century. This research field has its origin in the study of innovation diffusion, and is featured by cross-disciplines and a primary field. It is influenced by multi-disciplines and does not obtain mature sets of theories and methodology. This paper focuses on the development process, and key research topics which back up this research field. It argues that the diffusion study dates back to the 19th century, and the research on diffusion of innovations starts in the 1930s. It was not until the 1990s that planning scholars, among others, began to study the diffusion of planning innovations. Current studies concern the basic principles, theories and models of the diffusion, the diffusional carriers, the types of diffusion and context analysis.

Keywords: Planning Innovations; Diffusion of Innovations; Transnational Flow; International Exchange

在世界经济日益全球化的当今，技术、文化、社会等领域内的全球化现象也十分明显。这种趋势表现在规划领域当中，是规划创新——规划思想、理论、方法、技术、模型、实践经验的全球性生成、评判、应用和传播。并且，文化、技术、价值观以西方为中心的扩散方式已经被打破，在多样性和多元化趋势下，创新扩散源已经呈世界性分布，

作者简介

曹　康，浙江大学区域与城市规划系，副教授

李琴诗，浙江大学区域与城市规划系，硕士生

规划理论与方法的传播在很大程度上也具有这种特征。

创新传播发端于19世纪末，是社会学研究当中的交叉学科研究议题。规划界对创新传播的兴趣大致始于20世纪90年代，成为国际性学术热点则要至21世纪以来。这在很大程度上是因为在过去，“现代性”——线性、单一的发展路径——一直巩固着规划思想的跨国传播，规划理念和经验在不同地区的直接应用很少遭受质疑；但如今由于认识到偶然性和复杂性的存在，知道世界各地区的历史不同、面临的挑战不同，外来思想的植入也可能造成危害。外来思想植入本土的合理性与适应性一直是规划创新传播探讨的焦点；同时，规划学者在进行研究时可能会对其引用的观点、思想等的来源与发展并不是完全了解，也可能形成对创新的误读。在这样的社会背景、学术氛围和规划实践环境下，规划创新传播研究的必要性和迫切性大大加强了。

本文在综述创新传播以及规划创新传播研究发展过程的基础上，总览了规划创新传播的主要研究议题。由于创新传播是一个深受各学科理论影响的跨学科研究领域，因此本文对相关学科及相关理论也进行了探讨。

1 研究阶段

传播的概念最早始于19世纪法国社会学家加布里埃尔·塔尔德(Gabriel Tarde)。他于1903年提出“模仿理论”，用发明与模仿这两个对应概念来解释社会现象，认为人类社会生活是一个发明、模仿、冲突和适应的循环过程。与此同时，德国地理学家、地理环境决定论的倡导者弗雷德里希·拉采尔(Friedrich Ratzel)也对传播理论的奠定有所贡献。他认为自然环境差异造成民族文化差异，而随着民族迁移、战争、贸易等方式，不同地域和民族的人相互沟通与交流，文化要素也得以迁移，文化差异会减弱甚至最终消除。20世纪20—30年代，在对美国中西部的农业社会学研究，尤其是杂交种子、设备与技术如何在各个农场当中传播的案例[1]研究当中，创新传播的理论猜想得到了极大的固化。20世纪60年代传播学学者埃弗雷特·罗杰斯(Everett Rogers)所著之《创新的传播》(*Diffusion of Innovations*)[2]一书是创新传播研究领域的开山之作。罗杰斯综合研究了人类学、早期社会学、教育学、工业社会学和医学社会学当中的508个传播研究案例，提出了创新传播理论，主要分析个人和组织对创新的接收和吸纳。他认为传播过程是创新在某一社会体系当中，在参与传播者之间相互交流的过程。他界定了创新传播当中的四个要素：创新、流通渠道、时间与社会体系。

而有关规划思想、方法、技术、模式、案例等的国际流传的研究最早可追溯至20世纪80年代。1988年国际规划史学会(IPHS)在土耳其召开第三次大会，主议题即规划的国际交流。到了20世纪90年代，哈迪(Hardy)[3]分析了田园城市概念自诞生起半个世纪以来在诸国的传播；万诺普(Wannop)对英国、美国和欧洲其他国家的区域规划和管治思想与案例的相互沟通进行了研究，重点放在城市、区域等地理实体的规划上。这一时期欧美规划创新传播的研究方向主要源自欧美等发达国家创新的发展与传播，以及这些国家相互之间的传播及影响，注重比较研究。

21世纪以来，规划思想和案例的国际传播正在迅速成为一个国际研究热点。部分西方学者展开了一系列针对不同国家规划文化差异的研究[4-7]，对规划思想的发源地和接收地，尤其是发达和欠发达地区、北半球和南半球等的语境差异进行分析。奥特玛(Alterma)的研究属于另一个维度——地理尺度，他对于国家层面的城市与区域政策制定和规划进行了国际性比较。2005年，伊恩・马斯(Ian Masse)和理查德・威廉姆斯(Richard Williams)编纂了《向他国学习：城市政策制定的跨国维度》(*Learning from Other Countries*：*The Cross-National Demension in Urban Policy-Making*)[8]一书，研究了新城理念在世界范围的传播，以及国际机构对规划的跨国比较的促进作用。2009年联合国人居署在其《2009年全球人居报告：规划可持续城市》(*Global Report on Human Settlements* 2009：*Planning Sustainable Cities*)当中关注了规划思想与模式的两次重要传播，其一是西方现代城市规划模式19世纪末诞生后向全世界的传播；其二是西方现代模式在当代受到挑战后，当代城市规划(思想与实践)的传播。随后帕齐・希利(Patsy Healey)与罗伯特・厄普顿(Robert Upton)于2010年出版了《跨越边界：国际交流与规划实践》(*Crossing Borders*：*International Exchange and Planning Practices*)[9]一书，其中集结了多名学者的15篇论文，从理论、案例等多个角度分析了规划界的思想、知识和技能在国际上的传播与流通问题。同年皇家地理学会和大英地理学家研究所2010年年会下设"城市规划地带"(Urban Planning Terrains)论坛，专门研讨城市规划技术、战略和意识形态的发展、流传、转译和扩散问题。2011年美国规划院校联合会主办的期刊《规划教育与研究》(*Journal of Planning Education and Research*)出版了一期专刊《规划的移民和跨国》(*Immigration and Transnationalities of Planning*)来研究规划中的人、资源和政策跨国流动的情况。2013年《城市与区域研究国际期刊》(*International Journal of Urban and Regional Research*)编纂了《流通的城市知识的规划史与实践》论丛，从交叉学科(规划理论学者和地理学家)的角度探讨城市政策与规划模型、思想与技术的传输。

在国内，有关规划思想、理论、技术、信息等的国际传播的研究还在起步阶段，既有研究主要集中在以下几个方面：第一，中国近代时期的创新传播是研究重点，成果颇丰，且主要集中在国外规划思想在中国的传播及应用上[10-14]。第二，国外规划理论在当代中国的吸纳和应用[15-17]，其中伊利诺伊大学张庭伟教授在传播国外规划理论至国内方面所做贡献甚巨。此外，《北京规划建设》曾于2005—2006年开辟了《昆西大街48号》专栏，组稿研究"中外规划思想相互借鉴的'时差'问题"[18]。第三，开始注重传播介质在传播过程中施加的影响与发挥的作用，例如国际规划思想与人员的国际交流[19]，以及个人在思想跨国传播中的作用[20,12]。此外，国外学者就中国经验的研究主要集中在中国城市化现象、进程、机理、效应、得失等问题上[21-23]，而对原创性"中国思想"的关注比较少。

2 主要研究议题

规划创新传播的研究是为了回答下述问题：第一，动力。为什么有些思想和经验(如新城、区划制、战略规划、协作规划等)能够无视发展背景、文化、地域等差异形成世界范围的影响和全球性的接受？为什么有些思想只能在地区范围内得到传播，而有的则完全无法走出国门？思想和经验的传播是偶然发生的还是有必然因素推动？第二，介质。创新传播的载体或媒介是什么？是谁在传播创新？遵循什么样的路径或网络发生传播？第三，含义。为何一些理论在不同国家含义千差万别？思想落地之后是否出现以及发生了哪些和源头思想不同的变化？如何对这些变化进行评价？第四，实施。为何同样一种经验模式在不同地区的实践效果大相径庭？含义上的变化有利于接受地的城市发展和城市规划，还是有可能对发展形成阻碍？具体实施或运用当中是否出现以及出现了哪些误用情况？

目前来看，国外相关研究既有对传播理论和规律的探索，也有大量的遍及世界各地的案例分析。这是目前的两个主要研究方向，但其实目的都是为了解决一个核心问题：规划思想和经验跨国传播的机制。只是所采纳的方式不同，一个是从理论层面借鉴其他学科的相关理论，以演绎法推导传播机制；一个是以归纳法从大量案例中寻找传播规律和共性问题。

2.1 传播原理与模式

目前，规划创新在国际(Inter-National)、跨国(Cross-National，Trans-National)或跨境(Cross Burden)上传播的原理与模式[24-28]是规划创新研究的主要方向。规划思想与实践传播案例研究也有不少[29-33]。以下列举两种创新传播模型：

(1) 五要素模型

根据创新传播理论，创新五要素包括创新(任何被个人或接收单位视为新的思想、实践或物品)、接收者(个人、组织、机构、网络中的簇群、国家)、交流渠道(传播发生在个人以及组织之间，交流渠道允许信息交换在这些单元之间发生)、时间(接收可以是立刻发生的或经年的)和社会体系(外部影响和内部影响的结合)[2]。接收者或采纳者又可分为五类，分别是创新者(具有冒险精神、社会地位最高、最接近科学资源、与其他创新者有密切接触)、早期接收者(具有极强的意见领导能力、受教育程度高、较高的社会地位，但较创新者谨慎)、早期大众(接纳创新的时间长于创新者和早期接收者)、晚期大众(对创新持怀疑态度，接纳创新迟于社会上多数人)和迟滞者(对促进变革的人持厌恶态度，更喜欢“传统”)。罗杰斯认为，创新传播的过程亦分为五个阶段：知晓、说服、决策(拒绝、接收)、运用、证实(图 1)。

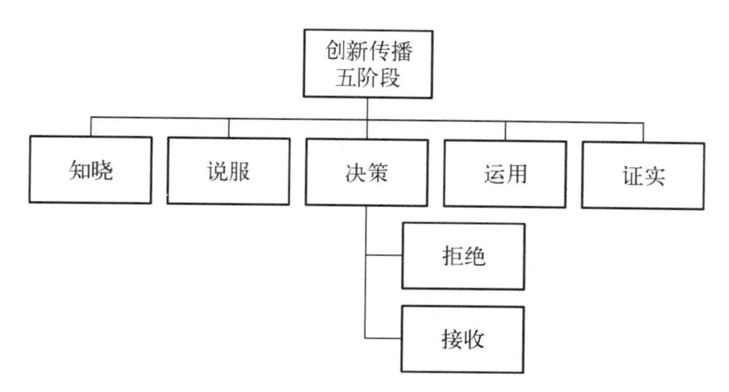

图 1　创新传播五阶段示意

(2) 三要素模型

希利[9]提出了被广泛接受的规划思想传播三要素模型，认为规划思想或理论的跨国传播，是由“源头”(语境化，Contextualization)、“目的地”(重新语境化，Recontextualization)和“轨迹”(脱语境化，De-Contextualization)三个要素构成的一套体系(Scheme)(图 2)。列托(Lieto)[28]对这一模型提出了质疑和修正。她认为规划思想并不是某种事实或真理，尤其是固化的事物本就无法移动，所以无法遵循上述思想传播方式。她认为，规划思想这样的事物类似神话。所以她依据罗兰·巴特(Roland Barthes，其代表作有《符号帝国》《神话学》等)和米歇尔·福柯(Michel Foucault,其代表作有《规训与惩罚》《知识考古学》等)的现代神话学观点,将规划思想的源头叙事(Origin Narrative)视为一种"神话叙事",它是规划话语再生和更新的手段。按照巴特的观点,以神话模式呈现的思想应该被界定为其"发出信息的那种方式"。而根据福柯的谱系学观点,事件也好、思想也好,都没有唯一的起源(福柯在此采用了尼采的 Herkunft 概念,即来源);起源是"数不清"的、是多重的,需要关注各种起源之间的复杂聚合。思想的传播其实是通过神话的去政治化以及在当地(或本土化)的重新政治化。

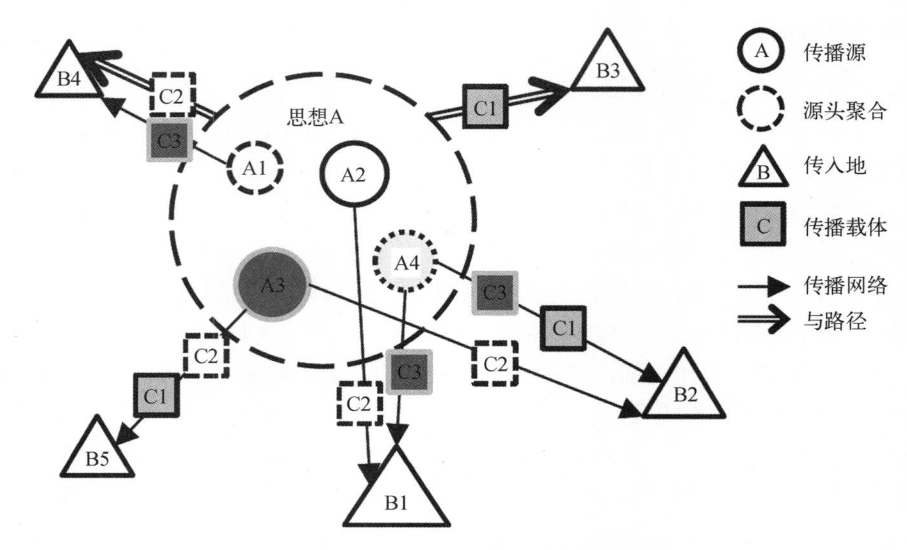

图 2 规划思想传播三要素模型

2.2 传播载体

传播载体是包括人与非人、静态与动态载体在内的各种传播载体。同一个传播源向不同接收地传播时可能利用不同载体,同一条传播路径可能利用不止一个传播载体。具体包括:第一,规划人士,即学者、学生、从业者(规划师、设计师等),重点分析其所在工作机构和研究、留学经历,关注研究合作、关注人际跨文化传播;第二,规划机构,即规划院系、规划组织、协会、学会、出版社,聚焦国内城市规划和城市研究类专业出版社对传播规划思想和经验方面所起的作用;第三,规划文献,即专著、期刊、论文集等;第四,规划活动,即大会、年会、研讨会、工作坊、讲学、国际规划竞赛等;第五,网络传播,包括规划组织官网、规划行业网等网站对规划思想、概念等创新的传播作用。对传播者进行综合研究时可以运用行动者网络理论(Actor-Network Theory,ANT)的方法。该理论是法国社会学家米歇尔·卡龙(Michel Callon)和布鲁诺·拉图尔(Bruno Latour)提出的理论。在该理论中行动者可以指人(Agent),也可以是非人(Agency of Nonhumans),每个行动者都是网络的一个节点,通过相互之间的关系构成一个没有中心的(社会)网络。理论的核心概念包括行动者、关系、媒介(Intermediary 或 Mediator)、转译(Translation,建立关系的方式)、工作(Work,形成各种关系的活动)、强制通行点(Obligatory Passage Point,OPP)等,采纳的是"物质—符号"方式,即对要素之间关系的描述既是物质的(事物之间的)也是符号的(概念之间的)。

2.3 传播类型

根据创新传播过程中扩散方与接收方之间的权力关系，可以将传播分为“借用”（主动接纳）和“强加”（被迫接收）两种形式[34]，其中后者大多发生在殖民者与殖民地之间。并且，上述两大分类还可细分为独裁式强加、争议式强加、协商式强加、纯粹性借用、选择性借用和综合性借用六个小类。这一区分，研究历史上的国际传播、交流及其影响的学者运用得比较多[35-36]。

2.4 语境影响

外来思想在传播过程中“脱语境化”或去政治化后，在传入地会发生重新语境化和政治化。规划的语境就是规划的制度背景，包括政治、经济、文化、法律行政等因素。语境对传播的影响不仅体现在创新的意义变化上，同时也体现在创新的被接纳程度上。有关语境的研究主要集中在某一种思想或经验模式在不同国家，或同一国家不同地区的接纳情况，及其与起源地思想在“意义”上的变迁和差异，重点在思想及经验的应用与/或误用，影响规划思想传播与接收的不同国家或地区的规划文化、制度、行政、法制等的比较研究。

3 结语

规划创新的跨国传播是国际学术研究的热点，我国对规划思想、理论、技术、信息等的国际传播的研究还在起步阶段。作为目前世界上城市化率增长最快的国家之一，中国在发展中是否能够切实有效地“借鉴”既有的国际经验？中国自身形成的知识和经验是否有走出国门的价值，确实可供其他国家和地区“参考”？有什么机制或方法能够促进中国经验的对外传播？

在此背景下，本文对规划创新传播研究的发展历程进行了系统梳理，简述从传播概念形成、创新传播理论提出到规划创新传播研究的过程，归纳 21 世纪以来国外针对规划创新传播研究进行的一系列活动和研究成果，提炼出我国既有研究的主要集中方向以及尚存问题。另外，在文化、技术、价值观愈发多样性和多元化的背景下，对规划创新传播目前主要的研究议题进行了解读。本文归纳了四大研究议题，即关于传播的原理或模式列举两种创新传播模型、关于传播载体提出五大途径和相关理论、针对传播类型分为两大形式六小类，而语境影响主要分析规划制度背景，希望从理论层面对规划创新传播机制的研究进展进行简述，提出进一步探讨规划思想与经验传播的规律和动力机制的思路。

［本文受国家自然科学基金(51678517)，浙江省高等教育教学改革研究项目(JG2015002)，浙江大学研究生院教育研究课题(20170307)，浙江大学建筑工程学院重点教材、专业核心课程、教改项目资助］

参考文献

[1] Ryan B, Gross N. The Diffusion of Hybrid Seed Corn in Two Iowa Communities[J]. Rural Sociology,

1943, 8(1):15 - 24.
[2] Rogers E M. Diffusion of Innovations[M]. New York: Simon and Schuster, 1962.
[3] Hardy D. From Garden Cities to New Towns: Campaigning for Town and Country Planning 1899 - 1946 [M]. London: E. & F. N. Spon, 1991.
[4] Neill W J V. Urban Planning and Cultural Identity[M]. London and New York: Routledge, 2004.
[5] Sanyal B. Comparative Planning Cultures[M]. New York and London: Routledge, 2005.
[6] Monclús J, Guàrdia M. Culture, Urbanism and Planning[M]. Aldershot: Ashgate, 2006.
[7] Young G. Reshaping Planning with Culture[M]. Aldershot: Ashgate, 2008.
[8] Masse I, Williams R. Learning from Other Countries: The Cross-National Dimension in Urban Policy-Making[M]. Norwich: Geo Books, 2005.
[9] Healey P, Upton R. Crossing Borders: International Exchange and Planning Practices[M]. London and New York: Routledge, 2010.
[10] 李百浩. 日本殖民时期台湾近代城市规划的发展过程与特点(1895—1945)[J]. 城市规划学刊,1995(6):52 - 59.
[11] 李百浩,郭建. 近代中国日本侵占地城市规划范型的历史研究[J]. 城市规划学刊,2003(4):43 - 48.
[12] 侯丽. 理查德・鲍立克与现代城市规划在中国的传播[J]. 城市规划学刊,2014(2):112 - 118.
[13] 姜省,刘源. 从民国出版物看近代城市规划思想在中国的传播与影响[J]. 南方建筑,2014(6):12 - 15.
[14] 张天洁,李泽. 跨国都市主义视角下的中国近代公园系统规划[J]. 风景园林,2015(5):82 - 92.
[15] 张庭伟. 规划理论作为一种制度创新——论规划理论的多向性和理论发展轨迹的非线性[J]. 城市规划,2006(8):9 - 18.
[16] 张庭伟. 20 世纪规划理论指导下的 21 世纪城市建设——关于"第三代规划理论"的讨论[J]. 城市规划学刊,2011(3):1 - 7.
[17] Cao Kang, Zhu Jin, Zheng Li. The Use and Misuse of Collaborative Planning in China[R]. Dublin: AESOP - ACSP Joint Congress, 2013.
[18] 赵亮. 全球化影响下的"快餐式的城市化"误区解读[J]. 北京规划建设,2005(1):132 - 139.
[19] 曹康,邓雪湲. 城市规划的专业化历程——从 19 世纪末到 20 世纪初[J]. 国外城市规划,2006,21(2):56 - 59.
[20] 李浩. 中西融贯,求索中国现代城市规划理论——略论邹德慈先生的学术成就与贡献[J]. 规划师,2014(10):122 - 125.
[21] Friedmann J. China's Urban Transition[M]. Minneapolis: University of Minnesota Press, 2005.
[22] Lu D. Remaking Chinese Urban Form: Modernity, Scarcity and Space, 1949 - 2005[M]. London and New York: Routledge, 2006.
[23] Logan J R. Urban China in Transition[M]. Malden, MA: Blackwell Publishing, 2008.
[24] Ganapati S, Verma N. Institutional Biases in the International Diffusion of Planning concepts [M]// Healey P, Upton R. Crossing Borders: International Exchange and Planning Practices. London and New York: Routledge, 2010:237 - 264.
[25] Roy A. Commentary: Placing Planning in the World—Transnationalism as Practice and Critique[J]. Journal of Planning Education and Research, 2011, 31(4):406 - 415.
[26] Healey P. The Universal and the Contingent: Some Reflections on the Transnational Flow of Planning Ideas and Practices[J]. Planning Theory, 2012, 11 (2): 188 - 207.
[27] Healey P. Circuits of Knowledge and Techniques: The Transnational Flow of Planning Ideas and Practices[J]. International Journal of Urban and Regional Research, 2013, 37 (5): 1510 - 1526.
[28] Lieto L. Cross-Border Mythologies: The Problem with Traveling Planning Ideas[J]. Planning Theory,

2015 14(2): 115 - 129.
[29] Hein C. The Transformation of Planning Ideas in Japan and Its Colonies [M]// Nasr J, Volait M. Urbanism: Imported or Exported: Native Aspirations and Foreign Plans. Chichester: Wiley-Academy, 2003: 51 - 82.
[30] Tait M, Jensen O. Travelling Ideas, Power and Place: The Cases of Urban Villages and Business Improvement Districts[J]. International Planning Studies, 2007, 12(1): 107 - 128.
[31] Banerjee T. U. S. Planning Expeditions to Postcolonial India: From Ideology to Innovation in Technical Assistance[J]. Journal of the American Planning Association, 2009(75): 193 - 208.
[32] Crot L. Transnational Urban Policies: 'Relocating' Spanish and Brazilian Models of Urban Planning in Buenos Aires[J]. Urban Research and Practice, 2010, 3(2): 119 - 137.
[33] Parnreiter C. Commentary: Toward the Making of a Transnational Urban Policy? [J]. Journal of Planning Education and Research, 2011, 31(4): 416 - 422.
[34] Ward S. The International Diffusion of Planning: A Review and a Canadian Case Study[J]. International Planning Studies, 1999, 4(1): 53 - 77.
[35] Ward S. Re-Examining the International Diffusion of Planning[M]// Freestone R. Urban Planning in a Changing World: The 20th Century Experience. London and New York: Routledge, 2000: 40 - 60.
[36] Ward S. Transnational Planners in A Postcolonial World [M]// Healey P, Upton R. Crossing Borders: International Exchange and Planning Practices. London and New York: Routledge, 2010: 47 - 72.

图表来源

图 1、图 2 源自:笔者绘制.

1986—2016 年《规划视角》期刊学术论文的统计与分析

张天洁　张晶晶　张博文

Title：The Statistic and Analysis of the Academic Articles in the Journal of *Planning Perspectives* from 1986 to 2016

Author：Zhang Tianjie　Zhang Jingjing　Zhang Bowen

摘　要　城市规划史英文期刊《规划视角》(*Planning Perspectives*)是关于历史、规划和环境的首本国际期刊，力图为探究规划行为、规划方案和规划师等历史的学者构筑一处全球范围多学科的交流平台。本文统计该期刊自 1986 年创刊至 2016 年第 2 期登载的所有学术论文(Articles)，分析其研究对象的地理和时间范围分布、所属规划层级、作者工作所在地、讨论主题、关键词等，并尝试据历任主编的任期来分阶段进行比较，探析其研究主题和关注点的变化。

关键词　城市规划史；规划视角；文献研究

Abstract：*Planning Perspectives* is the oldest English international journal specializing on history, planning and the environment. It intends to build a worldwide multi-disciplinary platform for scholars who explore the history of planning activities, plans and planners. The paper examines all the Academic articles that published in *Planning Perspectives* from the inaugurating issue in 1986 to the No. 2 issue in 2016. It analyses the statistical data on the geographical distribution and time range of research objects, planning levels, authors' institutions, research topics and keywords. The paper tries to divide the period according to the individual terms of service of all the editor-in-chiefs, so as to uncover the changes of research objects and interests.

Keywords：Planning History; Planning Perspectives; Literature Review

作者简介

张天洁，天津大学建筑学院城乡规划系，副教授

张晶晶，天津大学建筑学院城乡规划系，硕士生

张博文，天津大学建筑学院城乡规划系，本科生

1　导言

《规划视角》(*Planning Perspectives*)是关于历史、规划和环境的首本国际期刊，1986 年于英国创刊，属于国际规划史学会(International Planning History Society，IPHS)，主要讨论历史、规

划、环境等话题，包括公共健康、住房、建设、建筑和城镇规划相关的历史社会、历史地理、经济历史、社会学和政治历史，研究的地理边界广泛，囊括城市、乡村和区域等[1]。

《规划视角》的创刊主编是戈登·谢里教授（Gordon E. Cherry）和安东尼·萨克利夫教授（Anthony R. Sutcliffe），他们亦是 20 世纪 70 年代规划历史小组（Planning History Group）的创始人员，并以此为基础推动规划历史小组发展成为国际规划史学会。1986—1991 年，该期刊每年出版 3 期，1992 年至今增加为每年出版 4 期。每期登载学术论文（Article）4—8 篇，书评若干。从 2012 年第 27 卷第 2 期起开设了《国际规划史学会专栏》（*IPHS Section*），旨在增强对本领域当前工作的意识。该专栏的论文篇幅较正式学术论文短，每篇在 4000 词以内，囊括关于研究进展和历史记录文章、个人回忆、档案来源或数据库的统计、会议报告、专题讨论会和研讨会以及与 IPHS 成员相关公告的手稿等，内容广泛。《规划视角》目前由伦敦大学学院迈克尔·赫伯特教授（Michael Hebbert，主编）、加州大学圣地亚哥分校南希·郭教授（Nancy Kwak，美洲地区编辑）、代尔夫特理工大学卡罗拉·海恩教授（Carola Hein，IPHS 专栏编辑）和格拉斯哥艺术学院弗洛里安·厄本教授（Florian Urban，审查编辑）协力编辑，力图为探究规划行为、规划方案和规划师等历史的学者构筑一处全球范围多学科的交流平台。

本文梳理了《规划视角》自 1986 年创刊至 2016 年近 30 年来刊载的正式学术论文，初步统计分析其研究对象的时空分布、相关规划议题、主要的研究方法等，尝试探究其研究话题和关注点的变化。

2 期刊统计分析

《规划视角》自 1986 年创刊至 2016 年第 2 期，共刊载了正式学术论文 574 篇。本文统计梳理了这些论文研究对象所在国家和所处时间段、作者工作所属地、讨论话题所属的具体规划领域、涉及的相关规划议题等，并进一步尝试以近 30 年间 5 任主编为线索分阶段进行比较，探析其研究话题和关注点的变化。

2.1 据研究对象所属国家统计

据研究对象所属国家数量分布图（图 1），可以发现讨论最多的是英国，共有 97 篇。英国是该期刊主办地，并以英语为官方语言。位居第二的是美国，共 62 篇，而美国也是以英语为官方语言的国家。德国、澳大利亚、中国、法国、加拿大、以色列依次排名，分别有 26 篇、24 篇、17 篇、16 篇、15 篇。总体而言，以英语为官方语言的国家，如英国、美国、加拿大、澳大利亚等在数量上所占比例高。按大洲来统计，欧洲数量最多，共有 211 篇；北美（美国和加拿大）次之，有 78 篇；亚洲位居第三，有 70 篇；非洲和拉丁美洲关注较少。实际上，当前亚非拉等发展中国家的城市化进程快、出现的问题多，需要进一步的关注。

此外，跨国家（Transnational）的文章数量达 54 篇。学者们讨论全球区域化，话题多为不同国家（或城市）之间的联系和案例比较等。已有的跨国家研究，多为分析美国和欧洲之间、美国和澳大利亚之间、美国和加拿大之间的联系和异同等。总体而言，跨大西洋的比较研究热度最高，非洲、亚洲的跨国研究数量非常有限。就亚洲而言，仅有 1 篇论文讨论了中国、韩国和日本之间的联系和发展异同。

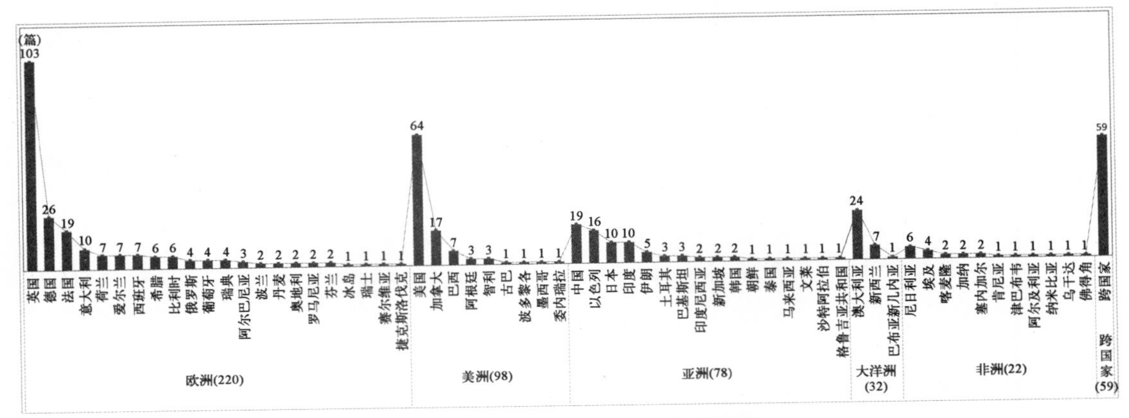

图 1　研究对象所属国家数量分布图

2.2　作者所属地分析

本文统计了 2003—2016 年论文作者的工作所属地，以及其文章研究对象的所属地信息(图 2)，可以发现来自英国、美国、澳大利亚的作者数量最多，讨论三个国家规划议题的论文数量也最多。而且，这三个国家的作者数量均略高于分析该国城市规划问题的论文数量，也就是说小部分的作者关注了本国之外。与这一趋势相异，中国、法国和印度以及伊朗、埃及等发展中国家的学者数量少于研究主题的数量，即有来自这些国家之外的作者进行了相关研究。

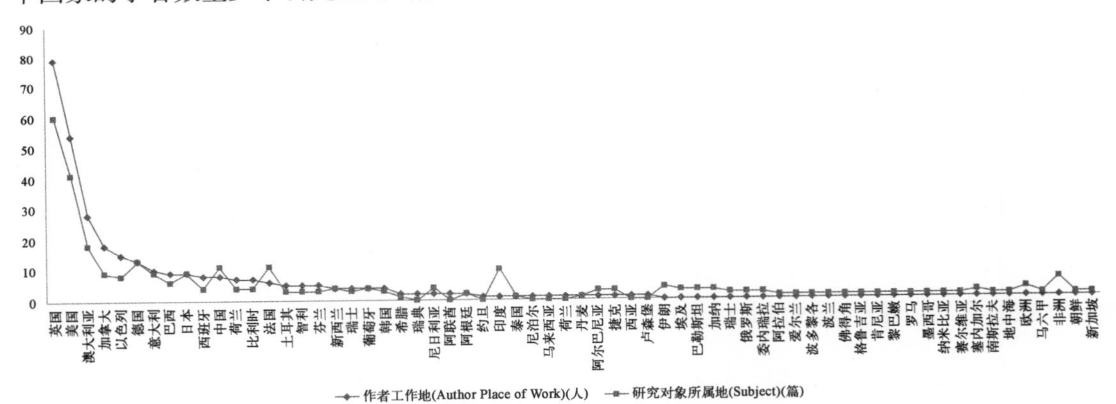

图 2　研究对象所属地和作者所属地的关系(2003—2016 年)

2.3　据研究对象的时间分布统计

据研究对象的时间分布统计(图 3)，约 204 篇论文分析了 20 世纪初期一战、二战前后；约 180 篇论文关注了 1945 年以后。相比之下，研究 12—17 世纪初期的仅 3 篇论文，研究 18 世纪的仅 3 篇论文，数量很少。此外，还有跨越古代、近代、现代中两个时间段的通史类研究，数量约为 100 篇。学者讨论的内容多为战后重建和城市再开发，跨国家、区域之间的案例比较，某个城市的规划发展史等。

2.4　据研究话题所属的规划层级统计

按研究话题所属的规划层级来统计(图 4)，数量最多的位于城市、总体规划、分区层级，共有273篇左右，占总数的47.5%，主要分析如城市重建、城市开发、城市保护或某城市的发展史等话题。其次是国家层级和区域层级等，例如国家层面或者国家之间规划发展的比较、某个国家的区域问题、某段时间的规划史等。2000年以来，乡村或郊区受到越来越多的关注。建筑层级主要探讨对城市影响较大的某座公共建筑或者某时期的建筑（风格）对整个城市的影响，数量约为20篇。

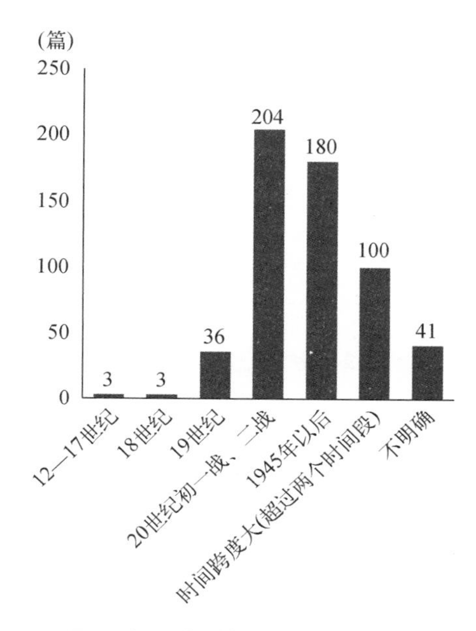

图3　据研究对象的时间分布统计

图4　据研究话题所属的规划层级统计

2.5　据研究主题统计

据论文的标题和内容来分析统计研究主题（图5），可以发现讨论多的是规划师、规划理

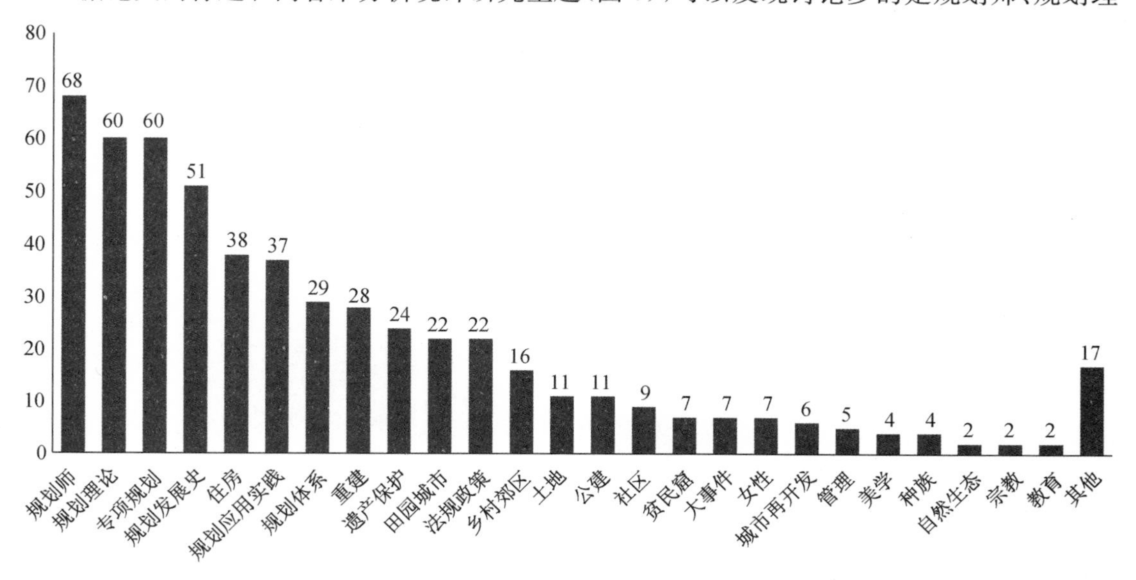

图5　据研究主题统计

论、专项规划和规划发展史，位居前四。住房、规划应用实践、规划体系、田园城市、遗产保护、法规政策等话题比较受欢迎，而贫民窟、女性、美学、种族、生态、教育受关注度相对较小。据论文标题进行词频分析（图6），出现频率高的有城市的（Urban）、城市（City）、规划（Planning）、镇（Town）、历史（History）、新（New）、发展（Development）、住房（Housing）、现代（Modern）等等。

图6　据论文标题进行词频分析的标签云

3　分阶段比较分析

从1986年创刊到2016年已有近30年，本文虑及主编对期刊有一定的影响力，尝试依据历任主编的任期（表1），将1986—2016年划分为五个时间段，探析期刊论文关注点的变化及其趋势。

表1　1986—2016年《规划视角》历任主编

时间	主编	主要工作机构
1986—1995年	戈登·谢里（Gordon E. Cherry）； 安东尼·萨克利夫（Anthony R. Sutcliffe）	伯明翰大学城市与区域研究中心； 谢菲尔德大学经济和社会历史学院
1996—2001年	安东尼·萨克利夫	谢菲尔德大学经济和社会历史学院
2002—2007年	斯蒂芬·华德（Stephen V. Ward）	国际规划历史学会的前总主席
2008—2012年	海伦·梅勒（Helen Meller）	诺丁汉大学历史学院
2013—2016年	迈克尔·赫伯特（Michael Hebbert）	伦敦大学学院巴特利特规划学院

就研究对象所属国家（图7）而言，讨论英国和美国的论文数量在这五个阶段里逐渐下降，而南美洲和亚洲（包括以色列、日本、印度、伊朗等）近年来研究的越来越多。跨国家的研究也呈现出增长趋势，多为研究不同国家或城市的异同比较。

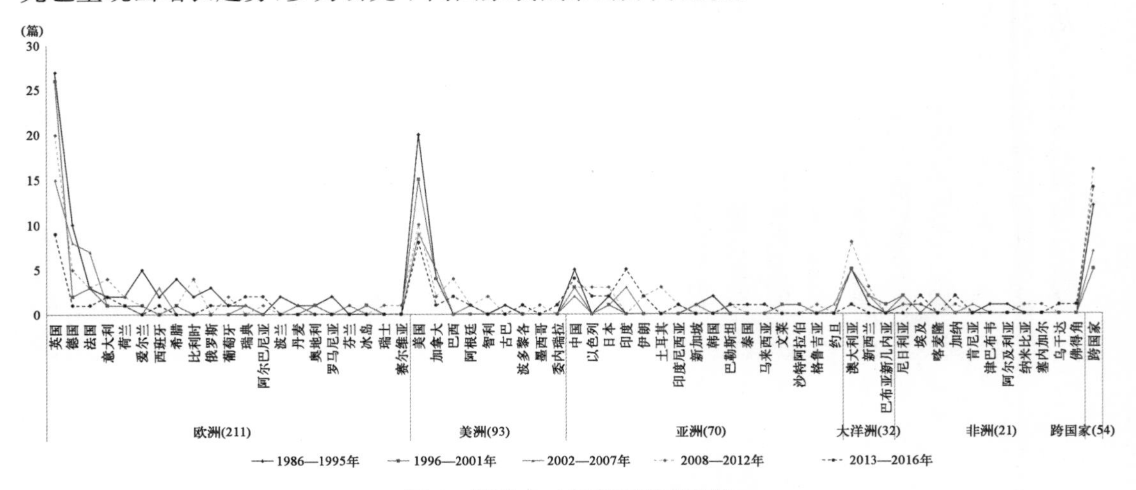

图7　按研究对象所属国家比较

就研究对象的时间分布(图 8)而言,各阶段占比最高的研究仍然是 20 世纪初一战、二战期间,且每个阶段对各时段研究的数量分布趋势较类似。其中关于二战后的话题讨论的最多,包括战后重建、住房问题、花园城市等。18 世纪及以前的时间段,多为城市规划发展史的梳理分析,占比较小。2013 年以来,对于 1945 年之后当代的关注呈增长趋势。

就研究话题所属规划层级(图 9)而言,这五个阶段的分布新趋势比较相似。城市层面的研究最多,其次是国家层面的研究,多为对整个国家规划发展的分析或国家层面的政策分析等。

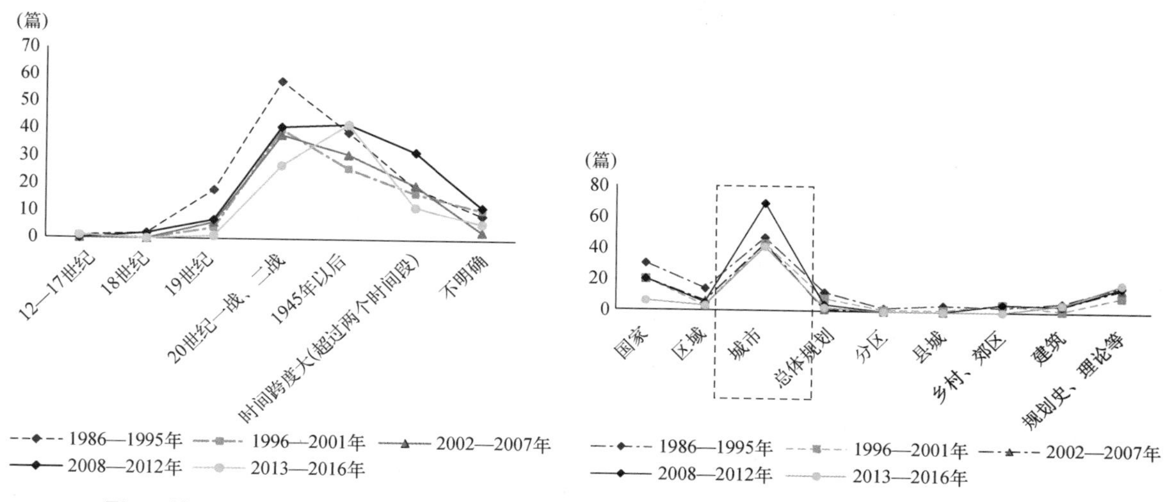

图 8　按研究对象的时间分布分类

图 9　按研究话题所属规划层级分布

比较五个时间段(图 10),其研究话题变化的规律性较不明显。总体而言,规划理

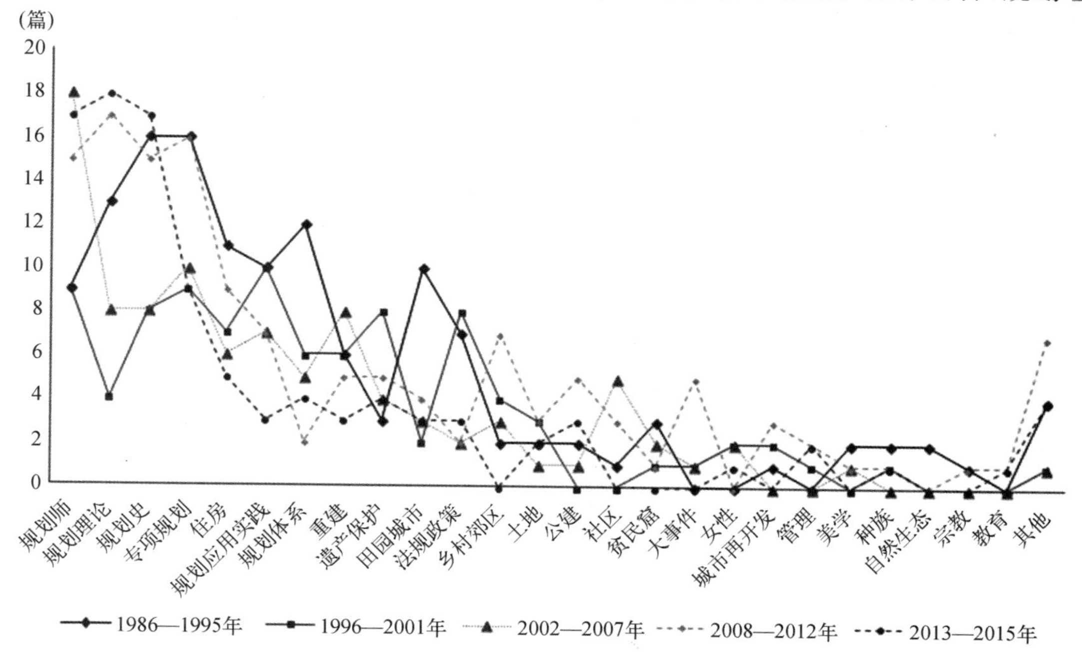

图 10　按研究话题比较

论呈上升趋势，规划应用实践、规划体系、重建、田园城市、种族、宗教等话题呈下降趋势。近年来，乡村郊区、大事件、管理和城市再开发有所增加。在五个阶段里，规划师、规划理论、规划史和专项规划持续受到较多的关注。

4 交通专题统计分析

鉴于本次年会的主题为交通发展与规划演变，本文筛选出《规划视角》中以交通为主题的所有论文，共约 9 篇（图 11，表 2），在 574 篇中仅占约 1.6％，并进行了初步的统计分析。

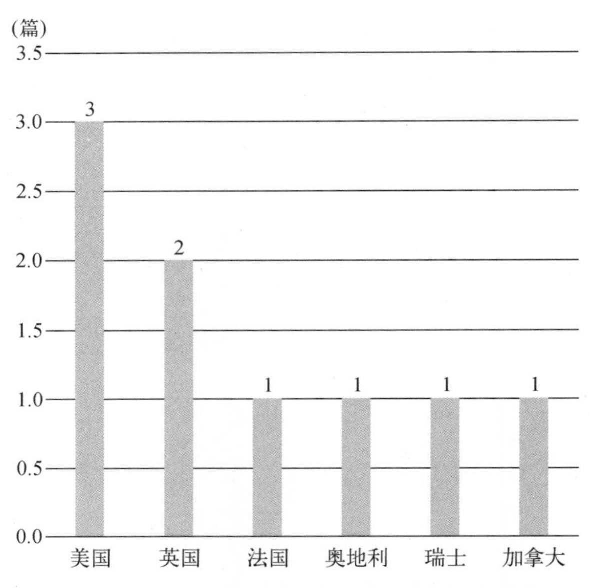

图 11 从交通为主题的论文研究对象所属国家数量分布

表 2 以交通为研究主题的论文简介

研究对象所在国家/年份/刊号	文章题目	摘要
英国/1997/12－1	*Railways, Urban Form and Town Planning in London: 1900－1947*（《伦敦的铁路、城市形态和城镇规划：1900—1947 年》）	文章梳理了伦敦铁路和城市规划的关系，随着郊区化的出现，规划师的关注点从铁路转向了机动车和道路，因此城市对铁路也由依赖转换成脱离[2]
英国/2001/16－3	*Reappraising UK Transport Policy 1950－1999: The Myth of 'Mono-Mo-Dality' and the Nature of 'Paradigm Shifts'*（《重新评估 1950—1999 年英国交通政策："单模式"的神话和"范式转换"的本质》）	文章主要有两个目的：首先，文章通过对英国交通规划的案例研究得出，在 20 世纪下半叶，"发达国家"的交通规划实践通常有一个单一的模式，导致道路建设在政策制定中起着很重要的作用。其次，作者的观点与之相反，政策应该在不同的城市之间有地理上的区别，通过参考政策制定，处于主导地位的政策网络关系专业化，详细分析后再制定出新的政策[3]
法国/1993/8－1	*Twenty-five Years (1967－1992) of Urban Transport Planning in France*[《25 年来法国的城市交通规划(1967—1992 年)》]	文章回顾了法国 1967—1992 年这 25 年的城市交通规划史，首先分四个不同阶段对这 25 年进行了解释。然后为四个阶段中的每个阶段提出了具体策略，并分析了地方公共交通政策的趋势、流动性行为的演变以及中央规划的问题。它还从经济学角度，强调了供应（运输服务）和需求（迁移需求）、供需适应方式及其功能障碍[4]

续表 2

研究对象所在国家/年份/刊号	文章题目	摘要
奥地利/1998/13-1	*The Defeat of Planning: The Transport System and Urban Pattern in Vienna (1865-1914)* [《失败的规划:维也纳交通系统和城市模式(1865—1914年)》]	维也纳自19世纪中叶以来,经历了巨大的地域和人口扩张。在公开辩论中,主要的规划视角是基于低密度形态学模式提出的英国郊区化模式。尽管在执政阶层就这一观点达成了广泛的一致,但是维也纳的发展是以高密度的单位为基础的。这篇文章的目的是展示城市发展如何由不同的因素和人决定的,这也阻碍了城市扩张的低密度化。其中最重要的因素是房屋所有权的结构及其对住房和交通政策的政治影响。因此,由于城市增长的实际动因和模型不符,城市规划最终失败了[5]
瑞士/2011/26-1	*Modelling Plans and Planning Models: The Cybernetic Vision of a Swiss Integral Concept for Transport (1972-1977)* [《规划模型化和规划模型:瑞士交通完整概念的控制论(1972—1977年)》]	为了使瑞士的运输政策与不断变化的现代运输需求相匹配,瑞士联邦委员会于1972年1月决定实施专家委员会的形式。该委员会是分析瑞士的运输系统,并为瑞士制定一个全面的整体交通概念(SICT)。SICT协调交通的多个方面,包括技术、经济、金融、环境、社会和政治等,为未来25年的交通运输政策提供依据。为了达到目标,专家们选择了系统分析的控制论方法。它允许他们将运输网络及其空间、环境、经济、政治和社会影响与约束作为控制论系统的相互作用因素。此外,它提供了一个概念和方法框架,也可以作为任务模型和目标工作流程。实际的运输模式和规划可以整合到这个模型中。虽然提交了40条政策建议的报告,但是SICT一定会失败:系统分析的政治含义与瑞士决策过程不符。SICT的模式和规划远离政治和社会现实。在瑞士高度联邦主义和面向共识的政治制度的背景下,它的"自上而下"的角色失败了[6]
美国/1987/2-2	*Why BART but no LART? The Political Economy of Rail Rapid Transit Planning in the Los Angeles and San Francisco Metropolitan Areas, 1945-1957* (《为什么是BART而不是LART? 1945—1957年洛杉矶和旧金山大都市区的快速轨道交通规划的政治经济》)	洛杉矶和旧金山同时选择了以铁路带动城市发展的模式,旧金山很快发展为国际化大都市,而洛杉矶由于当地湾区快速交通(Bay Area Rapid Transit, BART)和铁路的同时运行发生了很大的冲突导致城市发展受阻,文章阐述了旧金山选择了BART而没有选择洛杉矶快速交通(Los Angeles Rapid Transit, LART)的四个原因[7]

续表 2

研究对象所在国家/年份/刊号	文章题目	摘要
美国/1988/3-3	*The First Chicago Area Transportation Study Projections and Plans for Metropolitan Chicago in Retrospect*（《回顾芝加哥大都市区的首次芝加哥地区交通研究预测和规划》）	文章是关于芝加哥地区交通研究（CATS）第一期预测和芝加哥大都市规划的评估。CATS工作于1956—1962年完成，预计规划年限至1980年。CATS对人口和就业的预测太高，但结果证明旅行需求预测相当准确，由于拟定了抵消预测误差。部分误差的原因是对车辆所有权的低估，CATS并没有完全预测每个人均需求的增长。基于预测的CATS运输规划包括了精心设计的高速公路规划，但该规划直到1987年无一部分建成。此外，提出了一个较为适度但仍然相当大范围的公共交通规划。这个规划基本上被实施了，（修订的）公共交通工具规划的最后一部分的建设正在进行中。公共交通规划得到了芝加哥市政府的支持和美国联邦政府的资助，而高速公路规划却一个都没有[8]
美国/2006/21-3	*'Roping the Wild Jitney': The Jitney Bus Craze and the Rise of Urban Autobus Systems*（《"将疯狂的小公共汽车捆起来"：小公共汽车的风靡和城市公共汽车系统的崛起》）	在1914年经济衰退期间，一些洛杉矶的驾车人士每次旅行都选择乘坐小公共汽车，这些小公共汽车往往会影响路面电车路线。经过美国国家新闻媒体的一些宣传，这种做法于1915年初在美国形成热潮。文章探讨了美国出现的"小公共汽车"现象。有人认为，公共汽车不仅仅是铁路服务和私家车之间的过渡点，其真正意义在于，政府的关注点转向远离城市的居民，企图减少对路面电车的依赖，并通过新技术实现市政公共交通，比铁路便宜且灵活。但是几乎没有人对公共汽车的实验感到满意，当时它的实验在美国国内大部分地区迅速消失。汽车本身并不是一种民主的技术，但它在城市和郊区阶层间诱发了离间性政治，因而在私人和公共集体运输之间达成了一种紧张的妥协，这仍然是今天美国城市的一个中心争论[9]
加拿大/1992/7-3	*International Perspectives on Railway Townsite Development in Western Canada 1877-1914*（《1877—1914年加拿大西部铁路城址发展的国际观点》）	1877年至1914年期间，加拿大西部的城市发展由加拿大的三大洲际铁路主导。由于在这段时间铁路技术非常普及，而在建设时缺乏居留地，因此他们都创建了城市来满足其经营需要和本区域发展更广泛的经济目标。大中港太平洋铁路与其他两大跨境运输公司不同，该公司将美国的开放式电网与土地利用规划相结合，使其城镇具有特殊的外观。但面对加拿大西部房地产市场的现实情况，即土地投机猖獗和地价的波动，这个尝试在城市规划中将最终被证明是徒劳的[10]

审视这9篇以交通为主题的论文（表2），多为分析某城市交通的发展史或交通规划，如

伦敦、维也纳、洛杉矶、旧金山、芝加哥等，或者梳理某个国家交通规划的宏观理念，如法国和瑞士等。时间范围以 20 世纪为主。值得一提的是，超过 50%的文章检讨了相关规划的失败，剖析了其失败的原因，如交通规划的理想模型与政治和社会复杂现实的脱离等，在一定程度上体现了规划史研究的"后知之明"。

5 结语

本文关于《规划视角》的研究还将进一步深化和横向拓展比较。回顾前述的分析，可以认识到该期刊对"国际性"和"多样性"的不懈追求。在论文研究对象所属国家方面，已有超过 60 个国家被分析讨论，其中英国占比最高，以英语为主要语言的国家的规划问题被关注较多，聚焦亚非拉的研究尽管量少但现已开始上升，跨国的联系与比较研究亦不断增加。在研究话题方面，涉及面非常广泛，包含制度政策法规、规划师、组织机构、城市基础设施、城市空间与景观、城市开发与旧城改造、城市经济与产业发展、城市社会文化等，囊括了规划方案、规划师、规划过程、实施后评价与反思等各个维度。在讨论的时间范围方面，一战和二战前后如战后重建、城市再开发等议题是热点，目前对 1945 年之后当代的关注呈增长趋势，而 19 世纪之前的规划史尚待进一步探索。回顾近 30 年间，《规划视角》曾多次申明不设指定主题的专栏，目的在于对研究者不加任何限制和引导。其发表的成果亦得到了城市史界的认可，在全球城市史期刊优秀论文的评选中数次获奖。总体而言，《规划视角》以其对国际性、多样性的努力，向读者传达着时空转换中对规划历史持续的兴趣，以及同今天城市营建面临挑战的相关思考。

[本文为国家自然科学基金面上项目(51478299)、天津大学大学生创新训练计划(201610056354)资助项目]

参考文献

[1] Taylor & Francis on line(2015). Aims and Scope[EB/OL]. [2017 - 10 - 16]. http://www. tandfonline. com/action/journalInformation? show=aimsScope&journalCode=rppe20.

[2] Haywood R. Railways, Urban Form and Town Planning in London: 1900 - 1947[J]. Planning Perspectives, 1997, 12(1):37 - 69.

[3] Vigar G. Railways, Reappraising UK Transport Policy 1950 - 1999: The Myth of 'Mono-Modality' and the Nature of 'Paradigm Shifts'[J]. Planning Perspectives, 2001, 16(3):269 - 291.

[4] Jean-Marc Offner. Twenty-five Years(1967 - 1992) of Urban Transport Planning in France[J]. Planning Perspectives, 1993, 8(1):92 - 105.

[5] Capuzzo I P. The Defeat of Planning: The Transport System and Urban Pattern in Vienna(1865 - 1914)[J]. Planning Perspectives, 1998, 13(1):23 - 51.

[6] Sandmeier S. Modelling Plans and Planning Models: The Cybernetic Vision of a Swiss Integral Concept for Transport(1972 - 1977)[J]. Planning Perspectives, 2011, 26(1):3 - 27.

[7] Adler S. Why BART but no LART? The Political Economy of Rail Rapid Transit Planning in the Los

Angeles and San Francisco Metropolitan Areas, 1945 - 1957[J]. Planning Perspectives, 1987, 2(2): 149 - 174.
[8] McDonald J F. The First Chicago Area Transportation Study Projections and Plans for Metropolitan Chicago in Retrospect[J]. Planning Perspectives, 1988,3(3):245 - 268.
[9] Hodges A. 'Roping the Wild Jitney': The Jitney Bus Craze and the Rise of Urban Autobus Systems [J]. Planning Perspectives, 2006, 21(3):253 - 276.
[10] Gilpin J. International Perspectives on Railway Townsite Development in Western Canada 1877 - 1914 [J]. Planning Perspectives, 1992, 7(3):274 - 262.

图表来源

图 1 至图 11 源自:笔者根据《规划视角》期刊相关信息绘制.

表 1、表 2 源自:笔者根据《规划视角》期刊相关信息绘制.

1949—1978年中国城市规划体系的发展及其对城乡二元结构的影响

曹哲静　谭纵波

Title: The Development of China's Urban Planning System During 1949 - 1978 and Its Impact on Urban-Rural Dual Structure

Author: Cao Zhejing　Tan Zongbo

摘　要　国内外针对城市规划体系和城乡二元结构的文献主要从城乡二元经济结构模型分析、城市规划体系跨国别研究和中国现状规划体系研究出发,缺少城市规划体系对于城乡二元结构的作用机制分析。城乡二元结构的形成根植于中华人民共和国成立初期的计划经济时期,由于优先发展重工业而形成的对于农业部门的抑制。本文主要研究1949—1978年中华人民共和国成立后计划经济时期城市规划体系的发展对于城乡二元结构形成的影响。将1949—1978年划分为中华人民共和国初创期、城市规划发展波动期、城市规划发展停滞期三个阶段,通过对各个阶段的城市规划管理、法规、技术体系的研究,分析其对于城乡二元结构在社会发展、物质空间建设方面的影响。

关键词　城市规划体系;城乡二元结构;管理体系;法规体系;技术体系

Abstract: Most of the literature reviews of urban planning system and urban-rural dual structure focus on modeling analysis of urban-rural dual economic structure, comparative study of urban planning system in different countries, China's existing urban planning system, which is insufficient in urban planning system's impact on formation of urban-rural dual structure. Urban-rural segregation derived from the development priority of heavy industry over agriculture. This paper focuses on urban planning system from 1949 to 1978. It divides the planned economy period into the People's Republic of China establishment period, urban planning fluctuation period, and urban planning recession period. And it analyzes the influence of urban planning system on urban-rural dual structure through the detailed elaboration of urban planning administrative system, urban planning legal system, urban planning technical system of three sub periods.

Keywords: Urban Planning System; Urban-Rural Dual Structure; Urban Planning Administrative System; Urban Planning Legal System; Urban Planning Technical System

作者简介

曹哲静,清华大学建筑学院城市规划系,博士生
谭纵波,清华大学建筑学院城市规划系,教授

1 引言

中国的城市发展经历了和西方完全不同的模式，在中国 2 400 年的封建统治中，城市是维持行政统治的地理单元，进行军事部署和贸易交换，乡村仍然是广大农民耕种生存的地区；洋务运动和近代资产阶级革命仅在部分沿海县域推行地区自治，发动了初步的工业化。1949 年中华人民共和国成立后，中国是一个工业化基础薄弱、人地关系紧张、人民教育程度偏低的农业大国，故借鉴苏联经验将城市作为发动大规模工业化的起点。中华人民共和国成立初期重工业的优先发展战略是城乡二元结构形成的主要原因，1958 年户籍制度的建立保证了城乡二元发展战略的实施，并强化了城乡二元的社会经济格局，城市工业部门和农村农业部门的剪刀差虽促进了工业化和城镇化，但却加剧了城乡差距。第二、第三个五年计划(以下简称“二五”计划、“三五”计划)时期，“大跃进”促使农业人口大量入城从事工业化建设，但并未从社会服务上完全将其吸纳为城市人口。“三线建设”期间城市工业建设的瘫痪和分散化使得城乡发展陷入停滞。“文化大革命”期间大量规划人员由于阶级斗争被遣散，城市由于无规划可依混乱发展；“上山下乡”运动使得大量青年下乡从事农业劳动，出现了“逆城市化”现象。1970 年社会企业的发展为后期乡镇企业发展提供了条件，使得“一五”“二五”期间的国家工业化被纳入了非国有经济成分，并部分转移到乡村。回顾中华人民共和国成立后的 30 年，城乡二元制度经历了“城乡二元制度建立—城乡经济社会发展差距扩大—城市化热潮—逆城市化—城乡差距缩小”的轨迹。而 1978 年改革开放后也始终没有消除城乡二元结构，一方面需要解决中华人民共和国成立 30 年来城乡对立发展带来的种种问题，另一方面要从公共服务和基础设施方面缩小城乡差距。

众多中外学者对中国的城乡二元结构进行了研究，其中国外学者，如威廉·阿瑟·刘易斯(William Arthur Lewis)[1]、西奥多·威廉·舒尔茨(Theodore William Schultz)[2]、霍利斯·钱纳里(Hollis B. Chenery)[3]、费景汉(John C. H. Fei)和古斯塔夫·拉尼斯(Gustav Ranis)[4]、戴尔·乔根森(Dale W. Jorgenson)[5]，侧重于从构建二元经济结构的发展模型来寻求转换途径，在某种程度上反映了发展中国家在工业化过程中的基本特征，如工农业结构的差异等，但缺陷在于模型的假定(城市工业不存在失业因而可以无限吸收农业剩余劳动力)不符合大多发展中国家的情况；且国外学者以经济分析为主，对于城乡物资空间、社会关系分析较为薄弱。中国学者，如白永秀[6]、胡鞍钢[7]、何宗宗[8]、朱志萍[9]、彭浩[10]等，对于城乡二元结构的成因侧重于从城乡经济和社会发展制度角度分析城乡社会公平、教育、公共服务的差距；但目前的研究对于直接作用于城乡建设的城市规划体系的影响机制涉及较少，针对城市规划体系的研究大部分侧重于国际城市规划体系的比较研究、中国城市规划体系的现状、城市规划体系下规划技术的应用、城市规划体系制度研究几大版块。城市规划体系的历史研究以邹德慈院士的《新中国城市规划发展史研究——总报告及大事记》[11]为主，其对 1949 年后城市规划的大事记进行了史料系统性和权威性的整理；曹洪涛等所编著的《当代中国的城市建设》对 1949 年后城市规划各个阶段的发展过程进行了历史背景和内容的梳理[12]。但以上均不涉及从城市规划体系角度对城乡二元结构的形成机制进行剖析。研究 1949—1978 年中华人民共和国成立初期城乡二元结构的形成有利于为解决当今城乡问题提供依据，因此本文在众多影响城乡二元结构的因素中，聚焦于 1949—1978 年城市规划体系本身，探讨其发展对于城乡二元结构形成的影响。本文的城市规划体系涉及城市规划管理体系、法规体系、技术体系；城乡二元结构泛指由于城乡经济发展二元结构带来的在物质空间建设和社会方面的差距与特点。根据《新中国城市规划发展史研究——总报告及大事记》对于城市规划发展的阶段划分，并参考中国1949年后的发展阶段，本文将计划经济时期细分为三个阶段：中华人民共和国初创期（1949—1957年）、城市规划发展波动期（1958—1965年）、城市规划发展停滞期（1966—1978年）（表1）。

表1　1949—1979年城市规划发展阶段划分

时期		社会背景	城市规划的作用	城市规划重点
中华人民共和国初创期	1949—1951年	东北地区重工业和中原地区农业的经济恢复期；抗美援朝战争（1950）	中华人民共和国成立初期党的重心由乡村转为城市，城市规划统筹城市建设工作，适应城市经济恢复和发展	改善城市物质环境； 建立城市管理机构和统一管理城市建设工作
	1952—1957年	“一五”计划	城市规划第一个春天，城市规划以社会经济发展计划为指导，推进社会主义工业化建设	以156项重点工程为中心的“联合选厂”； 学习苏联模式，区域内以工业为主体，解决基础设施、区域交通、城镇、农林的配合问题； 结合重点工业项目和城市规划新建工业企业、工业城市、工人镇
城市规划发展波动期	1958—1960年	“二五”计划； “三五”计划前期	用城市建设的“大跃进”来适应工业建设的“大跃进”	工业农业并举互补，城市急速扩张； 区域规划下省内经济区（地区）的经济建设总体规划（11个省市试点）； 城市地区规划（上海、北京、南京、天津、杭州等）
	1961—1965年	“大跃进”和人民公社运动	“三年不搞规划建设”的规划“下坡路”	做出了调整城市工业项目、压缩城市人口、撤销不够条件的市镇建制； “三线建设”下的城市工业区分散发展； 干打垒导致的城市管理失控
城市规划发展停滞期	1966—1970年	“文化大革命”； “三线建设”	城市规划的“无政府”状态	城市规划陷入停滞； 文物和园林的破坏； 边规划、边施工、边投产。浪费大量基建设施，企业建成后经营困难、职工生活不便
	1971—1978年	“文化大革命”后期的调整期	城市规划机构和工作的恢复	制定小城镇发展规划； 大型建设项目布局和编制地区经济建设规划； 1976年编制《唐山市恢复建设总体规划》

2　不同阶段城市规划体系的发展对城乡二元制度的影响

2.1　中华人民共和国初创期（1949—1957年）

1）城市规划背景

（1）三年经济恢复期

1949年，中华人民共和国成立，中国共产党的重心由乡村转移到了城市，城市百废待兴。在国民经济恢复期，人民政权接管了大批城市，展开了整治城市环境、改善劳动人民居住条件、整修道路、增设城市公共交通、改善城市供水状况等物质环境规划建设。此外，建制市的数量增加，加强了城市的统一管理。由于政治经济的发展需要，部分县撤县立市，1952年市的数量达到160个，建立了从中央到地方的城市建设管理机构。

（2）“一五”计划时期

1952年，中央财政经济委员会召开了第一次城市建设座谈会，提出城市建设要适应大规模经济建设的需要，划定城市建设范围、根据工业比重对城市分类排队。1953年，重点工程的选厂工作普遍展开，建筑工程部党组织向中共中央提出了《关于城市建设的当前情况与今后意见的报告》，在北京召开第一次城市建设会议，明确了城市建设的目标是建设社会主义的城市，贯彻国家过渡时期的总路线和总任务，为国家社会主义工业化、生产、劳动人民服务，采取与工业建设相适应的“重点建设、稳步前进”的方针，集中力量保证工业建设的主要工程项目。1954年，国家计划委员会（以下简称国家计委）先后批准了“一五”计划的694项建设项目，分布在京广铁路东西91个城市和116个工人镇，变消费城市为工业城市，引发了全国支援重点城市建设的浪潮。对于其他大多数城市和重点城市的旧城区，仅按照“充分利用、逐步改造”进行城市边缘的工业区“填空补实”的扩建和居住环境的逐步改善。1955年，市、镇建制进行调整，国务院公布了城乡划分标准。

生产设施和生活设施的统一建设是“一五”计划时期社会主义新工业城市建设的显著特点和成功经验，以国民经济计划为依据，编制城市总体规划，在建设中反对分散主义，实行统一规划、投资、设计、施工。1956年，国家建委召开全国基本建设会议，拟定了《关于加强新工业区和新工业城市建设工作几个问题的决定》，对工业、动力、交通运输、邮电设施、水利、农业、林业、居民点、建筑基地等建设和各项工程设施，进行全面部署，并展开区域规划。

2）城市规划体系发展

（1）城市规划管理体系

“一五”计划时期，在重点城市的建设中，进行有计划、按比例的配套建设，在新工业区建立总甲方，组织各建设单位的协作配合，保持城市建设投资在基本建设投资中保持适当比例。人民政府在恢复经济和改造社会的同时，建立了城市建设管理机构，在计划经济时代，发展规划由国家计委负责[12]。国家计委于1952年11月成立，下设17个办事机构，其中包括建筑工程部；1953年5月，国家计委在基本建设联合办公室内设立城市建设组，统管城市建设计划。同年7月，为加强城市建设的计划性，国家计委撤销了城市建设组，设置了城市建设计划局，下设城市规划处，与政务院财政经济委员会计划局下设的基本建设处一起主管全国的基本建设和城市建设工作，形成了国家计委和建筑工程部的“双重管理”体制。1953年11月，中共中央批准了国家计委的建议：在同时有三个或三个以上新厂建设的城市中，组织城市规划与工业建设委员会，以解决苏联援建重点项目选厂中出现的各种矛盾。在联合选厂中，国家计委组织了由工业、铁道、卫生、水利、电力、公安、文化、城建等部的领导、技术人员和苏联专家组成的联合选厂工作组。自1953年起，我国开始了大规模的有计划经济工作，全国正式设立中央和地方各级的计划委员会和掌管项目建设的基本建设委员会，标志着我国规划工作的开端。1954年，建筑工程部城市建设局升格为城市建设总局，负责城市规划长远计划和年度建设计划的编制和实施，参与重点工程的厂址选择，指导城市规划的编制。1956年，国务院撤销城市建设总局，成立城市建设部，内设城市规划局、市政工程局、公用事业局、地方建筑工程局等职能部门，部下设城市设计院、民用建筑设计院、给水排水设计院等事业单位，分别负责城市建设方面的政策研究及指导城市规划设计等业务工作。各城市相继成立了城市建设管理机构。

在规划的编制和审批中，1956年，国家建设委员会(以下简称国家建委)颁发了《城市规划编制暂行办法》，提出了“协议的编订办法”方式，进一步明确了国家审批总体规划制度的规定，明确了审批的重点是对有关建设项目的协调、衔接和落实问题；在审批过程中，有关部门就有关问题协商，先达成协议后再上报，如有重大技术问题还要事先通过专家鉴定；审批形式采取会议形式，由国家计委主持，国务院有关部委，地方、军队有关单位参加，确认协议，如有争议的问题，由会议研究做出决定，最后由国家计委、建委发布批文的要求。“一五”计划时期完成了150个城市的初步规划，但国家只审批了西安、兰州、包头等15个城市的总体规划。

(2) 城市规划法律体系

1952年，《中华人民共和国编制城市规划设计程序与修建设计草案》成为“一五”计划初期编制城市规划的主要依据。1954年，全国城市建设会议通过《城市规划编制程序暂行办法(草案)》《关于城市建设中几项定额问题(草稿)》《城市建筑管理暂行条例(草案)》。1956年，国家建委发布了中国第一部城市规划立法——《城市规划编制暂行办法》，作为中国第一个城市规划技术性法规，以苏联《城市规划编制办法》为蓝本，内容大体一致，共分七章四十四条，包括了规划基础资料、规划设计阶段、总体规划和详细规划以及设计文件和协议的编订办法等方面的内容，为这个时期的城市规划编制提供了重要的法律依据。同一时期，政务院还颁布了《国家基本建设征用土地办法》。但是，由于当时对城市的概念认识并不明确，加之城市规划设计的技术力量有限，全国只有部分城市进行了城市规划设计工作，因此从全国范围来看，城市规划对城市建设的指导作用还比较有限，主要体现在几个重要的工业城市和工业建设比重较大的城市，不涉及乡村和小城镇。

(3) 城市规划技术体系

① 技术体系初建

该时期的城市规划技术体系，缺少西方先进的规划理论思想，尚未产生成熟的技术工具[13]。但是在城市和工人镇的规划中，开始出现联合选厂区域规划下重点工业城市总体规划编制的初步技术体系。对于厂外工程和公用事业工程的建设，由建设委员会指定主要单位担任总甲方，设计综合工作由该地区负责城市规划或工人镇规划的设计部门负责，进行施工总体厂外工程总体设计计划任务书的编制，与其他部门进行施工协同。1949年恢复期中，经苏联专家援助提出北京市未来发展计划；“一五”计划时期主要还是借鉴学习苏联的建设模式，产生了一系列“苏联模式”下城市规划工作的科学理论指南，包括《城市规划工程经济基础》《城市规划：技术经济指标及计算》《城市规划与修建法规》等。与西方工业革命提出的统筹城乡的“田园城市”概念不同，该时期的技术体系不考虑城乡协调发展问题，仅针对工业城市和工人镇的规划建设，以为工业项目做配套设施与居住单元为主。

② 总体规划支撑工业城市发展

1956年，《城市规划编制办法》要求城市规划设计按照总体规划和详细规划两个层次进行，设计前由选厂工作组或联合选厂工作组会同城市规划部门提出厂址和居住区布置草图，作为城市规划设计依据。因此“一五”计划时期，城市规划编制程序采取“编制城市初步规划—城市近期修建地区的详细规划—总体规划”。总体规划以国家计划部门提供的建设项目作为城市发展基础，由省市提出相应配套项目，通过计划部门综合平衡后成为制定城市规划的依据，落实了八大重点工业城市初步规划，产生了“洛阳模式”，完成了150个城市的初步规划。但是总体规划仅以方案蓝图式的规划存在；详细规划与总体规划交叉进行，工厂范围内的详细规划由工厂设计部门统一综合，工厂外的详细规划由城市规划部门负责协调，即“厂外工程综合”。

③ 施工标准和建筑形式的弊端

受苏联的影响，在建筑形式上盲目追求民族形式，一方面造成浪费，另一方面由于“反四过”运动，国务院批转国家建委《关于在基本建设中贯彻中共中央、国务院节约方针的措施》，不合理地降低了城市住宅和市政设施标准，只考虑近期需要，不考虑远期发展，造成后期的无法补救及极大浪费，同时对全国重点城市和工业城市的风貌控制造成极大损害，使得“城市像乡村，乡村像城市”。

3）城市规划体系发展对于城乡二元结构形成的影响

该时期的城市规划管理体系深刻反映了计划经济下自上而下的管理体系，重点城市的总体规划作为技术工具，为服务于中国经济命脉的工业城市发展提供指引，在全国技术人员跨地区的调动下，由中央和地方城市建设局展开总体规划的编制，由国家计委审批。总体规划实施的建设主体仍是公共部门，详细规划区别于今天市场经济下的“控制性详细规划”，不存在调控私人开发的规划行政许可，仅仅是在下一层级落实总体规划意图的工具。该时期规划的编制与审批反映了重点城市“集中力量办大事”的计划色彩，不具有在中小城市、城镇的适用性，因此城市规划管理体系的作用范围集中在城市的建设用地和乡镇的工业区，主要服务于工业部门的发展，城市实行工业化带动城市化的发展策略；乡村和小城镇缺少空间物质规划建设的指引，土地资源被国家工业部门占用，缺少自治的产业发展模式。城市的工业化发展和农村的农业发展开始形成剪刀差。农村居民点的发展更多是从国土规划和区域规划上纳入宏观自然资源开发利用的体系中，以职能分配的方式支持“一五”计划时期的联合选厂工作。乡村规划指引的缺失和国家计委资金对于城市建设的偏向限制了农村在物质设施、建成环境和公共服务等领域的综合发展。

2.2 城市规划发展波动期（1958—1965年）

1）城市规划背景

（1）“大跃进”期间

“大跃进”期间，建筑工程部（以下简称建工部）提出“用城市建设的大跃进来适应工业建设的大跃进”，许多城市为适应工业发展的需要，迅速编制、修订城市总体规划，并引发了“市市办工业、县县办工厂”的大规模工业企业建设现象。农民大量进城，引发了急剧的城镇化和大城市周边卫星城的建设。1958年，建工部在青岛召开了全国城市规划工作座谈会，提出了“大中小城市结合，以发展小城市为主”的发展模式和先粗后细、粗细结合的快速规划做法，并提高了城市生活用地人均指标。1960年，建工部在桂林的第二次全国城市规划工作座谈会中，提出“在十年到十五年内基本上改建成社会主义现代化的新城市”。在城市规划的编制中，要求体现工、农、兵、学、商五位一体的原则，全面组织人民公社的生产和生活的“十网”“五化”。全国74万多个农业合作社组成26 500多个人民公社，实现人民公社化，表现出规模大、工业程度高、基层政权机构和集体经济组织领导机构合为一体的特征，是新农村建设和城乡统筹的早期探索。区域规划蓬勃兴起，城市的住房和市政公用设施建设不断提高。

然而由于工业建设的盲目冒进，各城市不切实际地扩大城市规模，远远超出了国家财力所能承受的限度。一方面因急于改变城市面貌，不顾能力大小，不计成本，大建楼堂馆所，造成了极大的浪费，城市建设用地无序扩张，侵占了绿带和农田；另一方面城市住宅和市政公用设施的严重不足和超负荷运转，严重影响了工业生产和城市人民的生活。更为致命的是，城市发展远远跟不上工业建设的规模和城市人口的增长，城市建设投资比例严重不足，许多工业城市普遍出现供水紧张、公共交通发展不足、城市防洪设施标准低、居民住房紧张的状况。

(2) “三年不搞规划建设”时期

对于这些问题，本该让各城市认真总结经验教训，通过修改规划，实事求是地进行补救。但在1960年11月召开的第九次全国计划会议上，却草率地宣布“三年不搞城市规划”。这一决策是个重大失误，不仅对“大跃进”中形成的不切实际的城市规划无从补救，而且导致各地纷纷撤销规划机构，大量精简规划人员，使城市建设失去了规划的指导，造成了难以弥补的损失。

1961年，中共中央提出“调整、巩固、充实、提高”的八字方针，做出了调整城市工业项目、压缩城市人口、撤销不够条件的市镇建制，以及加强城市设施养护维修等一系列重要决策。经过几年的调整，城市建制刚有起色，但“左”的指导思想对城市建设在决策上产生的错误，并未得到纠正，使得1961—1965年城市建设工作连续受挫。在“学大庆”运动中，城市发展机械地将“干打垒”“先生产、后生活”“不搞集中的城市”“工农结合、城乡结合、有利生产、方便生活”作为城市建设方针，在“三线建设”的背景下导致了城市建设的分散。1964年，“设计革命”批判了城市规划的前瞻性，大大破坏了城市规划管理机构的编制。1965年，国务院转发国家计委、国家建委、财政部、物资部的《关于改进基本建设计划管理的几项规定(草案)》，取消了国家计划中的城市建设户头，导致城市建设远远落后于工业建设。

2) 城市规划体系发展

(1) 城市规划管理体系

在城市规划发展波动期，行政管理机构经历了区域规划机构的扩增和在“三年不搞规划建设”期间城市规划管理机构大幅缩减的波动。在“以钢为纲”的号召下，1958年，建工部与城市建设部、建筑材料工业部合并，提出“用城市建设大跃进来适应工业建设大跃进”的指导思想。1959年，建工部城市建设局成立区域规划处。1960年，城市规划处和区域规划处工作从建工部城市建设局划出来，成立了城市规划局。同年，国家计委提出三年不搞城市规划，大力压缩城市规划人员，城市规划局和城市设计院下放100多人至地方城市规划部门。1964年，城市规划局转归国家经济贸易委员会基本建设办公室领导，撤销城市规划设计研究院，将院领导干部和一部分技术骨干补充到城市规划局。四川省规划院由于“三线建设”的攀枝花被保留。1965年，成立国家基本建设委员会。

(2) 城市规划法律体系

在“大跃进”和国民经济调整时期(1958—1965年)，中国城市规划法制建设走向下坡路。1958年，建工部召开城市规划工作会议，形成了《城市规划工作纲要三十条(草案)》。随后由于极左思想的负面影响，加之一系列有关城市规划建设的决策失误，中国城市规划法制建设遭到了严重破坏；从中央到地方，有关城市规划和建设管理的机构被撤销、人员被解散。

(3) 城市规划技术体系

① 区域规划的兴起

1959 年 5 月,建工部在所属的城市建设局新设区域规划处,编制了部分省和地区的区域规划。开展以省域为主的区域规划,在区域规划指导下建设卫星城市,展开小范围区域规划形式的人民公社总体规划,规划重点为工业布局、农业作业分区和居民点布局;以居民点布局为核心的人民公社详细规划,涉及人口发展、村庄合并和公共服务设施建设。规划思想表现为:适应全民所有制的大生产要求而推行新居民点组织的高度集体化,发展地方工业、工农并举,消灭城乡差别,发展文化教育卫生事业,提高居民物质文化生活水平、军事化与全民武装。

② 总体规划

该时期的总体规划技术手段上较"一五"计划时期相似,作为落实工业城市建设社会经济计划下的工具,并向下展开详细规划。有所发展的是总体规划中重视并开展远景规划,不切实际地在"大跃进"下提高城市规划定额指标。

在"大跃进"期间,许多城市采用了青岛全国城市规划工作座谈会"快速规划"的做法,编制了城镇建设规划,甚至在没有地形图和地址资料、自然资料的情况下,仅用几天时间,就绘制出规划图纸。许多省、自治区和部分大中城市对"一五"计划期间的城市总体规划进行了修订,将城市规模和建设标准定得过高。1959 年,北京开展了国庆十周年十大工程之一的天安门广场改建规划。1960 年,第二次全国城市规划工作座谈会后,提出在 10—15 年内建设(改造)成社会主义新城市。1958 年,全国修改或编制规划的大中小城市有 1 200 多个,143 个大中城市和 1 087 个县完成初步规划,2 000 多个农村居民点进行试点。

在三年不搞规划建设时期的"大庆模式"十六字方针(工农结合、城乡结合、有利生产、方便生活)指导下,采取分散化(不集中建设城市)和低标准(干打垒)的矿区建设布局,缺少专业城市规划师的全面参与和技术指导,走出了一条"非工业化的城市化道路"。1964 年"三线建设"时期,大部分城市总体规划陷入停滞,仅有少数满足国防工业发展的城市逆向发展,如攀枝花工业区城市规划进行了从选择厂址到总体规划的综合规划。

3) 城市规划体系发展对于城乡二元结构形成的影响

在"大跃进"时期,中国城乡发展表现出城镇化急剧增长的情形,但并不是采取依靠"一五"计划时期大城市对农村人口吸纳的模式,而是大力发展中小城镇,通过中小城镇的工业化,在人民公社运动的推进下加速了农村向建制市的转变。城市规划对于土地的超额估算导致了城市公共服务和设施的不足,且本质上是促进乡村通过工业化走上城市化的道路,实质上并没有消除城乡工业部门和农业部门的差距。"大跃进"时期在农村试点的工业化项目使得大部分村镇的发展是城市化滞后于工业化,社会福利和基础设施配套落后,与工业化发展程度不协调。"三年不搞规划建设"时期则正好相反,城市规划失去了对城市建设的管控与干预,不仅乡镇企业和城市发展陷入停滞,城市中"非工业化的城市化道路"之"干打垒"的布局也错误地理解了城乡统筹的含义,将其理解为城市中工业、居住和农田的混杂,而不是从城乡产业部门协同、城乡基础设施对接着手,结果反而使得城市面临功能混乱、风貌无序的难题。

2.3 城市规划发展停滞期(1966—1978年)

1) 城市规划背景

在"文化大革命"期间,无政府主义大肆泛滥,城市建设受到了严重的冲击和破坏。城市规划专家被批斗,城市建设的档案资料被大量销毁,编制了的城市规划被废弃,城市无人管理,乱拆乱建成风。1966年8月,"红卫兵"掀起了破"四旧"的运动,城市园林和文物古迹遭受了空前的破坏,私人住房被挤占。在"三线建设"高峰期,实行"工厂进山入洞,不建城市",实行厂社结合,要求城市向农村看齐,降低城市设施标准,消灭城乡差别,工业布局极度分散。在1971年后的"文化大革命"后期,周恩来和邓小平主持中央日常工作以后,对城市建设机构和城市规划工作进行恢复和复苏。国家建委城市建设局建立以后,积极开展工作,对城市的公共交通、供水、供气、三废处理、房地产管理等方面进行统筹推进。1973年,国家试行全面税制改革方案,重新规定了城市维护费的来源,以保证城市公共事业的发展。

2) 城市规划体系发展

(1) 城市规划管理体系

1966年下半年至1971年,是城市建设遭受破坏最严重的时期。"文化大革命"一开始,国家主管城市规划和建设的工作机构(国家建委城市规划局和建工部城市规划局)即停止了工作,各城市也纷纷撤销城市规划、规划管理机构,下放工作人员,使城市建设、城市管理形成了极为混乱的无政府状态。在"文化大革命"后期,在周恩来和邓小平主持工作期间,对各方面工作进行了整顿,城市规划工作有所转机,但由于四人帮的干扰和破坏,下发的文件很多并未得到真正执行,城市规划工作事实上仍未摆脱困境。1971年,恢复了北京市城市规划局的建制。1972年,国家计委、国家建委、财政部通过《关于加强基本建设管理的几项意见》,国家建委设立了城市建设局,统一指导和管理城市规划、城市建设工作。1973年,规划技术人员由"五七干校"归队,9月国家建委城市建设局在合肥市召开了部分省市的城市规划座谈会,推动了部分城市成立城市规划机构,陆续开展工作,通过城市规划专业班培训壮大了城市规划专业人才的队伍。

(2) 城市规划法规体系

有关城市规划和建设的档案资料被销毁,致使城市建设和管理失去规划的指导,陷入极为混乱的无政府状态,不仅给中国的城市规划和建设造成了许多难以挽回的损失,而且给许多中国城市留下了许多至今仍难以解决的问题。1967年,国家建委关于北京地区建房计划明确指示"北京市旧的规划暂停执行",采取见缝插针和"干打垒"建房。

直至"文化大革命"后期,随着各个方面整顿工作的逐步展开,城市规划的地位重新得到肯定,城市规划法制建设才开始有所转机。1974年,国家建委下发试行《关于城市规划编制和审批意见》和《城市规划居住区用地控制指标》,以此作为城市规划的编制和审批依据,使得城市规划在被废弛十多年以后,重新拥有了编制和审批的法律依据。

(3) 城市规划技术体系

在"文化大革命"时期,城市总体规划成为空头文件,城市发展无序。在"文化大革命"后期,随着城市规划管理与法规体系的恢复,1974年,国家建委城市建设局在广东召开了小城镇规划建设座谈会,讨论了《关于加强小城镇建设的意见》,研究了小城镇的方针政策,总体规划进一步覆盖并指导小城镇的发展;1976年唐山大地震后,国家建委城市建设局组织了上海、沈阳规划院骨干协助制定了唐山总体规划和建设规划；1980年，天津市修订城市总体规划并具体安排震后恢复重建三年规划。

3）城市规划体系发展对于城乡二元结构形成的影响

在“文化大革命”时期，城乡发展陷入混乱和无规划指导的阶段。“三线建设”高峰期提出的“厂社结合”“城市向农村看齐”“降低城市设施标准、消灭城乡差别”“工业分散布局”均以全国的军事防御战略为前提，出于削减城市建设开支的考虑，整体降低了城乡建设标准。工业的分散布局带来了城镇居民点的分散布局，不利于城市化的集聚发展。“上山下乡”运动虽然通过疏解大量年轻人到乡村进行援助建设，出现了逆城市化现象，但仅仅是短暂的，1978年之后随着大量青年返回城镇，以及城乡土地新的市场化利用方式，城市开始向消费型城市转型，农村剩余劳动力进城虽然推动了城镇化，但户籍制度仍然对其进行了严格的限制。

3 结论

3.1 1949—1978年城市规划体系的变迁

改革开放前，我国实行计划经济体制，政府是唯一的投资主体，以“单位”为空间发展的基本单元。建设单位从国家的划拨体系中无偿获得土地，并对职工提供住房等基本的社会福利保障，成为主要的经济活动管理单元。城市土地主要作为国家工业部门的一个项目载体而没有市场价值。单纯的中央部门建设投资渠道和相应的城乡发展控制机制，以及落后的经济基础，决定了国家五年计划在此时段对空间发展的影响与作用不可替代。国家计委编制的五年计划主要是为了发展经济，在部门之间分配资源和工业项目，还试图平衡区域之间的发展，促使生产力布局的全国一盘棋。与此同时，从苏联引进的城市规划（由国家建委主管），从属并承接国家五年计划下的具体建设工作，以及协调城市中各个项目的布局，属于蓝图式的物质规划范畴。在计划体制下，国家五年计划负责时间序列的战略和项目分配，统筹城市规划的内容。城市规划作为附属，不存在独立调节资源分配的功能。因此，两者有着高度工作领域分工，并且城市经济发展缓慢和空间开发活动单调，基本上不会产生太多的矛盾和冲突。

此外，由于“一五”计划时期执行的城市低建设标准，“大跃进”时期的城乡设施、居住和工业混杂发展，“三线建设”时期城市“干打垒”“见缝插针”的无序发展，“文化大革命”时期规划的彻底“无政府、不控制”状态及“破四旧”对于风景园林的破坏，改革开放前城市物质空间建设呈现低质量、无秩序的格局，均极大影响了城市风貌。

图1反映了1949年中华人民共和国成立后至今城市规划管理机构的变迁。可以看出，改革开放前，城市规划管理机构是以1949年成立的都市计划委员会为核心，在“一五”计划时期、“二五”计划时期和“文化大革命”后期不断发展成熟，服务于社会主义工业化建设。城市规划管理机构作为落实五年的社会经济发展计划在城镇空间建设的职能部门，其事权包括制定区域规划、城市规划长远计划、年度建设计划、城市总体规划、详细规划、工业区建设规划等。城市规划管理机构与国土规划部门、计委对于区域的协调、城市开发建设、工业区建设、村镇建设相互渗透，并未形成条块分割的事权界限。

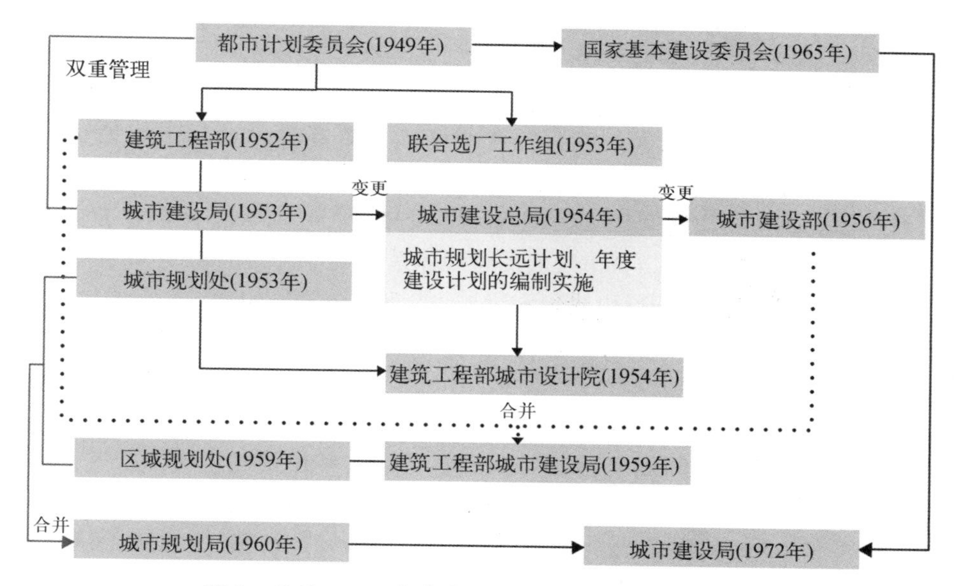

图 1　1949—1978 年各个阶段城市规划管理机构变迁

表 2 梳理了中华人民共和国成立后各个时期代表性城市规划的法规。改革开放之前，城市规划缺少完整的法规体系，在计划经济和工业化建设下，仅有对城市规划编制审批和城市规划基本工作纲要进行了法律上的规定。

表 2　1949—1978 年各个阶段代表性城市规划法规文件一览表

时期	相关法规文件	时间	意义
中华人民共和国初创期（1949—1957 年）	《中华人民共和国编制城市规划设计程序与修建计划草案》	1952 年	成为"一五"计划初期编制城市规划的主要依据
	《城市规划编制暂行办法》	1956 年	中国第一个城市规划技术性法规
城市规划发展波动期（1958—1965 年）	《城市规划工作纲要三十条（草案）》	1958 年	指导"大跃进"期间快速规划建设的文件
城市规划发展停滞期（1966—1978 年）	《关于城市规划编制和审批意见》《城市规划居住区用地控制指标》	1974 年	使得城市规划在被废弛十多年以后，重新拥有了编制和审批的法律依据

图 2 显示了改革开放前后城市规划技术体系的组织架构。改革开放前，在联合选厂区域规划下，对于重点工业城市地区，城市编制程序采取"城市初步规划—城市近期修建地区的详细规划—总体规划"步骤，总体规划作为落实工业城市建设社会经济计划下的工具，并向下展开详细规划。对于厂外工程和公用事业工程的建设，进行施工总体厂外工程

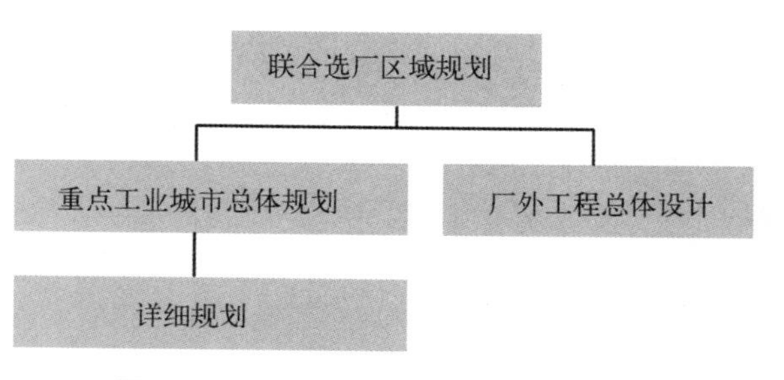

图 2　1949—1978 年规划技术体系构架

总体设计计划任务书的编制。总体规划主要为承接国民社会经济发展计划。

3.2 1949—1978 年城市规划体系的发展对于城乡二元结构的影响

中华人民共和国成立初期“重、农、轻”① 的工业发展阶段奠定了乡村农业部门对城市工业部门的资金积累作用，工农部门的“剪刀差”、户籍制度奠定了城乡二元结构的基础。城市规划通过对城市和乡村物质空间规划的调控作用直接干预了城乡二元体系在空间建设、社会服务和基础设施方面的发展。城市规划的管理体系从城市规划的编制、审批、实施的组织架构上保障事权，法规体系明确城市规划对于城乡土地调控的作用权限，技术体系作为规划工具直接对物质空间规划建设发挥作用。以上三个体系在城乡不同方面和比例的作用均对城乡二元结构的形成产生影响。

总的来说，1949—1978 年的三年恢复时期、“一五”计划时期、“大跃进”时期、“三年不搞规划建设”时期、“三线建设”高峰期，城乡二元结构经历了初建到强化的阶段，整体表现为城市化滞后于工业化，导致城市的发展高度依赖于工业化建设，并对其服务进行生活配套；乡村在城市化的过程中仍然依靠工业化带动，虽然在人民公社运动和“学大庆”运动中，乡村工业化和城市乡村化有意缩小城乡物质环境和产业差距，但并未改变城乡二元的经济结构，对于城乡统筹的表面理解并未真正促进城乡基础设施对接和公共服务均等化，造成了城市开发混乱和乡村特色风貌丧失等问题。

［本文为国家自然科学基金“中日法城市规划体系比较研究”(51278265)资助项目］

注释

① “重、农、轻”指重工业、农业、轻工业。

参考文献

[1] Lewis W A. Economic Development with Unlimited Supplies of Labour[J]. The Manchester School, 1954, 22(2): 139 - 191.

[2] Schultz T W. Transforming Traditional Agriculture[M]. Chicago: The University of Chicago Press, 1964.

[3] Chenery H B, Sherman R, Moshe S. Industrialization and Growth[M]. Washington: World Bank, 1986.

[4] FBI, JCH, Ranis G. Development of the Labor Surplus Economy: Theory and Policy[M]. Homewood: Richard D. Irwin INC, 1964.

[5] Jorgenson D W. The Development of a Dual Economy[J]. The Economic Journal, 1961, 71(282): 309 - 334.

[6] 白永秀. 城乡二元结构的中国视角：形成、拓展、路径[J]. 学术月刊，2012(5)：67 - 76.

[7] 胡鞍钢. 中国政治经济史论[M]. 北京：清华大学出版社，2008.

[8] 何宗宗. 我国城乡二元结构及城乡统筹发展研究[D]：[硕士学位论文]. 北京：燕山大学，2011.

[9] 朱志萍. 城乡二元结构的制度变迁与城乡一体化[J]. 软科学，2008，22(6)：104 - 108.

[10] 彭浩. 中国城乡二元结构与社会公平问题研究[D]：[硕士学位论文]. 成都：四川大学，2007.

[11] 邹德慈.新中国城市规划发展史研究——总报告及大事记[M].北京:中国建筑工业出版社,2014.
[12] 曹洪涛,储传亨.当代中国的城市建设[M].北京:中国社会科学出版社,1990.
[13] 王丹.中国城市规划技术体系形成与发展研究[D]:[硕士学位论文].长春:东北师范大学,2003.

图表来源

图1、图2源自:笔者绘制.

表1、表2源自:笔者绘制.

商埠、马路、公园：

以晚清《申报》为中心实证中国近代城市规划知识的成形路径

高 幸 李百浩

Title: Commercial Port, Road, Park: Taking *Shen Bao* of Late Qing Dynasty as the Center to Demonstrate the Establish Path of Chinese Urban Planning Knowledge in Modern Times

Author: Gao Xing Li Baihao

摘　要　在中国近代城市规划知识逐渐成形的发展过程中，由西方列强主导和引入的各类城市建设起到至关重要的作用。本文运用内容分析和数理统计相结合的方法，选取商埠、马路和公园三个角度，对晚清《申报》进行检索和研究。其中，商埠建设反映出规划与主权、国家的关联性，国家意志对城市建设的影响、近代城市建设与管理框架的构建等。马路的管理是城市建设与管理系统的细化，即路政的肇始与工程建设知识的传播。公园是城市公共生活的载体，看似与中国传统城市景观相像，但具有本质差别。三者均是面对中国传统模式的插入式发展，其知识积累涉及两个重大问题，一个是技术的进步和理论的前行，一个是观念的转变和规则的构建，最终导向城市规划知识的生发。

关键词　中国近代城市规划知识体系；城市规划学科史；商埠；马路；公园

Abstract: In the process of the establishment of Chinese modern urban planning knowledge, various types of urban construction introduced by western powers play a vital role. This paper applies the method of content analysis and mathematical statistics, selects commercial port, road and park as angles, searches and studies the *Shen Bao* of late Qing Dynasty. Construction of commercial port reflects the urban planning's relationship with sovereignty and state, effection of national will on urban construction, construction of modern urban planning and management framework, etc. The management of roads is the refinement of the urban construction and management system, including the beginning of road administration and the dissemination of knowledge of project construction. Park is the carrier of urban public life, which seems to be similar to the Chinese traditional landscape, but it has essential difference. All three are inserted in China traditional mode, finally guides to the establishment of urban planning knowledge. The breeding of knowledge involves two

作者简介

高　幸，东南大学建筑学院，博士生

李百浩，东南大学建筑学院，教授

major problems, one is the progress of technology and theory, the other is the transformation of conception and the construction of rules.

Keywords: Knowledge System of Urban Planning in Modern China; Disciplinary History of Urban Planning; Commercial Port; Road; Park

城市规划知识产生的初期，是一个传统城市向近代城市过度的阶段，没有理论指导，更没有专业记录，只得在大众媒体中寻找它的端倪。清末，国人自创的报刊受到政府的限制和打击，大多无法长期稳定出版；在洋人创办的中文报刊当中，创刊于上海的《申报》是以政治新闻为主的综合性报纸，且注重新闻报道的真实性和时效性，发刊稳定，关注市民关心的问题[1]。它率先刊出了大量日本及西方的新闻，把国家引向近现代工业化的道路[2]，并跟踪报道各类社会事件，极具前沿性。城市规划知识涉及社会发展的重大方面，与国家、主权、民生、商贸等领域有千丝万缕的联系，与《申报》的内容不谋而合。

1872 年《申报》创刊时，上海租界已历时近 30 年，中西方之间的文化与知识交流有效开展，城市规划知识不以官方意志为主导，自发引入并逐渐积累。近代中国地区的发展极不平衡，知识传播并不通畅，上海是城市建设最先进的地区之一，《申报》率先把相应的建设知识转化成文本广泛传播，因而具有一定的研究价值。

本文选用内容分析法，以晚清《申报》的相关报道为研究对象，采用以数据库检索为基础的描述性分析方法进行研究，首先对于《申报》庞大的报道进行分类和抽样，在本文表现为根据当时的社会状况科学地分类选取检索关键词[3]。晚清城市规划知识受到商埠建设的直接启发和各类租界章程的影响，城市的建设与管理由马路起步，逐渐形成体系，而公园承载了传统城市所缺失的公共功能，三者相辅相成，共同作用，促成了城市规划知识的成形，也促成了近代城市的转型。因而，选择商埠（通商场、通商口岸）、马路、公园（公家花园）展开研究，从市区建设、工程管理和公共职能三个角度，梳理城市规划知识的早期积累过程。

1 商埠

在传统城市中，经济运转与城市建设没有直接关系，城市只是政府机关的驻地，直接依赖乡村的供给[4]。本文将“商埠”定义为区别于中国传统模式的“新市区”。像商埠这样，由异质文化为母体，经过规划的商业新区建设，是一种被迫的“不可接受”模式。国人对于通商口岸的认识也经历了从排斥到接受，最后主动开放的过程。《申报》记载了人们对通商口岸的认识转变，及其带来的文化和制度发展。

“商埠”“通商场”及“通商口岸”三个关键词没有严格的区分，常在同一篇文献中交替使用。“通商场”一词最早出现在 1896 年，使用频率最低。“通商口岸”与“商埠”均在《申报》创刊之初就频频见诸报端，初期两者的变化趋势基本吻合，甲午战争之后形成一个次级高峰；1905 年之后随着自开商埠的增多，“商埠”使用频率陡然上升，远远超过“通商口岸”数倍，是政府选择的结果（图 1）。

1.1 发展脉络——城市国家意识的构建

各层级的规划只能在国家意志的控制之下才能开展。通过对《申报》的精读，可以得出

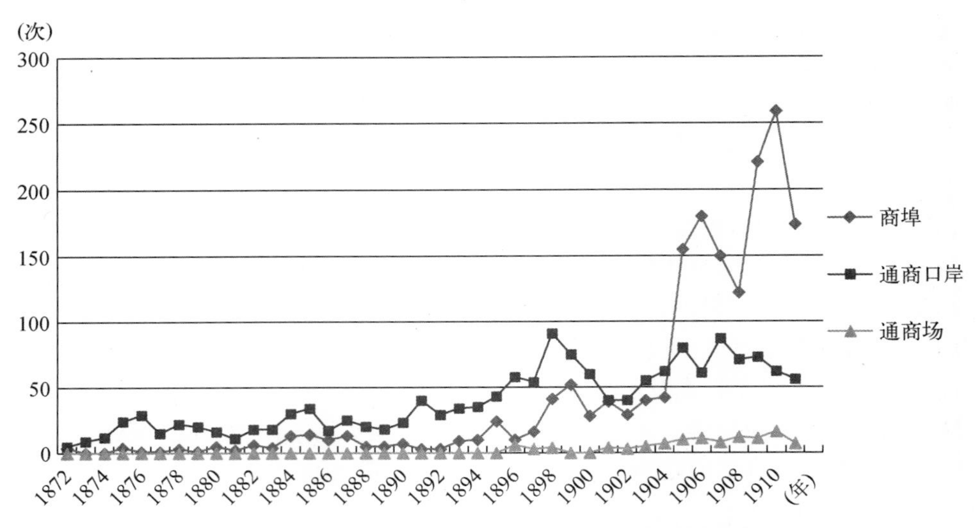

图 1　晚清《申报》"商埠""通商口岸""通商场"词频统计图

中国的国家意识正是脱胎于国人对商埠的认识过程之中，其发展脉络如表 1 所示。最初，基于靠天吃饭的小农思想，否定商埠的发展前景。其后，由于租界的建设成就，认识到商埠所带来的商贸、交通和城市建设进步。最后，在限制租界扩张的斗争中，逐渐认识到主权和外交的意义，确立为保利权主动开埠的方针，并由此形成开放和管理商埠的国家政策。这是一个由本土文化到新事物表象，再到新事物本质，进而形成宏观对策的认识过程。城市国家意识的构建，是中国近代工程建设的发动机。

表 1　《申报》反映的国家意识发展

日期	出处	内容	知识
1873-01-16	《论北方通商口岸》	通商口岸受到气候环境和交通条件的限制，无法兴旺	小农思想
1874-04-13	《西商闻开宜昌通商口谕》	国家得"轮船及关税之为利"，百姓"商贾得以扩充其业，农民得以宽裕其生""沪渎且无旷土隙地可见"，宜昌"二月之危路，可变为数日之坦途也"	商埠利益
1875-10-16	《论西人欲中国富强》	欧洲形式的变化影响了列强间的竞争以及他们对中国的态度，英国希望中国富强以牵制俄国；西人来到中国，悉心考察风土人情，随着租界遍布南北，中国各地的虚实也都尽付他人	国防外交
1890-08-15	《闻重庆通商喜而书此》	"若海禁不开，华人所见如井中之蛙"，盛赞洋人来华贸易之后所带来的商贸进步和交通发展	开埠通商
1893-01-28	《防侵占论》	提醒国人，洋人有逐渐蚕食中土的野心，且亦步亦趋不易察觉，暗喻日下租界的违约扩张	国家危机
1894-06-20	《接录中西交涉损益论》	记录中外交往中，中国在外交、商贸、军事、信息与文化方面与西方的不平等。西人来到中国，悉心考察风土物产、地形地貌、军事虚实等，而中国文人到西方则记载"山川人民风土乡俗及军政制造诸大事"	外交实况
1898-05-23	《吴淞通商论》	吴淞开埠洋人可由此深入长江腹地，但支持开埠并制定设防计划	国防与商贸并重

续表 1

日期	出处	内容	知识
1898-08-26	《阅报纪婪索无厌一则因论中国此时不如广开通商口岸》	各国向中国所要租界之事层出不穷，中国应防通商利权被他国控制而日渐衰弱，应广开商埠学习“西洋各国之新法、有益之政教”，且公共租界各国相互掣肘，避免所借国要挟而起战端	自开商埠
1898-11-24	《与客论通商口岸》	开埠带来的商贸利益、工艺进步及交通发展，但外人“出入我江海防之门户，朘削我亿兆姓之脂膏”为国之大害，“中国受害之源不在通商之示善，而在立约之未妥”	自开商埠以保利权
1905-04-23	《商约大臣吕尚书奏请速订东西通行律例以保主权而开商埠片》	以自主开埠保护治外法权和主权为宗旨，认为开放而不能保护主权则与失地无异。敦促清政府“整顿全局，订明东西通行之法律”以收回治外法权	收回治外法权，保护主权
1905-08-08	《袁督对于威海卫设埠之意见北京》	商埠位于华工出口之处，应注重保工事权	保护华工利益
1906-04-05	《拟饬新开商埠仿照津沪办法京师》	“商部与外务部会议，拟饬山东等省新开商埠之区，一律仿照天津上海先行章程办理”	商埠管理
1906-11-20	《会议开关各省商埠京师》	“政府拟即电商各省督抚，於沿江沿海及各处水陆通道酌量地势情形一律开通商埠”	开放商埠

1.2 相关章程——商埠建设知识的积累

由于中国对主权的认识逐渐清晰，对于租界扩张及侵权行为的抵制日益强健。开埠章程成为清政府限制洋人的盾牌，其内容的发展与国防、外交、主权、商埠建设及管理等息息相关。站在城市规划学科的角度来看，商埠章程的内容涉及规划建设和城市管理的知识。

如表 2 所示，至 19 世纪末，除了商贸规定之外，城市规划的相关知识次第出现。首先，建立自治制度、新区用地规划、运营维护及城市安防等新区建设的大构架，并在此基础上，与洋人展开以公共建设为标志的主权争夺。在清政府确立开放商埠、维护主权的策略之后，由于自开商埠的不断设立，形成了第二个知识积累的高峰。城市基础建设项目、建设限制、管理机构设置等知识首先出现，进而进入新区开发策略和国家层面的城市管理权责分配等宏观知识构建。可以说，形成一个区别于传统的城市建设与管理体系。

表 2　商埠建设及管理策略知识列表

日期	出处	内容	知识
1876-04-21	《琼州开埠章程》	各租界管理章程主要是对货物稽查和税收的规定	贸易知识
1897-06-21	《苏州关道陆观察拟办租地章程》	商埠管理机构除了道台和领事之外，还有由委员组成的洋务局和由绅董组成的勘地公所，在租金中抽提津贴及办公经费；商埠建设首先勘察地界，划分地块并编号分租；有经管官建市屋章程，方便放租收租、按季检查房屋是否损坏，并且划拨少量租金用于修理	自治制度、规划及建设管理

续表 2

日期	出处	内容	知识
1899-12-21	《照录岳州新订租界章程》	"通商各国商业工艺皆可照章租地建造屋宇、栈房""通商埠内不准搭盖草屋,并下等板房,恐易引火,致害别人。但凡盖造房屋,必先请巡捕衙总保甲核准方可兴工"	城市无分区、安防知识
1900-03-22	《续定上海公共租界章程》	首先明确华洋用地界线,若工部局占用华人地产,则需解决购地拆迁及迁葬坟墓等问题,不得穿越义冢,也不得随意填埋河道;其次明确公共建设的权责,不在租界内的水利道路等公共工程由中国地方官经管	主权意识
1901-02-01	《购地章程》	"私地由租地者将其租金交纳官局,由官局核定以若干成给原地主,而酌留若干供所开商埠内通沟渠、筑码头、修堤防、开马路及设立巡捕房等之用"	新区建设项目
1904-12-21	《续录湖南长沙通商口岸租界章程》	"通商界内,凡起造房屋必先请工巡局核准方可兴工,惟各种制造熔炼等厂不准在本租界西南叚内设立。……火油一物必须特准章程方可囤积"	建设限制
1905-05-07	《山东巡押奏济南城外自开商埠先拟办章程褶》	建设管理机构"一为工程局,专管筑路建厂及一切修造之事;一为巡警局……一为发审局……";基础建设项目为"筑马路、修沟渠、建衙署、设押所、立市场、开井泉、种树木"	城市建设及管理
1905-05-28	《工程处代造商埠房屋南京》	凡民间欲于商埠兴建中西各式房屋者均可投处报明估价兴工	城市建设及管理
1906-09-29	《电请黑龙江拆城开埠黑龙江》	因城外开埠耗费巨大,齐齐哈尔拟拆城垣以便城内外设立商埠	拆城开埠
1907-03-16	《条陈振兴内城事宜北京》	建设项目包括大商场、公家花园、戏院、电力公司、博物院	基础设施
1908-05-29	《添辟城门之策划》	绅商禀请拆城门以利交通商贸	开辟城门发展
1909-01-14	《筹议辟商场开套河之计画武昌》	借助川汉铁路、粤汉铁路的开通兴建商埠,并计划开河套为船舶避风	开发策略
1909-09-05	《各部分划管理商埠权限北京》	"其应行分由民政部所属民政司,及巡警道管办者,则为……公家花园、慈善事业、卫生、消防、营造工事等三十余项。应行分由农工商部及邮部所属劝业道经营者,为……组织工场以及电灯自来水电话邮便等共三十余项"	管理权则

总之,商埠的发展为城市规划知识的积累奠定了决定性的基础,国家发展策略、城市管理与运营、基础设置建设等知识,均于此起步。此外,在商埠的建设和管理中,清政府在严格控制的前提下,下放有限的权力给地方乡绅,以便维持商埠的日常运转。相对于古代中国没有城市日常管理机构的状况,这是一个极大的进步,也是西方民主自治与中国封建统治相结合的中间产物、中国自治制度的起源,直接影响到主权斗争及各项建设的展开。

2　马路

随着马路建设的普及，各大城市由单条道路的修筑逐渐发展为全城修路，马路的管理成为城市运营的重点，也是前述商埠所形成的城市建设与管理体系中最重要的子项。根据文献梳理和词频统计来看，1882—1892 年，《申报》大量刊登广告，导致词频激增，但在大部分报道中“马路”仅作为地名出现。1895 年，上海马路工程局成立，马路建设进入高峰时期，出现大量的马路工程局纪事，但由于马路工程局兼管社会治安，有很多社会案件的报道，对词频统计带来很大的干扰。可见，1895 年之后，“马路”使用频次的增加有多方面的原因。1905 年之后，自开商埠进入建设高峰，但“马路”的使用不增反降，主要是因为广告数量的减少，就文献内容来看，这一时期关于马路的报道没有减少(图 2)。

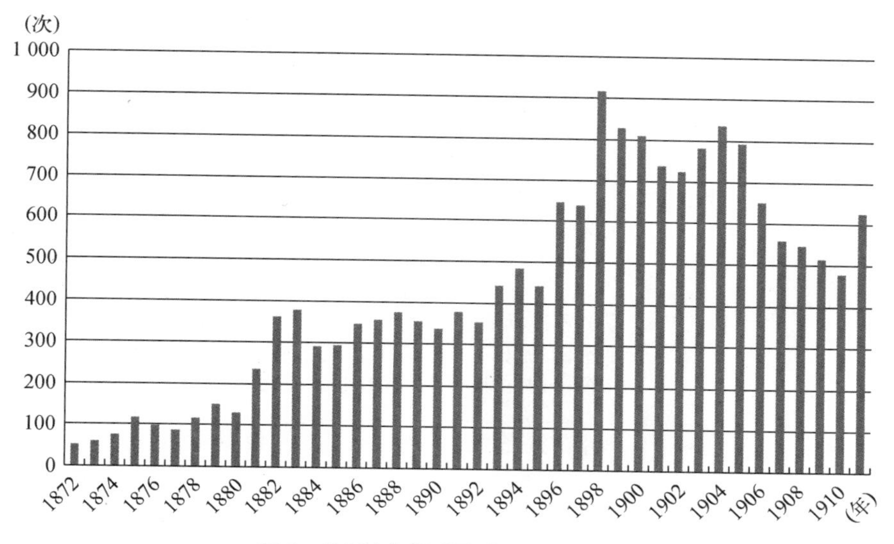

图 2　晚清《申报》“马路”词频统计图

2.1　城市管理与运营认识——路政体系的构建

1）马路的建设及使用规则的构建

近代城市管理实则由马路建设发起，关乎城市日常运转，属于城市管理与运营知识。如表 3 所示，马路的使用规则既包括靠右行驶、禁折树枝等文明行为，也包括公共卫生、房屋建设管理、城市功能分区等各方面的内容。其中，中国老城将街巷改为马路的工程，与新建商埠面临的问题不同，发展出以保障公共利益为目的的建设限制规定，包括现有建筑的退让及房屋建设的施工规则，有效地预防了沿街建设对马路的侵损。为了维护公共卫生，菜摊、马房、停车场等设施的配置，需要配合道路主次与功能的分级，形成朴素的功能分区意识。

最终形成的路政内容比商埠管理知识更加细化，包括公共卫生、基础设施建设、巡警治安、马路风貌及交通规则，涵盖了城市管理的各个方面。

表 3　马路建设及使用规则表

日期	出处	内容	知识
1873-07-16	《租界陈司马禁止中道行走告示》	—	公共规则
1878-05-22	《禁折树枝》	—	
1883-01-24	《车多碍路说》	菜摊统一安排位置，不可在道路两旁长期摆设，并应开辟停车场所	功能分区基础设施规划
1889-05-09	《整饬街道论》	提出两点建议，一取缔说书锣鼓，以保持街道安静；二迁出马房，以保持整洁与安全	
1902-07-11	《整顿街道示》	告示将水果摊、食品摊一律移至内街	
1895-09-01	《洁治街衢》	禁止行人当街抛撒垃圾	公共卫生
1897-10-29	《委员清道》	勒令居民不可随意倾倒垃圾，否则立即拘捕	
1909-05-19	《清道规则》	街道须每日洒水两次	
1898-05-29	《禁毁马路》	业户建设房屋在马路上遍围篱笆并任意掘损，道宪拟防租界章程，凡建设房屋者必先呈报，并限期四月内完工	建设限制与管理
1898-06-07	《禁毁马路》	起造房屋须报建并在四月内完工，修建过程中"特示计开一打笆，占用公地不得逾二尺四寸。工竣拆卸后，各将地面照原式铺平，收拾干净。一竹笆之外不准堆积木石砖瓦沙泥等物以及工作，违者传匠头到局议罚。一竹笆及所搭木架应照原限完竣日期一律拆卸清除。逾限不拆，倘逾一天，罚银一两"	
1898-07-12	《示谕拆屋》	南市欲修内街马路，以与外滩马路共同维持市面繁盛，示谕侵占马路的店面拆除占街的部分	
1898-08-01	《不准挖泥》	禁止在马路椿木周围挖泥，以防损毁路基	
1900-09-24	《整顿街道》	翻新房屋须退让一尺，不准侵占马路	
1898-01-20	《沪南新筑马路善后章程》	门前不准堆积杂物及污秽、不准倾倒玻璃碎碗等尖锐物；不准当街大小便，当择地设立坑厕；店铺招牌至少离地七尺、离店二尺之内，各家门前不准装修界石阶梯蓬幔及一切有碍行人者；修造房屋有损毁马路沟渠者应出资修整	路政
1911-01-22	《条陈整顿路政之意见》	由地方公益研究会提出，包括筑路材料、统一停车、交通规则、路灯等设施、巡警治安及一项填河筑路建议	

2）城市建设与管理机构的肇始

路政内容的构建与保护路权的斗争相辅相成。1909 年 3 月 8 日《工部局不认买地筑路为违约》记载，工部局不以购地筑路为违约，并声称对于所筑道路有管理路政之权。这种筑路即可获得"领地"的逻辑，致使洋人对中国主权、警政、路政随意侵犯，甚至影响了华界马路的建设。为抵制洋人侵略，清政府多用抢筑马路、章约限制及用地限制等手段。其中，用地限制包括阻止洋人购地筑路及限制转卖道契，但地方官对道契管理极为混乱，且惧怕洋人滋事，常常对界外租地采取默许的态度，不能有效限制洋人①。因此，抢筑马路这种实际的争夺成为华洋之间的主战场，马路管理制度和机构的支撑变得尤为重要。

在中国传统官制中，没有相应的城市管理机构，处于摸索时期的晚清运营形式非常多样，包括政府机构、民间组织和商业公司。地方绅商积极地跻身地方政务管理的行列，纷纷成立自治团体，倡办公益工程[5]，如镇江绅董组织维镇公司，专办筑路事宜，成为近代修筑和维护马路的特殊机构②。

除了民间力量的参与之外，马路工程局所代表的官方管理，也在不断地调整和改革。随着城市管理机构的细化，警察局从工程局中独立出来。但立即就造成路政管理不力，因而两者分和不定，各地机构设置情况不一。用警察来管理路政的体制经历了与各类机构的权责纠纷之后，才逐步得到确立。清末新政之后，中央政府对马路建设表现出一些松散的管理，从国家到地方的城市建设管理机制已经初具雏形(表 4)。

表 4　马路管理机制演变表

日期	出处	内容	知识
1905 - 08 - 24	《总办马路工程局候补道沈琬庆上江督节略》	认为工程局的工作开展不力，是因为巡警独立成为一局，与工程局没有从属关系，致使车捐的收取和道路的维护不能依靠警力，日常费用不足且管理不灵	路政的开展需依靠警察
1905 - 10 - 27	《上海县城厢内外总工程局简明章程》	表明总工程局已经开始统辖城厢内外警察的一切事宜	路政与警政机构合一
1908 - 11 - 09	《江督注意清道卫生南京》	清理由马路工程局归巡警路工局管理后，运作失灵，嗣后凡省城各路巡警路工卫生队归路工局管辖	路政的开展需依靠警察
1907 - 06 - 08	《苏省巡警总局详扶宪文(马路以外未便归商务局管理)》	苏州巡警局与商务局对于马路及周边地面的管辖权责交错不清	路政、警政纠纷
1908 - 10 - 18	《城外巡警改归总局管辖苏州》	城外巡警本归农工商部管辖，事权混乱，现今议定农工商部下设马路工程局管理收捐，而巡警总局统管城内外警政	路政、警政纠纷
1908 - 09 - 29	《民部查核各省马路工程北京》	民政部饬下各省督抚转饬承办人员，今后凡有马路工程均将占地多少、做法钱粮绘制图帖呈报立案	国家路政管理
1909 - 05 - 06	《部饬划清租界路线》	外务部饬令地方官在租界交界处订立界石，以免筑路交涉，并将租界地图测绘送部查核	国家路政管理

2.2　工程建设认识——马路对城墙、河流、义冢的规划越位

租界的马路建设对华人的激励作用无需赘述，但是由于文化制度的差异，中国的马路建设并非毫无阻力。吴淞马路初筑之时，有乡民以破坏风水及占用坟茔为由反对。几番斗争

之后，各国领事皆知中土民情难犯，取道回避村舍房屋及墓地，马路建设才顺畅起来③。

当马路的发展需求与城墙的卫护功能相冲突时，拆城筑路成为一个全民议题。1906年2月3日《禀道核示拆城事宜》首次以怀疑的态度报道上海拆城筑路的提案，其后引发热烈的争论。赞成拆城者援引京城铁路入城和天津拆除城墙的前例，论述马路建设的必要性，且拆城得到泥沙砖石等工料及建设用地，节约成本；而反对者提出开辟城门修筑马路以维持老城内外分界的折中方案④。在争议的过程中，《申报》刊登了面向全民的征文，1906年6月19日《上海拆城议征文》包括拆城的利弊、拆城方案及工料土地的处理与利用、城河驳岸的处理、城内警政卫生问题，并要求绘图说明。尽管添辟城门即破坏城墙的连续性，又阻碍商贸和交通的发展，最终上海还是采取了开辟城门的办法。其他城市策略各不相同，没有形成统一的认识（表5）。

表5　马路与城墙

日期	出处	事件
1906年	1906-09-02《禀请拆毁城垣镇江》、1906-10-22《拆城筑路案奏请严究京师》、1906-10-23《镇江官绅协议抵制拆城筑路事镇江》	反对拆城筑路及开辟城门
1909-08-02	《粤省拆城筑路之先声》	督抚同意拆城
1907-06-02	《新辟城门落成武昌》	添辟城门

这次拆城与否的争议中，双方争论的要点不再是体统和风水等问题，而是从工程成本、卫生治安及防卫等实际功能出发，是工程建设知识积累的结果。

在马路用地困难的情况下，华洋两界均有填河筑路及迁葬义冢的提议。1907年，总工程局为防止法租界继续越界筑路，提议在同仁辅元堂义冢处填河筑路，与上海绅董发生争论，但总工程局执意推动马路的修筑⑤。京江公所与总工程局之间分别登报声明：1908-09-22《总工程局上沪道禀（为京江公所义冢余地事）》记载，总工程局恐人人效仿公所与马路争地，请为沪道公示下不为例；1908-10-09《上海京江公所保全义冢广告》记载，上海京江公所绘图说明筑路占公所义冢地亩之无理与不必要（图3）。

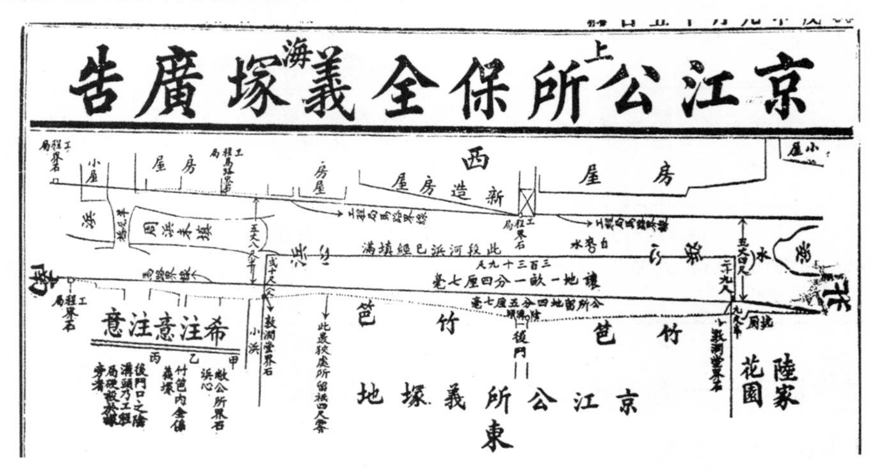

图3　《上海京江公所保全义冢广告》

城墙、水系等传统规划要素仍然具有一定影响，但是，义冢不再是马路建设不可触碰的高压线。几次事件表现出一个共同的特点，即城市建设的公众参与性增强，并且图纸表达成为普遍的工程语言，得到法中的认同，表现出近代城市规划活动的雏形。

3 公园——近代的“科教文卫综合体”

中国自古既有借助自然地势的城市景观，每逢传统佳节，人们均有外出游憩的习俗；官商大户内宅花园的建设也有深厚的传统。因此，西方人建设“公园”并以其为载体举行各种公共活动，并没有受到中国社会的排斥。近代时期，“公家花园”使用时间较早，而“公园”一开始多用于地名，多为对国外公共事件的报道；1906 年，中国进入公园建设的高潮，“公园”用量陡然激增，同样是一个政府选择的结果(图 4)。

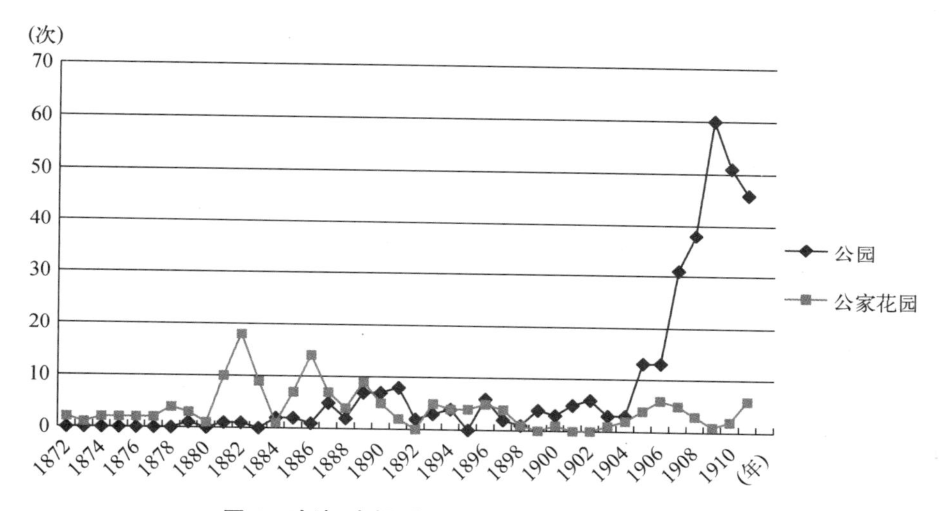

图 4 晚清《申报》“公园”“公家花园”词频统计图

上海租界公园的开放时间不晚于 1868 年[6]，公园的使用条例在西方一直都有成例，1875 年 11 月 11 日《花园增设鱼沼》中说明香港花园的使用规则是“禁吊、勿采摘、勿践草地、勿呼吸烟火”。中国传统城市缺乏公共性的构建，因此并不理解城市公共规则。把采花看作一种有情趣的文化传统，致使公园的使用受到极大挑战。1874 年 8 月 22 日《采花薄谴》记载违规采花的人数众多，终致“犯禁采摘者殆无虚日，捕头厌之”。外滩公园一度禁止华人入内，也刺激了华人对城市公共规则的认识。

《申报》最早出现“公园”一词是出自 1879 年 3 月 31 日的《纪长崎博览会事》：“有公园一所……内有寺院、茶寮、酒馆。”长崎公园的功能与中国传统城市胜景非常接近，此后诸多关于各国公园举办宴会、集会的报道以及对西方城市公园的介绍，逐渐将公园承载的公共功能引入中国。1889 年 7 月 16 日《味莼园续纪》系统地向中国人介绍了西方园林的建设意图：“因考泰西治园之用意，乃为养生摄身起见。”西方公园以亲近自然、养生摄身之道为主，因而常常采用“地面几及千亩”的绿地。公共卫生是近代公园最早形成的功能之一，大多有卫生陈列所的设置，并逐渐由卫生防疫需求发展出对城市绿化的认识。

其后，人们逐渐认识到公园的诸多益处，清政府也开始大力提倡公园的建设。1906 年 7

月 29 日《粤督准设公园札文》详细概括了公园对于政府和人民的益处，包括卫生、开民智、商务、财政四项，并论述了公园经营和管理的办法。1906 年 11 月 29 日《鄂督择地创办公园武昌》报道："文明各国，愈繁盛之区愈注重公园，京师巡警部日前特通咨各省，从速兴办。"由此掀起全国公园建设的高潮，各类公益会组织也相继提出兴建公园的计划[6]，公园的建设成为社会公益项目。公园亦逐渐发展成为承载城市公共功能的重要空间，并被进一步扩大为科教文卫的综合体，包含公共活动、避灾和历史保护等多重功能（表 6）。

表 6　公园功能一览表

日期	出处	功能	知识
1888 - 09 - 21	《论公家花园》	提出华人自行修建公园的倡议，并设讲堂以宣扬忠孝廉洁之风	教化
1906 - 12 - 05	《派定展览会执事员天津》	劝工博览会	公共活动
1907 - 04 - 20	《天津公园之布置天津》	工厂公学、水族馆	
1910 - 06 - 29	《土木建筑之模型》	商场、教育品制造所、教育品参观室、茶阁、劝工陈列所、音乐传习所、直隶学务公所、学会处咨询局、藩臬公所、抛球房	
1911 - 06 - 21	《呜呼种植试验场扬州》	种植试验场	
1906 - 04 - 24	《旧金山地震巨灾续闻》	"无家可归之民，贫者富者皆暂聚处于公园及各空地"	避灾
1910 - 07 - 21	《一设立公园及保存古迹案》	将园林荒基改建公园，并就近保护古墓（梁秒严公主墓）	历史保护
1910 - 12 - 09	《伟哉陈忠愍遗迹之保存太仓》	宝山绅士拟立陈忠愍公殉难处纪念亭并设公园保护	

随着城市公共生活的构建，清末城市发生了彻底的改变。1907 年 1 月 10 日同一版面刊载了两则消息，《开放禁地纪闻北京》："北京天坛以东先农坛以西空地甚多，而与两坛附近之处又均在封禁之例。闻政府现拟将禁地开放，并将附近之空地择其与街市附近者，兴筑市场，其离街市太远者，即招民耕种森林或作为桑田，将来以田产所得之利，充街市一切之经费。"《东堤振兴商业广东》："以现在公园勘定基地归入堤工局开辟马路、兴市造屋，以便商民而兴商利。"在清末，北京与广东一个是全国政治中心，一个是对外贸易中心，城市职能和地理位置差异巨大，但是都在进行公益建设以兴商利，城市已不仅是政治中心，还是兴利于民的经济中心，注重民生和经济效益。

4　结论

中国人的近代城市规划认识始于租界的系统建设。西方列强为打开东方市场并获得"超额利润"，引入西方城市建设模式，进行租界商埠建设。在与列强的不断摩擦中，国人逐渐认识到国家意识的存在和意义，并将城市建设作为与洋人对抗的手段之一。在这一过程中，自治制度逐渐酝酿，近代城市建设与管理构架初露端倪。商埠建设对于城市规划知识积累的作用，更多地反映出城市规划与社会制度相关的部分。

马路作为城市建设中最重要的一环，其建设和维护过程细化了城市管理与运营机构，构建了路政的管理范畴，并向民众传播了工程建设知识。可以说，马路在城市规划知识的生成过程中，与商埠是一脉相承的，起到承上启下的作用。同时，马路作为将新市区建设导入清末老城改造的载体，促成了风水观念的转变、城市规划要素的更替，并确立了文明的现代生活模式。绅商阶层对路政管理权的诉求，促进了自治制度的不断发展，加速了城市性质的转化。

公园传入中国后，经历了公共规则的构建、城市公共功能的引入，逐渐成为城市公共生活的主要空间载体，综合文体、科教、卫生等传统城市缺失的公共功能，是城市由专治走向民主的标志。这一系列的转变，并不是公园这一项建设可以完成，而是建立在商埠和马路的认识基础上的建设。

无论是商埠、马路还是公园，均不是单纯的对其存在的接受，还包括使用规则及城市文化的接受和认识。综上所述，知识体系的成形需要两个支撑，一个是技术的进步和理论的前行，一个是观念的转变和规则的构建。

[本文为国家社会科学基金“近代中国本土城乡规划学演变的学科史研究”(14BZS067)、国家自然科学青年基金“政经视野下重庆近代城市行政变迁与规划变革的历史研究”(51508429)成果]

注释

① 1909-01-12《防范洋商购地筑路》记载，不准私售洋人土地；1907-06-14《沪道致上海县函(为浦东路政事)》记载，先行购地以防洋人得地，丧失路权。1909-12-02《江苏议员潘鸿鼎说明租界外民地买卖停转道契案之旨趣》、1910-05-07《呈报议决租界外民地买卖停转道契案》记载，清政府停止买卖道契。

② 1906-11-25《议设公司开河筑路镇江》、1907-06-15《镇郡绅董组织维镇公司镇江》。

③ 1873-01-13《论陈司马会县续勘吴淞马路工程事》记载，乡民以破坏风水及占用坟茔为由反对马路建设；1875-02-11《记江湾筑路滋事》记载，寡妇以筑路填沟影响自家祖坟风水为由，指使众人殴打洋工；1874-05-04《法界构衅杀人放火形》记载，四明公所反对侵占义冢筑路聚众抗议，焚毁法界房屋，发生冲突致人死伤。

④ 1906-03-29《议毁上海城垣说》、1907-03-10《议定添辟城门》、1907-05-10《苏抚批准添辟城门》、1908-05-29《添辟城门之策划》、1908-08-02《江督批准缓议拆城》、1908-09-06《辟门筑路之阻力》、1909-03-16《沪道批准添辟城门》。

⑤ 1907-09-30《西门外绅商请辟马路》、1908-03-26《西门外迁冢筑路问题》、1908-09-17《法公堂景谳员上沪道禀(为察勘京江公所事)》、1908-09-19《沪道亲勘京江公所义冢余地》。

⑥ 1907-05-03《地方公益研究会第十次常会》、1907-05-21《公益会组织公园之计画》。

参考文献

[1] 李仲明. 报刊史话[M]. 北京：社会科学文献出版社，2011：15-18.
[2] 闻学. 经济新闻评论：理论与写作[M]. 武汉：武汉大学出版社，2007：105.
[3] 邱均平，王曰芬，等. 文献计量内容分析法[M]. 北京：北京图书馆出版社，2008：14.
[4] 吴松弟. 二十世纪之初的中国城市革命及其性质[J]. 南国学术，2014(3)：60-75.

[5] 刘子扬.清代地方官制考[M].北京:故宫出版社,2014:53-57.
[6] 王云.上海近代园林史论[M].上海:上海交通大学出版社,2015:332.

图表来源

图1、图2源自:笔者绘制.
图3源自:爱如生申报数据库.
图4源自:笔者绘制.
表1至表6源自:笔者绘制.

21世纪西方规划史研究者的身份变迁与学术活动

李恩增　曹　康

Title: Western Planning History Researchers' Identity Transformation and Academic Activities Since 21st Century

Author: Li Enzeng　Cao Kang

摘　要　本文选取西方规划史研究的两大学术组织，即国际规划史学会(IPHS)和美国城市与区域规划史学会(SACRPH)，以及两大学术期刊《规划视角》(*Planning Perspectives*)和《规划史期刊》(*Journal of Planning History*)作为研究对象。本文从学术思想的角度出发，运用历史和逻辑相结合、定性和定量并重的方法，将西方规划史置于西方史学研究转变的背景中，对21世纪IPHS和SACRPH年会的会议主题、举办地点、参会人员和会议成果，及运用文献计量学方法对其主要期刊《规划观察》和《规划史期刊》的文献外部特征及文献内部特征进行定量定性分析，从侧面探寻西方规划史关注重点的演变规律。然后，结合其内部逻辑与外部语境描述，揭示了该学科研究主客体"本土—国际—事件—文化—未来"的演变特征，并得出结论。最后，结合中国城市规划史研究现状，探讨其演变特征在组织建制、研究范围及研究方法等方面对国内研究的借鉴和启示。

关键词　西方规划史；期刊文献；IPHS；SACRPH；规划视角；规划史期刊

Abstract: This article selects the two major western planning history academic organizations IPHS and SACRPH, two major academic journals PP and JOPH as this research object. From the perspective of academic thinking, using the combination of history and logic, paying equal attention to both qualitative and quantitative method, setting the western planning history in the western historiography research background, this article analyzes IPHS and SACRPH annual conference theme, place, attendees and the outcome, and using the method of literature metrology to its main journal *Planning Perspectives* and *Journal of Planning History*, analyzes literature external characteristics and interior characteristics into quantitative analysis and qualitative analysis, then explores the evolution of the western planning history focus from the side. Then, combining with its internal logic and the external context, this article reveals the evolution characteristics of discipline re-

作者简介

李恩增，浙江大学区域与城市规划系，硕士生

曹　康，浙江大学区域与城市规划系，副教授

search subject 'home-international-event-culture-future', and draws the conclusion. Finally, together with the present study situation of Chinese planning history, the organization establishment, research scope and research method, are discussed for reference.
Keywords: Western Planning History; Periodical Literature; International Planning History Society; Society of American City and Regional Planning History; Planning Perspectives; Journals of Planning History

1 引言

2011 年,城乡规划学被列为一级学科,已受到社会广泛认可,相应的规划史学科被列为二级学科,也开始得到学术界的重视,与学科发展密切相关的学术组织和期刊建设也随之步入一个新的发展阶段。2012 年,中国城市规划学会-城市规划历史与理论学术委员会在东南大学成立,标志着国内对规划史的研究已经开始出现专门机构。但国内仍未出现规划史研究的专门期刊,《城市规划学刊》《城市规划》《规划师》等综合性期刊也未设置规划史专栏,规划史学科以及期刊的建设仍然有待完善。与此同时,西方规划史研究从 20 世纪七八十年代开始[1-2],已经取得了显著的进步,成立了专门研究规划史的学术组织,涌现出大量关于规划史的学术专著,同时也建设了规划史研究期刊[3-4]。因此,对西方规划史研究者进行分析研究,对我国规划史的学科建设有重要的借鉴意义。

对于"规划史研究者",笔者认为有三个层面的含义:规划史学术组织、规划史研究期刊、规划史学者。因此,本文也以这三个不同层面的"研究者"为研究对象。

学术组织:国际规划史学会①(International Planning History Society, IPHS)和美国城市与区域规划史学会②(Society of American City and Regional Planning History, SACRPH)是西方规划史界两大学术组织。本文通过研究官方网站的数据,以及历届会议的论文集,或者会议报告的主题,看出规划史研究趋势的变化,以及研究者身份的演变。

学术期刊:《规划视角》③(*Planning Perspectives*, PP)和《规划史期刊》④(*Journal of Planning History*, JOPH)是两大规划史权威期刊,PP 从 1986 年创刊至今,已经发行至 32 卷,共计约 600 篇文献;JOPH 发行年份为 2002 年,现今已发行 16 卷,总共 250 余篇。本文对 2000 年以来的历年期刊论文主题和作者身份进行统计与分类,并从中总结西方规划史研究的特点。

研究学者:本文针对的是英文类期刊与英语世界中的学者,故将研究学者视为英文期刊 PP 和 JOPH 中的论文作者。

2 学术组织

2.1 国际城市规划史学会

1) 学术年会

IPHS 学术年会从 1977 年第一届至今,已举办 16 届。从最开始没有明确的会议主题,到后来每年一个主题;从最开始在英国,到后来在世界各地的城市举办;从最初的几十人,到后来的三百余人参加,IPHS 学术年会无疑是规划史研究领域的一大盛会。

与20世纪晚期的IPHS学术年会相比，步入21世纪以后，学术年会的议题在视野上有明显扩大，如2000年的议题是“全球化”，2006年是“规划思想的跨国传播”，2014年是“全球范围内的可持续发展问题”。学术年会的举办地点越来越多被设在发展中国家。从1977年第1届到1998年第8届学术年会，除了第6届是在中国香港，其余全部在发达国家。而2000以后，学术年会在印度（2006年）、土耳其（2010年）、巴西（2012年）均有举办，并且在芬兰（2000年）、荷兰（代尔夫特）（2016年）等欧洲国家也有举办。这一方面与IPHS的创办人员及成员的国籍变化有关，也与城市规划的缘起特点与发展阶段特点有关。发展中国家不仅具备了举办大型国际学术会议的能力，也更积极地参与到全球范围内的规划史研究中来[5]。

同时，随着IPHS学术年会相继在拉丁美洲及亚洲国家召开，逐步实现国际性并力求关注规划的世界史，因而所选议题的地域性更强，充分结合举办地的规划史特点。如第11届学术年会结合巴塞罗那的地域文化特征，分析文化、历史、理论和政策的关系；第12届学术年会结合新德里的规划历史特点，以规划思想传播为议题；第13届学术年会以“芝加哥规划方案百年纪念”为出发点，探讨公共规划与私人开发的关系；第14届学术年会以东罗马帝国首都伊斯坦布尔转型为“欧洲文化之都”为背景，探讨全球范围内的城市转型经验。

21世纪之后，IPHS会议主题范围逐渐扩大，子议题亦更加丰富，关注的不仅仅是过去，更关注现在和未来，规划史的研究范围逐渐模糊，且体现了更明显的学科交叉性。随着互联网的不断发展与各国经济文化的深入交流，规划史研究将不受时空的限制，会议的举办地点也会更加多元化。

2）优秀学术专著

关于规划史的学术专著每年层出不穷，本文选取历年来在IPHS学术年会上获奖的作品来分析，共计16部，按学术专著的研究主题分为三类：A类，即全球范围内城市规划经验的总结与回顾；B类，即特定国家和地区的城市规划模式研究；C类，即单个城市的规划案例研究（表1）。

表1　历年IPHS学术年会获奖专著分类

类别	年份	专著标题	类别	年份	专著标题
A	2000	《变化中的城市规划：20世纪规划经验》	B	2010	《都市国家：澳大利亚的规划遗产》
A	2002	《规划21世纪：以发达资本主义世界为例》	B	2013	《荷兰新世界》
A	2006	《20世纪首都城市规划研究》	C	2004	《后“文化大革命”时代的北京城》
A	2006	《文化、都市主义和规划》	C	2005	《本土现代性：建筑与城市主义的较量》
B	2002	《日本城市发展与规划：从江户到21世纪》	C	2006	《城市之美的政策：纽约艺术中心》
B	2001	《1850—1950年的拉丁美洲首都规划》	C	2008	《拍卖纽约：当社区规划遭遇全球房地产市场》
B	2007	《异域现代化：建筑、城市和意大利殖民区》	C	2013	《释放亚特兰大：政策规划控制下的城市蔓延》
B	2008	《进化中的阿拉伯：传统、现代和城市发展》	C	2013	《清除贫民窟：公共住房与社区清理政策》

由表1可以看出，刚刚步入21世纪之时，出现了大量对20世纪的规划史进行总结与回顾

的研究。这不仅仅是为了总结之前的经验，更是为了应对21世纪新的挑战而进行的准备。

2.2 美国城市与区域规划史学会

1）学术年会

SACRPH学术年会没有明确的主题，在会议上可以讨论与规划史有关的任何话题，而且不同的话题讨论在不同的区展开，但讨论的重点仍有取舍，一般讨论规划史领域与经济、文化等方面的关系。从2001年的第9届到2015年的第16届，共有8次会议。

SACRPH学术年会的一个显著特点是，每一届学术年会的议题都要跟举办地密切结合，涉及举办城市的建筑、景观、规划、地理、文化等方方面面。故每一届学术年会都在美国不同的州举办，目的是为了避免重复研究。另外，有关城市规划中的"种族、阶级、性别与性问题"已经成为每届学术年会必涉及的议题，这不仅说明学术界越来越关注社会边缘群体的利益，同时也表明，在美国自由民主的氛围之下，种族平等、阶级平等、女权主义、性解放，这些已经成为一种"政治正确"。

2）优秀学术专著

本文选取步入21世纪以后，历年来获得"路易斯·芒福德奖"的学术专著共14部进行研究。这代表着SACRPH学术年会研究的较高水平，也颇具代表性。按研究主题分类，将这14部专著分为以下几类：A类，即城市环境、空间与景观；B类，即城市经济、产业与政策；C类，即城市居民、文化与生活（表2）。

表2 历年SACRPH学术年会获奖专著分类

类别	年份	专著标题	类别	年份	专著标题
A	2003	《乡村推土机：郊区扩展与美国环保主义的兴起》	B	2013	《爱德华·培根：规划、政策和现代费城》
A	2009	《城市自然：生态视角和美国城市（1920—1960年）》	B	2013	《阳光地带：凤凰城与美国政策转型》
A	2009	《纽约的过去与将来：历史街区与现代化都市》	C	2005	《美国市中心：场所与场所使用者的历史》
B	2001	《市中心的繁荣与衰落：1880—1950年》	C	2007	《城市中的马：19世纪的活机器》
B	2001	《政治地带：华盛顿，从滨海小镇到世界都市》	C	2009	《灾后蓝图：芝加哥公共住房解读》
B	2007	《芝加哥规划：丹尼尔·鲍曼和美国城市更新》	C	2011	《欲望都市：性解放运动与现代旧金山的形成》
B	2013	《城市保险：保诚中心和战后城市景观》	C	2013	《家门口的规划：炸弹工厂和威楼峦社区》

所有专著均是对美国城市规划史的研究。与IPHS相比，SACRPH学术专著的国际化水平较弱，但是对规划史研究角度的切入有所创新。例如，《城市中的马：19世纪的活机器》一书，通过研究19世纪城市中最重要的交通工具马车，阐述与马有关的所有产业与文化，可谓见微知著[6]；再如《欲望都市：性解放运动与现代旧金山的形成》一书，通过分析旧金山城市色情服务业的空间布局组织与演化，阐述性交易市场对旧金山城市空间结构的影响[7]。

3 学术期刊

期刊是学术研究成果的重要载体，分析"开本""发行方式"及"期刊容量"等文献外部特征的目的在于考察期刊信息量的变化。而考察期刊信息的内容与特点，则需要对期刊内部的文献进行深入分析研究。本文选取《规划观察》与《规划史期刊》两大规划史研究重要期刊进行分析。

期刊内部的文章主要分为：社论（Editorial）、论文（Articles）、随笔/杂文（Essays）、书评（Book Reviews）、会议报告（Conference Report）五大类。其中论文（Articles）内容详细，而且最能体现各个学者的研究内容与方向，最具有代表性，期刊的发表也有规律性，形式规范。故本文选取占据 PP 和 JOPH 期刊近 80%版面的 Articles 类文献作为研究对象，并从四个不同的维度进行分类与统计。

3.1 基于文献类型的分类与统计

文献类型虽然与研究主体并无明显关系，但是通过其叙事方式的变化，可以看出背后所存在的问题。正如媒介理论家马歇尔·麦克卢汉⑤的著名理论“媒介即信息”所说，媒介本身才是真正会对社会产生变革作用的讯息，它通过影响我们的思维方式、思考习惯而起作用[8]；因此，规划史叙述方式的转变，也反映出学者们的视角与思维方式的变化。文献分为四大类（表 3），统计结果如图 1、图 2 所示。

表 3 文献类型（文体）分类

文献类型	简介
回顾与总结类	叙述综合，时空跨度广，包括某个规划模式的总结归纳，规划史学科发展的回顾与展望，某个城市发展史的介绍
思想理论研究类	理论性强，主要包括各种规划理论的研究，对某项科学技术的研究，以及跨学科交叉研究
案例分析类	内容针对性强，详细介绍规划实践案例，包括某项政策、某个运动、某次事件等
传记类	文体特征显著，包括规划师人物传记，某规划机构或组织的发展，某个学术团体的发展等

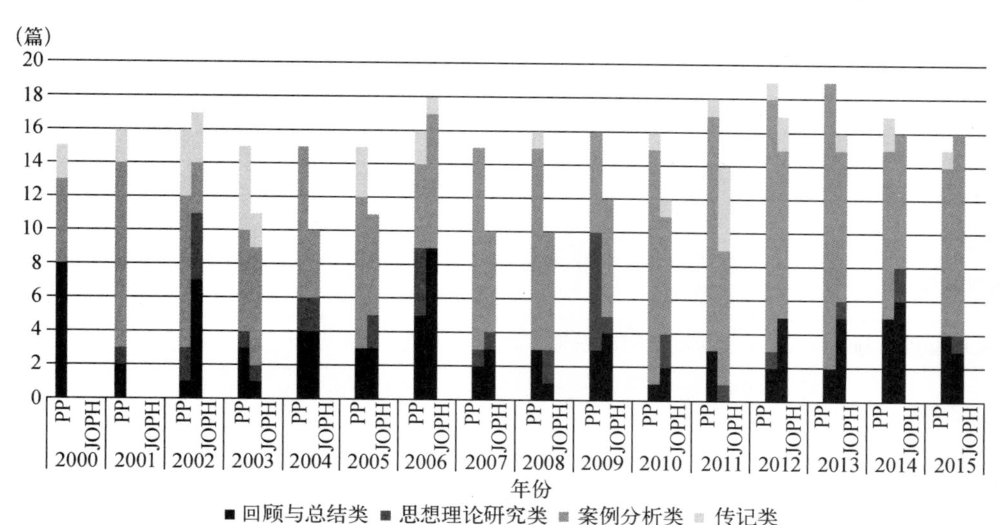

图 1 基于文献类型的分类统计

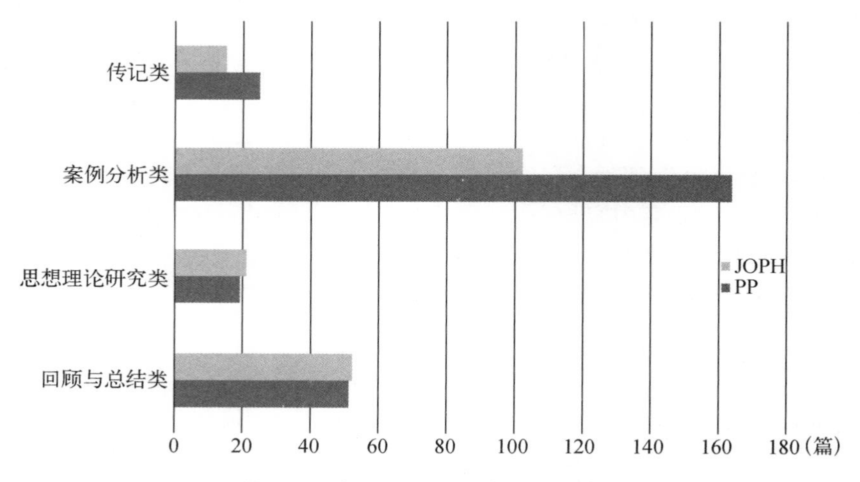

图 2　PP 与 JOPH 文献类型对比统计

总体来说,案例分析类文献是期刊论文的主要形式,特别是在 2007 年之后,更是占文献数量的绝大多数。回顾与总结类文献只在特定的年份数量较多,例如 2000 年的 PP 和 2006 年的 JOPH。笔者认为,2000 年处于世纪之交,出现了大量回顾与总结 20 世纪全球规划经验的专著,而当年的 IPHS 学术年会主题为"全球化中的城市——过去与现在",故回顾与总结类文献较多;而 2006 年是 SACRPH 成立 20 周年,有关于学科发展、美国城市规划经验的总结,故会出现大量回顾与总结类文献。其他两类在数量上变化不大,传记类数量的起伏可能与重要人物或研究者的离世有关。

3.2　基于文献主题的分类与统计

关于规划史研究内容的分类标准,在已有的相关研究中,不同学者持不同的观点,例如安东尼·萨克利夫(Anthony Sutcliffe)将规划史研究内容划分为八个大类[9],曹康将其划分为十个大类[3],而史舸则将其划分为四个大类[10]。本文结合规划史和规划实践与城市有关的方面,将文献的主题分为十类(表 4),统计结果如图 3、图 4 所示。

表 4　文献主题分类

文献主题	简介
制度政策法规	包括对规划产生巨大影响的某部法律的分析,对某项规划政策的解读,以及对相关规划管理制度的介绍
规划师、组织机构	主要介绍规划师生平、规划组织或规划团体的形成发展历程、规划部门的组织运行机制等方面
城市基础设施	主要包括城市交通设施、医疗卫生设施、城市市政工程规划等方面
城市空间与景观	以研究城市的外观为主,包括城市肌理、城市建筑、城市景观、城市环境保护、郊区或乡村景观研究
城市开发与旧城改造	包括城市新区的建设、战后城市更新、城市传统街区的现代化改造、老城区与新城区的共存问题

续表 4

文献主题	简介
社区与住房	主要研究城市住房，包括保障房建设、住房政策、房屋租赁与居住地搬迁等问题
经济与产业发展	主要包括房地产市场研究、城市经济发展与产业布局、全球化和国际分工、居民收入与经济状况等
城市社会文化	主要包括城市贫富差距，种族、性别歧视，民俗、教育、意识形态和宗教研究，规划的公共参与等
城市综合类	主要包括城市化进程、某个城市整体的发展史、某个综合区域规划，以及某个国家所做的国土规划
规划史学科本身研究	属于规划史学史研究，主要介绍规划史目前的研究热点，规划史学科发展方向，规划史专业教育动态

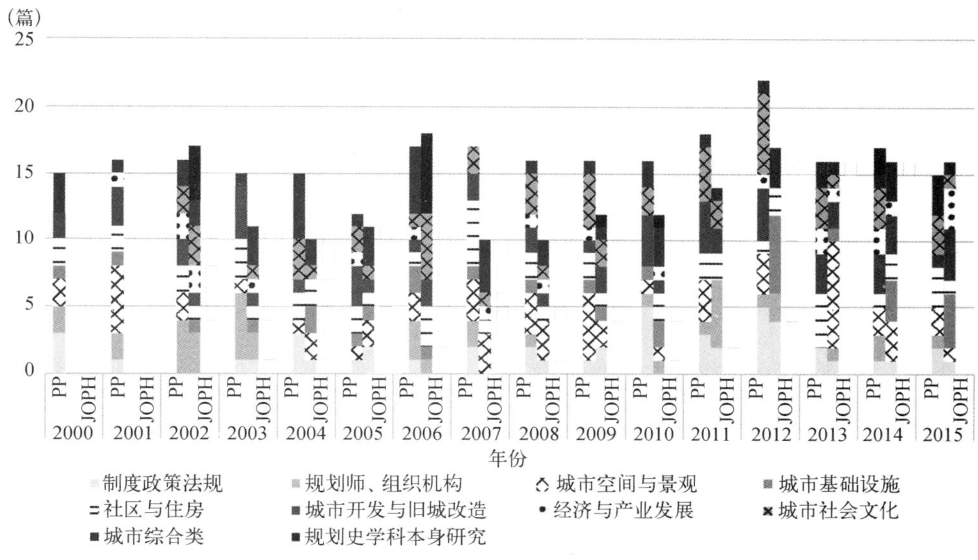

图 3 基于文献主题的分类统计

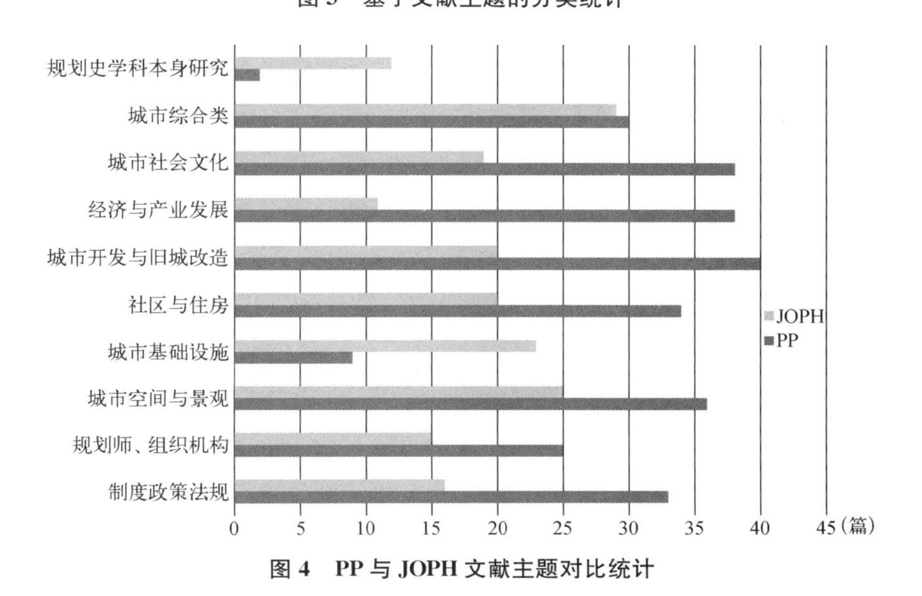

图 4 PP 与 JOPH 文献主题对比统计

由统计数据看出，PP 主要的研究主题是城市开发与旧城改造、城市社会文化、经济与产业发展；而 JOPH 主要的研究主题是城市综合类、城市空间与景观、城市基础设施。相比较而言，PP 的研究内容较为综合，JOPH 的研究内容较为具体。相对于中国规划史的研究，西方规划史期刊比较注重平衡，一般来说，每一年的期刊文献涉及的主题都比较均衡。而国内的期刊文献很容易看出热点与趋势，因为国内期刊文献的发表受政治政策影响，文章的主题要结合当前时代的主旋律，故主题特征较为明显。

3.3 基于研究时间范围的分类与统计

规划史，一定是与时间分不开的。本文根据文献研究对象的时间跨度、在历史中的位置，将时间范围划分为六大类（按照与重大历史事件的关系，将其分为 12 个亚类，见表 5），统计结果如图 5、图 6 所示。

表 5 文献研究时间范围分类

时间大类	时间亚类	时间大类	时间亚类
19 世纪之前	18 世纪以前	20 世纪上半叶	二战期间
	18—19 世纪	20 世纪下半叶	二战后至 20 世纪 70 年代
	19 世纪		20 世纪 70—90 年代
19—20 世纪	19—20 世纪		20 世纪 90 年代至今
20 世纪上半叶	一战前	20 世纪通史	20 世纪下半叶
	一战及一二战之间		20 世纪通史

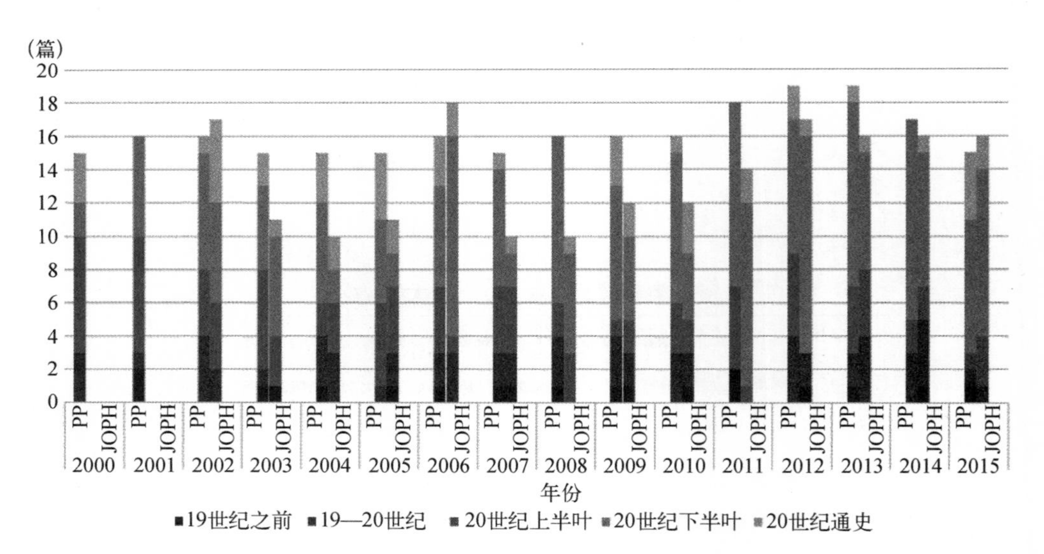

图 5 基于文献研究时间范围的分类统计

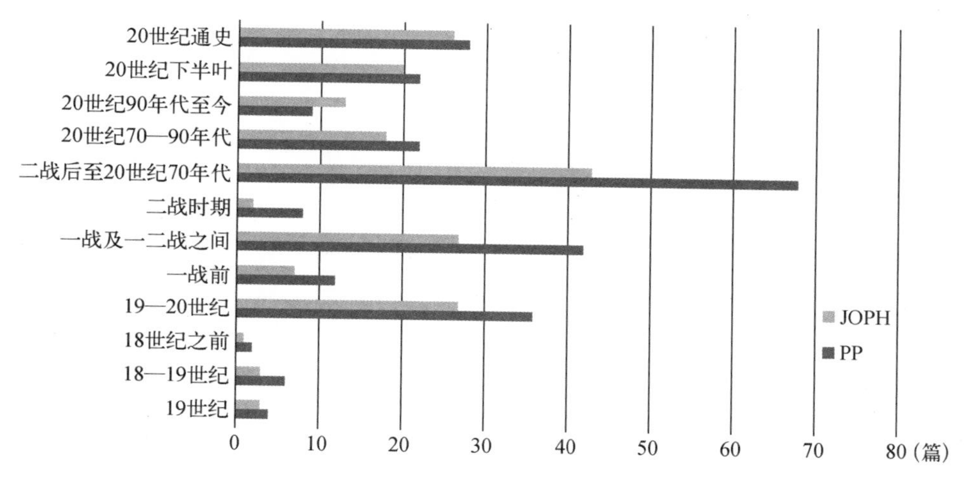

图 6　PP 与 JOPH 文献研究时间范围对比统计

如果把 19 世纪之前、19—20 世纪、20 世纪通史三类均看成是通史类文献，则该类文献仍旧是少数。因为时间跨度大，内容较为综合，撰写需参考的资料可能有不完整的情况出现。文献的研究多集中在 20 世纪内的某个特定阶段，其中，又以 20 世纪下半叶为主。通过观察统计汇总图，将会更加明显地看出：一战和二战期间、二战后至 20 世纪 70 年代之间是最主要的研究对象。原因：一是世界大战导致各个国家的城市遭受不同程度的破坏，而战后城市的重建需要规划；二是 20 世纪 60—70 年代是西方比较特殊的年代，前者是西方的战后转折期，后者是对西方当代社会发展影响巨大的经济衰退期。因此，此类文献成为数目最多的类别。

3.4　基于研究地理范围的分类与统计

城市规划，必须在特定的时空背景之下进行，因此无法脱离地理空间的限制。本文根据文献研究对象所在的国家，按照地理范围将其划分为 5 大类、14 亚类（表 6），统计结果如图 7、图 8 所示。

表 6　文献研究地理范围分类

大类	亚类	大类	亚类
欧洲	英国	大洋洲	澳大利亚
	西欧		新西兰
	南欧	亚非拉	拉丁美洲
	北欧		非洲
	东欧		西亚
北美洲	美国		远东
	加拿大	跨洲	跨洲

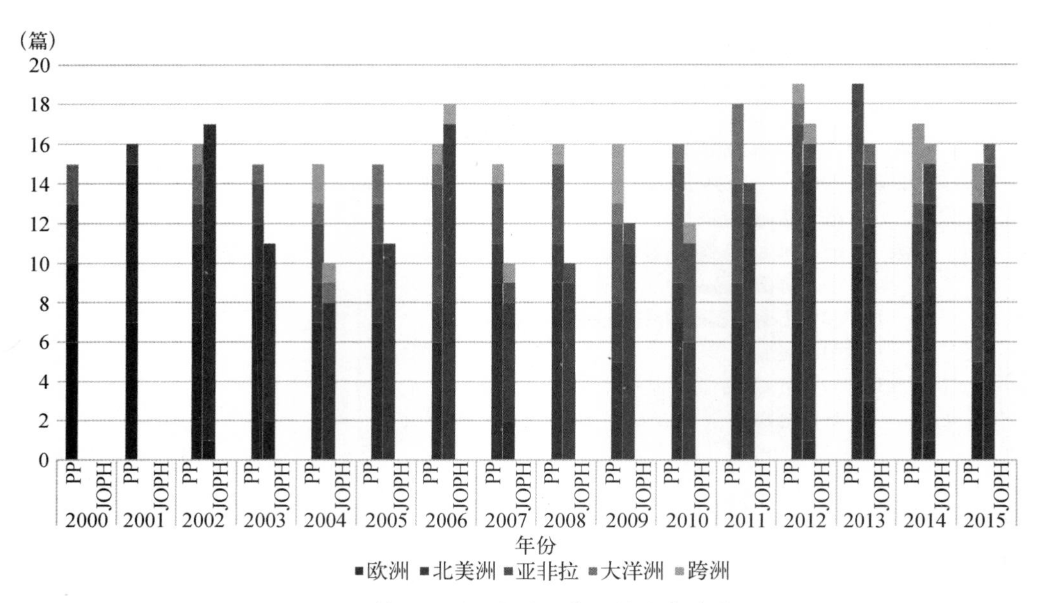

图 7 基于文献研究地理范围的分类统计

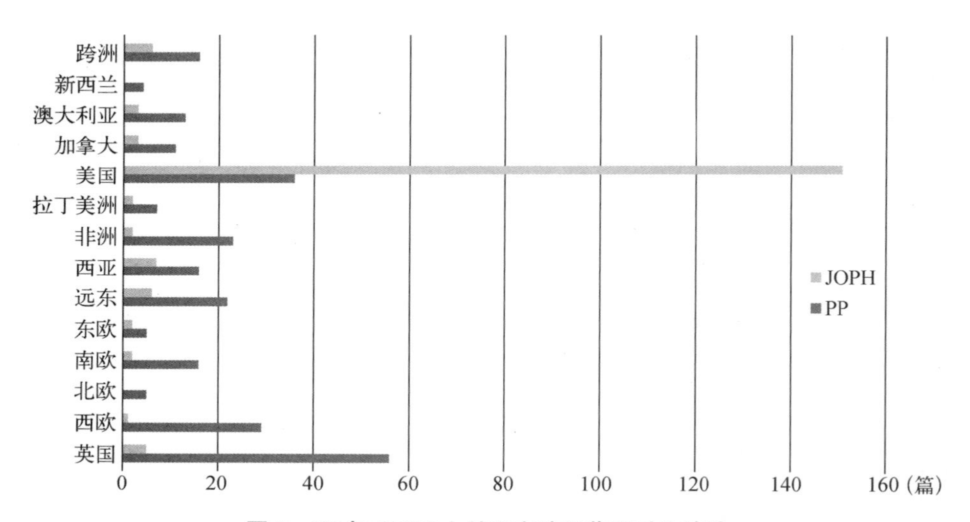

图 8 PP 与 JOPH 文献研究地理范围对比统计

由统计结果可以看出,PP 研究的城市主要集中在欧洲,在 251 篇文献当中,有 109 篇是关于欧洲的,而其中又有 55 篇研究英国规划史,可见 PP 的发源地英国是其研究的重点对象。关于亚非拉城市研究的文献数量为 63 篇,比 2000 年之前多出几倍,说明亚非拉地区的城市规划史越来越受到西方学术界的重视。值得一提的是,2006 年之后,PP 和 JOPH 关于亚非拉城市的研究均有明显增多,JOPH 更是实现了"从无到有"的跨越,关于北美城市的研究所占比例开始减少,因为 2006 年 IPHS 学术年会在印度新德里举办,而且 JOPH 也在逐步成熟与完善。

通过对两种期刊的比较可以看出,PP 的国际性明显更高。在 PP 中,关于西欧的研究有 29 篇,其中有 14 篇是研究德国;关于西亚的研究有 16 篇,其中 10 篇是研究以色列;关于远东的研究有21篇，有9篇是研究日本。可见PP虽然实现国际化，但其研究范围还是集中在发达国家，还有许多尚未被涉及的国家和地区值得研究，这也是以后需要努力的方向。其实日本的建筑史、城市史、城市规划史的研究已经比较成熟，但很多研究成果以本国文字（日语）发表，这些无法反映在英文期刊上。值得一提的是，日本国际化程度很高的规划史学者渡边俊一(Junichi Watanabe)，也是IPHS创始成员之一。

作为全球范围内规划史学界的两大期刊，PP和JOPH经过四分之一个世纪的风雨历程，随着其期刊容量的不断增加，所刊载文章的学术规范性也在不断增强。作为国际性学术期刊的PP，步入21世纪之后，尽管其研究主体体现了以英美国家为主的集中性，但已覆盖了全球近40个国家，且研究者国籍的多样性及均衡性正呈增强态势；作为美国规划史权威期刊，JOPH以其研究内容深入、角度犀利、观点新颖等特点而著称，也正在逐步增强国际影响力，而且随着越来越多发展中国家规划史研究的纳入，终将发展成为另一大国际性期刊。

4 规划史学者

规划史学者是本文当中“规划史研究者”最主要的组成部分，本文选取的规划史学者均为JOPH和PP 2000—2015年所有论文的作者。通过文献中对作者的介绍，以及网上检索作者官方网站等个人信息，笔者对其基本信息做了一一的统计与记录，如国籍、所在大学或单位、学术年龄、研究方向、邮箱、个人网站网址等内容。本文主要研究他们的学术身份，从四个维度进行分类统计。

4.1 基于学者所属机构的分类与统计

学者所属机构主要表明其职业特点，主要分为五类（表7），统计结果如图9、图10所示。

表7 学者所属机构分类

所属机构	简介
教育+研究	从事教育和学术研究工作，包括大学教师、某学会成员、研究所研究员、学术期刊编辑等
研究+实践	在大学任教，但教育并非其工作重点，还参与学校之外的盈利性组织（企业或者事务所）
规划咨询机构	不参与教育工作，只在规划咨询机构就职，少量有客座教授、兼职教授头衔
政府部门	包括城市发展委员会、政府经济管理部门、城市管理决策层人士等
学生	还在高校就读，不参与教学事务的硕士生和博士生

由图9、图10可以看出，高校规划史教育和研究者占文献作者的绝大多数。撰写论文较多的有诺丁汉大学、伦敦大学学院、伊利诺伊大学、莱斯特大学、宾夕法尼亚大学、纽约州立大学、新南威尔士大学等，占所有学者所属机构的一半以上。这几所院校也是城市规划研究水平较高，学术成果、教育成果均较丰富的大学。政府部门的作者则占据了极少数的部分，且体现出逐渐降低的趋势。PP和JOPH论文作者单位分布的极度不平衡，体现了规划史研

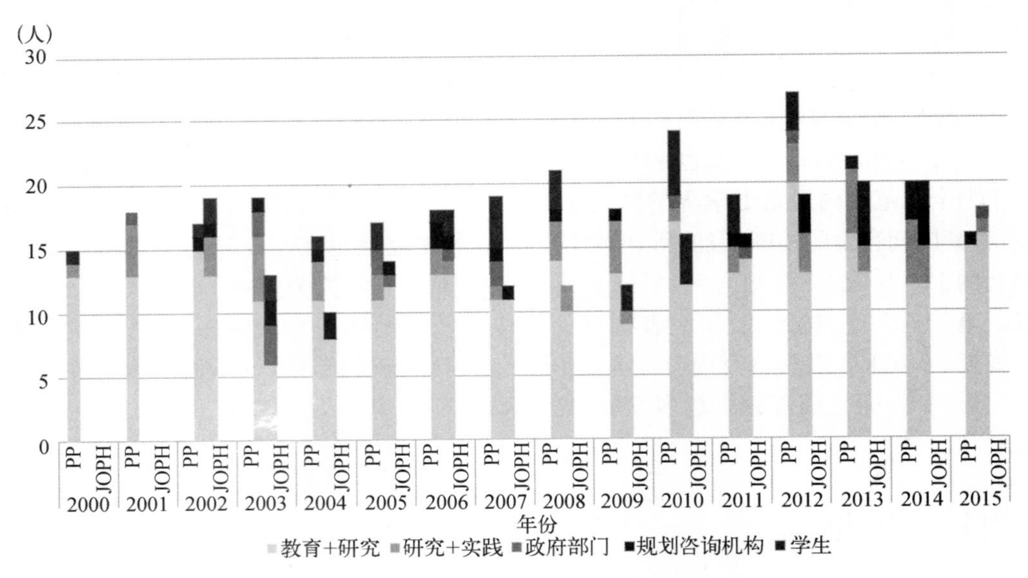

图 9 基于学者所属机构的分类统计

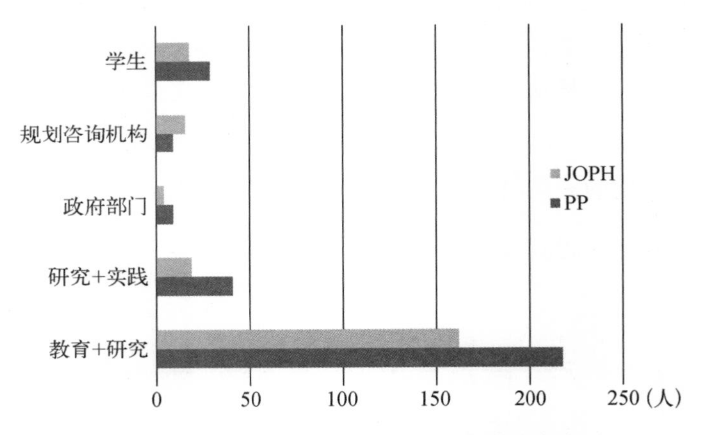

图 10 PP 与 JOPH 学者所属机构对比统计

究主体主要集中在高校，即高等院校在学科理论、研究开拓方面的前沿性与丰富成果，也从侧面反映了此类学术期刊的理论性与学术性。这也表明学术界对于"期刊要成为理论者与实践者的成果平台"这一愿望还未实现。

4.2 基于学者研究方向的分类与统计

通过对作者及其潜在兴趣主题的研究，可以定义作者的研究方向所在的领域和范围，如果样本数量够多，则可以确定一个学科的研究方向，也能使研究人员更容易、更有效率地进行文献检索和查阅。本文所选研究方向为作者写该文献时期的研究方向，根据总结归纳，共分为六类(表 8)，统计结果如图 11、图 12 所示。

表 8　学者研究方向分类

主要研究方向	简介
景观与建筑[Landscape & Architecture(LA)]	城市空间、城市建筑、城市景观、城市环境等
技术与工程[Technology & Engineering(TE)]	地理信息系统(GIS)技术、智慧城市设计、城市交通设施、市政工程建设等
经济、政策与管理[Economic & Politic& Management(EPM)]	城市经济与产业发展、规划政策分析、城市管理、规划立法等
历史[History(H)]	人文历史、城市发展史、城市规划史、国家史、地方史
地理[Geography(G)]	有明显地域特征,包括对某个国家或某个城市的研究、对某个地区的研究
文化与艺术[Culture & Art(CA)]	风俗、宗教、教育,城市贫困,城市种族、性别问题,规划公众参与

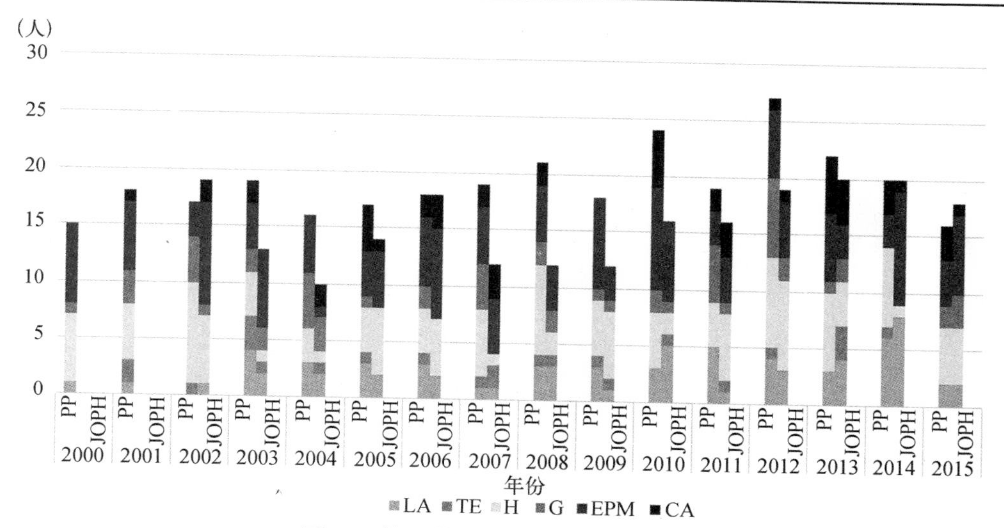

图 11　基于学者研究方向的分类统计

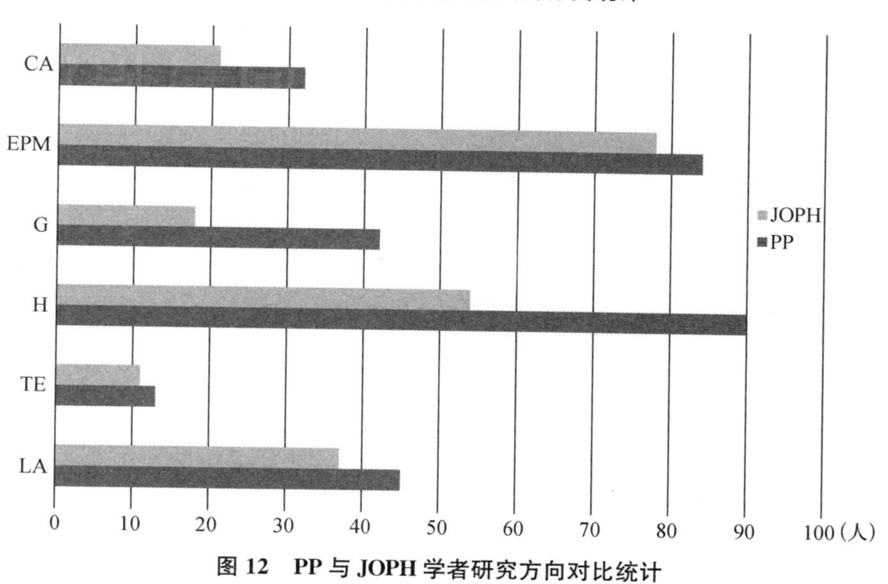

图 12　PP 与 JOPH 学者研究方向对比统计

由图11、图12可以看出:历史学与政治、经济学方向的研究者占大多数。这说明规划史与城市政治、经济的发展关系最为密切,政治自由、经济发达的地区,关于政治、经济方向的规划史研究数量更多。其中研究经济学的只占少部分,大多数研究规划政策分析。

同时,通过具体数据得知,论文作者大多拥有复合型的学科背景,如多为城市规划与历史学、建筑学与社会学、城市规划与建筑学、地理学与历史学等双重或多重背景,大概占据了总人数90%的比例。这也体现了跨学科已成为规划史研究的一大基本特点。然而,纵向分析各阶段作者学科类型所占比例,亦可发现土木建筑工程尤其是城市规划专业背景人员的数量呈逐年递增状态,而其他专业人数所占比例则呈现递减的趋势,这也从侧面体现了规划史研究的专业性在不断增强。

比较PP和JOPH两个期刊,其作者的研究方向在比例上也存在相关关系。值得一提的是,PP作者在历史学和地理学这种基础学科方向的研究比例要远远多于JOPH。一方面,JOPH研究的地理范围相对较为局限,全球性或地区性的综合研究较少;另一方面,PP的人员国籍构成也更加广泛,期刊本身也更加注重地理学和历史学方向的研究。

4.3 基于学者学术年龄的分类与统计

关于学术年龄,本文采取教授职称划分的方式。由于各个国家教授职称体系有所差异,特别是英美两大体系存在差异,在此本文对其进行统一,均采用美国的教授职称体系(表9)。此外,对于没有参与教育工作的学者而言,其学术年龄按其博士毕业的年份划分,主要有三类:博士(Doctor)学位7年以内,Doctor学位7—15年,Doctor学位15年以上。统计结果如图13、图14所示。

表9 英美两国教授体系对比与转换

英国体系	美国体系
Professor(高级教授)	Chair Professor(首席教授)
Reader(教授)	Professor(教授)
Senior Lecturer(高级讲师)	Associate Professor(副教授)
Lecturer(讲师)	Assistant Professor(助理教授)
Teaching Fellow(讲师)	Lecturer(讲师)
Instructor(助理讲师)	Instructor(助理讲师)
Tutor(助教)	Teaching Assistant(助教)

总的来说,JOPH比PP有更多的实践型学者(即非教育类学者)参与,特别是长期参与城市规划设计或长期在政府部门工作的学者。相比之下,PP作者中的博士比JOPH更多,而这些博士学位(PhD)拥有者多为亚非拉国家的学者,这与IPHS设立"亚洲规划史研究奖"有关,有更多的年轻学者参与到其中来。在学术年龄的分布上,教授仍然占主导地位,且以理论研究型居多。

4.4 基于学者国籍的分类与统计

此类分法与期刊研究中"按文献研究地理范围划分"的方式相同(表6),统计结果如图

15、图 16 所示。

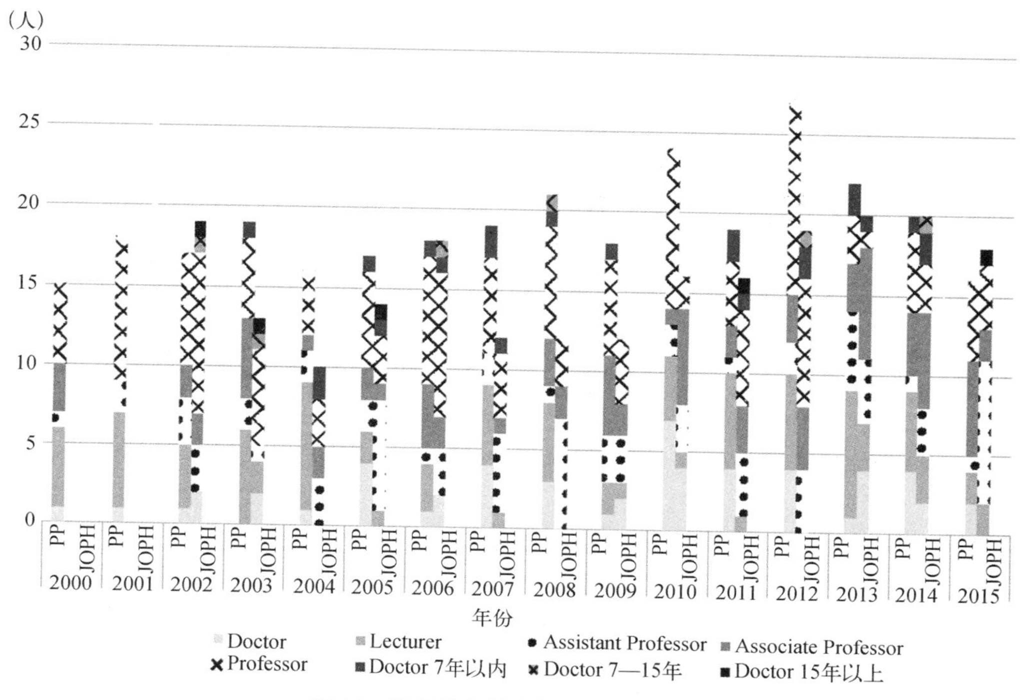

图 13　基于学者学术年龄的分类统计

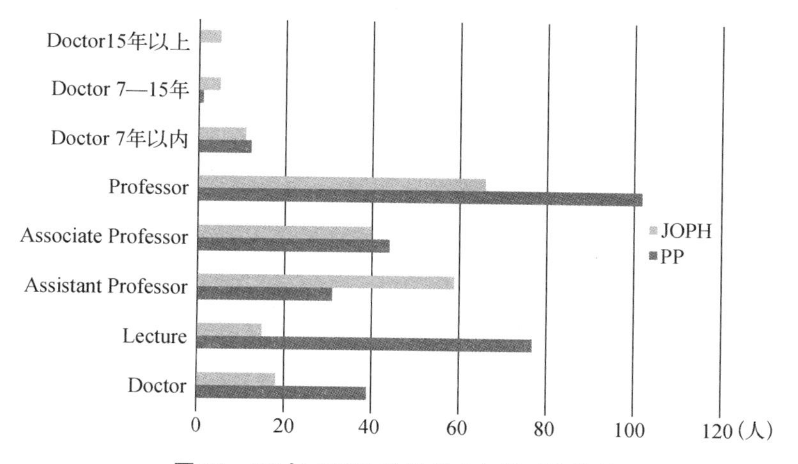

图 14　PP 与 JOPH 学者学术年龄对比统计

由图 15、图 16 可以看出，PP 作者地域明显比 JOPH 更加多元化，但二者还是以英、美两国占绝对优势。这从侧面验证了规划史研究的繁荣程度与地区的社会经济发展水平密切相关。

单个来看，PP 自创刊之初，就已体现了其"国际性期刊"的定位标准，其作者范围已涵盖了 5 大洲，40 多个国家。作为"论文主要产出地"的欧洲所占比例虽然仍遥遥领先，但也体现了比例逐渐下降的趋势，而北美洲、大洋洲及亚洲所占比例则逐渐增加，这反映了 PP 不断通

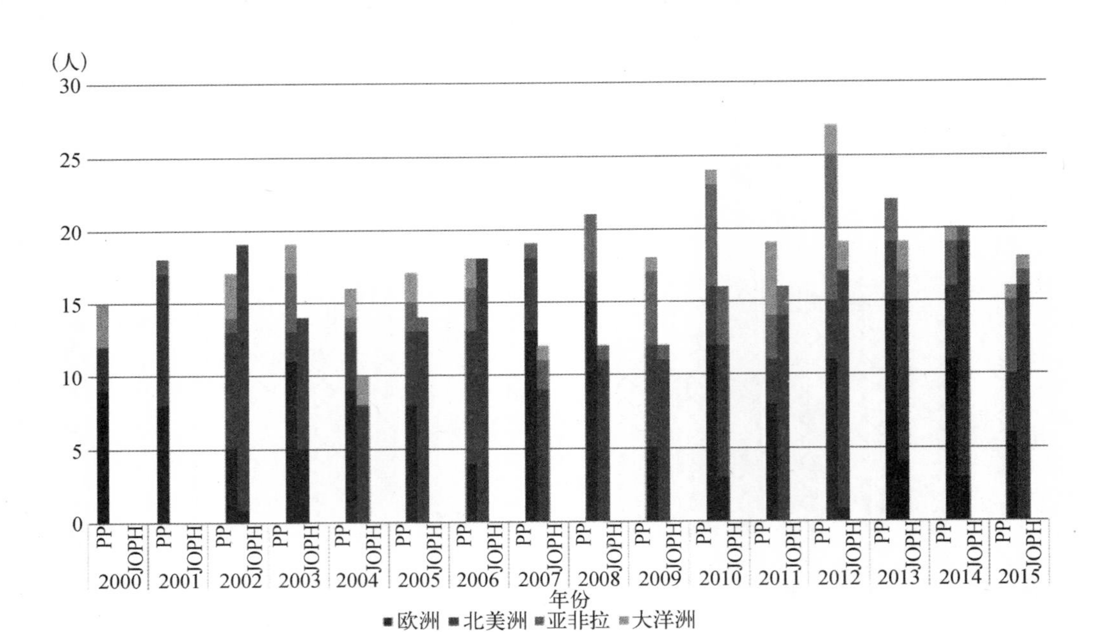

图 15　基于学者国籍的分类统计

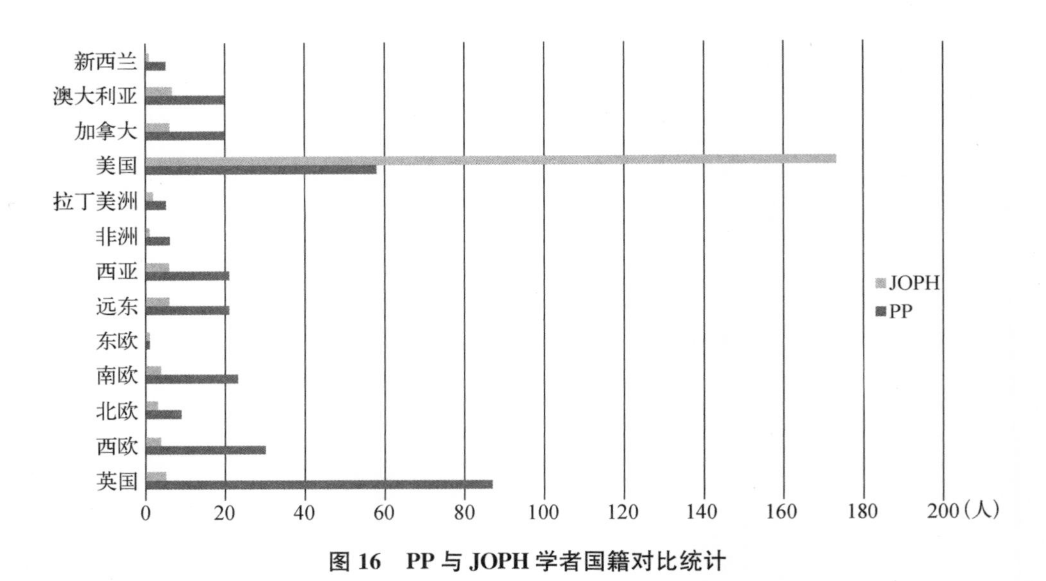

图 16　PP 与 JOPH 学者国籍对比统计

过扩大其国际影响力，促进规划史的均衡发展，以减弱英国的“主场优势”，也体现了 PP 这些年来在保持其全球覆盖性的同时，也在不断扩张其海外影响力。

而 JOPH 不能说是国际性期刊，美国的作者数量占 78.7%，算上加拿大，北美洲的作者占到 82%，因此是属于北美洲的期刊。进入 21 世纪之后，有越来越多的亚非拉和大洋洲的学者参与，说明 JOPH 有发展成为国际期刊的潜质，将来可能与 PP 共同成为全球规划史学术界的领头羊。

由于西方学者与国内在所属机构上有较大区别，西方学者频频更换城市与大学，而国内的学者所属机构一般比较固定。本文采用的“作者所在国籍”即其在论文创作时期所属机构的所在国家。关于作者所在国籍与所研究的地理范围之间的关系，通过统计来看，学者们研究的大多是本国内的规划。这是因为他们对城市的了解较为透彻，对当地的历史文化有较深的体会，对规划的制度、政策等社会背景以及语境也较为熟悉。其中比较独特的一类是非洲的城市规划史研究，共 20 篇，而除了非洲学者研究的 5 篇以外，还有 15 篇是欧美学者的研究。因为非洲作为欧美国家的殖民地有几百年的时间，许多城市并不为外界所熟知，而非洲当地的学者数量较少、学术条件有限，故有大量的欧美学者参与到非洲规划史的研究中来。

一方面，虽然研究主体以高校教师为主，但其学科背景亦涉及多个学科，且大多跨越了双重或多重学科专业；另一方面，尽管研究客体以规划实践史为主，但规划主体史、规划思想史及规划史论性文章占据的比例正呈上涨趋势，且跨越了全世界多个国家，大大突破了研究主体的地域局限性，跨地域研究成为一大趋势，不仅仅跨出研究主体所在国家，且跨越多个国家或地区，同时以 20 世纪尤其是两次世界大战前后为主要的时间范围，由过去逐渐延伸至未来，这也表明西方规划史的研究地域及时代逐渐模糊。因此，PP 和 JOPH 绝非局限于规划史研究者，已扩展成为规划界的学术阵营。

5　总结

西方规划史研究自学科成立以来，经历了从规划先驱传记到制度规划编年史，到研究范围拓展、融入城市史研究方法，再到多学科交叉研究的发展道路。作为规划史研究的两大学术组织，IPHS 和 SACRPH 见证了学科的成长，促进了学科的发展。二者的学术期刊 PP 和 JOPH，承载了绝大多数规划史研究成果。步入 21 世纪以来，西方城市规划史研究经历了研究领域的时空扩大、研究主题的扩展、研究方法的创新及研究深度加强的过程，且其研究主客体体现了“本土—国际—事件—文化—未来”的演变特征，而这与西方社会文化史研究的发展过程几乎是同步的。通过对大量规划史研究专著、论文、期刊的分析，我们看到规划史研究的地区具有极大的不均衡性，但这种不均衡正逐步减小，特别是 2006 年以后，亚非拉国家的城市规划史成为西方规划史研究的重要组成部分，越来越多的发展中国家的学者参与到研究进程中来。

随着我国城市化进程的不断推进，城市规划的理论与实践经验将会越来越成熟，对规划史的研究也显得越来越迫切。根据西方规划史研究的学术进程及发展趋势，在组织建制、研究范围及研究方法等方面，可以对我国有如下启示：

（1）发展多学科、多领域的规划史研究组织队伍

在前几届中国城市规划历史与理论高级学术研讨会成功举办的基础上，进一步扩大其学术影响，成立独立的中国城市规划史研究组织，并可与国内重点院校及规划管理设计机构合作建立分支研究中心。同时，可借鉴 IPHS 的学术年会机制，并拟定宽泛的主议题及涉猎各类学科的子议题以吸引不同地域、不同学科、不同行业的学者及实践工作者，改善我国城市规划史研究主体仅仅是建筑规划类院校师生的现状，建立一支多学科、“宽、专、交”并存的规划史研究队伍。

（2）创办专业期刊，建立中国城市规划史学科体系

国内至今尚未出版相关的专业性期刊。建议可首先在《城市规划学刊》《城市规划》等杂

志内开设《城市规划史专栏》，或是将由中国规划史研究组织内部发行的规划史研究刊物（例如《规划历史与理论研究大系》），逐步发展为独立的规划史专业期刊，重点探讨规划史研究的目的、范畴、方法及如何更好地组织该学科，并初步确立规划史研究的理论体系。同时还可多对国外的规划史研究成果进行翻译，既可及时了解国外研究动态，也可通过对国内外规划史的研究经验进行比较研究，寻求借鉴之处[11]。

（3）与国际接轨，积极参与国际规划史研究组织的相关活动

跨学科、跨地域、跨时代作为西方规划史研究的一大基本特点，在我国的城市规划史研究中体现的尚不明显。因此，在研究过程中，应积极参与国际规划史研究活动，在研究方法和研究角度上多多参考，促进我国规划史多元化的研究方向，以改善我国规划史单一化的研究模式。同时，可与 IPHS 进行深度合作，主动申请举办国际规划史双年会，并邀请西方学者参与到中国规划史研究队伍中来。

［本文受国家自然科学基金项目（51308491，51678517），浙江省哲学社会科学规划“之江青年课题”（13ZJQN018Y8），2015 年浙江省高等教育教学改革研究项目，浙江大学建筑工程学院 2015 年重点教材、专业核心课程、教改项目资助］

注释

① 1973 年，规划师戈登·谢里（Gordon E. Cherry）和城市史研究者安东尼·萨克利夫（Anthony R. Sutcliffe）在伯明翰相遇，激发了双方对于其专业领域之外的规划史研究的兴趣。两人 1974 年 10 月在伯明翰大学召开小型研讨会，探讨规划史的研究进展。这次研讨会吸引了规划师、建筑师、历史学者及其他领域对规划史研究感兴趣的工作者共计 30 多人，会议达成了共识：为了进一步推动并促进规划史的研究，应该成立一个研究组织并命名为规划史研究团体（Planning History Group），同时应该经常不定期举办学术研讨会，这便是 IPHS 的前身。1993 年，安东尼·萨克利夫和戈登·谢里将规划史研究团体改名为国际规划史学会，真正实现了学会的国际性。IPHS 成功转型之后，保留了之前的学术年会传统，建立了两年一届的学术年会机制，并有了自己的官方网站。从 1993 年至今，分别由戈登·谢里（Gordon Cherry）、斯蒂芬·华德（Stephen V. Ward）、罗伯特·弗里斯通（Robert Freestone）、劳拉·科尔波（Laura Kolbe）、欧仁妮·伯奇（Eugenie L. Birch）和德克·舒伯特（Dirk Schubert）担任历届学会主席。

② 美国城市与区域规划史学会于 1986 年在美国俄亥俄州成立，是一个跨学科的非营利组织，旨在促进美国城市与大都市区的规划史研究，加强规划史研究与城市规划实践之间的联系。该组织成员由来自不同行业、不同领域的专家组成，如历史学家、建筑师、规划师、环境专家、景观设计师、政策分析专家、社区组织者，以及全球范围内的知名学者和高校研究生组成。学会于 2002 年创办期刊《规划史期刊》（*Journal of Planning History*），从此开始逐步成熟。

③ 作为全世界第一部正规的规划史刊物以及 IPHS 的学术刊物，《规划视角》（*Planning Perspectives*）旨在“鼓励并促进规划史领域的研究，为其学术成果提供物质载体”，力求“跨越地域，博古通今，比较观点，海纳百川”。《规划视角》的前身是《规划史：规划史研究团体通讯》，自 1986 年至今已历经 30 年，出版 118 期，由世界著名的出版社泰勒—弗朗西斯（Taylor & Francis）出版。其议题涵盖了经济、政治、社会、地理等理论性学科，也包括建筑、规划、公共卫生、遗产保护、环境遗产保护等应用性学科。

④《规划史期刊》创刊于 2002 年，是 SACRPH 组织创办的季刊，至今已出版 14 年，总共 54 刊。其研究内容主要包括城市与区域规划史，特别是美国的城市规划史。另外包括规划经验的跨国交流、规划史学科教

育、规划史在规划中的理论指导意义、城市规划的理性根基，以及规划史学史研究。

⑤ 马歇尔·麦克卢汉(Marshall McLuhan，1911—1980年)，加拿大哲学家与教育学家，20世纪原创媒介理论家，"地球村"概念的提出者。

参考文献

[1] Burgess P. Should Planning History Hit the Road? An Examination of the State of Planning History in the United States[J]. Planning Perspectives, 1996,11(3):201 - 224.

[2] Freestone R, Hutchings A. Planning History in Australia: The State of the Art[J]. Planning Perspectives, 1993,8(1):72 - 91.

[3] 曹康，顾朝林. 西方现代城市规划史研究与回顾[J]. 城市规划学刊，2005(1):57 - 62.

[4] 曹康，黄晶. 20世纪90年代以来西方城市规划史研究态势[J]. 城市发展研究，2009,16(11):53 - 57.

[5] 罗文静. 国际城市规划史学会研究[D]:[硕士学位论文]. 武汉:武汉理工大学，2011.

[6] McShane C, Tarr J. The Horse in the City: Living Machines in the Nineteenth Century[M]. Baltimore: The Johns Hopkins University Press, 2007.

[7] Sides J. Erotic City: Sexual Revolutions and the Making of Modern San Francisco[M]. New York: Oxford University Press, 2011.

[8] 雷欣蔚. 对信息技术发展的两个趋向的探析——对麦克卢汉《理解媒介》的重新解读[J]. 新闻爱好者，2011(4):10 - 11.

[9] Sutcliffe A. The History of Urban and Regional Planning: An Annotated Bibliography[J]. Mansell, 1981,17(4):369 - 374.

[10] 史舸. 基于文献统计分析的十九世纪以来西方城市规划经典理论思想客体类型演变研究[D]:[硕士学位论文]. 上海:同济大学，2007.

[11] 韩笋生. 见证中国城市规划研究与国际接轨——《国际城市规划》的改进、提升与影响力[J]. 国际城市规划，2009,24(S1):37 - 38.

图表来源

图1至图16源自:笔者绘制.

表1至表9源自:笔者绘制.

第五部分　都市空间与格局

PART FIVE　URBAN SPACE AND PATTERN

北京公共住宅与新城规划关系研究：
首都新城规划方法研究之一

陈靖远　马　琳　高　振

Title: Research on the Relationship Between Public Housing and New Town Planning in Beijing: A Study on the New Town Planning Method of the Capital

Author: Chen Jingyuan　Ma Lin　Gao Zhen

摘　要　本文通过对公共住宅及新城概念、1979年以来我国有关保障性住房研究成果及其政策、措施的历史沿革的梳理，明确我国保障性住房体系的完善过程；通过对公共住宅与新城规划关系的研讨，从规划方法论角度指出新城规划文本中存在的逻辑性和技术性缺陷，建议通过加大城市规划编制内容的深度和广度，提高规划的有效性与权威性。同时为今后逐步将保障性住房纳入新城规划建设、统筹协调中提出三点建议：制度层面加强立法，措施层面不断改进传统规划编制方法，变"精英·专家·封闭式"为"公众参与·多领域协同·公开式"，促进传统的粗放机制向"精细化"的过渡；明确政府负有及时向社会公开城市规划等有关公众利益信息的义务，提高社会资源的配置效率；鼓励社会力量参与规划的制定过程，通过多领域协同合作，提高包括公共住宅、新城规划在内的城市总体规划水平。

关键词　公共住宅；规划有效性；CiteSpace软件；公众参与；精细化

Abstract: Through the concept of public housing and new town, and the related research achievements of affordable housing since 1979 including the historical evolution of the policy and measures, this paper clears the perfecting process of the affordable housing system in China; through discussing the public housing and new town planning relationship, from the perspective of planning methodology, this paper points out the logical and technical defects of the new town planning text, and it is recommended by increasing the depth and breadth of urban planning content, to improve the effectiveness and authority of the planning. At the same time, in order to gradually protect the affordable housing into the new town planning and coordination for the future, this paper proposes three recommendations: Strengthen legislation in the institutional level, constantly improve the traditional planning methods in the measures level, change 'elites, experts, enclosed' to 'public partic-

作者简介
陈靖远，北京建筑大学，高级建筑师
马　琳，北京建筑大学，助理研究员
高　振，北京建筑大学，助理研究员

ipation, multidisciplinary collaborative, open type', promote the transition from traditional extensive mechanism to 'refinement'; Clear that the government has the obligations to publicize the public interest information to the public in time, improve the allocation efficiency of social resources; Encourage social forces to participate in planning formulation process, through multidisciplinary collaboration, improve the level of the urban master planning, including public housing, new town planning.
Keywords: Public Housing; Planning Effectiveness; CiteSpace Software; Public Participation; Refinement

1 研究背景

居住是城市建设需要解决的首要问题。我国的城市化进程已走过30余载，城市扩张在全国范围内，无论规模、数量还是速度，无疑都创造了历史之最。从宏观统计数字来看，国民的居住水平从质和量两方面都有了很大提高。然而不均衡的特点也随着社会经济发展中的新问题，如阶层分化加剧、贫富差距拉大等，得到了集中体现。应当说，发展不均衡是我国的基本国情之一，改革开放初期虽也起到过推动社会进步的积极作用，但时至今日，追求公平均衡的发展，正在成为社会转型的新动力。"十一五"以来，中央有关保障性住房建设的一系列新政的出台，目的就在于纠正居住不公的现状。然而一方面，由于种种原因，现存法规体系无法做到统领保障性住房从规划、财源保证到配套建设、入住后管理等一系列关键环节的标准化执行和监管问题，使得民生工程、阳光工程达不到应有的政策目标。另一方面，由于中央多次加大措施执行力度，原本属于城市总体规划中分项规划或专项规划的保障性住房选址和建设，被赋予了超程序的政策性优先权，出现了不少"应急性选址"或"见缝插针"的现象。如何正确理解保障性住房政策的历史作用，处理好与新城（或卫星城）建设的关系，是本文论述的核心。

本文首先从梳理保障性住房及新城的概念入手，运用文献计量学聚类分析理论，归纳总结1979年以来有关保障性住房的研究成果；其次通过对保障性住房政策、措施的历史沿革的梳理，明确保障性住房体系的完善过程；最后通过对保障性住房与新城规划关系的研讨，明确主要存在的问题，为今后逐步将保障性住房纳入新城规划建设、统筹协调提出初步建议。

1.1 公共住宅定义

根据北京市政府官网公布[1]，廉租房、经济适用住房、限价商品住房被统称为保障性住房。据有关研究[2]，保障性住房是相对于一二类商品化住宅、面向中低收入人群的政策性住房。其主要包括三类：Ⅰ. 公开配租配售型；Ⅱ. 定向安置型；Ⅲ. 直管型。Ⅰ类型中包括限价房（限制家庭年收入和人均使用面积）、经济适用住房（限制家庭年收入）和廉租房（限制家庭年收入和人均使用面积）。Ⅱ类型包括旧城疏解、棚户区改造及其他工程的拆迁安置。Ⅲ类型可被称为计划经济时代遗产，主要指旧城平房区的政府直管公有住房、部队大院享受经济适用住房政策的住房等。本文认为，保障性住房一词带有相当程度的历史限定感，是国家从计划经济向市场经济体制转型过程中的暂定性俗称，随着住宅立法的进程，采用国际上通用的"公共住宅"（Public Housing），即以保障公民基本住房权利为目的、由公共（政府）资金投入的住宅，含义更为简洁明了。上述所有类型的保障性住房均可称之为公共住宅。

1.2 新城概念简述

新城建设最早起源于20世纪初的英国，在霍华德田园城市理论的影响下，欧美国家为疏解中心城市的人口压力，建设了一批实验性质的卫星城。二战后，欧美尤其是亚洲的日本、韩国、新加坡等新崛起的国家纷纷建设新城，为经济发展起到了巨大的支撑作用[3]。

新城的概念随时代的变迁而不断演进，从20世纪功能相对单一的“单核”概念走向居住与产业发展相融合，强调新城的设施规划既要保持独立性，能够自我运转，又要与母城之间形成协作分工，共同推进区域的平衡发展[4]。

我国新城发展经历了不同的历史阶段，但每一个阶段都能看到“新城模型”的影子。20世纪80年代以来的城市新区、开发区、大学城等，包括近些年来城市化加速发展期另建新城的模式，都是古典新城理论的发展和延续[5]。同时也应该认识到，国内的新城建设无论从理论还是实践角度，都还处于发展的初期阶段，尚有很大的研究与改进的余地。

1.3 公共住宅研究状况概述

为了了解保障性住房政策沿革中各个时期的研究动向，本文利用CiteSpace软件①，选择CNKI(中国知网)数据库，时间范围限定为1979年1月到2016年10月，主题设定为“保障性住房、经适房、两限房、保障房”进行检索，检索出的数据处理后代入软件运行得出三张空间信息图(图1至图3)。检索条件设定及数据量结果简要说明如下：

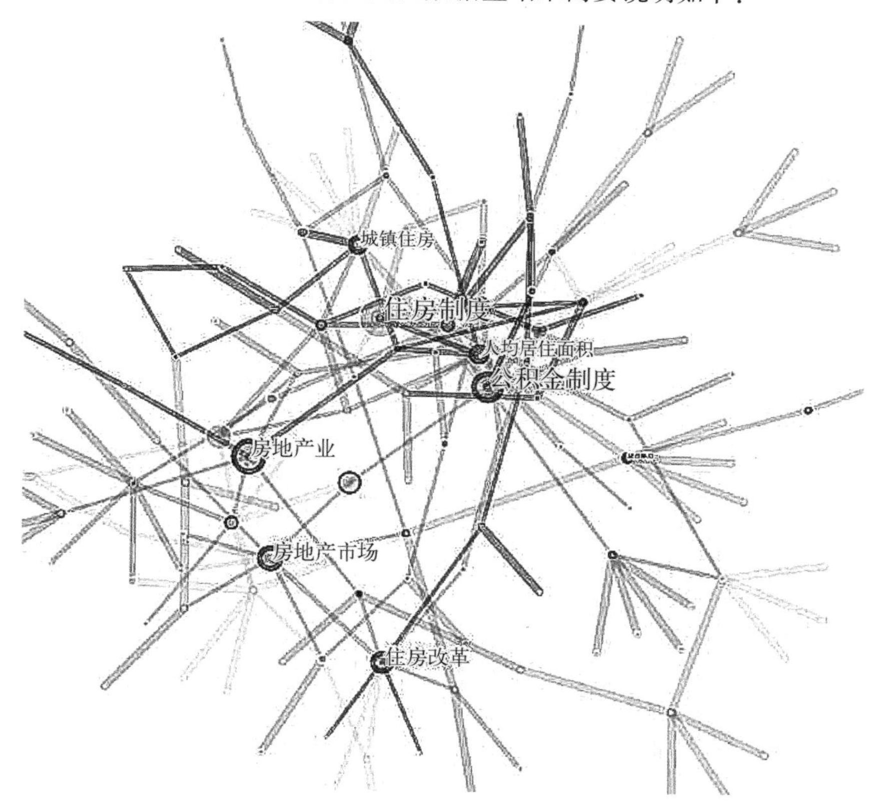

图1 1979年1月—1997年12月公共住宅研究热点分布

① 1979 年 1 月—1997 年 12 月区间，分析数据为所有被检文献，有效数据为 89 篇。

② 1998 年 1 月—2007 年 12 月区间，此间出现报纸、通讯简报类文章，因并非研究性质而进行了筛除，有效数据为 65 篇。

③ 2008 年 1 月—2016 年 10 月区间，同样筛除了非研究性质的报纸、通讯简报类的检索文献，有效数据为 310 篇。

图 1 至图 3 中圆圈及字号大小代表被引频次，即研究热点程度；网络连线及距离表示节点的关联强度，计算采用默认余弦(Cosine)法，原理不在此赘述[6]。

需要补充说明的是：一方面，上述三个布局图的圆圈和字体大小，出于查看方便进行了调整，因此大小只有相对意义，图与图之间的圆圈大小不具有比较意义。另一方面，字与圈的疏密程度，则可以表达热词之间的关系远近。

图 2　1998 年 1 月—2007 年 12 月公共住宅研究热点分布

图 1 中被引次数前三位分别为 6 次、4 次和 1 次。虽然严格意义上这样的被引频次是否称得上热点值得商榷，但“住房制度”“公积金制度”和“房地产业”三个主要热词，加之近义词“住房改

革”“人均居住面积”“房地产市场”，足以代表改革开放初期学界所关注的制度改革的研究动向。

图 2 中最受关注的热词前三位分别为“房地产市场”被引 62 次；“夹心层”（特指中低收入家庭）被引 28 次；“廉租房政策”被引 21 次。总体来看，学界关注的热点从之前的制度改革，深入到如何保障中低收入阶层居住公平的问题。从周边分布的近义词“廉租房制度”“保障房”“住房供应体系”“经济适用房”“公共住房”等来看，说明 20 世纪 90 年代末到奥运会之前的 10 年间，宏观住宅政策研究仍然是这个时代的主流。

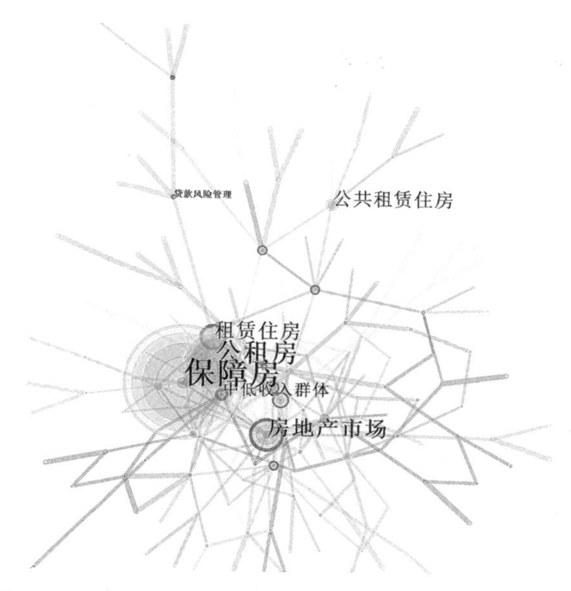

图 3　2008 年 1 月—2016 年 10 月公共住宅研究热点分布

图 3 中显示的前三位热词与上一个 10 年有了明显的变化，即由宏观政策研究转向了相对具体的“保障房”“公租房”“房地产市场”，被引频次分别为 79 次、42 次和 41 次。研究热点仍然在于中低收入阶层的租赁住房政策问题，但仔细分析可以发现，这一时期更具有操作意义的保障房选址类、设计实践类中观及微观层面的研究也包含在上述热词之中。

综合以上三个时期的研究状况，可以看出在“保障性住房、经适房、两限房、保障房”为主题的研究领域里，没有出现与新城规划建设相关的内容。可以这样推论，有关住宅保障政策与方法的讨论，国内研究人员保持了与国家政策的高度一致性，即住房保障问题是中央、国务院重点部署的“折子工程”[②]，客观上与新城规划无论从机构设置还是权责归属方面，都不在一个层面上。这一点后文还将进一步讨论。

2　公共住宅政策沿革

公共住房的政策发展与我国的国情变化紧密联系。计划经济时期，公共住房是一种“福利”住房，按照国家的保障责任做出计划性分配，以单位分房来实现。这种住房分配制度强调的是对城市家庭的住房免费或低价保障，维持机制是国家投资和政府补贴。随着市场经济体制的不断完善，与商品房市场相配套的保障性住房制度应运而生，实现了从政府单独提供保障到政府与市场相结合的转变。

2.1 1949—1978 年住房"福利化"时期

从表 1 可以看出,1949—1978 年住房"福利化"时期实行的是公有住房福利分配制度,国家或单位向职工收取一定金额的租金,通常房租占家庭收入的 1%以下[7],基本属于无偿分配,具有"低租金、高福利"的典型特征。建设资金为国家拨款,少部分由单位自筹,优先分配给住房困难家庭。住宅依托单位而建,工作区与居住区紧邻,形成邻里单元,以围墙围合形成"大院"。在北京,这样的大院是城市用地的主要构成单元。由于长期实行这种近乎于无偿分配的福利制度,导致住房投融资机制被扭曲。在 1952—1978 年的 20 多年间,我国住房总投资仅占同期基本建设投资的 7.5%,仅占国内生产总值(GDP)的 0.7%[8],投资的严重不足导致 20 世纪 70 年代末全国面临住房短缺,居住面积由 1950 年的人均 4.5 m^2 下降到 1978 年的 3.6 m^2,缺房户占当时城镇总户数的近一半之多。

2.2 1978—1993 年住房实物分配制度改革阶段

为解决住房短缺问题,邓小平同志于 1978 年提出解决住房问题的路子应该宽些,具体模式如表 1 所述。1980 年,中央和国务院正式提出实行住房商品化政策,这是把住房看作福利品的一次重大观念转变,具有历史性意义,自此住房制度改革在各地逐步展开。具体归纳为:1978—1985 年是对分房制度改革的探索阶段;1986—1993 年是深化福利分房制度阶段;1988—1991 年国家出台的多项政策推进住房制度改革(表 1);1992—1993 年出台举措已包含保障性住房的特点,至此"建立社会主义市场经济条件下具有社会保障性质住房供给与分配的制度"正式提出,并将解决中低收入住房困难家庭的住房问题纳入政策范畴。

2.3 1994—1998 年住房分配向市场化改革的过渡阶段

1994 年住房制度改革内容为"三改四建"(表 1)。1995 年出台《国家安居工程实施方案》,标志着经济适用住房开始进入保障性住房体系。1998 年出台的《国务院关于进一步深化城镇住房制度改革加快住房建设的通知》和《关于加快经济适用住房建设的若干规定(试行)》(表 1),明确提出终止分配住房制度,培育住房交易市场,建设经济适用住房的优惠政策,标志着经济适用住房项目建设的开始。住房制度改革在 20 世纪末初见成效,基本全面停止了住房实物分配制度,但这一阶段仍没有提出保障性住房政策。

2.4 1998—2008 年实施保障性住房政策的困难阶段

随着上述住房制度改革的开展,住房分配向市场化改革的思路逐渐清晰。1994—1998 年,国务院出台的相关政策(表 1)明确提出终止分配式住房制度,培育住房交易市场,建设经济适用住房的优惠政策,标志着经济适用住房项目建设的开始。1998 年,发布《国务院关于进一步深化城镇住房制度改革加快住房建设的通知》,以经济适用住房为主的城镇住房新体系迅速发展。1999 年廉租房政策被提出,并进入保障性住房行列,形成了经济适用住房、廉租房和尚未进行住房制度改革的低租金公有住房为主体的新型住房保障体系[9]。直到 2003 年出台相关政策(表 1),才将经济适用住房的属性变为了商品性住房,且确立了"房地产"为国民经济发展的支柱产业,弱化了经济适用住房的市场地位,强调了普通商品房为市场的供应主体,这也标志着经济适用住房作为保障性住房的政策被废止。房地产市场在国家土地

表 1　保障性住房政策沿革一览表

时期	模式	主要特点	政策文件
1949—1978年住房"福利化"时期	城镇居民从单位获得福利分房制度	公共住房由政府统一拨款、规划、建造、分配。公共住房无偿分配，象征性收取租金。由于公共住房只有投入没有产出，导致住房问题解决进程缓慢，住房拥挤	—
1978—1993年住房实物分配制度改革阶段	允许私人建房、鼓励合资、集资建房、提出住房商品化概念，同时实物分房并未完全取消	实行具有保障性住房特点的五项举措：建立政府、单位住房基金；建立住房公积金；出售公有住房；逐步提高房租；集资合作建房	1980年，《全国基本建设工作会议汇报提纲》；1988年，《关于在全国城镇分期分批推行住房制度改革的实施方案》；1991年，《关于继续积极稳妥地推进城镇住房制度改革的通知》；1992年，《北京市住房制度改革实施方案》；1993年，《北京市康居工程实施方案》
1994—1998年住房分配向市场化改革的过渡阶段	"集资合作建房"与"安居工程"两种方式。建立以中低收入家庭为对象且具有保障性质的经济适用住房供应体系和以高收入家庭为对象的商品房住房供应体系	三改四建。三改：投资方式由原来的国家投资改为国家、单位、个人三方投资，管理方式由原来的居民所在单位和房管所管理改为物业管理公司管理，分配方式由原来的实物分配改为货币补贴，这些改革标志着住房制度改革走向货币化、市场化。四建：建立新型公用体系，建立住房公积金，建立与住房消费相适应的住房金融，建立规范的房产交易市场。首次提出经济适用房保障体系	1994年，《国务院关于深化城镇住房制度改革的决定》；1995年，《国家安居工程实施方案》；1998年，《国务院关于进一步深化城镇住房制度改革加快住房建设的通知》《关于加快经济适用住房建设的若干规定(试行)》
1998—2008年实施保障性住房政策的困难阶段	形成三个层次的住房新体系：面对最低收入家庭的廉租房；面对中低收入家庭的经济适用住房；面对中高收入家庭的商品房	标志着福利住房转向了住房商品化，初步确立了多层次的住房供应体系。经济适用住房由"住房供应主体"变为"具有保障性质的政策性商品房"，确立房地产为国民经济发展的支柱产业，住房发展非常迅速。2003年后，经济适用住房政策逐步废弃，实现多数家庭购买或承租商品房，2005年经济适用住房投资比例达到最低点。建立健全廉租房制度，健全以廉租房为重点的住房保障方式。2006年建设部首次将限价商品房纳入保障性住房序列中	2003年，《国务院关于促进房地产市场持续健康发展的通知》；2005年发布"国八条"，即《国务院办公厅关于切实稳定住房价格的通知》；2007年，《国务院关于解决城市低收入家庭住房困难的若干意见》《北京市城市廉租房管理办法》《经济适用住房管理办法》；2008年，《北京市限价商品住房管理办法(试行)》
2008年至今住房保障面扩大，保障性住房政策日趋完善	加大推进保障性安居工程建设力度，保障性住房包括经济适用住房、廉租房、两限房、公租房，其中公租房将成为未来保障性住房的主体	保障性住房、棚户区改造和中小套型普通商品住房用地不低于住房建设用地供应总量的70%，并优先保证供应，加快保障性安居工程建设。2014年起廉租房被纳入公租房建设计划，实现并轨运行，强化配租管理，推进信息公开，加强配套设施建设，鼓励政府和社会资本合作，共同推进公租房建设和运营管理	2009年政府工作报告提出"积极发展公共租赁住房"；2010年，国"十一条"即《国务院办公厅关于促进房地产市场平稳健康发展的通知》《关于加快发展公共租赁住房的指导意见》《国务院关于坚决遏制部分城市房价过快上涨的通知》；2011年，政府"十二五"规划指导纲要提出"重点发展公租房，逐步成为保障性住房的主体"；2013，《关于公共租赁住房和廉租住房并轨运行的通知》；2014，《住房城乡建设部关于并轨后公共租赁住房有关运行管理工作的意见》《住房城乡建设部关于做好2014年住房保障工作的通知》；2015年，《财政部　国土资源部　住房城乡建设部　中国人民银行　国家税务总局　银监会关于运用政府和社会资本合作模式推进公共租赁住房投资建设和运营管理的通知》

经济、投机性买房、住房刚性需求的推动下变得动荡，出现房地产价格加速上涨的态势，广大居民面临买房贵、买房难的问题，承受较大压力。面对这一问题，国务院于2005年、2007年发布的一系列政策措施（表1），明确了住房保障制度的框架，提出“进一步建立健全城市廉租住房制度，改进和规范经济适用住房制度”，标志着建设以廉租房制度为重点、多渠道解决城市低收入家庭住房困难的政策体系的开始。2007年住房和城乡建部等部委联合出台《经济适用住房管理办法》明确了经济适用房是具有保障性质的政策性住房定位，该政策的出台标志着房地产重回保障性住房时代，保障性住房体系日趋完善。

2.5 2008年至今住房保障面扩大，保障性住房政策日趋完善

2008年至今，实施大规模保障性安居工程（表1），指出要适当扩大经济适用住房供应范围，并首次提出将限价商品房和公租房纳入保障性住房体系。此两类公共住房是在商品房价格上涨过快的形势下，切实保障低收入群体住房问题的举措。保障性住房的建设速度显著加快。

3 公共住宅规划与新城规划

3.1 公共住宅规划特点

从上述公共住房政策沿革来看，自1998—2008年全面实施保障性住房政策以来，住房制度改革的重点一直在于体制机制如何适应市场化和多元化的社会需求。为保证各个时期五年计划中所规定的保障性住房项目建设目标得以落实，各级政府纷纷设置专门机构，建立责任人制度等，保证从项目选址、规划到建设招标、回购完工的房屋、后期入住资格审查、维护乃至退出监管等一系列项目管理环节的落实。这些机构有的称作某某住宅保障办公室，有的称为某某住宅保障局等。

从有限的研究文章来看，北京市“十一五”之前的保障性住房规划具有“见缝插针”与在城市边缘地区大规模集中建设的双重特点。“见缝插针”指的是定向安居工程，包括为旧城改造，城中村、棚户区拆迁安置等引发的大量中小规模小区建设。大规模集中型则指以回龙观、天通苑为代表的大型居住社区，以经济适用住房为主要建设类型。2008年以来，许多研究均把问题的焦点集中在“失配”上，即目标入住群体的就业需求与远距离交通失配，周边的教育、医疗、商业等配套设施在建设时间、空间、数量、种类等方面的失配，以及种种失配条件下综合形成的边缘人群聚集带来的治安，以及学龄儿童成长环境、老人养老环境的劣质化等社会问题。“十一五”期间，北京市规划委员会组织编制首个住房专项规划《北京住房建设规划（2006—2010年）》及《北京市“十一五”保障性住房及“两限”商品住房用地布局规划》，结合土地储备规划的编制，梳理了可建保障性住房的土地资源，划定了轨道交通沿线控制区等多项用地资源配置措施。“十二五”期间继续加大实施保障力度，2008年起，北京市规划委员会开始逐年制定《北京市近期建设规划年度实施计划》，会同市建设委员会向社会公示保障性住房年度建设计划，应当说这一举措是城市规划由“精英型”“专家型”向“公众参与型”过渡的重要信号。然而由于保障性住房建设目标“折子工程”的紧迫性，自2011年起，取消了向社会公示的做法，重新回归到系统内，即各行政主管部门内部论证会审的传统决策

模式。

经过初步调研，保障性住房规划到实施的流程节点可以归纳为：政府主管部门制定年度分解计划→确定用地选址与各项指标，形成各建设项目标书→公示招标→审定投标方案，确定中标单位→企业按合同完成建设项目→主管部门回购项目产权→主管部门审核入住条件，进入运营管理阶段（公租房情况）。在这七个步骤中，第二步确定包括选址在内的各项经济技术指标，是整个项目具体化最关键的一步。需求预测历来是规划学、设计学的核心内容，而目前采取的内部论证模式，显然蕴含着更大的不确定性。一方面，由于保障性住房项目实际运作中的诸多变数，规划原则中所倡导的“符合城市总体规划的要求”往往演变为事后“调规”的无奈妥协，这一点已为历年的学术研究所证实。另一方面，对照历年研究集中指出的“空间错位”“设施失配”“阶层固化”等问题与近年来主管部门公示的规划纲要，笔者发现在规划文本中，不少已对相关问题做出了修复性回应。例如，明确规定保障性住房特别是公租房占整个住宅开发规模的建设比例下限与配建要求，规定“混居”条件，避免阶层固化等，显示出规划正在向贴近现实需求方向靠近的有益进步。

3.2 北京新城规划特点

根据北京市规划委员会网站的公布信息，截至 2016 年 9 月，北京市政府于 2007 年分别批准了 11 个新城的总体规划（2005—2020 年）。它们分别是大兴新城、房山新城、门头沟新城、昌平新城、怀柔新城、平谷新城、延庆新城、顺义新城、密云新城、通州新城、亦庄新城。

这 11 个新城规划包括文本和图则两大部分。文本部分从章节结构及内容来看，近乎雷同，均包括三大部分：总则及发展定位；城乡总体布局及城市功能分区；产业发展、历史文化、生态环保、公共设施、社会事业等专项规划。图则部分包括新城空间结构图（又称分析图）和用地规划图。前者是对文本中描述的城市空间发展战略的具象表达，如 N 轴 N 带、N 核 N 翼等等。后者则是文本所描述内容集大成后的成果表达，即通过用地分区规划来实现文本所规定的战略目标。在这 11 个新城规划分局的官方网站上，有的还公布有次一阶段的分解规划，即某某地块控制性详细规划用地规划图等。

然而上述对图则的理解，不过是笔者的一种解读，规划文本中并没有对图则的内容做出任何实质性的解释，也没有对文本与图则的关系，即法律意义上的优先顺序，出现歧义时由哪个部门负责解答，结果如何落实，如何提供救济性服务等程序性原则做出任何文字表述。至于很多文本中明确记述的有关公众参与的内容，也只限于抽象性的描述，没有进一步保障落实修改规划的有关程序和期限的记述。

此外，从文本中的某些表述特征来看，如某某区域“分析”等字样，很难给人一种“此为已决事项”的印象。再看市政府对该规划的批复文，也只是部分对应规划文本的章节内容，由此产生的问题，如未提到的内容如何理解，提到的内容是否已经修改等，在公布的规划文本中均找不到确切的答案。作为由《中华人民共和国城乡规划法》授权编制的区域性城市规划，理想目标应是具有约束规划期内城市建设行为的法规文本，从可操作性角度出发，应尽可能避免笼统抽象的定性化描述，这不得不说是本次规划文本的“技术性硬伤”。

从理论上来看，城市规划的成果虽然表现为物质空间的资源分配，但其背后的逻辑不言而喻，是由生活在城市中无数个体人的需求总和所构成的社会总需求。供给侧所做出的对未来几十年发展的资源分配蓝图能否符合需求是城乡规划学的核心问题，也是一个永恒的命题。由发达国家上百年的实践经验总结出的若干规划技术"理论"，不过是一些在解决供给对需求如何匹配问题上程度不同的解决方略。借鉴这些解决方略并为己所用，便是改革开放30多年来我国规划界从理论到实践层面所走过的道路。然而效果并不理想，以致出现过多次"规划无用论"的学界争论，争论的焦点也一直集中在规划如何"适配"上。

因此，笔者以为，新城规划的首要任务不是机械地完成上级下达的编制任务，而是脚踏实地地调研本地区在物质资源和社会资源层面的现状，在此基础上通过多方论证，做出对未来愿景的合理化预期。而要做到这点，又需要包括人口、就业、教育、医疗、经济产业等基础数据的动态调查统计储备，以及为此而制定的信息公开制度及相关研究型产业的发生和发展。政府职能部门作为汇集社会需求、制定相应政策形成规划决策成果的最终出口责任者，也需要通过技术公务员队伍的建设[10]逐步走向专业化。

另外，就规划实施的"可操作性"而言，物质空间规划离不开财政的支持。如何将一幅画转变成切实可行的实施计划，预算如何做，需要一套基于现状把握与将来预测的科学分析系统。而保证预算的准确性与经济性，又需要政府各职能部门形成合理的、与事权相匹配的职责分工体系和有效的协作调整机制。这些规划形成背后的"软系统"的存在和良好运转，无疑是至关重要的，也是近年来学界一直呼吁的政府职能转变的大方向。当下我国的各项法律制度在技术层面尚没有形成有效的网络之前，将上述保障规划落实的所有环节措施均反映在新城规划的文本里，或许不失为一种限期有效的治短板良方。

综上，对本次北京的11个新城规划，笔者给出如下评价：

① 就新城的性质和定位而言，这11个新城都是北京周边原有远郊县城在现有行政管辖区域之内的"新区开发"或"摊大饼"式的城市化扩张。新城建设的目的即未来愿景并不明晰，且不具备明确的地域特征与为达到规划目标所准备的政策手段。

② 作为新城规划"正当性"的理论和事实依据，这11个新城规划文本中缺乏相应的数据支撑与合理预测的逻辑基础，大部分内容只停留在思想理念的空泛阐述上。而具有实质性内容的地块控制性详细规划、详细规划乃至城市设计，又游离在制定总体规划所必需的"数据—分析—预测—反馈"的逻辑循环之外，这是多年来城市规划有效性差、越详细进展的结果越容易导致"调规"的症结所在，也是谋求需求方在场的规划，即公众参与形同虚设的根源。

③ 就整个新城总体规划的性质而言，乃是一份为完成自上而下行政命令、给人刻板印象的答卷。既缺乏地方自主发展的视角，也缺乏关注经济发展动力，即缺乏与民生问题有关政策相关联的具体措施，更缺乏对合理性做出判断与其可实施性的逻辑说服力。当然其原因在于更深层次的国家行政体制，地方政府不具备完整的事权[11]，因而也就不具备为合理预测总体规划目标实现所必备的独立财权，这也是总体规划必然沦为"墙上挂挂"的现实基础。

④ 从上述第一条(即①)推论，这11个新城之间，即便互为邻近的行政区，也没有如何协调与邻区规划的相关叙述，因不属于职责范围之内理应如此。然而作为"符合北京市总体规划"的前提，相邻新城间的基础设施布局必然相互形成影响，对此没有一个文本内容显示出做过研究和考量，这不得不说是规划合理性方面的一种缺憾。

再看这11个新城规划文本中有关居住区规划的描述。表2是笔者从这11个新城规划文本中提取出的有关保障性住房论述内容的一览表。有居住规划专篇的有大兴、房山、门头沟、昌平、密云、通州、亦庄7个新城。其中对住房保障政策有相应描述的有大兴、房山、昌平和通州。而辟出专篇进行描述的只有房山新城规划一个文本。但即便房山新城规划关于住房保障的专篇，也只有“经济适用住房、经济租赁住房和廉租住房占15%”这样粗线条的规模描述。用“可操作性”衡量，相距甚远。而作为后续专项规划即控制性详细规划、详细规划的法定总体规划依据，缺项便意味着未来某一时点进行“修规”是必然的选择。在当前“社会发展初级阶段”理论的掩护下，这样的缺失或许还能以“体制机制不健全”“政府职能转型过程之中”为辩护词，然而城市物质空间的建构伴随着巨大的财政投入，对城市历史和未来的影响是深远而不可逆的过程，尽快尽早健全城市规划的体制机制，对于相关主管部门乃是无以推卸的责任和使命。

表2　11个新城规划文本中关于保障性住房的论述

序号	名称	居住规划				住房保障			
		所在章节	用地规模（hm^2）	用地占比（%）	人均用地（m^2）	所在章节	是否专篇	描述	明确度
1	大兴新城规划	7—45	1 686.452	25.93	28.11	12—72 房地产	×	抽象	×
2	房山新城规划	10—115	—	—	—	10—115	○	15%	△
3	门头沟新城规划	4.2—73	1 115	37.50	—	—	×	无	×
4	昌平新城规划	5—49	—	—	—	10—97 房地产	×	无	×
5	怀柔新城规划	—	—	—	—	—	×	无	×
6	平谷新城规划	—	—	—	—	—	×	无	×
7	延庆新城规划	—	—	—	—	—	×	无	×
8	顺义新城规划	—	—	—	—	—	×	无	×
9	密云新城规划	9—57	—	—	—	—	×	无	×
10	通州新城规划	7—55	—	—	—	7—57	×	抽象	×
11	亦庄新城规划	4—31	—	—	26	—	×	抽象	×

现实当中北京市已建成的公共住宅分布状况，目前尚没有相对准确的研究图示。为此，笔者调查了网上能够确认到的所有保障性住房小区的位置及地块规模，并在北京市电子地图上加以标示。同时按照这11个新城总体规划图则所示的边界位置绘制了范围图，试图从实证角度验证公共住宅与新城规划的相对位置关系（图4）。

由于画幅关系，图4仅显示了11个新城中的8个，自上顺时针分别为昌平新城（局部）、顺义新城（局部）、通州新城、亦庄新城、大兴新城（局部）、房山新城（局部）、门头沟新城。

保障性住房小区根据迄今为止各区县网上公示的保障性住房名录，共统计有148个小区，按实际电子地图中的小区边界绘制。其中经济适用住房55处，公租房与廉租房47处，两限房46处。从总体分布来看，绝大多数保障性住房位于五环以内，五环外尤以回龙观和天通苑地区最为集中。从这张新城与保障性住房分布图中可以明显地了解到，北京市公共

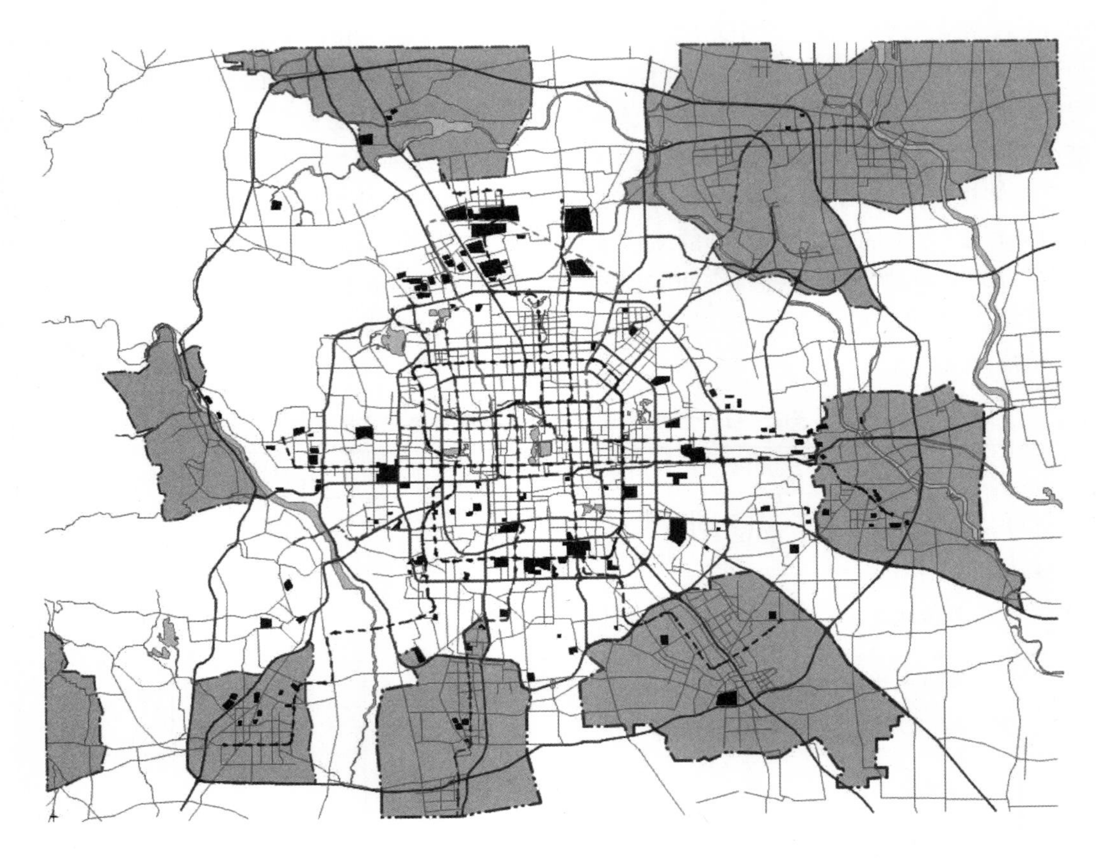

图例：——(粗实线)：主干路 ⌐-┤(粗断线)：主要城铁线路 ▇(灰色块)：新城区域

▇(黑色块)：保障性住房小区

图 4　北京市保障性住房与新城分布图

住宅的现状分布与新城规划没有直接的关系。同时也说明了这样一个事实，即现状公共住宅的分布特点反映出的是北京城市发展的历史轨迹，公共住宅的建设目的主要在于“还历史旧账”，也就是为旧城改造的定向安置，这些工程早于 2005 年之前完成，而位于五环甚至六环之外的新城，则很少承担中心城区定向安置的任务。

从少量分布在房山、通州新城的保障性住房小区的位置来看，都有聚集在城铁线路两侧的特点，这也从一个侧面说明了保障性住房与城市快速公交系统的依赖关系。

上述状况也从反面说明，公共住宅建设在新城规划中没有得到应有的重视，这 11 个新城规划文本中，虽然有的区县提到配合首都“人口疏解”，缓解中心城区的人口压力，但并没有在“人口疏解”与公共住宅建设之间构建起合理的逻辑关系，即没有在总体规划的住宅规划当中划定公共住宅的合理规模、位置等纲要性指标，以此推理，“符合北京市长远规划”便成了一句空话。诚然，在未来可预见的发展阶段当中，这 11 个新城通过发展各自的产业，在短时期内形成独立于中心母城的、可以在区域内解决绝大部分就业的理想化新城，可以说可能性微乎其微，这一点已为众多的科学研究所证实。产业发展非一日之功，新城相对于母城形成能够独立运转的“反磁力”中心，是一个自然而漫长的过程，因此，未来若干年内，依托城市快速公共交通系统，在新城中大力发展公共住宅，乃是城市可持续发展的必然选择。

4 小结及建议

4.1 将保障性住房选址纳入总体规划

如前所述，保障性住房建设的四种模式：棚户区改造、城市边缘区集中规划、城市中心小范围集中建设、混合建设。虽然“十二五”以来，各级主管部门对于普遍存在的交通成本高、基础设施配套不完善、居住空间分异等主要问题高度重视，并通过具体措施着力改善，但成效并不明显，郊区保障性住房大量空置便是需求失配导致的结果。

笔者认为，“保障性住房选址”一词本身既带有即时性与功利性，映射出我国改革开放政策变迁的历史轨迹。随着国家法制化进程的不断深化，公共住宅作为政府理应承担的法定职责，它在城市总体规划中的重要地位应得到明确，公共住宅分项规划也应及时反映在各个时期的总体规划与新城规划当中通盘考虑。当然，我们也希望“保障性住房选址”一词尽早从城市规划专业语汇中隐退，代之以公共住宅建设专项规划，并被纳入区域（新城）总体规划之中。

4.2 住房保障制度立法

目前国内尚没有针对公共住房的专门立法，虽然国务院出台了一系列通知、办法、条例等文件，但其法律地位低，北京目前也没有一部由市人民代表大会立法而出台的保障性住房法规，这导致保障性住房与房地产市场、规划部门的关系模糊不清。此外，保障性住房制度的变更较为频繁，住房保障政策常常被当作刺激消费、吸引人才、防止通货膨胀的短期工具来使用，缺乏长远考虑，功利性强，导致住房保障工程难以得到稳定的财政支撑，缺乏制度化的财政保障。住宅专项立法是历史的必然，也将成为国家法制化进程中的一个里程碑。

4.3 变革城市规划方法

本文中所指出的保障性住房建设过程中存在的普遍性问题，虽然通过主管部门的努力在一定程度上得到缓解，但需求失配仍然是短期难以从根本上解决的难题。城市的根本目的在于为人类聚居点配置资源，提供发展动力。从这点来看，无论规模大小，也无论称其为城市边缘集团、住宅小区、经济开发区、大学城抑或是新城、卫星城，其本质都是相同的。保障性住房因为供给对象群体的特殊性——收入不高，因而对社会保障体系依赖度高、就业面窄、依赖公共交通系统等——而凸显出需求错配时的社会成本效应。通常情况下，一座城市的宜居性水平与公共住宅规划建设的水平之间存在密切的联系。尤其我国尚处在社会主义初级阶段的当下，保证中低收入人群的安居问题，对于经济可持续发展与社会稳定关系重大。而做到这一点，制度层面加强立法，措施层面不断改进传统规划编制方法，变“精英·专家·封闭式”为“公众参与·多领域协同·公开式”，是传统规划模式走向“精细化”的重要一步。而通过立法，确保政府信息公开又是多领域协同的必要保证。

社会需求随时间而变，随经济发展阶段而变，这是不以人们意志为转移的客观规律，因而城市规划本身就是一个不断适应新需求、不断调整的动态过程。把握需求状况，需要多方面大量的科学调查和研究，仅凭主管部门和有限的专家意见，在社会经济生活日趋多元化、复杂化与全球化一体化的今天，将越来越难以反映出现实需求的真实情况。本文中所指出的新城规划文本中存在的逻辑性和技术性缺陷，当然有着深层的制度和历史成因，保障性住房即公共住宅规划游离于城市总体规划和新城总体规划之外的现象，只是上述诸多成因的外在表象之一，需要在今后深化体制机制改革的过程中逐步加以克服。

建议从两方面着手为“精细化”转型做准备：① 通过立法，明确政府负有及时向社会公开城市规划等有关公众利益信息的义务。② 加大城市规划编制内容的深度和广度，提倡基于数理统计分析的科学预测，夯实规划内容的合理性，提高规划的有效性与权威性。③ 在此基础上鼓励社会力量参与规划的制定过程。通过多领域协同合作，提高包括公共住宅、新城规划在内的城市总体规划水平。

注释

① CiteSpace 软件是美国德雷赛尔大学陈超美教授研发的一款基于文献引文频次的可视化软件，自 2004 年以来受到图书馆情报学界的重视，并在各个专业领域得到越来越广泛的应用。

② 折子工程是对上级部门重点督办、必须按时完成的重点任务的俗称。

参考文献

[1] 佚名. 公共租赁住房申请指南[EB/OL]. [2017 - 10 - 17]. http://zhengwu. beijing. gov. cn/zwzt/bjsbzxzf/t1094086. htm.

[2] 廖正昕. 北京市的保障性住房规划[J]. 住区，2013(4)：18 - 23.

[3] 徐大军. 重庆都市区新城研究[D]：[硕士学位论文]. 重庆：重庆大学，2006.

[4] 林洪波. 中国大城市新城建设研究[D]：[硕士学位论文]. 北京：首都经济贸易大学，2006.

[5] 肖华. 新时期新城发展研究——以武汉市新城发展为例[D]：[硕士学位论文]. 武汉：华中科技大学，2005.

[6] 李杰，陈超美. CiteSpace：科技文本挖掘及可视化[M]. 北京：首都经济贸易大学出版社，2016.

[7] 柏必成. 改革开放以来我国住房政策变迁的动力分析——以多元流理论为视角[J]. 公共管理学报，2010，7(4)：76 - 85.

[8] 陈杰. 中国住房制度改革与变迁[EB/OL]. (2012 - 04 - 13)[2016 - 09 - 25]. https://wenku. baidu. com/view/f6579c0a4a7302768e9939a2. html.

[9] 蔡荣生，吴崇宇. 我国城镇住房保障政策研究[M]. 北京：九州出版社，2012.

[10] 陈靖远. 借鉴日本建筑确认制度完善我国相关监管体系——建筑安全一元化监管思路初探[J]. 建筑经济，2013(6)：5 - 7.

[11] 谭纵波. 从中央集权走向地方分权——日本城市规划事权的演变与启示[J]. 国际城市规划，2008，23(2)：26 - 31.

图表来源

图 1 至图 4 源自：笔者绘制.

表 1、表 2：笔者绘制.

古代江南区域水系与聚落空间网络变迁：
兼论建都与区域发展分期

郑辰暐　董　卫

Title：The Evolution of Ancient Jiangnan Regional Water and Settlements Spatial Network：Extend Study on the Capitals Establishment and Regional Development Periodization

Author：Zheng Chenwei　Dong Wei

摘　要　江南区域较为完整和发达的聚落体系孕育于独特的自然环境，又逐步凝聚、增强于中央集权下的大尺度人工水网建设。本文以城市历史图学为核心方法，建立城市历史信息空间数据库，在此基础上对城市地图中各种要素进行提取和分类，并进行网络体系建构和相关计算分析；试从宏观角度研究江南地区总体城乡聚落与水网环境的协同发展，并分析空间网络结构在历史变迁过程中的特征，总结变迁机制；发现其发展可分为较为明显的五个阶段，区域优势逐渐由西北向东部沿海地区转移，这一变迁特征在很大程度上是由于受东部海岸线变化的影响，而发展存在的起伏和突变则与政权和都城在区域内的立废深切相关。

关键词　江南区域；空间网络变迁；空间历史信息系统；中国古代都城；发展分期

Abstract：The relatively established settlement system of Jiangnan region conceived in the unique natural environment, and had been gradually further agglomerated and strengthened under the guidance of centralized authorities. The core research method in this paper is urban historical mapping, and based on that builds an urban spatial historical database. The urban network system will then be constructed by extracting relevant elements from the map and data for calculation and analysis which finally conclude to the summarising of patterns and characteristics of the urban morphology of the research region. This paper aims to study from a macro perspective the overall urban-rural structure within the water networks, analyses the characteristics of the structures throughout the historical evolution process and summarises the mechanics driving the changes. There are approximately five stages in the general developing progress of Jiangnan region, and the evolution feature shown in these stages is that the regional advantage transferred from northwest area to east seaside area, which is largely influenced by the changes of the east

作者简介

郑辰暐，东南大学建筑学院，博士生

董　卫，东南大学建筑学院，教授

coastline. While the fluctuation and saltation in the regional developing progress are deeply related to the vicissitude of regimes and capitals in this region.
Keywords: Jiangnan Region; Spatial Network Evolution; Spatial Historical Information System; Ancient Capital of China; Development Periodization

1 引言

1.1 研究背景与价值

中国古代城市的规划性及系统性并非仅仅局限于单个城市的物质形态。自秦朝建立郡县制以来，统一政权的国家内部始终处于层级分明的行政制度管理之下，城市、市镇及乡村在一个得到良好控制的体系中运作。由于高度的中央集权，这个城镇体系的内在凝聚力由全国范围内的政府行为维系及加强，突出表现在漕运这一中国特有的历史现象上。这一行为实质是封建政府所做的宏观调控，主要作用为提供中央供给、军事供给以及储备赈济，对巩固和加强统治有重要作用。为满足漕运需求，各个朝代的政府均注重大规模的水利工程的修建及维护，这促进了运河水网等交通系统以及仓储转运设施的发展，并完善了都城与腹地城镇之间的网络联系。

本文界定的江南地区着眼于在历史上有都城形成的区域，具体以明清太湖流域的"八府一州"① 所辖区域为准，根据各时代行政边界有所调整。境内内部经济联系紧密、发达的水网是江南区域的关键性特征，故基于水网的城镇聚落系统及其生成、发展的变迁过程是江南城市形态研究的重要组成部分。

1.2 江南地区历史地理环境背景

江南区域包含今天江苏省南部、上海以及浙江省北部，自然山水形势构成了该区域的天然界限，并且在该区域内外，自然生态特征有着显著的差异。江南区域是全国地势最低平的地区，整体地势呈西高东低的态势。其主要平原为太湖平原和杭嘉湖平原，丘陵山地主要包括江苏省西南境的宁镇丘陵、茅山山脉、宜溧山地，以及浙江省西北部的天目山脉。以数字高程模型(DEM-SRTM)数据[1]为基础分析可得，81.01%的地区海拔高度在 50 m 以下，海拔高度 10 m 以下的地区面积比例高达 64.31%(图 1，表 1)。

江南区域所处的长江三角洲是长江入海之前的冲积平原，其主体为太湖平原，地势低洼、水网密集。历史上长江河口水面辽阔，潮汐作用显著，海岸轮廓随着时间发生了较大的历史变迁(图 2)。气温变化导致的海平面升降以及海侵直接对该区域内的人类活动产生影响。距今 3 000—4 000 年前，江南地区逐渐形成了以太湖为中心的自然水系，主要包括太湖上游天目山脉的东、西苕溪，太湖下游平原入海的娄、松、东三江，宁镇丘陵区的秦淮水系和古丹阳湖[2]，以及太湖北部积水形成的射贵湖、洮湖、滆湖[3]。至公元前 6—前 5 世纪的春秋晚期，在吴王阖闾及夫差两代君王的统治下(公元前 514—前 473 年)，江南地区迎来了以今苏州为中心的首轮都邑建设高潮，发展出基于水系的区域城邑体系(图 3)。

1.3 江南地区社会经济发展背景

江南地区人口的变化可以直观地反映出该地区发展的状况，总体人口密度呈现一种较剧烈的变化趋势②。从公元4—5世纪开始的江南人口增长主要由今南京、镇江地区带动，直到隋唐时期江南地区西北部仍然是人口密度更高的地区，宋代以后太湖东部地区的人口密度显著提高，嘉兴地区的人口增加尤为突出，清代江南地区以今苏州地区为人口稠密的中心。江南地区人口水平的变化在行政单位的规模和划分上也有明显体现，随着人口密度的增加，中央需要设置更多的地方行政机构来进行管辖。

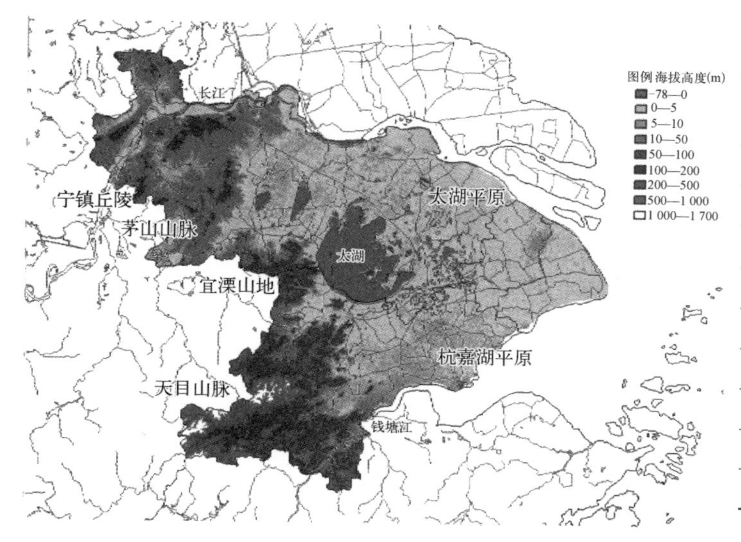

图1　江南地区高度分级图

表1　江南地区高度分级面积

海拔高度（m）	面积（km²）	面积比例（%）
-78—0	373.302 9	7.21
0—5	1 670.205 0	32.25
5—10	1 286.867 0	24.85
10—50	864.918 0	16.70
50—100	244.816 2	4.73
100—200	279.432 9	5.40
200—500	312.176 7	6.03
500—1 000	121.707 9	2.35
1 000—1 700	25.607 7	0.49

图2　史前时期江南地区海岸线变迁及遗址分布

图3　春秋晚期（公元前5世纪）江南地区聚落分布

对照中国古代移民、战争和灾害的历史，江南地区人口的剧烈变化是与其紧密关联的。公元4—5世纪和公元8—10世纪的两次移民为江南带来经济、政治和文化等各方面的发展，使其成为全国的经济中心，在这个基础上，江南区域在无战乱的和平年代人口和经济均呈稳定快速增长的状态。江南地区由于南朝陈末隋初、宋元之际和元末明初的战乱经历了三次大的人口损失，因而宋元时期和明初的移民主要用以补充区域人口，其中宋元时期的移民由南迁的流民组成，而明初的移民是政府有组织的行为，带有很强的政治与军事意义（图4）。

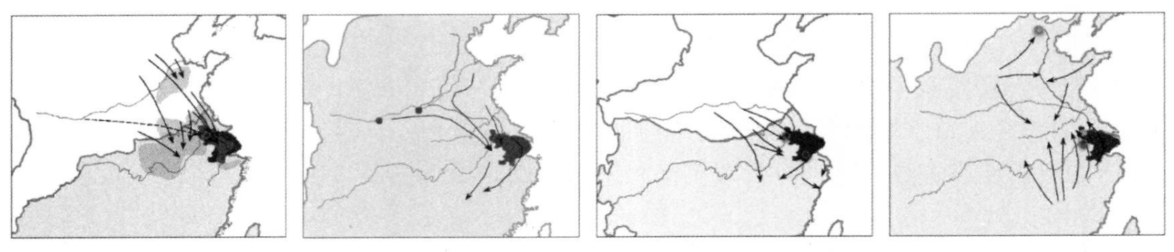

(a) 4—5 世纪永嘉移民　(b) 8—10 世纪唐末移民　(c) 12—13 世纪宋元移民　(d) 14 世纪明初移民

图 4　江南地区移民示意图

总的来看，历史上江南地区人口的激增是北人南迁的结果，江南地区内的人口中心有由西北向东南沿海转移的趋势，地区中心由宁镇地区（公元 5—8 世纪）逐渐向嘉兴、苏州地区（公元 12—19 世纪）转移（图 5）。

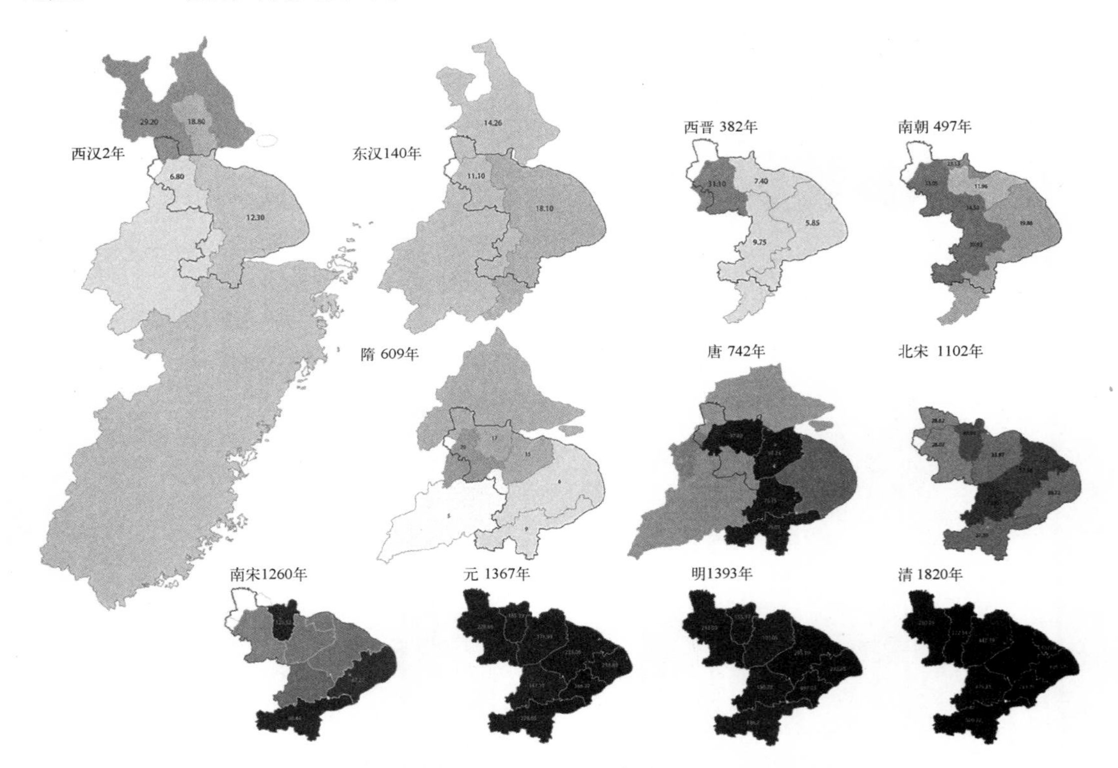

图 5　江南区域郡级行政单位规模与人口密度（每平方千米）

2　江南地区水环境变迁

江南地区的历史水环境形成是人工水利与自然水系相互作用的结果，人工水利工程既是在自然水系的基础上发展而来，又深刻地改变了地区自然水系和生态环境。本文所使用的历史水系数据为有记载并可定位的主要河流和湖泊，这些水系也是对区域交通、泄洪及灌溉起重要作用的功能性水体③。

2.1 江南地区水系总体发展

江南地区主要河道的总长度由公元前 5 世纪的 1 652.4 km 增长至 19 世纪的 3 782.0 km，每 100 年的平均增长率为 3.67%，其中人工水道和自然水道每 100 年的平均增长率分别为 6.67%和 1.19%。可见江南地区整体河道长度的增长较为平缓，但人工河道长度的增长率远超过了平均水平，人工河道长度所占总长度的比例也增长到了 61%。从总体趋势来看，从公元前 5 世纪到公元 7 世纪之前水系发展一直较为缓慢，到公元 7 世纪隋朝时期出现了一次回落，从公元 8 世纪至 13 世纪是地区水系高速增长的时期，至 14 世纪元代又出现了一次回落，随后直至 19 世纪均稳定发展(图 6)。江南地区的湖泊大部分是自然形成的，总面积在历史时期有所浮动但总体变化不大，太湖、石臼湖、固城湖的面积相对较为稳定，宋代以后新形成了淀山湖、陈湖、阳澄湖等一系列湖泊。

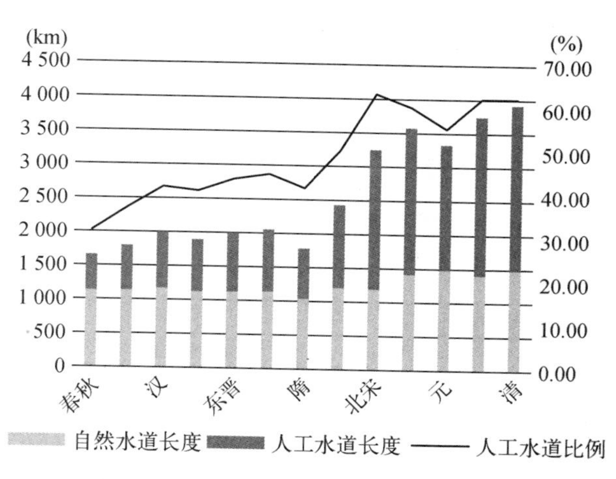

图 6 江南区域水道长度发展趋势

2.2 分水系人工水体发展

根据各水体区域的分布与特征，可以将江南地区的水系细分为九类，分别为：太湖口岸水系、入长江水系、入海水系、秦淮水系、洮滆水系、荆溪水系、苕溪水系、钱江水系，以及江南运河及其沿线的城市水体构成的大运河水系(图 7)。

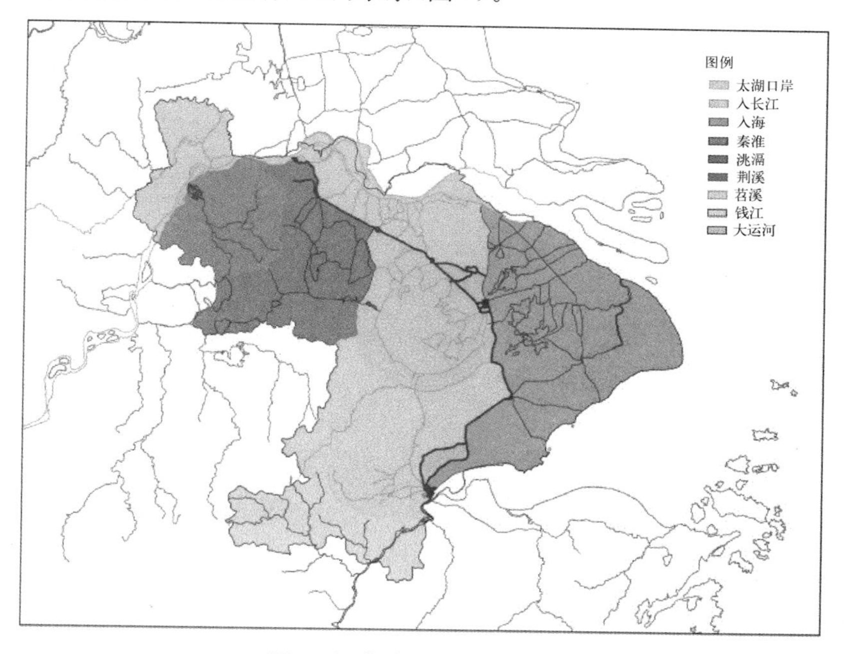

图 7 江南地区水系分区示意

总的来看，人工化程度最低的水系包括钱江水系、苕溪水系、秦淮水系以及荆溪水系。太湖口岸水系及洮滆水系一开始的人工化程度均很低，在整个历史时期，水道长度虽有上下浮动但总体趋势为较为稳定的上升。变化最为剧烈的为入海水系，其人工水道长度在隋代骤减，又在两宋时期陡升，随后在明清时期维持总体上升趋势。较为特殊的大运河水系为全人工水道，其发展趋势为较稳定上升，但也在隋唐和宋元时期涨幅最大（图 8）。

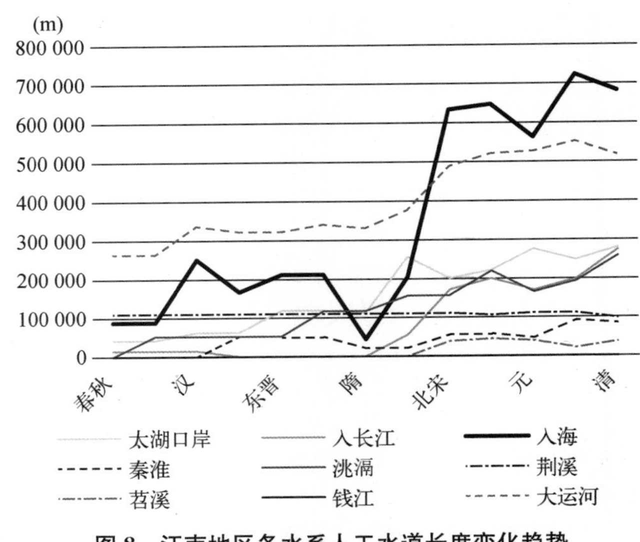

图 8　江南地区各水系人工水道长度变化趋势

本文引入景观生态学中的河流廊道连通率 β 指数来评价江南地区历史时期各水系河流结构的连通性[4]。

$$\beta=L_c/N \quad (0<\beta<3)^{④}$$

根据各水系连通率的变化趋势分析，各水系河流连通性的总体发展趋势与人工水系的发展大体是同步的，β 指数在先秦至南朝时期平缓上升，在隋唐时期发生起伏后又在两宋时期大幅增长，在明清时期大体保持稳定而略有下降，这可以说明江南地区人工水系建设对于河网总体结构的重要性。南宋是河网总体连通性最好的时期，而大运河水系的连通率在唐代之后陡增，且明显高于平均水平，这是由于在两宋期间运河沿线的各城市水网达到密集高峰的缘故，同时入江与入海的水系也达到最高的连通水平（图 9）。

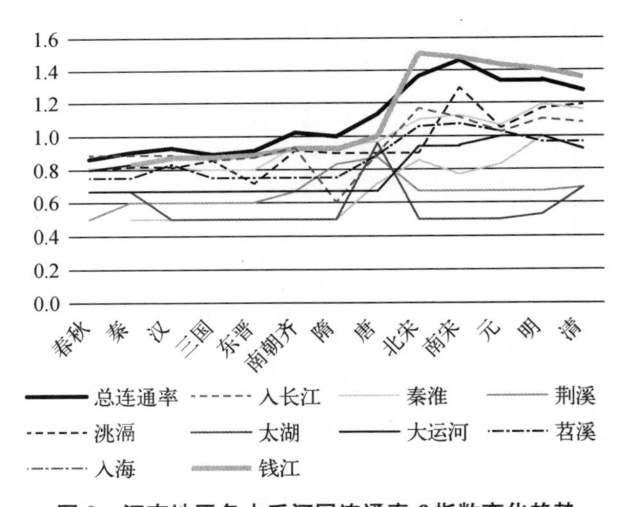

图 9　江南地区各水系河网连通率 β 指数变化趋势

2.3　人工水体开发分类

本文主要根据《读史方舆纪要》中对水利工程的记载[5]，按照水体开发与浚治的主要目的和功能，将江南地区的人工水体大致分为三种类型，分别为运输型、调控型以及农业型⑤。运输型水利工程主要是各级运河的修浚，承担江南地区交通要道的功能，尤其是承担漕运功能的大运河工程。调控型水利工程包括用于排水或引水的水道，以及用于障水的堤塘及海塘。农业型水利工程包括用于灌溉的湖泊和水道，以及用于圩田的圩区水体。

从人工水体开发的历史阶段来看，调控型水利工程整体持续增长，并在宋代以后激增；先秦秦汉时期是运输型水利工程的首个建设高峰阶段，在宋元时期水利工程数量快速增长，到明清时期趋于稳定。农业型水利工程的数量在先秦至元代稍有减少，到明清时期略有回升，但总体变化不大(图10)。

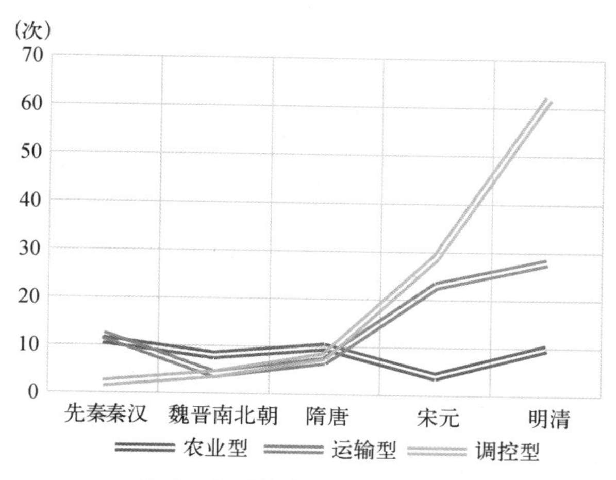

图10　各功能水利工程发展趋势

从各功能水利工程在不同水系内的数量分布情况来看，入海水系的总工程数量最大，该水系中的调控型水利工程也是最多的，所占比例达到了66%；其次是入长江水系的工程数量，其中运输型水利工程与调控型水利工程数量接近；大运河水系与太湖口岸水系的工程总数量相近，但大运河水系中运输型水利工程比例最高，而太湖口岸水系中调控型水利工程最高；其余四个水系工程数量均比较小，且其中调控型水利工程比例接近于零(图11)。

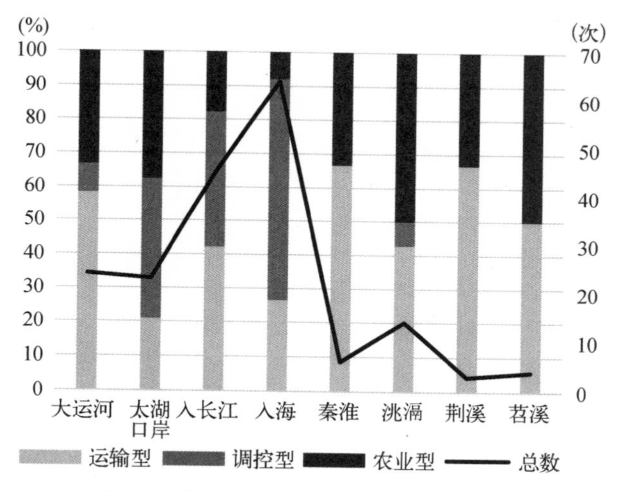

图11　各水系水利工程功能与数量分布

由此可见江南地区水利工程的类型及分布与地区整体发展紧密相关。公元7世纪以前，江南地区较之黄河流域尚处于发展较为落后的状态，在地区开发的初期农业灌溉和运输型水利工程并重；同时，人工水利开发的总体程度较低，太湖的上下游自然水体均保持通畅，因此调控型水利工程的需求不大。公元10—14世纪，江南地区由于免于长期战乱同时整体水环境较为稳定，通过一系列农业型水利工程的开发，经济得到发展，逐步成为全国重要的粮食产区；但是在这个过程中太湖下游的自然水体逐渐湮灭、淤塞，为了满足农业开发的需求对太湖东部堤岸的围挡，以及为了满足漕运需求对水道中闸口等设施的拆除，使得太湖下游对调控型水利工程的需求大大增加，这个影响一直持续到了19世纪；此外，政府大规模的漕运行为对运河通航能力的要求提高，因此用于补充运河水源的调控型水利工程也在增加。14世纪开始的江南地区人口激增使得人地关系逐渐变得紧张，但太湖下游的调控型水利工程仍然是建设的重点，大部分入长江和入海水系的调控型及运输型水利工程也兼具灌溉等农业功能。

3 江南地区聚落点变迁

3.1 聚落点的行政分级与分布变迁

江南地区在春秋时期已经形成了一个以今苏州地区为中心的较为独立的聚落体系基础。从秦代开始，在中央集权制的背景下，江南地区的聚落首先开始基于行政级别形成分等级的城镇体系，分别为都城、省级治所、府(郡)级治所、县级治所以及镇市。江南地区的行政聚落点的数量随着时间呈现上下起伏的变化趋势，且府、县、镇级聚落点起伏趋势是一致的，其中隋代和元代是两个明显的回落点，而晋代、南宋和清代对应着三次峰值(图12)。

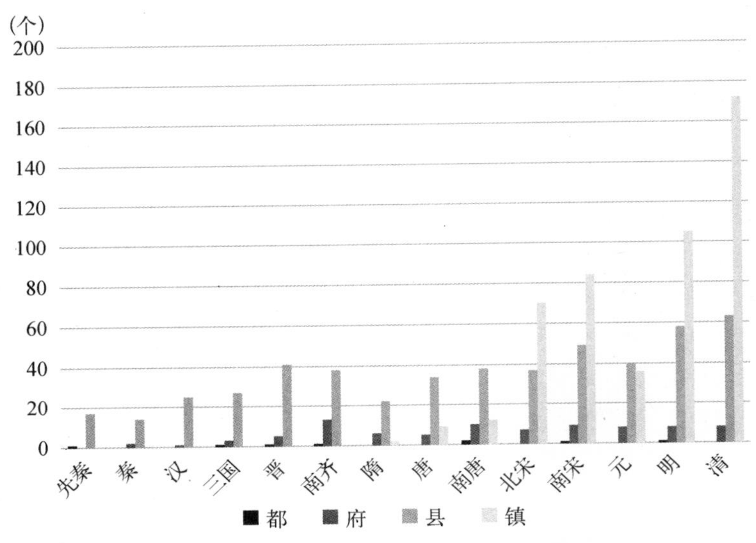

图12　江南地区镇级以上聚落点数量变迁

3.2 至1840年府、县级聚落点建置年数与变动

如图13所示，以清代中期江南地区府、县级聚落点分布为坐标参照，至1840年为止，建置年数在2 000年以上的行政单位占18%，1 500—2 000年的占14%，1 000—1 500年的占20%，500—1 000年的占11%，而建置年数低于500年的占37%[6]。在1840年的9个府级行政单位中，苏州与南京建置时间最长，均超过2 300年。湖州与常州、嘉兴、杭州的情况相似，初始建置为县级且年数均超过2 000年，发展较长一段时间后被提升为府级。松江府与太仓州府级建置时间均较短，然而其发展速度差别很大，松江府最早以华亭县建置年数为1 089年，升为府级后仅不超过50年；而太仓州作为县级建置年数为343年，升为直隶州年数达117年。镇江情况较为特殊，最初建置在2 930年前，而后治所迁移，在1840年府治所在地以县级建置年数为1 251年，且较快升为府级。

府级和县级行政单位同城而治的现象较为普遍，1840年的9个府级行政单位均为府县同城而治，其中苏州城同时治有3个县，2/3的城市为1府2县同治。其中苏州、南京和镇江府县同治的年数都在1 000年以上，湖州和杭州府县同城在800年以上，嘉兴、常州、太仓、华亭府县同治的时间在500年以下。此外近120年以来，宜兴、无锡、常熟、吴江、昆山这5个县出现了分2县同城而治的情况。由于府级与县级行政建置主要涉及人口户籍管理，在人口增加的情况下，政府常就地增设治所而非新建城市，因此这一现象可以说明，苏州、南京是江南地区较早发展起来的城市，且整体发展过程较为持续，至1840年苏州府和江宁府成为该地区的中心城市。在二级中心城市中，湖州、常州和镇江建置时间相近且发展较为稳定，杭州和嘉兴开始高速发展的时间较晚。在第三级别中，太仓州是苏州府发展极盛的产物，而松江府的设置得益于沿海地区在清代的最终成陆。

从建置变动的角度来看，可以说江南地区的府级中心城市一旦建置其发展就是较为稳定的，具有很强的延续性。而县级行政建置的撤销则高达20处，其中有65%分布在宁镇常沿江地区，25%分布在太湖以西的宜兴地区。从时间上来看，隋代灭南朝无疑是宁镇—宜溧地区县城密度大幅降低的原因，其中60%原属南京。治所迁移变动最大的也是县级行政建置。其中海盐县是东部沿海最早建置的城市之一，其迁移与海侵紧密相关，县治在秦末和东汉中期两度陷为湖，是早期东部沿海地区城市因地理原因难以稳定发展的典型例证。而溧阳、丹徒、临安、六合及江宁等县的徙治多出于所属府的统筹发展需要，但可以看到迁移后的治所具有更加临近水系的特点。

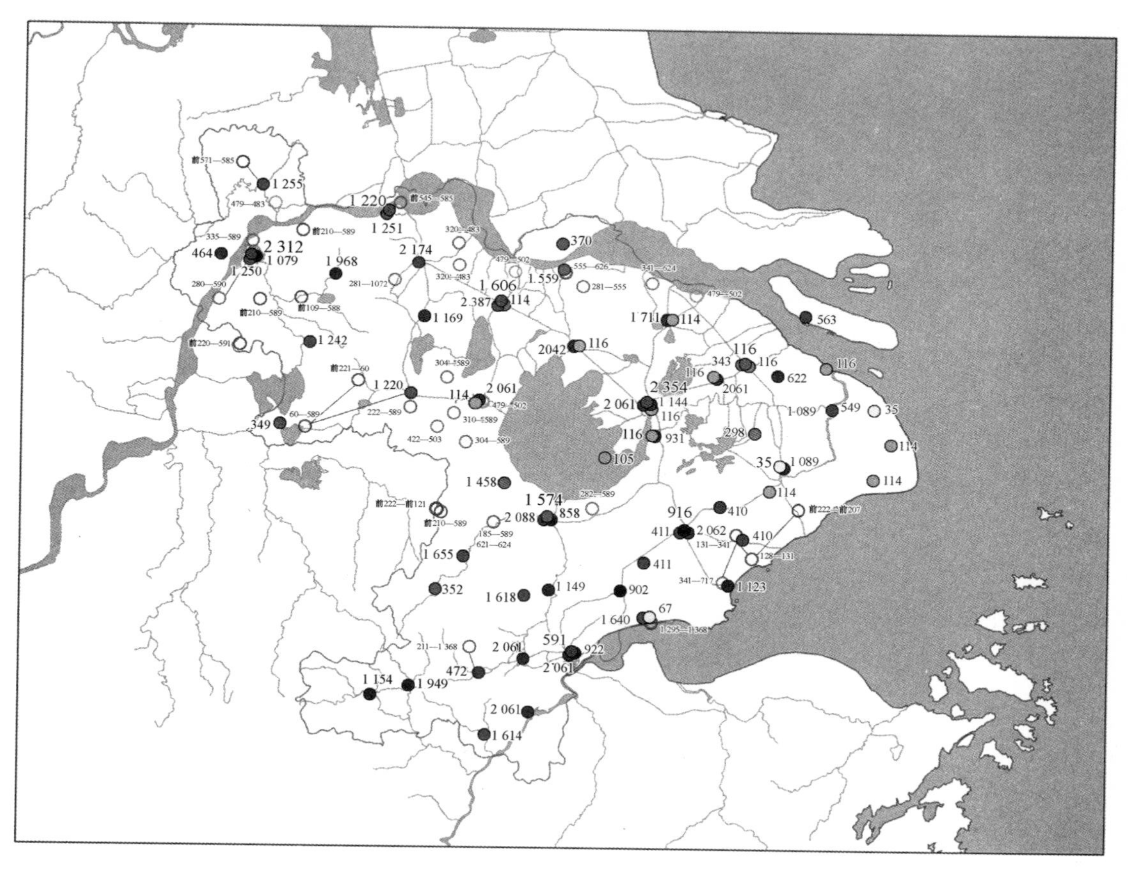

图13　至1840年江南地区府、县级聚落建置年数

3.3 至1840年镇市级聚落点建置年数与变动

早期的固定市集是限定在城市中的，唐前期规定“诸非州县之所，不得置市”⑦。乡村地区的市集多以集会的形式间隔出现，举办的时间地点多与节令节庆和宗教集会相关联，为民间非官方的交易市场。中唐以后的经济发展使得城市以外的地区出现了更多的草市，并且已经围绕草市发展了固定居民。由于关于早期的这些草市的记载较少，据不完全统计唐—五代期间江南地区较具规模的草市共有27处，驿站渡口共有9处，军事镇共有7处。其中麦亭、望亭、乌墩寨、下蜀戍等14处是从两宋时期开始到清代中期仍然存在。

北宋以“诸镇省罢略尽，所以存者特曰监镇，主烟火兼征商”[6]，镇被政府正式确认为县市与草市之间的建置，一方面江南地区的草市继续大量增加，另一方面建置镇进入快速发展的状态。傅宗文认为除了有生产力发展、手工业繁荣的因素之外，宋代对货币税的征收和名目繁多的加征等政治因素也是镇市发展的强制性推动力[7]。

本文将其发展分为宋元时期（960—1368年）以及明清时期（1368—1840年）两个大的阶段，考察每个时期内设置的镇以及其延续性。明清时期新设镇市数量几乎达到了宋元时期的两倍。宋元时期所设52.3%的镇市都留存到了清代，可见宋元时期江南地区建置镇的延续性是比较强的，为后期江南地区的市场繁荣确立了基础，但这些留存下来的镇市只占1840年江南地区镇市总数的25.6%，可见明清时期江南镇市的数量大幅增加、变化剧烈。从镇市在各府级行政单位中分布的情况来看，宋元时期建康府境和临安府境设置的镇市数量最多，作为南宋时期的留都，建康府所设镇市数量甚至超过了首府临安，此外平江府的镇市数量居第三位。可见两都临安、建康以及平江府是宋元时期江南地区市场的三个活跃核心。到了明清时期，松江府一跃成为所设镇市数量最多的城市，其次为苏州、常州。可见从宋元时期到明清时期，松江府的市场发展速度最快，苏州和常州市场发达程度紧随其后并在总数中保持较为稳定的比例，江南地区市场的重心完全转移到了太湖东部及沿海地区。此外，江宁府、湖州府和杭州府的镇市在明清时期反而有衰落的趋势，而镇江府和嘉兴府的镇市数量在两个时期均处于较低的水平（表2、表3）。

表2 宋元时期所设镇市的数量与分布

（个）

置镇市时段	总数	建康	镇江	常州	平江	湖州	临安	嘉兴	松江
宋元期间设	220	56	12	27	33	21	40	17	14
宋元至清仍存	115	21	6	16	24	13	17	11	7

表3 明清时期所设镇市的数量与分布

（个）

置镇市时段	总数	江宁	镇江	常州	苏州	湖州	杭州	嘉兴	松江
明清期间设	402	32	18	61	92	17	40	30	112
明至清仍存	157	4	3	18	44	7	17	24	40
清代新增	178	12	3	28	32	10	21	5	67
1840年镇市数	450	37	12	62	100	30	55	40	114

4　结论:江南区域聚落网络变迁分期与特征

4.1　聚落点与水网分布关联

本文使用地理信息系统中的邻近度算法(Near Analysis)考察各聚落点(点状要素)与各主要水道(线状要素)之间的最近距离,从而得到各时期与水系相关的聚落点分布规律变化。本文选取分析的聚落点要素为各聚落的近似中心点,距离按照 1 km、5 km 和 10 km 进行分级。距离分级的依据和含义分别为:根据清代镇级聚落的平均规模推断,中心点距离水道小于 1 km 代表水道从聚落中穿过;根据古代以肩挑和行船为主的交通运输方式推断古代出行速度为 2.5 km/h[7],聚落中心点距离水道在 1 km 至 5 km 之间代表从该聚落可以较方便地通过主要水道出行(耗时在一个时辰之内);距离水道 5 km 至 10 km 之间的聚落点的出行与水道关联较弱,而距离 10 km 以上的聚落点则基本与水道交通无甚关联,可以认为这两个级别的聚落点的出行主要依靠陆路交通。

从历代聚落与水网的整体分布关系来看,距离水道 5 km 以下(包含 1 km 以下)的聚落点数量在各时代中均占到了 65%以上,可以看出江南地区在历史时期的出行方式大部分依靠水路交通,其中主要水道直接穿过聚落(距离 1 km 以下)的亦占有 30%以上的比例。同时可以看到,尽管聚落点的总数在北宋以后激增(其中绝大部分为新增的镇市级聚落点),依赖水路交通出行的聚落点比例却在逐渐减少,这是由于镇市级聚落点的整体密度较高、间距较短,并且无需承担漕运职责,其分布较少受到水路交通方式的限制(图 14)。

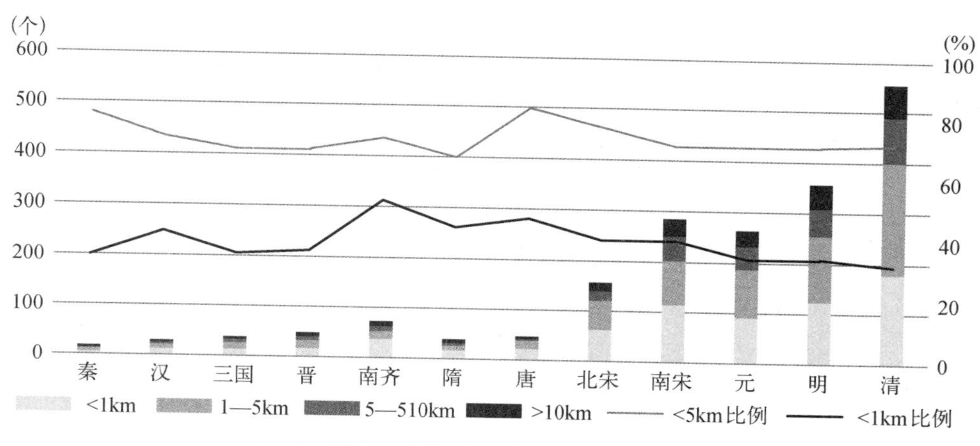

图 14　邻近水系的聚落点分布

分别考察各级别聚落点与水系的邻近关系可得(图 15),府级聚落点与水系的邻近关系最为紧密,从汉代开始到唐代没有距离超过 5 km 的情况,并且在宋代以后距离均不超过 1 km,即府级聚落点均可以通过主要水道直接到达。县级聚落点与水系的邻近关系也较为紧密,距离超过 5 km 的聚落点比例范围在 10%至 42%之间,平均比例为 21%。镇市级聚落点与水系距离超过 5 km 的比例范围在 21%至 37%之间,平均比例为 30%,与府、县级聚落点相比,其水系邻近关系最弱,但距离低于 5 km 的镇市级聚落点仍占有大部分的比例。

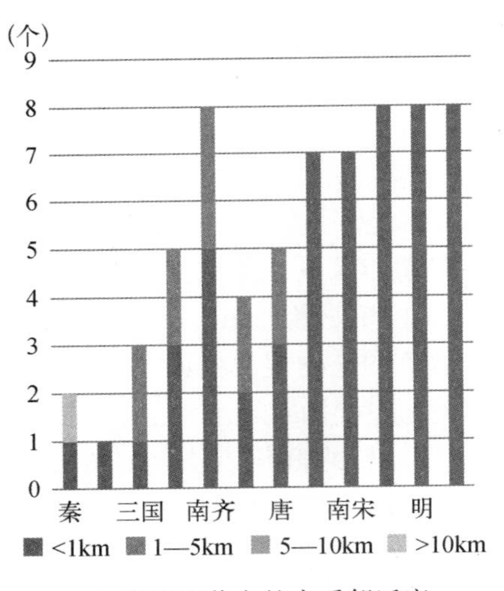

(a) 府级聚落点的水系邻近度

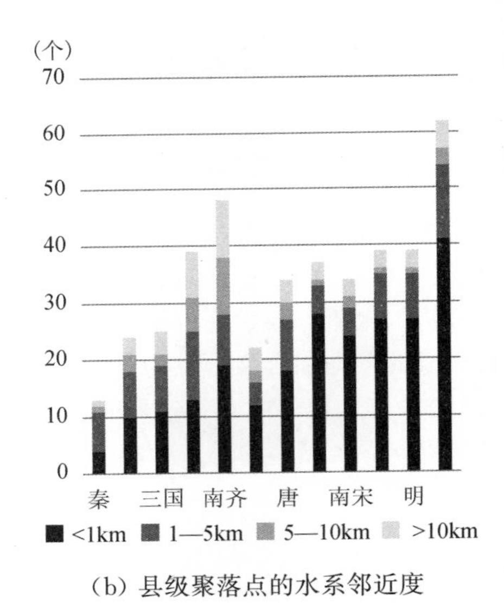

(b) 县级聚落点的水系邻近度

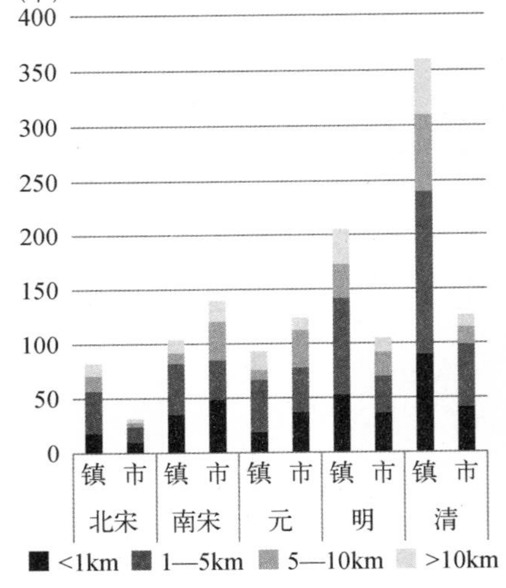

(c) 镇市级聚落点的水系邻近度

图 15　各级别聚落点的水系邻近度

4.2　江南区域聚落网络变迁分期

根据上述的分析可知，江南区域城镇的整体发展有着较为明显的分期，聚落点、水系以及人口等各要素发展的总体趋势是相互同步的。江南区域城镇发展可以大致分为五个阶段：第一个阶段为公元前 5—前 1 世纪的先秦秦汉时期；第二个阶段为公元 3—5 世纪的魏晋南北朝时期；第三个阶段为公元 7—10 世纪的隋唐时期；第四个阶段为 12—14 世纪的宋元时期；第五个阶段为 16—19 世纪的明清时期（表 4）。

在第一个阶段，春秋吴国以苏州为中心的聚落体系是秦汉时期行政体系的基础。此阶段的人工水道开发处于江南运河雏形期，春秋吴国对于人工水系的贡献是至关重要的，而秦汉时期水道的疏通使得今天的江南运河初步定型。

第二个阶段是江南地区以南京作为都城的重要发展期。虽然在这两百年间南京地区一直是代表最高级别建置的都城，但新增府级建置主要围绕太湖湖岸分布；因侨郡县的设置，今宁镇常沿江地区的县级建置在公元4—5世纪时大为增加，与之相比今杭嘉湖地区的县级建置更为密集和稳定。这个阶段是宁镇运河发展期，破岗渎及上容渎使得秦淮水系与江南运河之间有了直接的连通，维持了作为六朝都城的南京两百年间与太湖东部平原之间的联系。

第三个阶段中，宁镇地区原本的优势为隋朝所破，整个地区回到一种相对均匀发展的状态。从人工水利开发的角度来看，这个阶段是重要的江南运河定型期。太湖口岸的塘路和溇港保证了太湖西南部以及东北部有组织的进排水。江南运河在隋代得到了全线贯通，太湖东南部地区运河堤岸的修建改变了太湖东南部边缘不明晰、河湖不分的情况，使得运河航道更为稳定。

经过前一阶段的发展，到第四个阶段时南京和杭州地区已经表现出明显的优势，再经过南宋时期两都的确立，形成了宋元时期以南京、杭州、苏州三府为中心城市的发展格局。其府级建置有明显趋向大运河沿线分布的特点，而镇级建置大幅度发展起来，尤以南京和杭州地区为盛。宋代人工水道的漕运功能发展到了一个高峰。因海岸线继续向东推移，下游排水愈发不畅，因此浚疏工程集中在太湖东部下游地区。

在第五个阶段中，南京虽然在14世纪至15世纪前半叶作为都城发展，但时间较短且受区位所限，宁镇地区的城镇发展与东部沿海地区有十分明显的差距。14世纪之后的明清两朝，各级行政建置均有明显趋向沿海地区分布的特点。这个阶段是水网成熟完善期，南京地区的水系再次通过明代开凿的胭脂河与东部水系直接连通，太湖东部、北部的水网都更见丰富和密集。在太湖东部下游，疏通排水依然是水利工程的重点。

表4　基于聚落点核密度以及水网线密度变迁的江南地区聚落网络发展分期

第一个阶段：公元前5—前1世纪

前5世纪　先秦　定都苏州	前3世纪　秦	前1世纪　汉

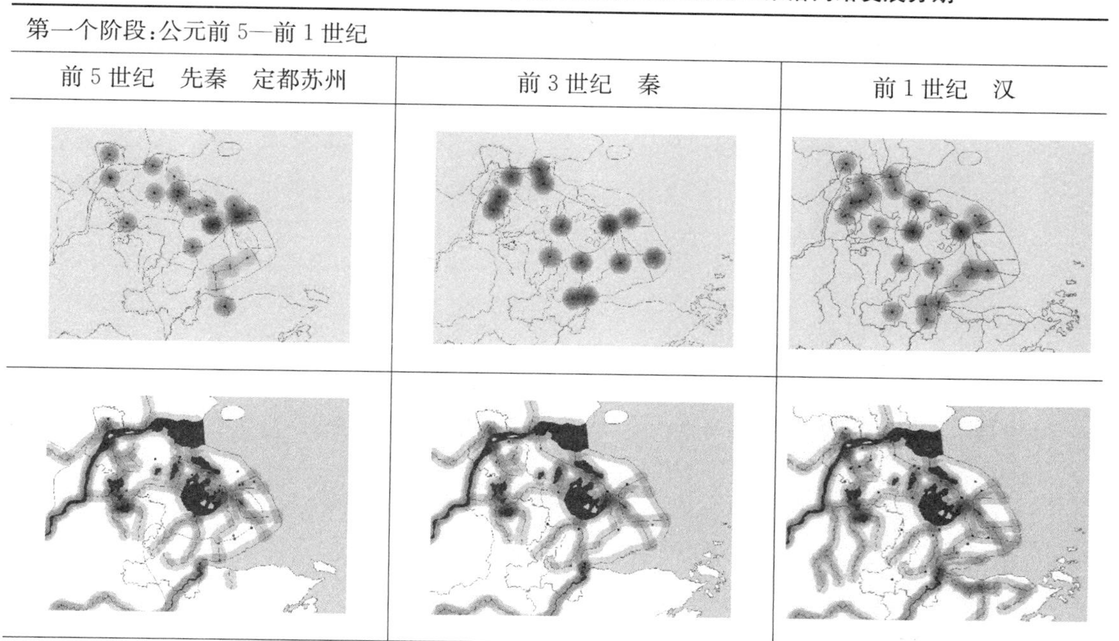

续表 4

第二个阶段:公元 3—5 世纪		
3 世纪　三国·吴　定都南京	4 世纪　东晋　定都南京	5 世纪　南朝·齐　定都南京
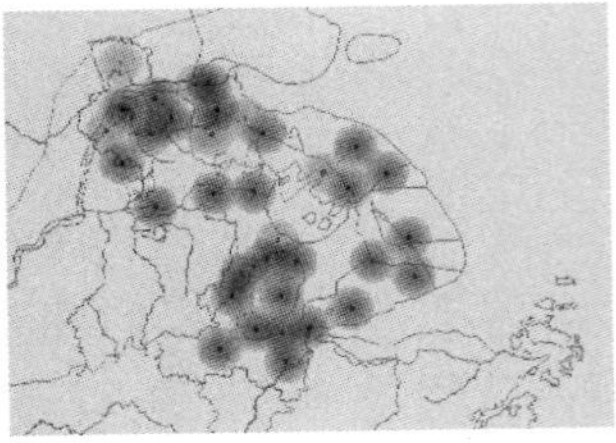	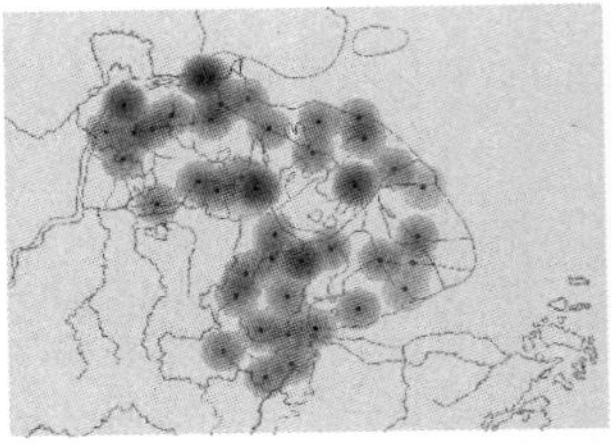	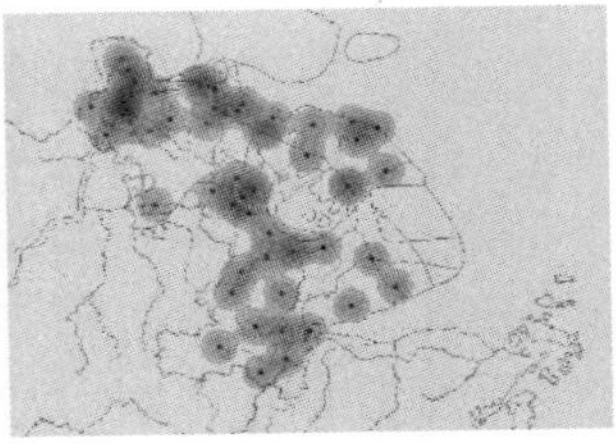
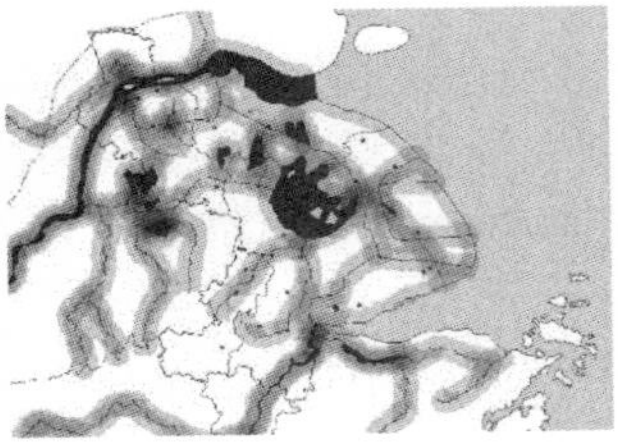	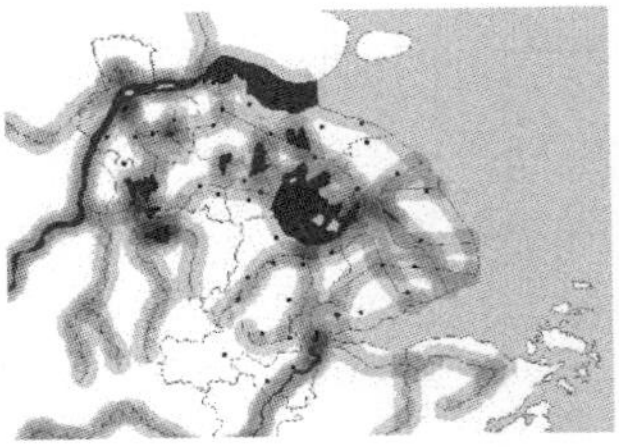	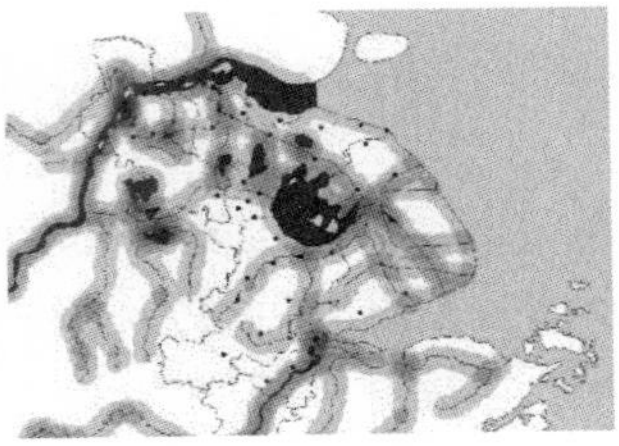

第三个阶段:公元 7—10 世纪	
7 世纪　隋	8—10 世纪　唐五代　南唐定都南京　吴越定都杭州
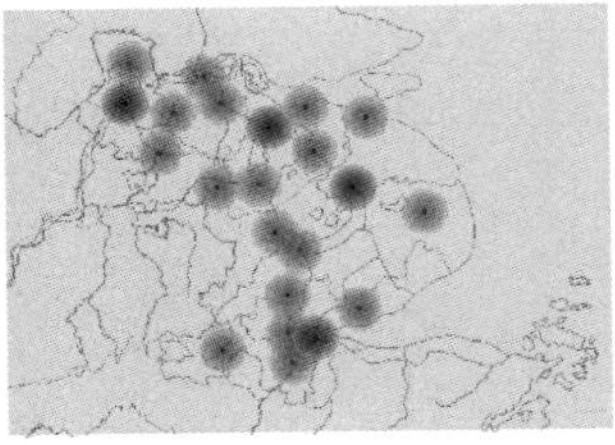	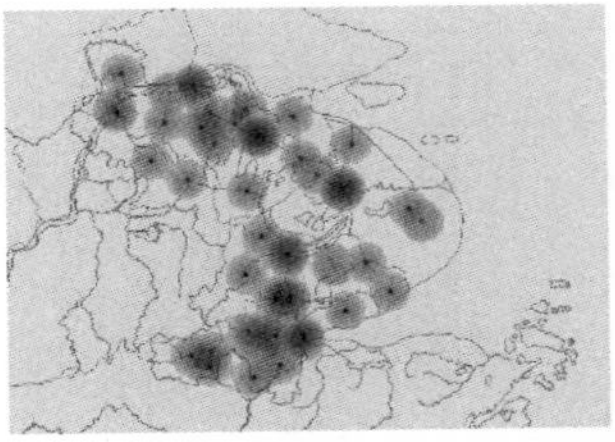
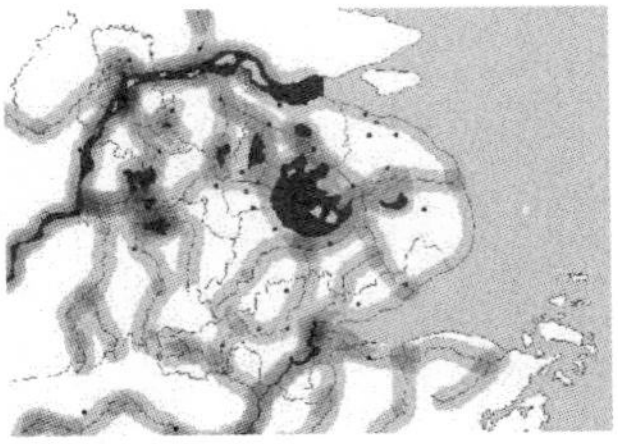	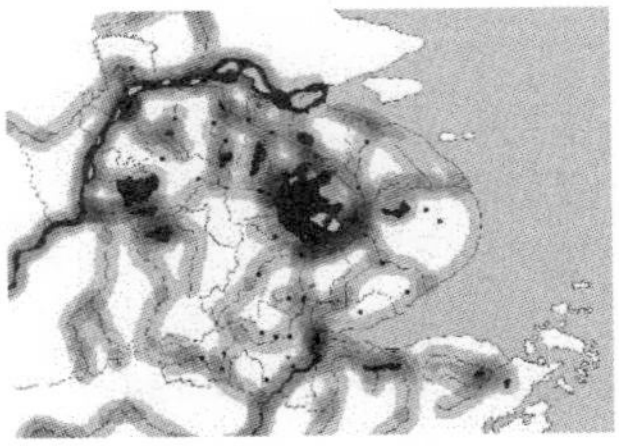

续表 4

第四个阶段:公元 12—14 世纪		
12 世纪　北宋	13 世纪　南宋　定都杭州	14 世纪　元
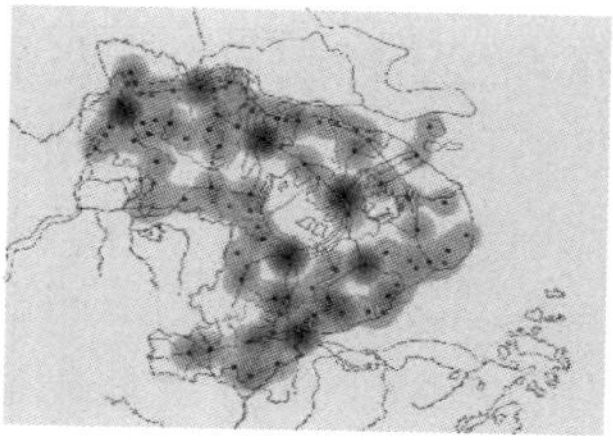	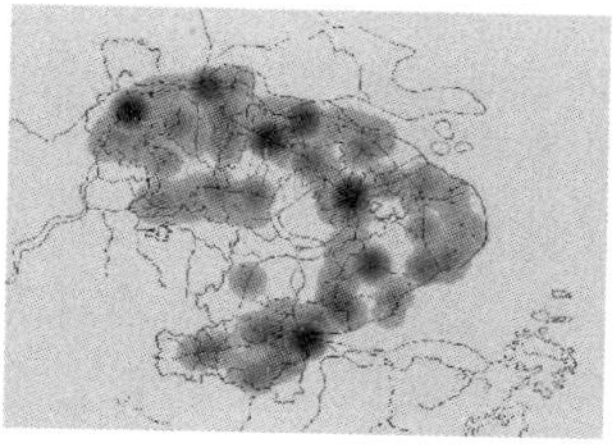	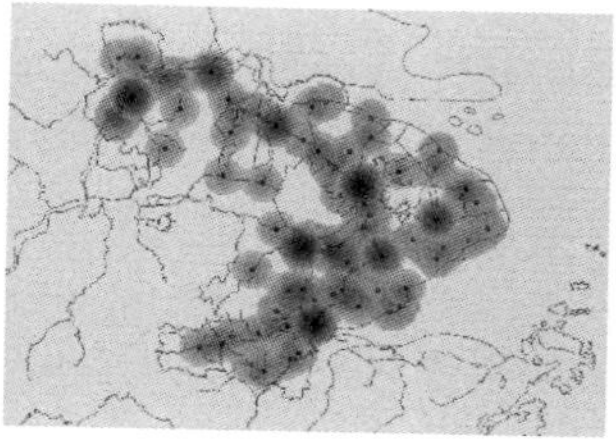
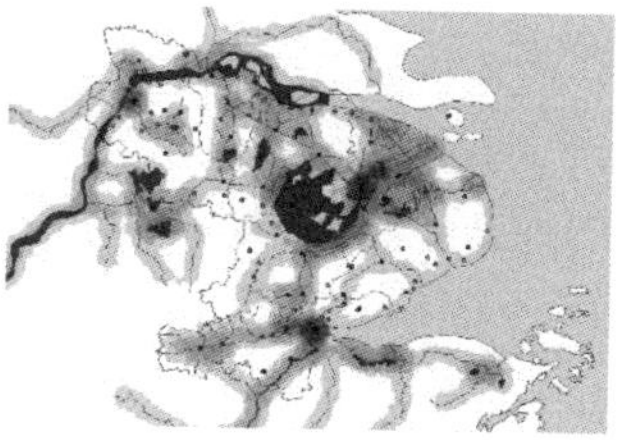	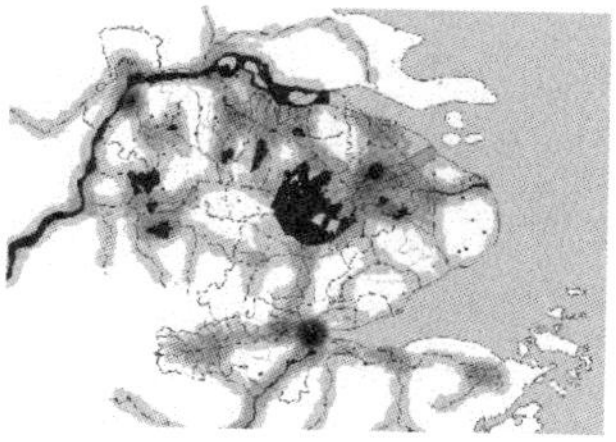	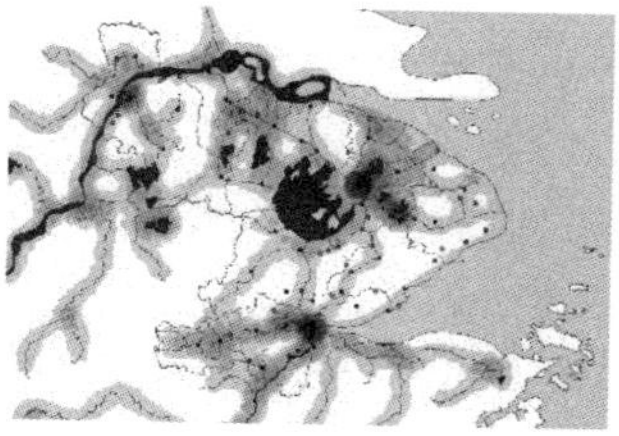

第五个阶段:公元 16—19 世纪	
16 世纪　明　定都南京	19 世纪　清
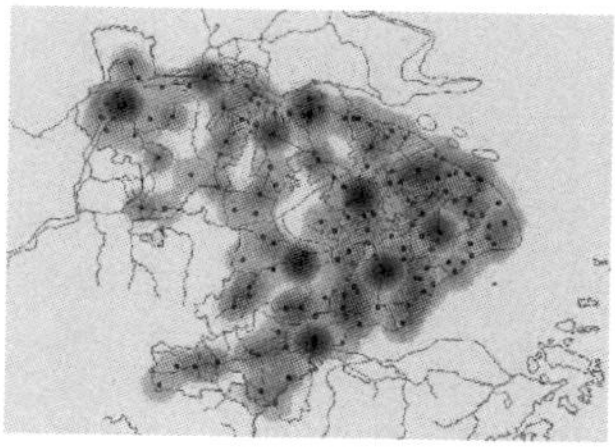	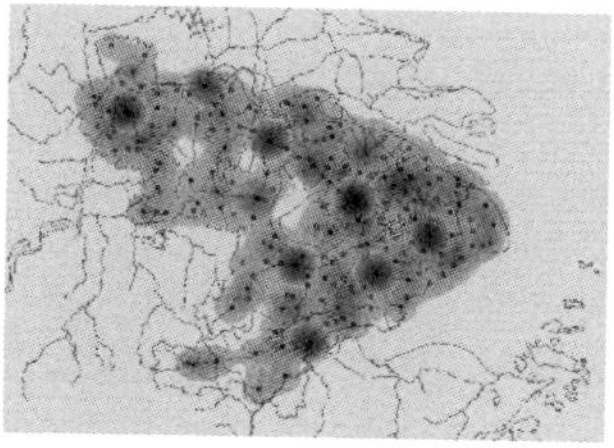
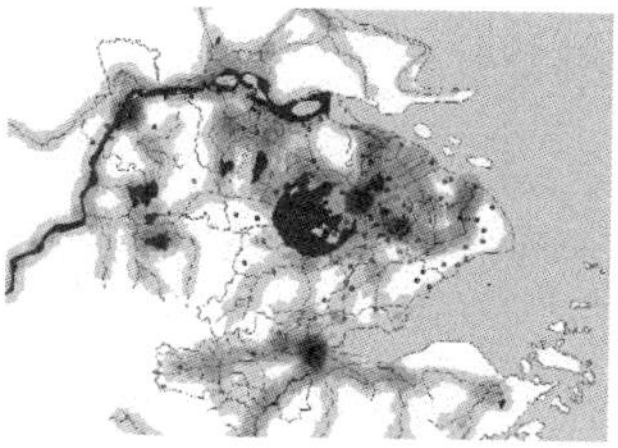	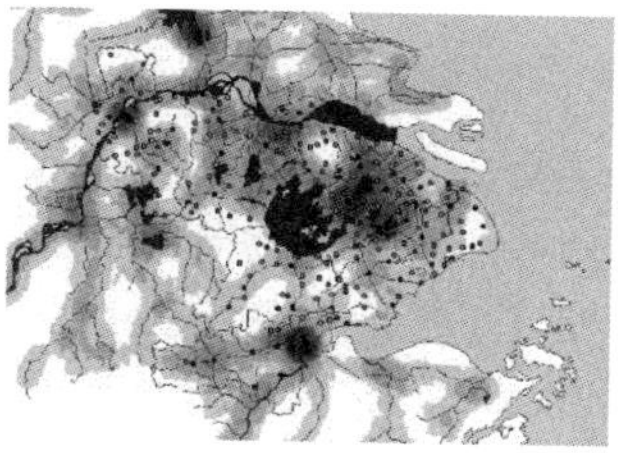

4.3 江南区域变迁特征——建都与地区发展的关系变化

可以看出，以上五个阶段中，江南地区均有都城存在，但是不同的建都基础、区位和时间对地区发展的影响是有明显差异的。春秋吴国建都苏州是地区发展的重要基础，就当时的地理水文条件来说，苏州木渎地区是理想的建都位置，符合依山面水的理想城市原型，同时满足掌控国境的需求，这个时期奠定的重要水网雏形也使得苏州在之后的朝代一直是重要的经济文化中心城市。魏晋南北朝时期建都南京有一定的突发性，但是南京地区紧邻长江南岸易守难攻的地形也使得选择此地建都具有必然性，此时经过秦汉两朝，历代政权已经有了统一疆土的概念，因此对于不得已退守江南的政权来说，选择南京建都是重要的战略和政策。在这个阶段由北方南迁的人口对地区发展起到了重要的作用，前两个阶段也是典型的建都带动地区发展的时期。经过第一个和第二个阶段的建都之后，江南地区的城市发展有了一定的惯性基础。第三个阶段隋唐时期是江南地区一个重要的过渡时期，隋唐两代统一政权后首次将江南地区作为重要的经济区进行建设和发展，为随后南唐国和吴越国分别在南京和杭州建都提供了重要基础。因此其后南宋时期建都杭州并以南京作为留都，有战略上的考量，但前代的发展基础更是建都的重要理由，可以说在这个时期，都城与地区发展的带动作用已经是相互的了。到了明清时期，建都对于地区整体的发展作用已经不如前代明显了，地区城镇体系的发展已经进入由市场主导的阶段，但是前代建都的城市仍然在政治与文化上占有重要的中心地位。

［本文为国家自然科学基金项目“基于空间历史信息系统(SHIS)的城市形态变迁研究”(5117896)；本文为博士学位论文《中国城市历史图学视角下的江南都城城市形态变迁研究》的部分内容，受国家留学基金资助］

注释

① 即苏州、松江、常州、镇江、江宁、杭州、嘉兴、湖州八府，以及由苏州府划出的太仓直隶州。详见李伯重. 简论“江南地区”的界定[J]. 中国社会经济史研究，1991(1)：100－105。

② 本文使用的人口数据参考梁方仲《中国历代户口、田地、田赋统计》中整理的历代官方所载人口数据，基于转译的各历史时期行政边界得到人口密度等指标，行政边界参考中国历史地理信息系统(CHGIS)数据。

③ 历史时期江南地区河道的转译主要是基于中国历史地理信息系统中1820年的河道数据，结合谭骐骧先生的《中国历史地图集》以及其他记载绘制而成。

④ 公式中，L_c 指河网中的河链数；N 指河网节点数。β 在景观生态学中是用来表示网络结构中廊道与节点间的通达程度，这里用于表示河网的通达度。

⑤ 计入统计的是各朝代有详细记载的、有历史地图转译的较大型人工河道、湖泊以及堤塘工程，规模小而频繁的疏通工程以及闸阀设施不计在其中，此外水体功能有多种类型叠加的情况，因此在这里水体类型区分以记载所述的主要修浚目的为准。

⑥ 以有建置的城市具体建城年份开始计算聚落点建置年数，有治所迁移的情况以迁移年份为聚落点的始建年。

⑦ 本文讨论的镇级聚落点定义为宋代以后由政府设置税课、巡司等管理机构的工商业小集镇与集市，唐、

五代时期的草市、驿站、渡口以及军事镇作为镇市的前身也加入讨论范围，县城与府城郭内的市集不纳入统计。详见南宋谈钥编著的《嘉泰吴兴志》(卷十《管镇》)。详见(北宋)王溥. 唐会要[EB/OL]. 卷八十六. [2015-01-03]. http://ctext.org/wiki.pl? if=gb&res=569304&remap=gb。

参考文献

[1] Consortium for Spatial Information. SRTM 90 m Digital Elevation Data[EB/OL]. [2015-07-20]. http://srtm.csi.cgiar.org.

[2] 戴锦芳，赵锐. 遥感技术在古丹阳湖演变研究中的应用[J]. 湖泊科学，1992，4(2)：67-72.

[3] 魏嵩山. 太湖水系的历史变迁[J]. 复旦学报(社会科学版)，1979(2)：58-64，111.

[4] Amoros C，Bornette G. Connectivity and Biocomplexity in Waterbodies of Riverine Floodplains[J]，Freshwater Biology，2002，47(4)：761-776.

[5] [清]顾祖禹. 读史方舆纪要[EB/OL]，卷十九至卷二十九 南直. [2015-01-03]. http://ctext.org/wiki.pl? if=gb&res=569304&remap=gb.

[6] 傅宗文. 宋代的草市镇[J]. 社会科学战线，1982(1)：116-125.

[7] 陆希刚. 明清时期江南城镇的空间分布[J]. 城市规划学刊，2006(3)：29-35.

图表来源

图 1 源自：笔者根据数字高程模型(DEM-SRTM)数据绘制.

图 2 源自：笔者参考《长江下游考古地理》绘制.

图 3 源自：笔者参考《中国历史地图集》《中国历史地图》绘制.

图 4 源自：笔者参考《简明中国移民史》绘制.

图 5 源自：笔者根据梁方仲人口数据以及中国历史地理信息系统(CHGIS)行政边界数据绘制.

图 6、图 7 源自：笔者绘制.

图 8 源自：笔者根据中国历史地理信息系统(CHGIS)1820 年的河道数据绘制.

图 9 至图 15 源自：笔者绘制.

表 1 源自：笔者根据数字高程模型(DEM-SRTM)数据绘制.

表 2、表 3 源自：笔者绘制.

表 4 源自：笔者参考中国历史地理信息系统(CHGIS)数据绘制.

近代上海街道建构与公园空间演变关系研究

周向频　王　妍

Title: Preliminary Exploration on the Relationship Between the Street Structure and Spatial Evolution in Parks of Modern Shanghai

Author: Zhou Xiangpin　Wang Yan

摘　要　开埠以来，上海街道的近代化建构改变了租界的公共空间，打破了中国传统城市的发展格局，呈现出与传统县治完全不同的城市肌理。与街道空间一样，近代公园不仅仅代表了城市社会生活方式的转变，还是威权一方经营空间的重要策略。本文在简述上海近代道路建设机制的基础上，从平面路网建设与公园分布的演变、切面路面结构与公园游人量的演变、界面公园周边街区的演变三个层次进行了回顾和梳理。研究方法上将文献中的历史数据与历史地图叠加进行定性和定量分析，探寻街道与公园二者空间演变的耦合关系，以期管窥近代交通要素与公园嬗变交互影响的内在机制。

关键词　近代；街道；公园；空间演变

Abstract: Since the opening in 1843, the construction of street changed the public space in concession, broke the traditional development patterns of urban planning and showed a completely difference with the old county fabric. Same with street space, modern parks not only represented the transformation of social life, but also served as important space strategies of authoritarian playing space. Based on the brief introduction of mechanism of roads, this paper reveals the relationship between the evolution of the road network and the distribution of parks, the evolution of pavement structure and the numbers of park visitors, and the evolution of neighborhood around parks. And then, by using the qualitative and quantitative analysis and superimposing the related statistical data in the history documentation with the historical map, it analyzes the coupled relationship between the street structure and spatial evolution in parks, with a view to analyze the internal mechanism of the interaction between modern traffic factors and park transmutation.

Keywords: Modern; Street; Park; Spatial Evolution

作为城市的基本骨架，街道的建造、演进、保护都与城市的发展密切相关。明清时期，经济日

作者简介

周向频，同济大学建筑与城市规划学院景观学系，副教授

王　妍，同济大学建筑与城市规划学院，博士生

趋繁荣，加快了上海县城内街巷的增辟和园林的建设。嘉靖时期的《上海县治》已载有上海县市图，图中有明确的南北、东西走向的街巷系统。不同于近代化的城市街道系统，此时的街道主要集中在上海县城城厢，整体布局仍沿用传统市镇的规划。上海县城内的城隍庙附近有豫园、西北有露香园等传统风格的私家园林。城治、街道、园林的图底关系是在长期复杂的历史演变中形成的，街道与园林的相互关系难以明晰。

开埠初期，上海的城市用地和空间规划大都在西方市政模式的主导下有序进行，街道系统由租界中区向外围区域放射状地外延拓展更是主导了城市形态的近代化演变。与街道一样，公园也是近代上海公共空间的重要类型之一，租界当局曾明确提出，把街道和公园的建设作为拓展界域、经营空间的重要策略①。因此，在上海近代化的历程中，街道和公园二者之间必定存在某种相互影响又相互制约的耦合关系。本文即对街道与公园的演变关系进行研究，以期从一个独特的视角窥探街道和公园的影响和驱动机制，发现近代上海城市空间曲折的发展轨迹。

1　平面路网建设与公园分布的演变

1.1　近代上海空间结构的演变

1845 年的签订的《土地章程》(*Land Regulations*)发布告示里明确了英人租地范围："划定洋泾浜以北，李家场以南之地，准租与英国商人，以为建筑房舍及居留之用。"[1] 1848 年，英租界第一次扩充至北以苏州河为界，西以周泾浜为界。美法两国也相继染指。1849 年法租界为"南至城河，北至洋泾浜，西至关帝庙诸家桥，东至广东潮州会馆沿河至洋泾浜东角，注明界址"[2]。1861 年向外扩充。1848 年上海道台吴健彰与美国圣公会主教文惠廉(William Jones Boone)口头协定以北虹口地区为美租界，1863 年界址得到明确，同年九月，英美租界合并。至此，两方三界、华洋分治的局面正式形成，如图 1 和表 1 所示。20 世纪初，经过多次扩张，公共租界达到了 33 503 亩(1 亩≈666.67 m^2)，法租界也扩展到徐家汇。

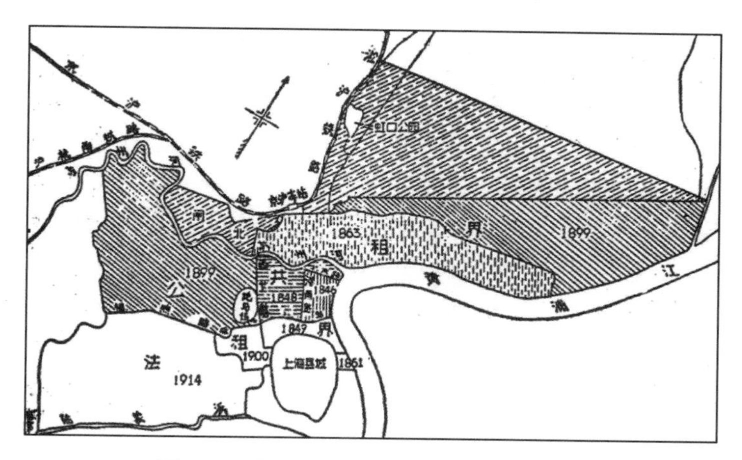

图 1　上海公共租界和法租界扩展示意图

表 1 上海租界地界面积统计表

区位	租界确立与扩张	年份	范围	面积统计(公共租界)(亩)
公共租界	英租界定界	1846	洋泾浜以北,李家场以南,黄浦江以西,界路以东	830
	英租界第一次扩张	1848	北至苏州河,西至周泾浜	2 820
	美租界拟定,英美租界合并	1863	沿苏州河至黄浦江,过杨树浦三里之地,以此作一直线至壕沟	未明确界址
	美租界定界,英美租界第一次扩张	1893	树立届石,订《上海新定虹口租界章程》	10 676
	公共租界扩张	1899	北至苏州河,东至黄浦江,南至洋泾浜,西至小沙渡	33 503
法租界	法租界定界	1849	南至城河,北至洋泾浜,西至关帝庙,东至广东潮州会馆	986
	法租界第一次扩张	1861	靠近黄浦江的边界延伸 650 m 有余,扩充了 130 余亩	1 124
	法租界第二次扩张	1900	北至北长浜,西至顾家宅、关帝庙,南至打铁浜、晏公庙、丁公桥,东至城河浜	2 135
	法租界第三次扩张	1914	西至徐家汇,南至徐家汇浜,北至大西路,东至沙恩桥	15 150
总计				48 653

注:1 亩≈666.7 m^2。

1.2 道路建设与公园分布的演变

古代上海因港成市,上海作为港口的城市性质是近代城市空间形成的原动力,直接决定着这一时期的城市内部空间结构和走向[3]。开埠初期,道路和公园建设也都是以满足港运发展需要为前提进行的。1845 年的《土地章程》中指出,“在租地内须保存自东向西之通江四大路,以利交通”②,且“每路之江干一端,其下须设码头”。[4]四大路的建设目的是为了串通租界和码头。1868 年公共花园(Public Park)建成并对外国人开放,公共花园并非是计划之内的园地工程建设③。公园所占之泥滩,最初是为了改变苏州河口形状以使江、河水流通直,从而稳定航线和岸线。新填的土地本为中国的官地,而工部局以新地的“公用”性质强行占取界外土地,也获得了上海道台的默许④。

英租界成立“道路码头委员会”(Committee on Roads and Jetties)用以负责道路码头征收捐税及建设事宜,并修筑了英租界内的第一条道路——界路(Barrier Road),随后修建了外滩(The Bund)、领事馆路(Consulate Road)、布道路(Mission Road)等;法租界的道路建设也在道路码头委员会的管理下修筑了法外滩路(Quai de France)、大马路(Rue du Consulat)、霞飞路(Avenue Joffre)、敏体尼荫路(Boulevard de Montigny)等;美租界也修筑了杨树浦路。租界内的道路系统规模初具。

19 世纪 60 年代,小刀会起义和太平天国运动改变了上海租界华洋分治的局面,修筑了徐家汇路、静安寺路等多条“军路”,越界筑路使租界的扩张意图愈发清晰,但同时,也促进了时处城郊的张园、愚园、西园等私家园林的开放。1862 年修筑的静安寺路,原本用于跑马,路况较差，1866 年改建之后，为华界清末经营性私家园林在静安寺附近的聚集，提供了交通上的便利和造园及经营理念上的参照坐标[5]。此外，越界筑路也加快了郊野园林城市化的进程。英国人霍锦士·霍格(E. J. Hogg)趁战乱地价“永租”吴淞江畔吴家宅的大片土地，营造带有 300 多亩独立花园的英国贵族式乡村别墅，即兆丰花园。早在建园前的 1862 年，就修筑了极司非而路，但距离租界中区约 10 km 的路程，加之路况较差，“地甚荒僻，绝少行人”。租界地价的上涨、环境的拥挤局促、西人的田野诉求等多种因素促进了城郊宅地的郊区化生产，兆丰花园所在的曹家渡区域成了数条马路纵横交错的西区城镇雏形。1914 年，兆丰花园更名为极司非而公园，并致力于“在西区为人们提供一个风景式公园(Decorative Park)和植物园(Botanical Garden)”[6]。

租界区域一再扩张，但殖民主义者并未得到满足，当交涉不成时，转而采取越界筑路的方式强行扩大势力范围。越界筑路成为租界扩张的前期征兆，一直到 19 世纪末 20 世纪初，以越界筑路继而扩充租界的方式终于告一段落，租界版图大体成型。据统计，公共租界工部局界外所筑道路先后达 38 条，法租界仅在 1900—1914 年越界筑路也多达 24 条[7]。道路体系的扩张使公园分布趋于均衡，截至 1918 年，公共租界中区有公共花园、预备花园、华人公园 3 处公园；公共租界西区除了张园、愚园等经营性私家园林之外，还根据周围居民的需要，建立了地丰路儿童游戏场；公共租界北区有昆山路虹口公园、斯塔德利公园、汇山公园、周家嘴公园 4 处租界公园以及杨树浦花园动物园 1 处清政府自建公园；法租界开放了凡尔登花园、顾家宅公园 2 处园林。租界内公园的开放改变了上海市民的生活方式，租界区外也相继建立了上海县西园、半淞园等公共园林。

值得注意的是，虹口娱乐场也在租界之外，原址为乡野农田，1896 年，租界当局在筑造北四川路越界筑路的时候，打着“同沾利益”的号召，按“租界内执业租主(阄议事人亦在内)会议商定准其购买租界以外接连之地、相隔之地，或照两下言明情愿收受(西人或中国人)之地，以便编成街路及建造公花园为大众游玩怡性适情之处”的说明，强行从农民手中“永租”土地，并于 1901 年提议建造娱乐公园，道路和公园建设规划基本同步，进一步证明，公园和道路建设的确是殖民者经营空间的重要策略。

20 世纪 20 年代，随着路网的细化和密集，公园的层级关系开始凸显，极司非而公园、虹口公园等大型城市公园已基本成型，静安寺路儿童游戏场、愚园路儿童游戏场、南阳路儿童游戏场、胶州公园、新加坡公园、广信路儿童游戏场、宝昌公园、贝当公园等街区辐射尺度的中小型公园开始大批量建设。随着乡镇公路的建设，华界自建公园也进一步外扩，金山县的朱泾第一公园、嘉定县的黄渡镇中山林公园、崇明北堡镇的中山公园、吴淞镇的吴淞公园都相继辟设，多数在抗日战争期间淹没。

考虑到近代地图测绘清晰度和地图信息量等方面的原因，笔者以 1938 年日新舆地学社的《新上海地图》地图，结合《英法美道路系统图》(1870 年)、《上海租界地图》(1900 年)、《上海租界地图》(1918 年)、《上海地图》(1918 年)分别分析并绘制了 1870 年、1900 年、1918 年和 1938 年近代公园与城市道路的“路园位置关系图”，如图 2 至图 5 所示。

2 切面交通形态与公园游人量的演变

2.1 切面交通形态的近代化演变

开埠之前，上海的交通形态较为传统，主要依靠人力和畜力，河网密布，除轿子、马车之

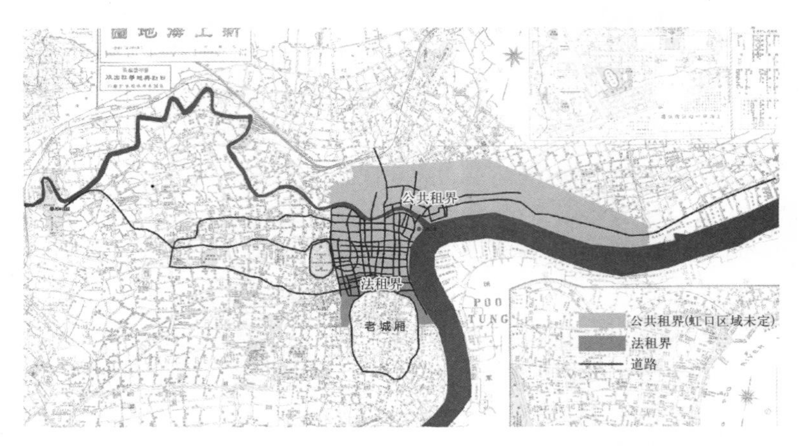

图 2　1870 年的路园位置关系图

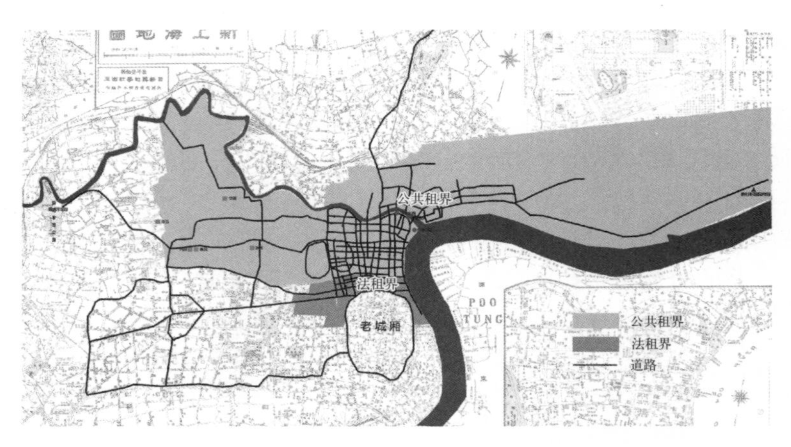

图 3　1900 年的路园位置关系图

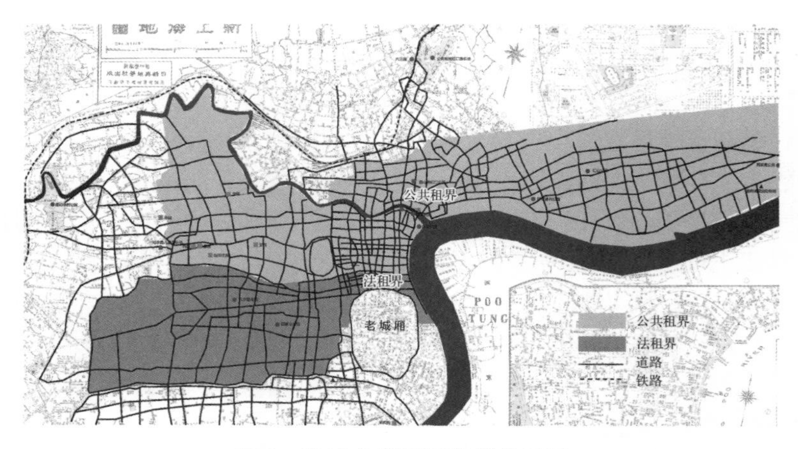

图 4　1918 年的路园位置关系图

外，舟楫是交通运输的主要形式。随着租界的建立和新式马路的修建，交通形态也开始发生变化，大致经历了人力车—有轨电车—无轨电车—公共汽车的演变过程。1867 年，人力车

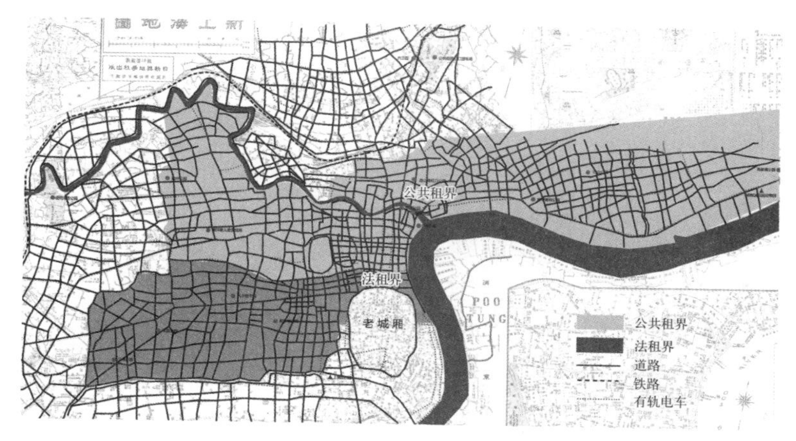

图 5　1938 年的路园位置关系图

由日本传入上海，开始作为一种新的交通工具在公共租界和法租界快速普及开来，传播到整个市区，并以上海为起点，先后传入天津、汉口等早期开埠城市。

工商业的发展使城市规模不断膨胀，也对城市交通提出了更高的诉求。1908 年，公共租界第一条有轨电车正式开通，以静安寺为起点，途径愚园路、赫德路、爱文义路、卡的路、静安寺路、南京路直至外滩，全程 6.04 km。同年，又陆续建立了 7 条有轨电车线路。1908 年，法租界第一条有轨电车线路通行，起点自十六铺至善钟路，后延伸至徐家汇。至 1931 年，开辟 9 条线路，全长 39 km。1911 年，华商在南市开辟了华界第一条有轨线路，随后几年又相继开辟了另外 3 条线路，至八一三事变停业。

20 世纪初国内外移民大量涌入上海，租界人口急剧增加，原有的交通系统已再难负荷。有轨电车的线路大都是东西向的，特别是西向路线的开拓直接带动了城市空间的西进和人口的聚集，随着城市经济的发展，"从南到北，或从北到南，其交通流量使批准增辟南北路线已成为必要"[8]。1914 年，第一条无轨线路 14 路南起郑家木桥，北至老闸桥南堍开通。开通无轨线路，主要在于"它能在人口稠密地区和稀少地区之间提供经常而迅速的交通工具，而不是集中发展人口已经稠密的地区"，快速的区域分散是无轨电车的交通定位，因此，线路都不必过长。到 1936 年年底，又相继开通 15—21 路无轨线路。1926 年，法租界也开辟无轨线路。1938 年，线路共计 5 条，全部与英电联营[9]，如图 6 至图 8 所示。

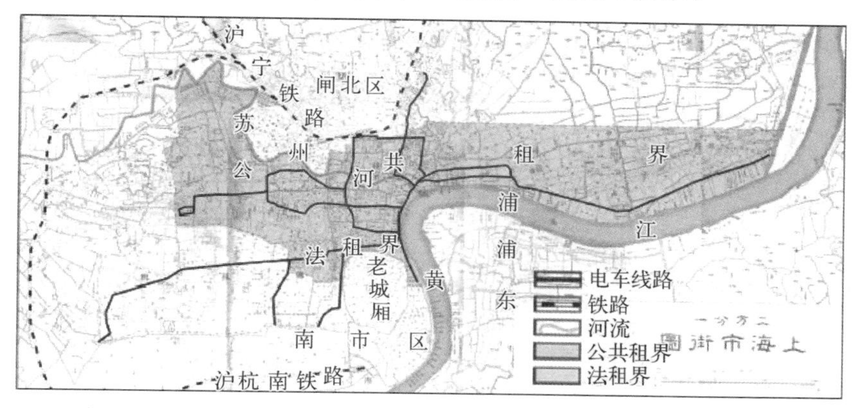

图 6　1913 年租界公共交通线路分布

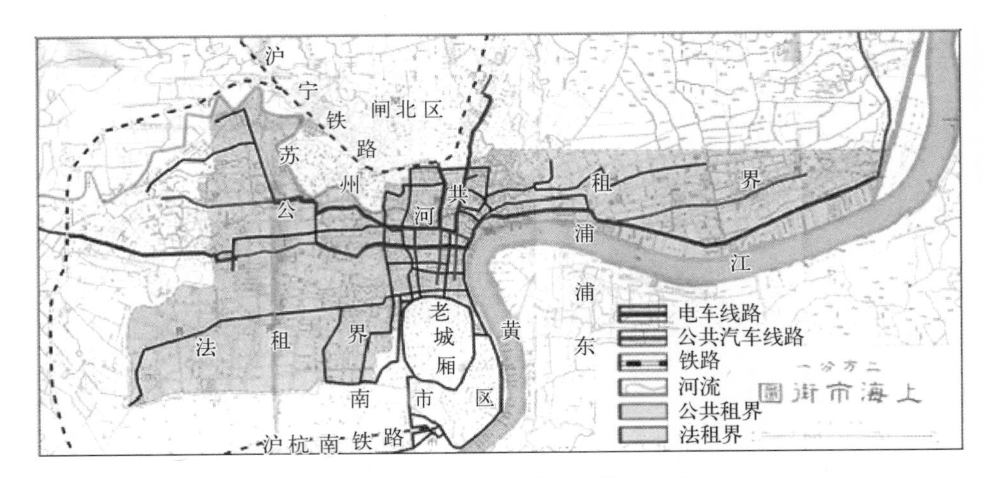

图 7　1926 年租界公共交通线路分布

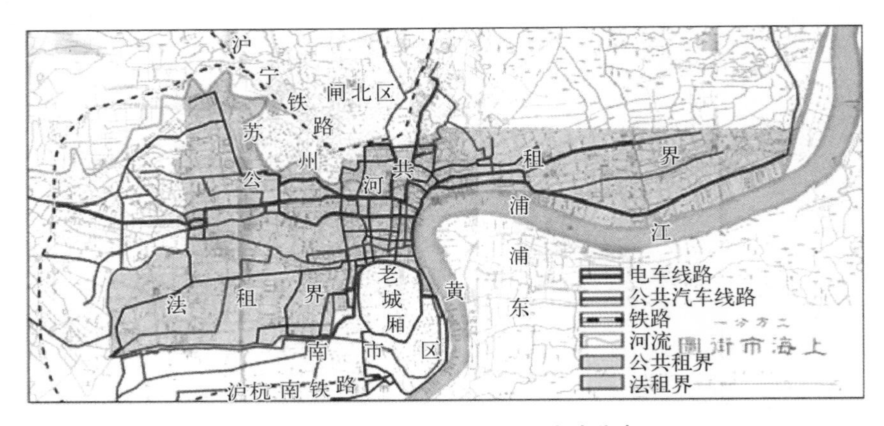

图 8　1938 年租界公共交通线路分布

1922 年，上海开始进入公共汽车运输时代。华商汽车公司创办第一条公共线路，从静安寺到曹家渡，全长 4 km。此后，华商沪北兴市公共汽车公司、英商中国公共汽车股份有限公司、法电等也相继开通公共汽车线路。长途汽车连通了上海的城区和城郊，上海至太仓、青浦、松江、闵行、川沙、南汇、宝山、吴淞以及崇明岛，都先后出现公共汽车客运企业[9]。

2.2　交通方式与公园游人量的改变

交通方式的变革不仅促进了工商业的进一步繁荣、城市空间结构的近代化拓展，还潜移默化地改变了人们的生活和出行方式。传统上海的活动区域主要局限在上海县老城厢，为典型的“步行城市”形态。上海电车的开通让分散的各个区域的联系更加紧密，往来更加便捷，公园的游人数量也因出行的便利逐渐上涨。

开埠初期建设公共花园，只是想创设一个“让居民在黄昏漫步时能从黄浦江中吸取清新空气的唯一场所”，而后期陆续开设的公园，规划性和定位则相对明显，体现出明显的层级关系，公园的大小、设施、辐射区域等因素都有所变化。例如极司非而公园，在规划设计阶段便明确要建立一个“真正的公园”[6]，能够影响整个公共租界西区甚至大上海中心城区，因租界内地价上涨，这类大型城市公园大都选址在城郊，因此，交通因素对这一类城市公园影响较大；而南阳路儿童游戏场、静安寺路儿童游戏场等中小型园林，主要服务于周边居民，影响半径较小，交通形态变化对其影响也相对较小，本文也以极司非而公园、虹口娱乐场等城市公园为主进行分析。

笔者提取《上海公共租界工部局年报》《工部局董事会会议录》等历史文献的数据和信息并绘制了虹口公园历年游客数量变化表，如表 2 所示⑤。由表 2 可知，在 1908 年、1914 年、1922 年和 1928 年有四次较大幅度的游客量增长。1906—1908 年，公园未有大范围改造和扩建建设，社会环境和工部局管理制度也相对平稳，排除了内外因素的干扰，可见，1908 年公共租界电车开通，特别是 3 号线（从卡德路到虹口公园）线路的开通引起了游客量的上升。1911 年辛亥革命之后，上海周边城镇的大批难民涌入上海，上海地区的人口数量大为提升，促进了租界当局越界筑路的进程。1914 年，无轨电车的开通促进了租界地区的南北串联，虹口公园在当年的游客数量也进入了另一个高峰。1922 年公共汽车开通之后，人们的出行更加便利，英商中国公共国汽车股份有限公司的 1 路 A、2 路、6 路汽车都经过虹口公园，公共汽车成为很多上海人出行的交通选择。游客数量上也有所体现，1914 年、1922 年的游客数量较前期都有明显增长。1928 年，《紫罗兰》杂志上刊登的《虹口公园纪游》写道："由一路电车趁（乘）至终点下车右折，循着孩童园行，那短栏上开徧（遍）了赭色夷葩，自有引人入胜之妙。"[10]随着租界公园对华开放，虹口公园的游客数量达到了 53 万之多。

表 2　1907—1928 年虹口公园游客数量统计表

年份	游客数量（人）	年份	游客数量（人）
1907	24 012	1919	128 558
1908	6 0106	1920	161 173
1909	82 664	1922	226 515
1910	7 000＋	1924	298 902
1914	211 096	1925	354 917
1916	134 951	1926	377 986
1917	132 936	1927	251 399
1918	132 406	1928	537 537

交通方式对极司非而公园的影响也较为明显。1916 年沪宁铁路与沪杭铁路接轨后，梵王渡站就设立在了极司非而公园西邻，极大地活跃了片区的对外交通。租界的无轨电车和公交路线也迅速蔓延到西区，"静安寺—曹家渡—兆丰公园—愚园路"中的"兆丰公园"站就设立在极司非而公园的南大门。20 世纪 30 年代，极司非而区域已经完全逸入了近代上海城市发展的网络，成为西区的发展中心之一。公共汽车甚至还单独为极司非而公园加班线路，"每星期六与星期日，特开专车到达该园，由静安寺至园，取费 20 铜元。闻自四公园（极司非而公园、虹口公园、汇山公园、公共花园）开放以后，合计售得游园之资，已满钜万，亦可见游园者之踊跃矣"[11]。

3　界面公园周边街区的演变

3.1　公园周边业态的演变

对于公共花园、预备花园、华人公园等租界中区的公园，周边街区的业态变化较为明显。开埠初期，外滩所在的英租界区域业态混杂，集居住、商业、行政等多功能于一体。公共花园成为外滩区域休闲游憩的唯一场所。随着工商业的不断发展，中区里弄的房租也不断上涨，普通上海市民难以应付，加之人口聚集、环境恶化，西人的中产开始溢出租界，向租界外围的郊野地区寻求更好的环境和居住条件，因而居住业态开始向边缘区域转移，租界中区原本的居民住宅很大一部分都充作商用，公共花园附近的业态也变成以商业、行政等单一业态为主。

例如极司非而公园所在的曹家渡地区，原本“有广阔的田野与宽大的耕地，上面种着棉花、豆类与大米”[12]，菜园花圃，水道纵横，绿柳成林，一派田园风光。扩张的外部刺激、人口的逐渐密集，以及经济日渐繁荣的区域发展内源力都促进了周边片区的城市化。城乡的商品贸易也逐渐增多，“马路两旁造房开店，百工局肆而事成矣”，“此间商店渐多，其始犹多为茅屋，继则屋宇亦稍好”。[13]结合《老上海百业指南》中对极司非而公园周边街道行号的横断面记录，提取历史信息，对公园周边业态进行了汇总和分析，如图 9 所示。极司非而公园的业态主要以住区、商业、工厂、学校和部分菜园构成，住区和学校围绕极司非而公园辐射状展开，公园成为区域的活力中心。

图 9　极司非而公园周边业态分布图

3.2　公园道路的建设

道路与公园建设的耦合状态使得近代上海公园周边的道路路名与公园名称重合，例如半淞园路、愚园路、汇山路等。公园先于道路建设或道路先于公园建设都会出现这种情况，但公园和道路对彼此的影响和决定关系却大不相同。笔者根据《上海地名志》《上海里巷分区精图》《上海园林志》分别整理园名和路名一致的道路和公园并汇总为“近代上海公园及周边道路汇总表”，如表 3 所示。

表 3　近代上海公园及周边道路汇总表

建设顺序	公园名称	开放年份	道路名称	建设年份
道路先于公园	外滩公园	1868	外滩	1858
	昆山路儿童游戏场	1897	昆山路	1882
	汇山公园	1911	汇山路	1895
	极司非而公园	1917	极司非而路	1864
	愚园路儿童游戏场	1917	愚园路	1911
	南阳路儿童游戏场	1923	南阳路	1906
	新加坡路公园	1923	新加坡路	1907
	广信路儿童游戏场	1934	广信路	1908
	大华路儿童游戏场	1934	大华路	1934 前
	胶州公园	1935	胶州路	1913
	静安寺路儿童游戏场	1936	静安寺路	1862
	贝当公园	1936	贝当路	1922
	军工路纪念公园	1919	军工路	1918
公园先于道路	愚园	1890	愚园路	1911
	半淞园	1918	半淞园路	1918
	哈同花园	1909	哈同路	1914

据表 3 可知，从时间顺序上来看，公园和周边道路的耦合关系可分为两种，即道路先于公园建设和公园先于道路建设。前者占大部分比例，且时间大都集中在 1911—1937 年，即辛亥革命之后到抗日战争时期。租界当局越界筑路先行拓展租界空间，将越界区划为租界，之后建立公园并配置以近代化的市政设施。公园先于道路的情况只有愚园、半淞园、哈同花园几处 19 世纪末 20 世纪初的私家园林，19 世纪末，外滩公园、预备公园等租界公园的建立促进了边缘区域华界的游憩需求，市民园林兴盛，以静安寺为中心的西区中心区日渐繁荣，加之 1864 年静安寺路的修建，更活化了静安寺区域的商业和娱乐业态，围绕静安寺建立的张园、愚园、哈同花园等成为上海市民和租界西人游乐的场所，20 世纪初期建立的愚园路、半淞园路、哈同路也都顺应原本的肌理修筑，道路名称大都选择与公园名称一致。

4　结语

在近代上海城市向郊外扩展、城市规模不断扩大的城市化背景下，城市街道体系不断拓展，公园也在空间尺度、边界尺度、园林尺度等多个维度完成了近代化的嬗变过程。公园与街道的耦合关系致使公园的嬗变势必会受到路网拓展、方式转变、街道建设等因素相互作用的制约和影响，而公园也潜移默化地影响了周边区域的近代变迁，进而对城市的整体塑形有所渗透。

道路和公园从最初局促于外滩的租界中区在不到百年的时间里迅速蔓延到整个上海，大抵也是近代上海从黄浦江中区的萌发、西向和北向的拓展、全方位布局和内部精细化的城市化路径的缩影。然而，不管是街道还是公园，都只是租界当局和华界政府经营空间的策略，是利益共同体作用下的表层物质建构，从港口商业目的到殖民掠夺目的的动因转换，如若要发现更深层次的关联和作用机制，仍需渗透到更大的近代社会背景下，去分析其内部更为深层次的权利机制和利益斡旋，才能真正明晰近代城市建设的深层诱因。

［本文为上海市哲学社会科学基金项目“上海近代公共园林空间演变研究”（2014JG008－BLS1321）资助成果］

注释

① 《中外旧约章汇编》中写道：“租界内执业租主（阄议事人亦在内）会议商定准其购买租界以外接连之地、相隔之地，或照两下言明情愿收受（西人或中国人）之地，以便编成街路及建造公花园为大众游玩怡性适情之处。所有购买、建造与常年修理等费，准由公局在第九款抽收捐项内随时支付，但此等街路、花园专作公用，与租界以内居住之人同沾利益，合行声明。”

② 四大路分别为“在海关之北（今汉口路）；在旧劳勃渥克（Upon Old Pope Walk，今福州路）；在四段地之南（South of Four-Lot Ground，今广东路）；在领事馆之南（今北京路）”。

③ 1933 年 4 月 19 日工部局公务处函复上海保险公司时曾经提到，工部局所属园地取得的历史很早，有些公园，如兆丰公园是逐块经过一段年月才取得到的；又有一些如外滩公园和公共娱乐场是不属于园地计划之内的。

④ 道台在致英国领事文思达的公函中称“园虽外人填筑，地仍中国官有，姑念坐落英领署前，专充公众游息之用，永不建屋居住，准其免升科、免年租，日后如违，即没收归官”。

⑤ 因《上海公共租界工部局年报》《工部局董事会会议录》等历史资料的欠缺和不完全，该表为部分年份游客数量统计表，缺少部分历史年份的数量统计。

参考文献

[1] 王铁崖. 中外旧约章汇编(第一册)[M]. 北京：三联书店，1957.
[2] 梅朋，傅立德. 上海法租界史[M]. 倪静兰，译. 上海：上海社会科学院出版社，2007.
[3] 吴俊范. 从英、美租界道路网的形成看近代上海城市空间的早期拓展[J]. 历史地理，2006(1)：131－144.
[4] 徐公肃，丘瑾璋. 上海公共租界制度[M]//蒯世勋，等. 上海公共租界史稿. 上海：上海人民出版社，1980.
[5] 王云. 上海近代园林史论[M]. 上海：上海交通大学出版社，2015.
[6] 上海市档案馆. 工部局董事会会议录(第十七册)[M]. 上海：上海古籍出版社，2001.
[7] 杨文渊. 上海公路史(第一册)：近代公路[M]. 北京：人民交通出版社，1989.
[8] 上海市档案馆. 工部局董事会会议录(第二十一册)[M]. 上海：上海古籍出版社，2001.
[9] 上海通志编纂委员会. 上海通志(第 5 册)[M]. 上海：上海人民出版社，2005.
[10] 郑逸梅. 虹口公园纪游[J]. 紫罗兰，1928(3)：1－2.
[11] 西神. 虹口公园纪游[N]. 新闻报，1928－06－21.

[12] 上海社会科学院历史研究所. 太平军在上海——《北华捷报》选译[M]. 上海:上海人民出版社,1983.
[13] 刘林生. 曹家渡调查记[J]. 约翰年刊,1921(1):3-10.

图表来源

图 1 源自:蒯世勋,等. 上海公共租界史稿[M]. 上海:上海人民出版社,1980.
图 2 至图 5 源自:笔者绘制.
图 6 至图 8 源自:张松,丁亮. 上海租界公共交通发展演进的历史分析[J]. 城市规划,2014,38(1):50-56.
图 9 源自:笔者绘制.
表 1 源自:笔者绘制.
表 2 源自:王云. 上海近代园林史论[M]. 上海:上海交通大学出版社,2015.
表 3 源自:笔者绘制.

中国近代精英的理想空间：
天津中山公园

孙　媛

Title：The Ideal Space for Modern Chinese Elite：Zhongshan Park in Tianjin

Author：Sun Yuan

摘　要　公园是一种公共空间，同时也是殖民主义向中国渗透的重要象征与渠道，对中国人的民族感情产生过强大的冲击并形成深刻的民族集体记忆。华界公园正是在民族主义与殖民主义冲突的背景下产生的。华界公园的设立其目的不仅仅是模仿租界修筑道路，而是要与租界抗衡。因此，华界公园的建设特别突出民族特色并强调教育功能，从公园名称、空间布局和建筑到公园功能都体现出民族主义精神。

关键词　近代天津；公园；公共空间；华界

Abstract：Park is a kind of public space and an important symbol and channel of colonialism to China，it has exerted a strong impact on Chinese national feelings and formed a deep national collective memory. Chinese Community Park is in the nationalism and colonialism in the context of the conflict. The purpose of the establishment of the Chinese Community Park is not only to imitate the concession road construction，but to compete with the concession. Therefore，the construction of the Chinese Community Park high lights the national characteristics，emphasizes the educational function，and from the park name，space layout and architecture to the park function，embodies the spirit of nationalism.

Keywords：Modern Tianjin；Park；Public Space；Chinese Community

租界、租借地、居留地等的设立，将西方物质文明价值观念、伦理道德、审美情趣、市政建设及生活方式传入中国，从方方面面刺激着处于萌芽状态下新的国民意识。随着开埠城市经济的高速发展，租界内人口激增、商贾云集，现代化的生活方式和西方"七日一休"的作息安排使得中国民众对休闲娱乐的社会需求大增，往日间或一次的娱乐活动逐渐变得频繁化、大众化。代表各国形象

作者简介

孙　媛，北京交通大学建筑与艺术学院，讲师

的租界公园的产生，向以往只知有私家园林、皇家园林而甚少有公共娱乐意识的国人提供了形象且具体的示范，使得国人从此领略公共娱乐空间的魅力。而这些由西方租界当局开辟的所谓的公园，在建成之初皆不向华人开放。入园园规中常有"华人无西人同行，不得入内"[1]，"体力劳动者不得入内"和"担心不干净的中国小孩有传染病，不得入内"[2]等带有歧视性的游园条例。1902年后，袁世凯代表清政府接管天津，推行"新政"，批准建设河北新区，新区内有三处公园，即中山公园（原劝业会场）、曹家花园（原孙家花园）和北宁公园（原种植园）。

1 "新政"与公园的设立

1900年，中国爆发了以"扶清灭洋"为口号的义和团运动，随即遭到英美等八国联军的残酷镇压。次年，清政府被迫与列强签订《辛丑各国和约》，即《辛丑条约》，使中国在政治、经济、军事等各方面遭受了较19世纪以来任何一次中外冲突都更为惨重的打击。这次教训迫使三年前在"戊戌变法"运动中依然顽固的清廷保守势力也不得不接受改革的主张，从1902年至1911年，在政治、经济、军事和教育等方面采取了一系列变革措施。不过，这些改革为时已晚，不到10年清王朝就被革命所推翻。尽管如此，从城市景观的角度来说，这些改革仍给中国带来了显著变化，突出表现在以下几个方面：(1) 对新政的中心——天津的市政建设进行了近代化改造；(2) 建造了大量不同功能和造型的近代建筑；(3) 通过全面学习日本，从日本引进了劝业会和公园的概念。劝业会场就是这三点的集中体现。

中山公园原名劝业会场，民国成立后（1912年）改称天津公园，不久后改为河北公园，北伐胜利后（1928年）为纪念孙中山改名中山公园①。中山公园是近代天津华界第一个现代意义的公园。光绪二十八年（1902年），直隶总督、北洋大臣袁世凯，在津推行"新政"。考虑到津门本为九河下梢之地，开埠之后，更是市商云集，繁盛可与苏沪媲美。然而由于"尘沙漭泱土薄而松，夙少胜景"，"兹绅等公同酌议拟择河北旷地，仿辟公园以为官绅士庶游息讲习之所"[3]。

光绪三十一年（1905年）春，袁世凯指派天津府县会同工程局、工艺局等共同办理。银元局总办周学熙邀请工程局麦道（原缀不详）和天津府县会勘公园地址，选定了度支部造币总局之后临大经路（现中山路）的地点。但是该地块后有金钟河，部分又为天津大盐商张霖莹的墓园——思源庄，张氏后人不肯退让，因此向东北扩展，丈量绘图。两月后由麦道呈上一份图纸，占地200余亩（1亩≈666.67 m²）。购地后由工程局修筑园墙及马路沟渠，建造局或另选能员专办布置园景、种植花木等，工艺局、学务处则分别负责考工厂陈列馆、学务处房屋的建设，所用经费共银16万6 500两，无常年经费。到1906年（光绪三十二年），罩棚茶座已竣工。1907年交由直隶工艺局专办后，设工程局会办、提调各1人，收支、监工、发材料员7人，渐事布置，筑亭台池榭，布置花草，于同年5月工程告竣。工程竣工后撤去工程局各员司，设事务所，于二门外用差役弁1人，长夫、花夫数人，会场内事宜皆由陈列所兼管。

作为在华界建成的第一座现代意义的公园，劝业会场自开园之日就受到了天津广大民众和地方乡绅的热烈支持。《大公报》于开园当日报道："园在锦衣卫桥之北，地基开朗，嚣尘远绝，近方垒石为山，凿池引河，园之四周围以杂树。以北洋之物力，益以当事者与民乐利之热心，度一二年后，必能缀锦结珊，远驾海上之张、愚园而上。夫斯园者，期年之前一片荒烟蔓草之墟耳，固狐狸之所凭而鼪鼯之所穴也，曾几何时而变易若此。”[4]

2 日本对公园的影响

2.1 劝业会概念的引入

劝业会场作为天津华界第一座现代公园，却没有以公园作为最初的命名，这与袁世凯的意图与日本对该公园的影响是分不开的。《劝业会场要略表》中记载了公园命名的来由：“始名公园，取与民同乐之意，继以园中建置皆关学界工商界。虽为宴乐、游观之地，实以劝倡实业为宗旨，故奉督宪谕改名曰劝业会场。”[5]《劝业会场总志》中也有记载：“宫保以所建设皆关学业实业，与各国公园性质专备游览不同，乃名曰劝业会场。”[6]

因此，劝业会场正是从结合振兴实业和展览国货的“劝业会”而来。袁世凯认为该公园建设是以教育设施为首，是为了发展实业而兴建的，不同于各国公园中所具有的游览性质，因此命名劝业会场，而劝业会的概念则是从日本引进。

1903 年直隶成立工艺总局，聘请日本藤井恒久为工艺总局顾问。藤井恒久 1883 年从东京帝国大学应用化学科毕业，1891 年任大阪商品陈列所所长，义和团运动后来到天津。工艺总局下设考工厂和工艺学堂，考工厂虽然名称上继承了中国的汉字“考工”，但是其内容是大阪商品陈列所的翻版。教育家严修曾说天津的工艺总局就是日本商工具的具体化，劝工场就是商品陈列所[7]，而劝工场 1906 年前的名字就是“考工厂”[8]。

1903 年工艺总局总办周学熙参观了在大阪举办的第五回内国劝业博览会，在日记上他详细记载了参观大阪商品陈列所的情况[9]。与商品陈列所不同的是，日本在内国劝业博览会举办以后为了贩卖剩余物品设置了“劝业场”，也被称为“劝工场”，这成为近代百货商店的前身。劝业场主要以贩卖为主，而商品陈列所则以展示为主。天津考工厂吸取了日本商品陈列所和劝业场的特点，即展陈富有地方特色的产品，同时也像日本劝业场一样贴上价格标签进行贩卖。

这样细致地参考了日本劝业博览会的内容和形式，甚至专门在二层展示了日本工艺品，是和考工厂艺长盐田真分不开的。周学熙在日本考察期间经藤井恒久的介绍，1903 年 11 月邀请盐田真②来到天津主持考工厂。艺长的责任主要是担当实业家的顾问，详细回答了各工商界人员的咨询，同时还要演说工商要理、教授工艺方法、规划标本展陈、制作说明和鉴别商品等[10]。

盐田真的存在使得考工厂有很浓郁的日本特色。1906 年考工厂扩大规模，迁移至劝业会场内，于是名称也变成了“劝工陈列所”，合“劝工场”和“商品陈列所”为一体，将展陈和贩卖功能相融合的特征，更接近于中国国情。而会场名称“劝业会场”也直接来源于“劝业场”，自 1906 年起每年举办劝业展览会。

2.2 整体规划上的学习

除了在命名上仿照日本的“劝业场”，在公园的规划布局上，袁世凯也给出了明确的学习对象。对麦道规划的公园图纸，袁世凯给予如下批示：

详图均悉，应如所议，各专责成。点缀布景一层，即由该道等会同选举能员呈请，委派专办，余候分别饬遵。至公园地界，自应逐渐开拓。日本之日比谷公园，据称某处仿照某国，各有取意，经营十六年始成。其浅草公园中有水族馆、动物院等，大抵皆足以增长智识，振发精神，非漫为俗尘之游可比。天津公园虽属初阶，不可不知。此意仰即次第筹办，以观厥成。此缴[11]。

袁世凯在批文中提到的日本日比谷公园是日本最早的公园，也是日本近代时期代表性的公园，其社会地位十分重要。其原本为练兵场，1888 年(明治二十一年)被定为公园。而浅草公园附属地中也有著名的浅草劝业场。依照原袁世凯的批文可以看出，其对日本公园的印象是增长知识、振发精神，而非仅仅是作为游乐之用的场所。日本的上野公园完全符合袁世凯的这一设想，上野公园是由博览会场址开辟成的公园，其中建有日本首都博物馆、美术馆、音乐厅等很多附属公共设施，大多都是高尚的文化设施，同时也是国家礼仪活动的场所，是为了形成“国家国民”的设施，具有很强的政治性。这一点也是袁世凯希望在劝业会场中传达的。

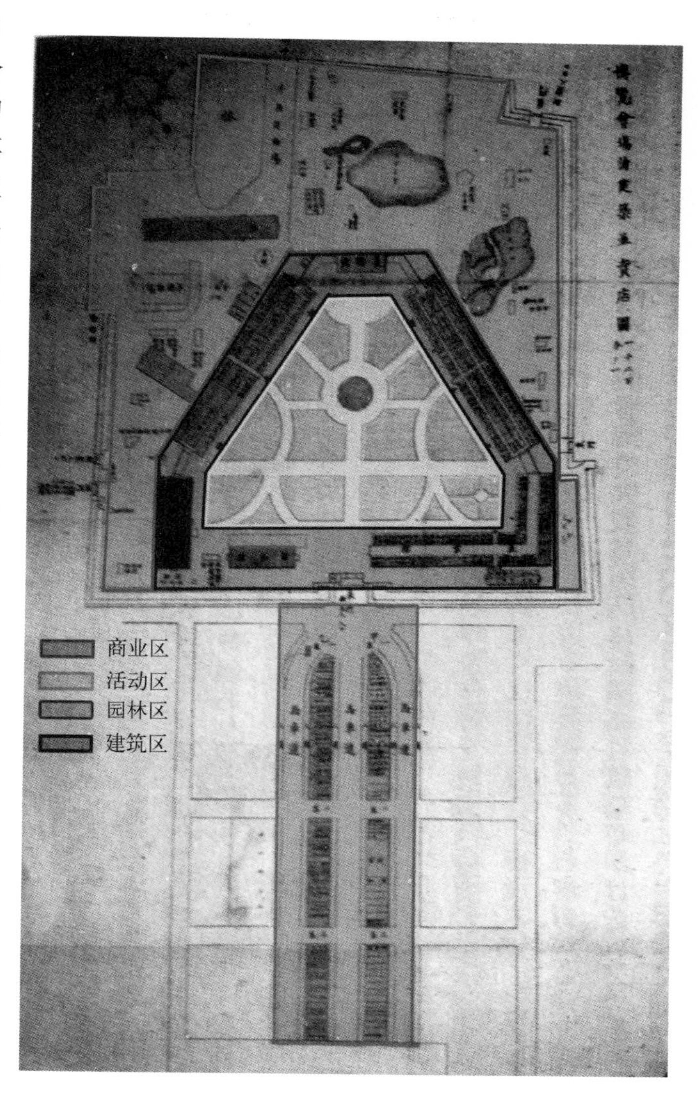

图 1　上野博览会场诸建筑与商店图

劝业会场在规划上与上野公园举办第一回内国劝业博览会时的规划极为相似，都分为内外两个会场(图 1)。上野公园第一回内国博览会的内部会场计划特征是一个以西式建筑为中心的对称式布局。正面以美术馆为中心，形成扇形平面的中轴线，依中轴线形成两边对称的陈列馆。中间是几何式带有喷水池的庭院，周围以建筑包围。东西两侧倾斜的是东本馆与西本馆，下面是机械馆、农业馆、园艺馆、动物馆等各个陈列馆，这些陈列馆大部分为木构临时建筑，只有美术馆是砖砌的永久性建筑，场内建筑都由日本工部省营缮局建造。但当时日本独资建设砖构建筑是存在困难的，因此推测其为工部省的御雇外国人参与完成的。总体来看，这是一个有很强西欧仪式感的空间。

内部会场外与正门相对的是一条通道，两侧并排的建筑是博览会的附属商店。这些建筑被设置在会场外，由个人自费建设，但要根据主办方的意图规划建设。贩卖的东西包括食品、日用品、杂货类，也就是全国的特产展。商店前有马车道和人行道，做到人车分离[12]。这一空间的原型来源于日本的“缘日空间”③，这种空间构成了进入寺院的空间序列，也是百姓娱乐的场所之一，日本第一回内国劝业博览会也吸取了这种做法。

天津劝业会场几乎照搬了日本上野公园的规划布局(图2)。劝业会场将正门设置在大经路(今中山路)上，建有四柱牌楼，中间横匾书有“劝业会场”，后改为“河北公园”“中山公园”及“天津市第二公园”。从正门进入后，劝业会场内部分为四个功能区，首先是正门到钟楼之间，道路两侧分布着商铺店面，为商业区；钟楼后是山水池阁及环状绿带，为园林区；由环状绿带包围的是中心操场，为活动区。环状绿带以外围绕建设有劝工陈列所、教育品参观室、学务公所、北洋译学馆、学会处、教育品制造所等建筑群。

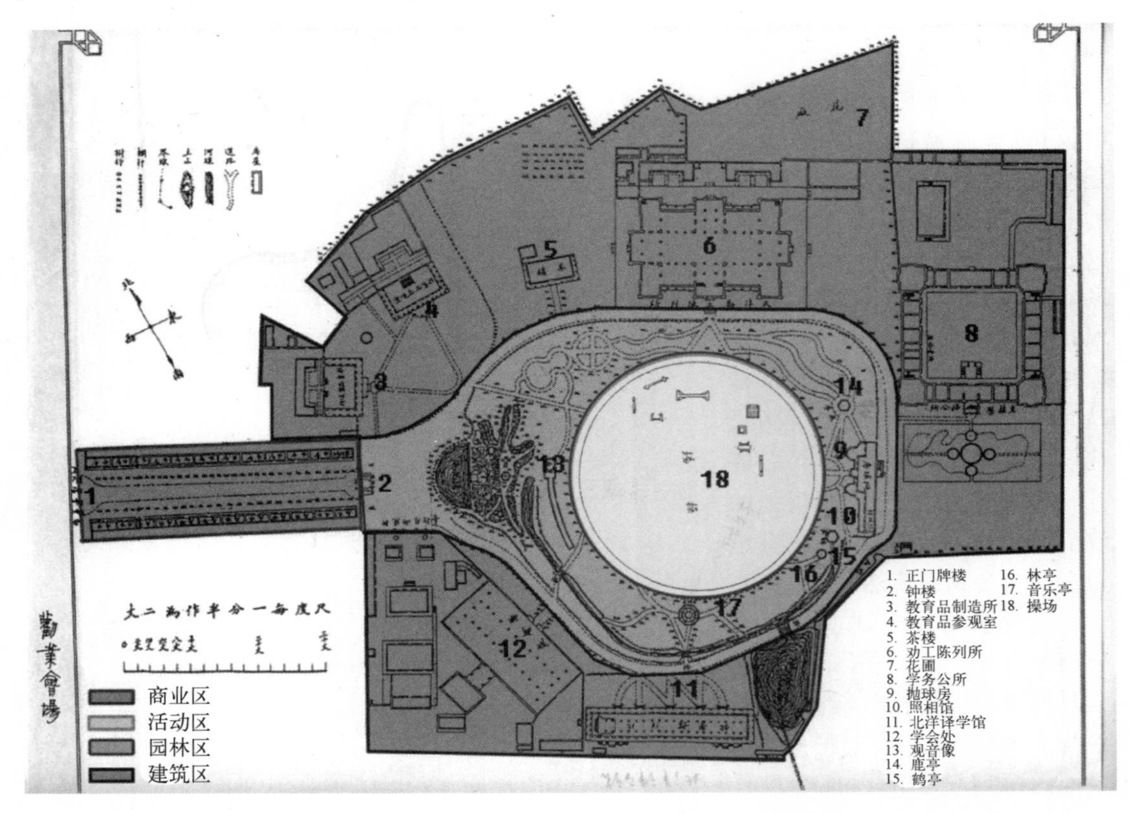

图2　劝业会场平面图

《劝工陈列所总志》中详细描述了劝业会场规划的内容：

考本场之区划，于二门外设事务所，经理全场事务。自二门至头门两边为市场，中为马路。入二门路分为南北，四周交通。由北马路东行为教育品制造所，再往东为参观室，为茶园，其后为油画亭，再东为花市，为劝工陈列所。折而南西向，面头门为抛球房。又左为照相馆。由南马路东行为会议厅，再东为学会处，再东为宴会处，中拟设番菜馆、电戏园。其南隅游廊数十间，前有荷花池，池水由墙外之金钟河用机管引入，过桥一折而北至鹤亭，一折而西曲折至土山后。自二门直入，迎面为月牙池，池后为土山，山前立观音像，倒执瓶，有机管自山腹通入土山后，机拨动则吸山后池水，由瓶口喷泻下，山岭建翠微亭，亭后为体育场，中置跳台、木马、秋千等具。场之后右为鹿亭，左为鹤亭。又左之前为林亭，又左为八角音乐厅。场之北为花圃，其操场四围环以碧栏，栏外之亭若圃，又以红栏四周绕护之。其最后即位抛球房，建洋楼，楼上周览全场及前后左右，历历在目。楼后为交通马路，路后为学务公所，即提学使署。其自二门内外复分布巡警岗位，规模整肃。此会场配布之大概也[6]。

从这个规划中可以看到，天津劝业会场一门和二门之间模仿了上野公园外序幕性的商业空间，构成了进入会场的前奏，加强了劝业会场的娱乐性。而在场内，会场设置了抛球房（台球房）、照相馆、宴会处、番菜馆（西餐厅）、电戏园（电影院）等公共娱乐空间，还有教育品制造所、参观室等提高民智的设施，成为具有近代意义的公共空间——一个带有启蒙性质的空间。

这种在博览会场中同时表达娱乐性与启蒙性两重性的特点，表明袁世凯代表的晚清政府与明治政府对于博览会的要求是一样的。明治政府对于博览会的意图不是游览的场所，而是“周览、辨别、观察、知识”等一系列起到教化国民作用、具有启蒙意义的场所。但是，博览会主办者也希望会场中能表达一些“见物（看新奇）”的娱乐性。因此在政府给国民展示的铜版画中并没有绘制会场外的商业空间，因为政府希望传达的是博览会所具有的教化作用[12]（图 3）。

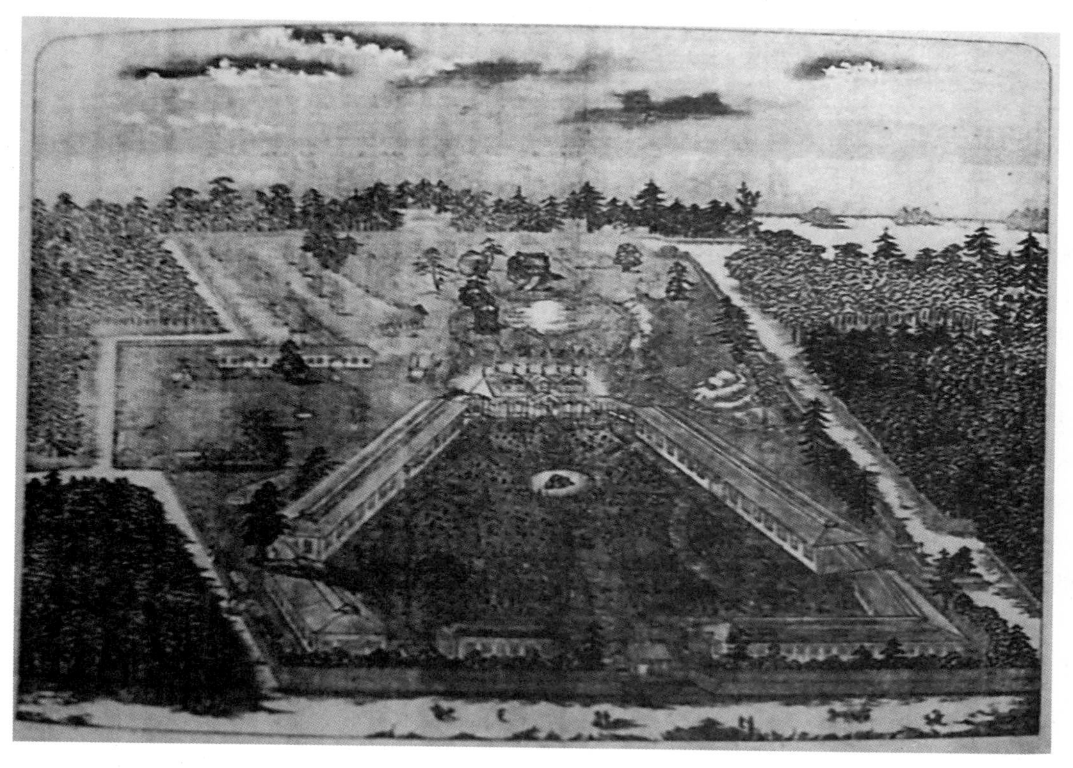

图 3　1876 年日本内国劝业博览会场全图

2.3　建筑方面的学习

一个社会有一个社会的文化价值观，同样，对于建筑也有一定的价值取向，表现为欣赏什么，或不欣赏什么，这种价值取向可以称之为“建筑价值观”。建筑价值观是与一定的社会文化心理相一致的，或者说就是这种社会文化心理在建筑上的体现。在中国，从戊戌变法至辛亥革命的十几年是封建王朝崩溃的前夕，此时中央集权衰弱、地方势力增强、市民阶层活跃，这一时期的建筑追求新奇、华丽的特点。虽然由于材料、技艺以及财力的差别，中国的这些建筑在装饰上远不如西方巴洛克建筑那样富丽堂皇、自由灵动，但二者的世俗本质却是一致的。尽管清末新政时期的建筑风格不明显，材料以及技艺也不成熟，但这一时期的建筑依然在中国近代建筑史上占有重要的位置，其开启了中国建筑在学科专业方面的现代化，而这种现代化与20世纪20年代之后广州国民政府和南京国民政府时期所认同的现代化有所不同。在一战之后，经过了五四运动对于西方文明的反思和批判，中国社会的现代化目标增加了自觉的民族性要求。而在晚清新政时期，包括20世纪10年代的民国北洋政府时期，由于尚处在现代化改革的初期，中国官方和社会对于所认同的“现代化”在很大程度上就是“西化”，尽管这种“西化”的参照对象也包括基本完成现代化的日本。

日后裔英国学者渡边俊夫(Watanabe Toshio)在研究日本现代建筑时认为，明治政府之所以急切地需要西式的建筑类型，除了使用上的原因，即全新的功能需要采用新建筑之外，还有观念上的原因。他认为对内，就日本人自己而言，这些新建筑体现了中央政府的权威，明治政府要施行比之前的德川政权更为直接的治理。宏大壮观的现代大厦可以使日本民众对于新政权产生一种强大并且稳固的印象。要建设一个现代国家，就需要现代建筑。对外，从外人角度观之，这些建筑将表明日本并非一个落后民族，而是一个可以与其他“发达”民族平等相待的国家：一个国家博物馆将证明这个国家具有文化程度很高的历史；一个雄壮的军营将表明日本的主权不容小觑。同样，选择西式建筑风格同样也有内外两重原因：对内，新政府需要证明它与旧政权不同，在这方面本国过去的建筑风格难以满足需要。西式风格显然与江户文化所能提供的任何东西都不同，更重要的是提供了一种现代性的形象，从这一点上公众就可以看出政府是前进的，而不像旧政权那样是后进的。通过采用西式风格，政府赞助人就可以使他的政治意图视觉化。此外，西式建筑外观宏伟壮观，具有江户时代建筑所缺少的特质。多层的砖石建筑给人以坚固、永久和权威的印象，这些正是年轻的明治政府力图达到的目标，西式建筑则极好地满足了这一需求。对外，采用西式风格建筑证明日本已经加入了文明世界，这一世界按照西方的定义，就是西方世界。日本可以向外国人表现其与西方国家是平等的[13]。简言之，西式建筑在明治时期在使用功能和视觉象征性上都满足了日本对于现代性的追求。渡边俊夫的评论也可以为理解清末新政时期西式建筑在中国迅速发展的原因提供一个参考。

《劝业会场要略表》中详细记述了会场中哪些为西式风格建筑：

> 头门内两旁市房共七十八间，二门上钟楼一座，园内教育品制造所洋式楼房及宿舍、工厂等四十四间，参观式洋式楼房及住房等二十二间，劝工陈列所洋式楼房及库房、住房等一百三十二间，茶楼及厨房十二间，宴会处楼房、戏台及下房等五十四间，学会处房屋四十八间，会议厅房屋二十四间，打球房洋式楼及平顶房等五十四间；荷花池旁披厦游廊四十一间，东面亭子式游廊三件，另八角音乐亭一座，鹤亭、鸟亭、鹿亭各一座，草棚十间，土山上亭子一座[5]。

从中可见，园中主要建筑皆为西式风格。劝工陈列所(图4)陈列工农业和工艺产品，平面为长方形，中部东西方向为通廊，高二层；南北方向有与此通廊相垂直的三道横廊，亦高二层；横廊间以单层房间相连，单层房间之上为通廊。正中交叉处有突起的穹隆顶。建筑整体用青红砖砌成，门窗为半圆法券。

图 4　劝工陈列所

学务公所(图 5)建筑平面为口字形,四角突出,内有中庭,向庭院的一侧有走廊。入口位于南面正中,入口前方有一西式规则式庭院。从入口进入,通过穿堂走廊可直通中庭。入口部分高三层台阶,上有穹隆顶,入口处为券廊抱厦。

图 5　学务公所

教育品制造所(图 6)高两层,外廊式建筑,东西南三面上下有廊,以连续的法券做成,券脚由回柱支撑;南面正中入口处为半圆形环廊抱厦,顶部为穹隆顶,主体建筑为瓦坡屋顶。

可见,在 1925 年中国官式建筑开始提倡“中国风格”之前,中国公众、实业家、官方和建筑师心仪的“现代”建筑大都模仿西洋做法和西洋风格,西式建筑即他们心目中的“现代”建筑。这种心理产生的重要原因之一就是西式建筑在建造和使用上所具有的科学性,以及由此带给中国人心理上的现代感。在这些中国人对建筑的认识中,体现了这样一个逻辑,即因

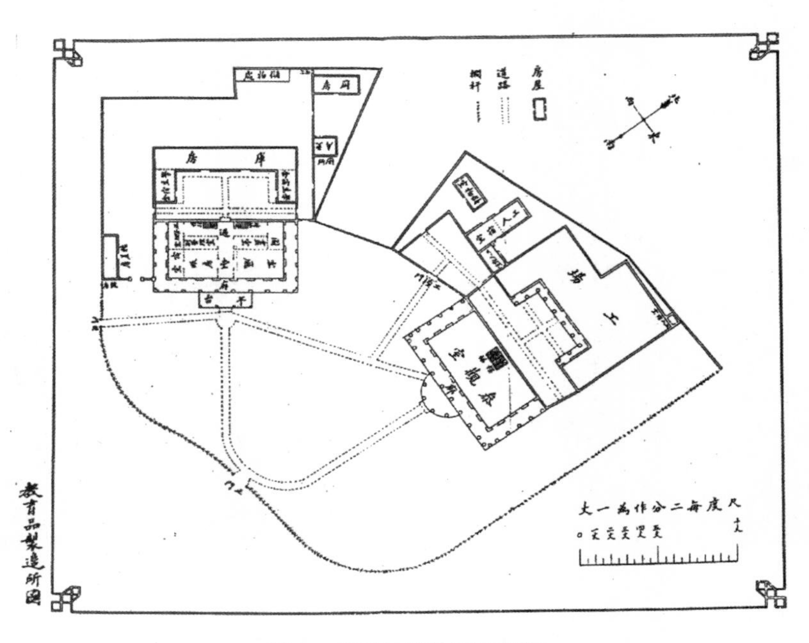

图 6　教育品制造所平面图

注：教育品制造所为两栋斜对建筑，楼前有大片开放场地，种植有花树。

为建筑是科学与艺术的结合，所以建筑是文化的表现，所以它也就代表着一个民族，也就能反映着一个民族的盛衰。

2.4　历史的延续性表达

在历史的延续性表达方面，天津劝业会场与上野公园也有类似之处。安东尼·史密斯(Anthony D. Smith)认为，国民需要向它的起源族群(Ethnic)共同体寻求历史方面的援助，补完成立过程。即国民需要历史，需要更明确的根的感觉，需要记忆下和族群共有的“过去”[14]。

首先，上野公园与劝业会场都在入口处表达了对历史的依存，上野④公园内场的大门，使用戊辰战争中被烧毁的宽永寺大门，这个门上还有战争中留下的弹痕。会场外的三条路在大门前汇合，因此大门是游览者必经的具有象征性的建筑。宽永寺大门是江户时代的遗迹，博览会外场的商业空间也是对传统“缘日空间”的沿用，因此会场外的空间可以说是“近代前＝江户的＝非正式”的空间。而建有西式功能及形式建筑、几何平面布局的场内空间则是“近代的＝西欧的＝正式的”空间。将宽永寺大门放置在上野公园入口处，既能唤起国民所共有的对“过去”的记忆，又在这两个空间的转变中起到了承前启后的作用。

与上野公园相对应的劝业会场钟楼就起到了同样的作用，作为公园二门的钟楼(图 7)，在设计上表现为在传统的中式城门楼上加盖西式建筑，并且同样放置了国产的自鸣钟。钟楼以外的商业空间既是学习日本也是中国传统庙会形式的延续，会场内的西式建筑与几何形布局则代表了清政府力图表达的新形象。

其次，除了入口处的表达，在会场内也有同样寓意的象征性空间，上野公园被陈列馆包围的庭院本是西式的设计风格，但仔细观察的话有一棵很大的松树位于公园庭院的左侧，这棵松树直到第二回内国博览会时还存在，并且在树下开设了一个茶点，形成了几何式庭院与松树的奇怪组合。而事实上松树是日本园林设计中的常用符号，并且在日本文化中具有特殊的含义，代表着长寿，是日本文化中带有吉祥意味的象征性符号。

与此相对应的，天津劝业会场则在入口处设置了观音倒持仙水瓶像。观音的形象是中国普遍存在的观音信仰的视觉表现，也是吉祥平安的象征符号。因此，劝业会场与上野公园都希望通过宗教与吉祥符号的历史延续性在新空间中给予国民“根”的感觉。

上述研究可以证明，公园的理念和劝业会的理念都来源于日本，并且对设计构思方面也有很大影响。

图 7　天津劝业会场入口处的过街钟楼

注：砖砌如城门似的建筑，楼上镶有国产自鸣钟，每逢打点时，方圆数里都能听到悦耳的钟声，直到 20 世纪 30 年代失修报废。

3　结语

20 世纪初期是天津城市空间变化最大的时期，租界的繁荣给清末民初的天津地方政府提供了现代化的样本。在袁世凯的带领下，天津地方政府开始扩建新城区，以和租界抗衡。华界公园在民族主义与殖民主义冲突的背景下正式产生。华界公园的建设一方面是由于上野公园提供了范本和挑战，另一方面也是中国政府自身寻求现代化的努力。它们的开辟和发展在一定程度上见证了天津城市公共空间成长的历程。它们在由政府创建的同时，也得到了地方绅士的大力支持。创建过程中，在中国本土园林文化的基础上吸收了西方公园表达公共意识的一面。建成之后，在政府的大力提倡下，华界公园在天津市城市现代化过程中充当了社会公共空间的角色，既是民众娱乐休闲的场所又成为政府进行社会教育和意识渗透的工具。华界公园的设立，不仅对城市环境和市民生活的改善产生了积极的影响，同时也增强了国人对民族文化的自信心，对推动公园在中国的本土化、多元化具有重要意义。

[本文为国家自然科学基金青年基金(51508297)“多重帝国影响下的都市公共空间——天津近代公园历史研究”，北京市社会科学基金青年基金(16LSC018)“京津两地近代公园历史与文化景观活化再生利用研究”，北京交通大学人才基金(2016RCW011)“文化景观的活化及利用——京津两地近代公园的保护规划及开发策略研究”资助项目]

注释

① 由于不同的名称带有明显的时代特点，本文对同一公园进行阐述时，遵照不同时期的称呼。

② 盐田真(1837—1917年)，盐田真曾经在日本工部省、农商务省担当商品陈列所和博览会事项，1873年参加审查维也纳万国博览会的工作，1876年被政府派往费城博览会，1900年负责巴黎万国博览会审查，1903年担任日本第五回内国劝业博览会"美术及美术工艺"部门的审查员，他既是官僚同时也是技术人员，主要精通陶器和古美术。他曾经在日本的美术教育权威学校东京美术学校任教。

③ 每逢日本传统的"缘日"时，日本寺院的入口处都会自然形成商店，这种空间在日本称之为"缘日空间"。

④ 1867年，日本孝明天皇去世，明治天皇即位。1868年(戊辰年)1月3日，天皇发布《王政复古大号令》，废除幕府，令幕府将军德川庆喜"辞官纳地"。同年1月8日、10日，德川庆喜在大阪宣布"王政复古大号令"为非法。同年1月27日，以萨、长两藩为主力的天皇军5 000人，在京都附近与幕府军1.5万人激战，德川庆喜败走江户，戊辰战争由此开始。天皇军大举东征，迫使德川庆喜于1868年5月3日交出江户城，至11月初平定盘踞在东北地区的叛乱诸藩。1869年春，天皇军出征北海道，于6月27日攻下幕府残余势力盘踞的最后据点——五畯廓(在今函馆)，戊辰战争结束。

参考文献

[1] 陈蕴茜，日常生活中殖民主义与民族主义的冲突——以中国近代公园为中心的考察[J]. 民国研究，2005，42(5)：82－95.

[2] 天津日本居留民团. 大正十二年天津日本居留民团事务报告书[M]//天津图书馆. 天津日本租界居留民团资料. 桂林：广西师范大学出版社，2006.

[3] 周学熙. 天津各学堂绅董教员禀请督宪袁筹办公园文[M]//周尔润. 直隶工艺志初编. 天津：工艺总局，1907.

[4] 佚名. 祝天津公园之成立[N]. 大公报，1907－04－26.

[5] 周学熙. 劝业会场要略表[M]//周尔润. 直隶工艺志初编. 北洋官报总局下，志表类卷下. 天津：工艺总局，1907.

[6] 周学熙. 劝业会场总志[M]//周尔润. 直隶工艺志初编. 北洋官报总局下，志表类卷下. 天津：工艺总局，1907.

[7] 严修. 严修东游日记[M]. 武安隆，刘玉敏，点注. 天津：天津人民出版社，1995.

[8] 青木信夫，徐苏斌. 清末天津劝业会场与近代城市空间[M]//本书编委会. 建筑理论·历史文库(第1辑). 北京：中国建筑工业出版社，2010.

[9] 周学熙. 东游日记[M]. 东京：实藤文库，1903.

[10] 佚名. 天津考工厂试弁章程[M]//(清)甘厚慈. 北洋公牍类纂(光绪三十八年刊本). 卷17，工艺2(研究). 台北：文海出版社，1987.

[11] 周学熙. 银元局总办周详遵饬会勘公园地址及工程局绘图呈督宪文[M]//周尔润. 直隶工艺志初编. 北洋官报总局上，章牍类卷上. 天津：工艺总局，1907.

[12] 小野良平. 公园の诞生[M]. 东京：吉川弘文馆，2003.

[13] Watanabe T. Josiah Conder's Rokumeikan：Architecture and National Representation in Meiji Janpan [J]. Art Journal，1996，55(3)：21－27.

[14] Smith A D. The Ethnic Origins of Nations[M]. Oxford：Blackwell Publishing，1986.

图表来源

图1源自：笔者根据小野良平. 公园の诞生[M]. 东京：吉川弘文馆，2003中插图"明治十年内国劝业博览会场案内——改正增补"改绘.

图2源自：周学熙，劝业会场总志[M]//周尔润. 直隶工艺志初编. 北洋官报总局下，志表类卷下. 天津：工艺

总局，1907.

图 3 源自：笔者根据小野良平. 公园の诞生[M]. 东京：吉川弘文馆，2003 中插图“明治十年内国劝业博览会场案内——改正增补”改绘.

图 4 源自：周学熙，劝业会场总志[M]//周尔润. 直隶工艺志初编. 北洋官报总局下，志表类卷下. 天津：工艺总局，1907.

图 5 源自：高仲林. 天津近代建筑[M]. 天津：天津科学技术出版社，1990.

图 6 源自：周学熙，劝业会场总志[M]//周尔润. 直隶工艺志初编. 北洋官报总局下，志表类卷下. 天津：工艺总局，1907.

图 7 源自：儿岛鹭么. 北清大观[M]. 天津：天津紫竹林英租界山本写真馆，1909.

第六部分　中外城市规划与演变

PART SIX　URBAN PLANNING AND EVOLUTION IN CHINA AND FOREIGN COUNTRIES

亚的斯亚贝巴近现代城市规划历史百年回顾

许闻博　王兴平　徐嘉勃

Title：Research on Modern Urban Planning History of Addis Ababa in the Last Century

Author：Xu Wenbo　Wang Xingping　Xu Jiabo

摘　要　埃塞俄比亚作为历史上三个独立的黑人国家之一，在进入近代化进程以后，其首都亚的斯亚贝巴的城市规划实践在一定程度上可以看作非洲国家城市规划历史的缩影。其发展演变的过程既有国际先进理论与经验的影子，又受到当地经济社会发展水平的深刻影响与现实约束。本文根据亚的斯亚贝巴建城以来的城市规划实践，分析了其百年来五个阶段城市规划的主要内容与特征，并梳理发展脉络。本文认为其百年来的规划发展脉络受到政治环境变化与规划性质演变、技术方法进步与空间布局调整、绝对空间理想与规划实施的博弈这三组主要矛盾的强烈影响。本文希望能进一步补充完善非洲城市近现代史学研究，并为非洲未来的城镇化进程与城市规划的发展提供经验与依据。

关键词　亚的斯亚贝巴；城市规划史；非洲城市规划；非洲近现代史

Abstract：Ethiopia is one of the three independent African countries in history. After entering the process of modernization, the urban planning practice in Addis Ababa—the capital city, can be seen as a microcosm of the history of the city planning of the African countries. The development process not only showed up the international advanced theory and experience, but also limited by the local economic and social development level. According to the city planning practice of Addis Ababa for a century, the article analyzes the main contents and characteristics of the urban planning in all stages of the century, and summarizes the historical rules. This paper suggests that the planning and development of the century is strongly influenced by the following three main contradictions: changes of the political environment and the nature of the planning/ the adjustment of the technological methods and the adjustment of the spatial layout/ the ideal of the absolute space and the game of the planning. This paper hopes to further complement the study of modern history of African cities and provide experience and basis for the future urbaniza-

作者简介

许闻博，东南大学建筑学院，硕士生
王兴平，东南大学建筑学院，教授
徐嘉勃，东南大学建筑学院，博士生

tion process and the development of urban planning in Africa.

Keywords: Addis Ababa; City Planning History; African Urban Planning; African Modern History

1 引言

非洲是20世纪以来城镇化率增长最快的大洲,也是未来世界城镇化潜力最大的地区之一。长期以来,非洲城市规划的实践并不为学界所重点关注,而大部分非洲城市的规划历史,亦并不被大家所熟知。但同时,笔者注意到,在非洲百年来的近现代化历史中,留下了丰富的城市规划实践。随着全球化进程的不断深入,以及我国"一带一路"倡议的不断深入推进,我国与非洲各国在经济贸易、产业合作、基础设施建设、文化交流等方面的合作日益加深,势必与非洲产生更加深入的交流合作[1]。在此背景下,研究非洲城市规划与其发展历史,有利于加深对于非洲城市发展脉络与发展规律的认知,有利于在非洲开展规划实践和相关产业合作。

本文通过整理多种文献线索,相对完整地梳理了东非典型城市亚的斯亚贝巴近百年来的规划案例,划定其历史分期,并从多维度总结了其发展的基本规律与脉络。

2 亚的斯亚贝巴概况与近现代城市规划历史分期

据记载,亚的斯亚贝巴的建设始于1886年埃塞俄比亚国王孟尼里克二世的迁都以及随迁贵族的划地建房。按当地提格雷语,亚的斯亚贝巴取"新鲜的花朵"之意。这座城市终结了埃塞俄比亚不断迁都的历史,并逐步发展成了东非最为重要的政治、经济、文化中心以及国际交往中心。

根据亚的斯亚贝巴建城以来100多年的城市规划发展特点,并参考其经历的社会政治变革周期,本文所研究的城市规划时间段为1886年建城至今埃塞俄比亚进入改革开放与现代化的时期,其历史具体为以下五个时期(表1):

第一时期:早期近现代化时期的规划(1886—1935年)。1886年亚的斯亚贝巴建城初期,进行的基本是自下而上的较为自由的规划建设。受限于当时当地的建造技术,该时期的城市规划建设模式多是以军事防卫为目的的寨堡式建设。受限于参考资料较为有限,该时期的城市规划与建设的具体情况暂不可考。

第二时期:半殖民地时期以及二战时期的规划(1935—1941年)。20世纪30年代意大利殖民势力进入东非地区后,带来了一些先进的理念与技术,包括现代建筑学派的城市规划理念。在1935年意大利墨索里尼政权正式控制了东非之后,开始直接对亚的斯亚贝巴进行规划与建设,以勒·柯布西耶为代表的欧洲建筑师对城市进行了理想化的规划与改造。

第三时期:战后重建以及自由主义改革时期的规划(1941—1974年)。二战后,欧洲进入了轰轰烈烈的重建与复兴过程中,20世纪50年代,欧洲重建的"成功经验"也传递到了非洲,以阿伯克隆比为代表的规划师们开始以欧洲城市为蓝本,对亚的斯亚贝巴进行新一轮的城市规划。

第四时期:军委会与"非洲马克思主义"时期的规划(1974—1991年)。1974年埃塞俄比亚进入了社会主义意识形态的军政府统治时期，其城市规划与建设的思路也出现了一定的调整。亚的斯亚贝巴的规划也针对这一变化进行了相应的调整。

第五时期：新改革与现代化时期的规划（1991 年至今）。1991 年埃塞俄比亚军政府下台，新政府对国家的各项政策进行了积极调整，试图推动国家走上现代化的正轨，其城市规划也高度适应了这一变化趋势，呈现了“发展规划与空间规划”合一等新的趋势。

表 1 亚的斯亚贝巴近现代城市规划历史分期与主要内容

时期	时间	规划建设活动与文件	代表人物或机构	主要内容	备注
早期近现代化时期	1886—1935 年	贵族圈地建房、防御设施建设	孟尼里克二世皇帝（Menelik Ⅱ）	—	城市规划与建设活动的起点
半殖民地时期以及二战时期	1935 年	编制亚的斯亚贝巴概念规划	勒·柯布西耶（Le Corbusier）（法）	对城市的功能分区、空间结构、重大项目选址进行了轮廓性描绘	第一版系统的城市规划方案
	1937 年	编制亚的斯亚贝巴总体规划	吉迪（Guidi）与瓦尔（Valle）（意）	确定了城市未来发展方向，明确了特别政府行政区、麦卡托大市场等地区的选址	对柯布西耶方案的进一步改良
战后重建以及自由主义改革时期	1956 年	编制亚的斯亚贝巴总体规划	阿伯克隆比（P. Abercrombie）（英）	按照大伦敦规划的模式编制了亚的斯亚贝巴的城市总体规划	欧洲战后重建的最新规划思想与经验的非洲实践
	1959 年	编制亚的斯亚贝巴总体规划	博尔顿（Bolton）（英）	局部调整了阿伯克隆比方案	
	1965 年	编制亚的斯亚贝巴总体规划	勒·德·莫里（L. de Marine）（法）	延续了前几次规划的主要架构，提出了包括老城改造、机场选址等几个重要的建设项目方案	战略层面的规划，但也具有一定的现实意义
军委会与“非洲马克思主义”时期	1974 年	编制亚的斯亚贝巴总体规划	博兰尼（Polany）（匈）	重视城乡结合部的发展，规划了主城区外围的小城镇体系	具有鲜明的计划经济特色的方案
新改革与现代化时期	1991 年至今	编制亚的斯亚贝巴总体发展规划与空间规划	埃塞俄比亚国家规划委员会（NUPI）与亚的斯亚贝巴总体规划项目办公室（AAMPPO）	重视规划的可实施性，在发展规划的基础上编制空间规划，确定了城市新增长地区的功能结构	经济发展为导向的空间规划，但也回避了老城中的很多现实问题

3 早期近现代化与半殖民地时期的规划

埃塞俄比亚的近现代城市规划实践始于 20 世纪 30 年代意大利殖民者占据亚的斯亚贝巴时期。在欧洲殖民者的统治之下，西方现代主义的规划方法很快传播到了非洲大陆。这些规划思想在延续现代主义的规划手法的同时，也体现出了鲜明的殖民主义特点。

3.1 勒·柯布西耶的总体规划方案

1935 年,法国建筑师勒·柯布西耶在意大利统治者墨索里尼的授意下,为当时的东非意大利首都亚的斯亚贝巴完成了一个总体规划(概念规划)方案[2]。

在他的方案中,整个城市呈南北向三角形布局,以皇宫(柯布西耶的方案中将其改为法西斯总部)为中心,组织四条放射状道路,内部则用正交与 45°斜交的两套格网体系来组织道路网。方案将城市做了严格的功能分区,西部较为规整的街区为欧洲人居住区,东部比较散乱的地区则为本地人居住区;机场作为城市外围最重要的交通基础设施,布局在城市西北部(图 1)。草图上,城市外围若有若无地表达了模糊的山水与绿地空间,代表着柯布西耶光明城市中所追求的大面积开放绿地的理想。从城市的空间组织与形态的设计来看,此方案是柯布西耶提出的"300 万人口的当代城市规划方案"(图 2)的非洲版。其严整的放射状快速路、严格的功能分区以及对称的纪念性设计手法、严格的几何图形和统一的细节等,与柯布西耶"理想城市"的模式都严格对应。柯布西耶构建了一个完全理想的,兼具现代主义特色与意大利风格的城市规划方案,也是一个非常激进的规划设计方案。

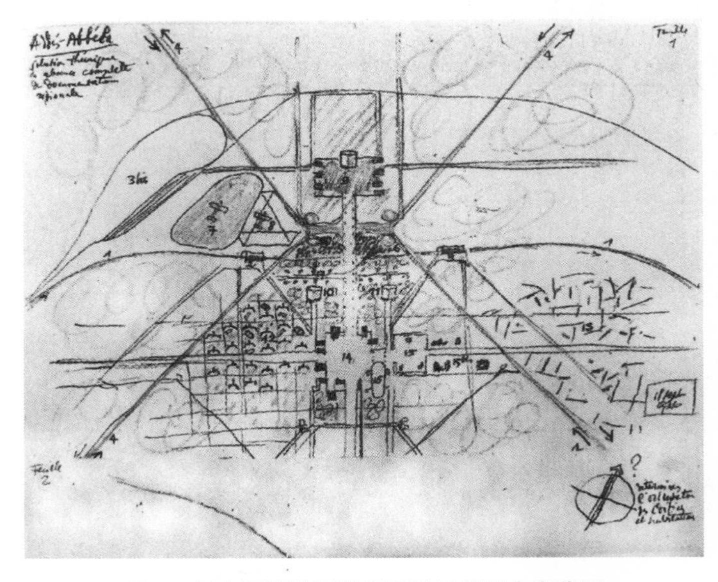

图 1 柯布西耶的亚的斯亚贝巴规划方案草图

但不同的是,柯布西耶为欧洲城市提出的方案,其根本目的是解决快速城镇化所带来的一系列严重的城市问题,其"以设计拯救人类的骑士精神"[3]得到了集中体现。但是在埃塞俄比亚,这种出发点却不复存在。如方案只考虑了欧洲人居住部分的空间营建,却任凭当地人居住的社区在混乱中生长,功能分区和占主导地位的中心轴线在这个方案中被作为了种族分离的工具,原有的皇宫被规划为法西斯总部。因此,这个方案只是用于满足意大利法西斯统治者的筑城需求,试图构建一个理想的东非意大利首都。同时对于柯布西耶本人来说,这同样是一个远离各种束缚的、可以践行自己建筑与城市理念的试验场,因为殖民统治为实践新的理论与想法提供了如白纸一般的理想环境。

然而,亚的斯亚贝巴具有较为复杂的现状建设基础,并非一张白纸。这也就注定了柯布西耶的方案难以真正实施。柯布西耶的方案并没有提出对于诸多现实问题的切实解决方法，规划草图代表的仅仅是一个理想主义的理念性的构思。

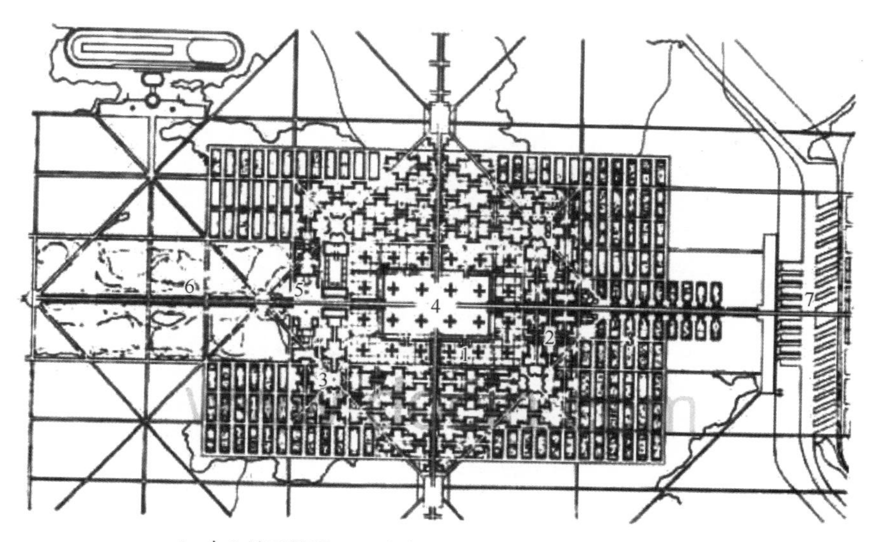

1. 中心地区楼群；2. 公寓地区楼；3. 田园城区(独立住宅)；
4. 交通中心；5. 各种公共设施；6. 大公园；7. 工厂区

图 2 柯布西耶的 300 万人口现代城市的城区设想草图

3.2 吉迪与瓦尔的总体规划方案

受限于柯布西耶方案实施性较差的先天缺陷，抑或是柯布西耶的方案并没有完全表达统治阶层对于空间的诉求，意大利殖民者不得不继续推进城市规划工作。1937 年，两个意大利建筑师吉迪与瓦尔完成了一版新的改良版的亚的斯亚贝巴总体规划方案[2]。

该方案在功能分区上，依然保留了柯布西耶方案中的本地人与欧洲人的分区方式，但跳出了亚的斯亚贝巴当时已建区的范围，分别在已有城区的正南部和西部新设置了一个特别政府行政区和一个专业化市场片区(现麦卡托大市场区)[4]。考虑到亚的斯亚贝巴原有的选址，该方案将城市的未来发展方向确定在南方，围绕新建的行政片区打造较为高端的意大利以及其他欧洲人的居住片区，保留了北部老城的原有的格局(图 3)。但这个保留更多的是出于政治、经济和社会要素的考虑。在道路网方面，该方案也不再追求高标准的、严格几何形的城市架空道路网，而是在最大程度上顺应已有的现状进行改建，构建了“十”字形的基本路网格局。

该方案基本确定了亚的斯亚贝巴的市区空间结构，包括主要的城市发展轴线、道路网、机场以及未来火车站的选址等等。在一定程度上，可以将该方案看作基于现实要素考虑的柯布西耶方案的折中版。很多规划思想与柯布西耶的方案是一脉相承的，同时，有很多殖民背景下的做法也是两个方案的共通之处。

1939 年，吉迪与瓦尔的规划方案开始逐步实施，直到 1941 年墨索里尼政权垮台，意大利势力退出东非地区。

总体来看，这一时期的规划具有非常鲜明的现代主义规划特征，但随着发育土壤的改变，其规划的价值观发生了一定的偏差，由原来单纯地解决城市环境问题，转变为如何帮助统治者更好地实现政治诉求与统治的需要，因此也带有非常浓厚的殖民主义条件下的规划特点。

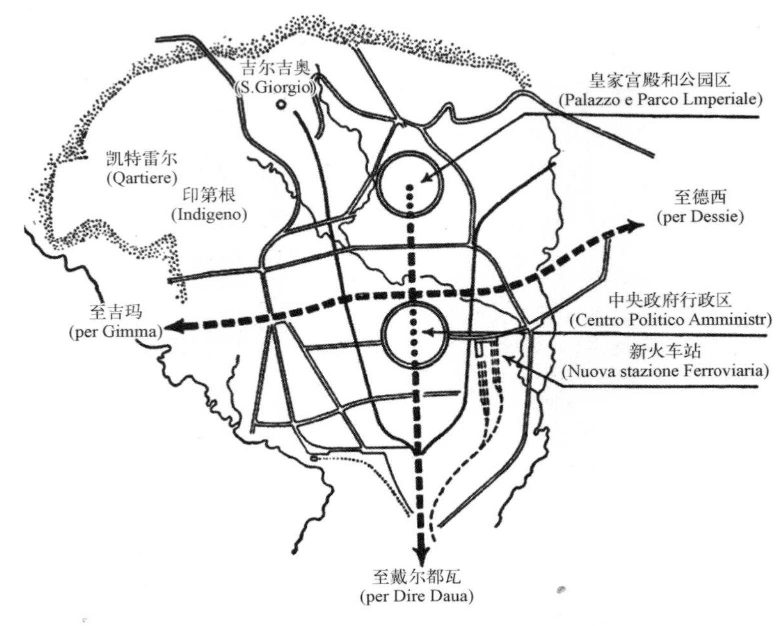

图 3　吉迪与瓦尔的亚的斯亚贝巴规划方案

4　战后重建以及自由主义改革时期的规划

二战后，遭到严重破坏的欧洲开始大规模重建。在此背景下，诞生了以大伦敦规划为代表的新的一批城市规划方案。20 世纪 50 年代，新的规划思潮的影响传播到了非洲大陆，并对当地的城市规划产生了深远影响。20 世纪 50—60 年代，亚的斯亚贝巴经历了三次影响较大的规划编制。

4.1　阿伯克隆比的总体规划方案

1956 年，大伦敦规划的制定者阿伯克隆比为亚的斯亚贝巴制定了一版新的规划方案[2]。该方案以大伦敦规划为蓝本，并吸取了当时其他流行的规划理论。该方案确定了以环形放射状路网为基础的道路骨架，并在内部采用了组团式发展的空间模式。在城市的外围，基本延续了战前对于机场的选址，并规划了三个外围的新城，基本确定了环形放射状的大市区发展格局。值得一提的是，该方案划定了 30 年内的城市增长边界，用以控制城市发展规模（图 4）。

可见，该方案的诸多思想与大伦敦规划的思想一脉相承，甚至在很多技术手段上，具有高度的继承性[5]。但是该方案只是一个概念性的示意方案。由于缺乏准确的地形图，并没有对建设现状做深入的考虑，是一个完全架空的对于城市空间发展模式的勾勒，对城市建设的指导意义是有限的。但不可否认的是，这是国际先进城市规划理念在非洲的又一次大胆实践，使得亚的斯亚贝巴这个落后的非洲城市始终处于对先进规划理念的追踪状态。对于亚的斯亚贝巴城市本身来说，虽然规划本身没有太多的可实施性，但是确定了城市在理想发展状态下的纲领性的约束条件。

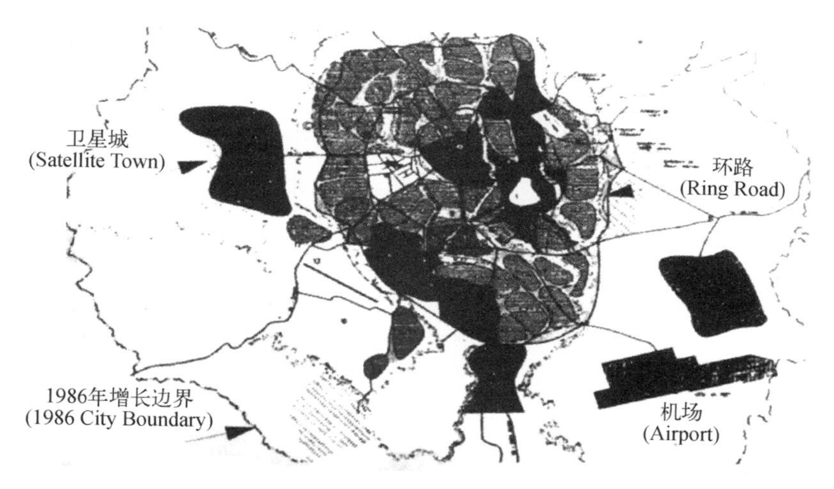

图 4　阿伯克隆比的亚的斯亚贝巴规划方案

4.2　博尔顿的总体规划方案

1959 年，英国人博尔顿及其团队在阿伯克隆比方案的基础上，对原有的城市总体规划进行了调整。本次规划使用了较为准确的地形图，因此比上版规划更具有实践意义，一些重要的城市片区的空间发展计划得以进一步的明确。

本次规划同样坚持了上一版规划中所确定的环城绿带、环形公路等要素，城市总体形态没有做出大的结构性调整。在城市外围圈层，设置了雷皮奇(Repic)、格尔萨(Gefersa)、凯利蒂(Kaliti)、柯特巴(Koteba)四个卫星城，并设置了波利(Boli)和科菲(Kolfie)两个"半卫星城镇"。该方案考虑了工业化的需求，在城南集中布局了工业用地，并结合卫星城镇布局了一定量的产业用地[2]。

总体来看，该方案基本上是对阿伯克隆比方案的现实版改良。

4.3　勒·德·莫里的总体规划方案

1965 年，法国建筑师勒·德·莫里对总体规划进行了新一轮的修编[1]，此次的规划方案存在如下几个重要方面的调整：(1) 在老城内部，规划拓宽了丘吉尔大道(Churchill Road，亚的斯亚贝巴老城南北向轴线，连接皇宫与欢乐宫地区)，并将皮亚萨(Piazza)地区(皇宫地区，现亚的斯亚贝巴大学地区)作为整个城市的公共中心进行建设。(2) 在城市的外围地区，该方案建议把火车站设置在城市南部的凯利蒂地区，这一地区事实上已经突破了阿伯克隆比划定的 1986 年的增长边界。在城市西侧的吉玛(Jimma)方向，城市也沿交通线蔓延，有突破 1986 年城市增长边界的趋势。这一趋势意味着 20 世纪 50 年代勾画的环形放射状的"主城＋卫星城"的基本空间格局基本崩溃(图 5)。(3) 在总体发展战略层面，规划建议按照不同的城市功能与发展战略建立不同的城市副中心，虽然城市环线的位置早已被突破，但该方案依然进一步强化了环形路网的设置，并建议建设完善的给排水系统。

从规划内容上来看，该方案是对于阿伯克隆比及其继任者规划的再次折中与妥协。该方案首次较为系统地考虑了城市内部已有的建设现状，并对已建区提出了改造的设想。虽然这些设想只是局部的、限于重点地段与重点街道的，但依然梳理出了老城区的基本空间骨架。在城市新建片区，该方案不再苛求完美的规划模式，如环形放射状路网以及内部组团发展、绿地穿插的布局模式，而是尊重现有的城市沿交通线蔓延的发展模式，并据此调整火车站的选址等。对于快速蔓延的城市贫民窟，该方案则采取了避让的态度，并没有针对其采取相应的空间解决方案，如并没有对其内部的道路网等做出安排，而是比较模糊地任其内部自组织与发展。从规划的最终空间方案来说，本次规划总体依然停留在战略层面，但也对一些重大设施的建设做出了指导。

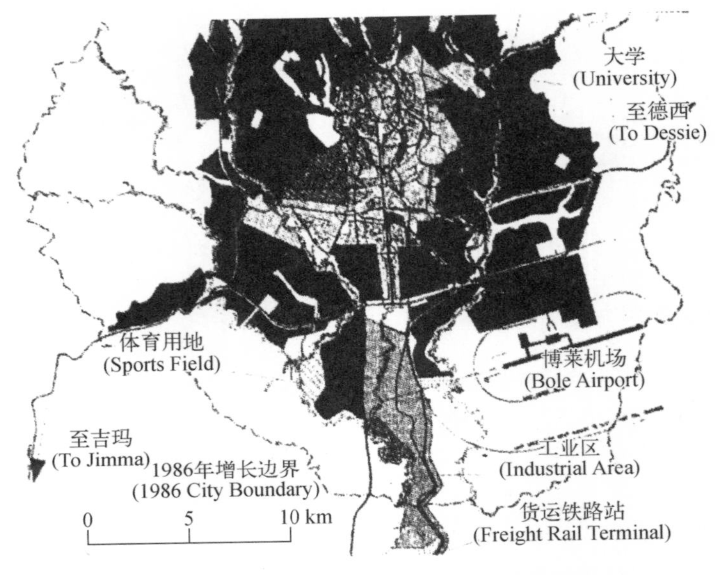

图5　勒·德·莫里的亚的斯亚贝巴规划方案

5　军委会与“非洲马克思主义”时期的规划

1974 年，“非洲马克思主义”兴起，埃塞俄比亚政局风云突变，军政府掌握了国家的控制权，并效仿苏联的社会主义制度，试图建立一套全新的不依赖西方的政治体系和资本市场[6]。政府逐渐开始推行公有制，实行土地国有化等运动。

在此背景下，匈牙利建筑师博兰尼(Polany)于 1974 年来到已经进入社会主义社会的埃塞俄比亚，进行亚的斯亚贝巴总体规划的新一轮编制。在原有城市规划的基础上，他非常重视城乡结合部的发展，并将其作为城市在各个方向上的增长极，体现了当时社会主义阵营对于空间建设的意图[7]。本次规划沿袭了一个意大利咨询公司在 1967 年提出的设想，在亚的斯亚贝巴周边设置了 40 个小城镇。

包括此版规划在内，20 世纪 30 年代以来的城市规划很少能够具有较好的实施效果，频繁的规划编制与修编并未转换成城市空间品质的实质性提升。当地政府开始意识到之前所编制的绝对理想化的规划具有极大的实施难度，绝大多数版本的规划撇开了社会经济等实际发展要素。由于当地的规划市场一直被西方规划师所占据，而本地又缺乏职业素质过硬的规划师，在规划的编制和实施阶段，本土规划师以及社会公众都没有能够充分参与，这也在一定程度上导致了规划的不可实施性。

因此，1986 年亚的斯亚贝巴成立了亚的斯亚贝巴总体规划项目办公室（AAMPPO），为本土规划师参与规划并与国外规划专家对接搭建了一个平台[2]。随着顶层设计的初步完成，埃塞俄比亚国家规划委员会（NUPI）在全国层面启动了城市中心区的规划，并且组织了一个由多学科参与的本土规划设计以及管理团队。至此，当地的规划编制体系由完全西方化与理想化的状态进入到了一个新的阶段。

6　新改革与现代化时期的规划

1991 年，埃塞俄比亚军政府的统治崩溃，其社会政治形态也逐步由军委会统治下的计划经济体制向较为自由的民主社会转变，其国内环境不断改善。新政府上台后，摒弃了冷战时期奉行的马克思主义思想价值体系，转为实施经济自由化政策。经济社会发展逐步成为其国内的主要呼声[4]。

在这样的背景下，其城市规划的体系以及技术方法也在进行相应的调整，从纯理想主义的空间规划变为面向发展的空间规划。在埃塞俄比亚国家规划委员会（NUPI）与亚的斯亚贝巴总体规划项目办公室（AAMPPO）的统一协调下，以及与国家各个部委的通力合作下，首先编制了亚的斯亚贝巴的经济发展规划，然后依据发展规划落实空间规划。整个规划耗时约 20 年，期中编制发展规划用时达 10 年之久。

这一版规划的特点包括：

（1）更多关注国家高层提出的现代化的命题，关注现有的建设基础以及实际的项目支撑。在空间方面，此版规划重点关注城市内部各个区块之间的关系，尤其是新建工业区、住宅区等项目的落实。侧重于构建城市未来发展的框架，安排重大的建设项目（图 6）。

（2）旧城的更新与发展问题被选择性放弃。受限于经济实力与社会发展水平，此版规划对于已经建成区域的规划基本采取了搁置的办法，并未提出具体的更新、改良的策略与方法。这种做法其实回避了城市发展过程中的一些次要矛盾，并没有真正解决城市长远健康发展的问题。

（3）规划技术发展依然滞后，如该国并未形成完善的用地分类等指标体系。但从某种程度上来讲，这是由埃塞俄比亚当地的经济社会发展水平决定的，并且在一定程度上为发展提供了更大的自由度。

7　近现代亚的斯亚贝巴规划特征分析

城市规划自身的发展与其所处的政治经济社会的大背景息息相关，从规划思想到规划的法律与行政系统、规划技术系统与规划运作实施系统，再到具体的空间形态，均会随着历史的发展而发展，并表现出强烈的时代特征。纵观亚的斯亚贝巴百年来的规划史，可以清晰地观察到以下三条脉络的变化：

7.1　政治环境变化与规划性质演变

自 1986 年亚的斯亚贝巴建城以来，其国家形态经历了沧桑巨变，其城市规划性质也随

图 6　亚的斯亚贝巴现行总体规划方案空间结构

之发生了重大改变。1941 年之前的两版规划，目的是满足意大利殖民者对当地的统治需求，其规划的性质事实上是一种殖民主义的规划。20 世纪 50—60 年代，三版规划均在作为主权国家的埃塞俄比亚展开，但依然是纯西方的输入式的规划，缺乏本土要素与可实施性。1974—1991 年，其规划的计划经济属性明显增强，规划也更关注小城镇、乡村与城乡结合部的发展。随着埃塞俄比亚从国家到地方的规划职能部门的建立与完善，其规划运行体系也逐渐成形。1991 年之后的规划则明显转变为经济发展导向，与国民经济社会发展规划密切衔接，并且在空间架构中偏重新区开发，回避了一些老城中复杂且难以解决的矛盾。

随着埃塞俄比亚的国家政治架构趋于稳定与现代化，其规划体系也逐步走向成熟；在经历了殖民时期的被动引入、战后重建与改革时期的主动吸收之后，在近年来走向了符合当地实际的相对有效的规划路径。

7.2　技术方法进步与空间布局调整

1935 年由柯布西耶完成的第一版亚的斯亚贝巴规划方案中，无处不渗透着他对光明城市理想的向往，一张简单的草图几乎表达了他对未来城市的所有追求。同时，作为为统治者服务的规划，该方案的空间结构又透露着强烈的意大利巴洛克风格与对权力空间的追求。

20 世纪 50 年代以来的三版规划，则深刻受到了以大伦敦规划为代表的战后西方规划思想的影响。20 世纪 70 年代以来，随着城市快速扩张蔓延并受限于地方政府有限的建设能力，城市规划的实施慢于城市扩张的实际速度，城市突破原有的环形放射状结构，开始沿周边的重要交通线蔓延，城市以摊大饼与星形形态的混合状态出现[8-9]。城市规划也不再追求完美的城市空间结构，而是从经济社会发展视角关注城市空间开发，至此，城市完全突破了 20 世纪 50 年代所确立的结构，进入了新的发展阶段。

7.3 绝对空间理想与规划实施的博弈

各个时期的城市规划方案不断推陈出新，其规划方案也在理想性与实施性之间寻求平衡。如果说柯布西耶极度理想的空间构架是亚的斯亚贝巴城市规划历史的已知最早开端，则之后的近 100 年间，各个版本的规划方案不断在理想空间与现实的规划实施之间摇摆。

纵观亚的斯亚贝巴各个时期规划的空间特征，它在每个阶段均是以一个极度理想的规划方案开端，然后逐步走向现实与可实施，是一个“理想—折中—理想—折中”曲折的循环上升过程（图 7）。

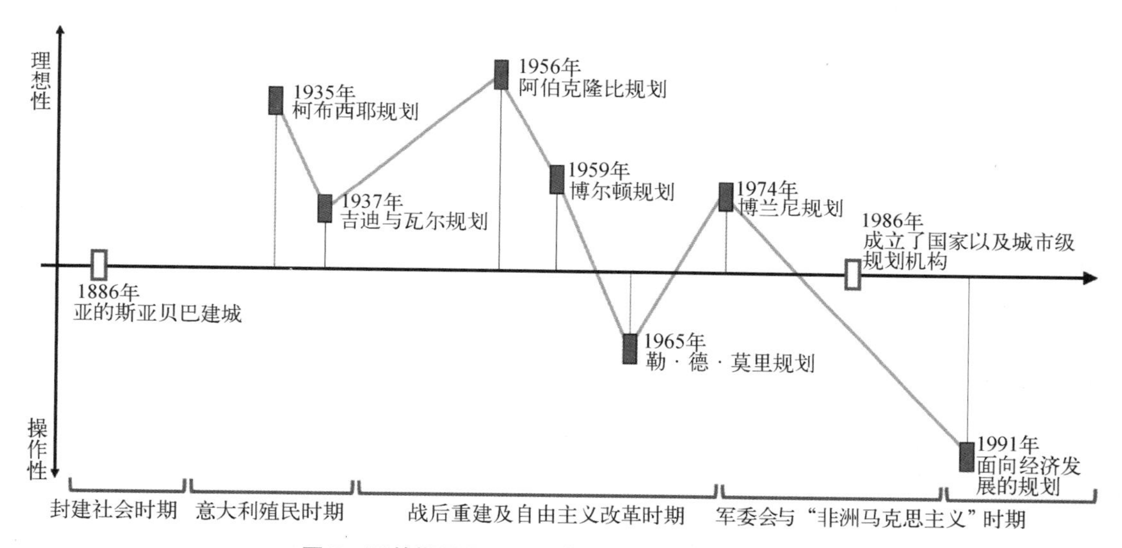

图 7　亚的斯亚贝巴近现代城市规划历史脉络简图

8　结语

百年倏忽而过，埃塞俄比亚的国家发展在近现代经历了曲折变化。从一个原始的封建国家，逐步演化为如今的蓬勃上升但又面临巨大挑战的现代国家。其城市规划体系，缘起于柯布西耶所带来的现代主义城市规划理论，又在各个时期接受了世界先进城市规划理念的影响，一直在先进的规划理念与当地落后的经济发展水平、建设水平之间曲折发展。其城市规划思想一直处于较为先进的水平，但规划法律、行政、运作系统的水平十分落后，导致理念与当地实际情况脱节，规划方案无法转化为实际建设中的效益。究其根本，是因为城市规划理想与经济社会发展情况存在着短期难以逾越的巨大鸿沟。

对于这样一个欠发达国家来说，如何在吸纳先进国际经验的同时，在有限的经济水平下实现城市规划效益的最大化，培育出符合当地情况的规划体系，是未来值得进一步探究的重要命题。对于我国来说，在未来的对非工作中，如何总结我国规划发展过程中的经验，并为非洲提供参考和借鉴，也是研究其百年来城市规划历史的必要性之所在。

[本文为浙江省 2011 计划非洲研究与中非合作协同创新中心课题“中国开发区建设经验对非洲工业化的借鉴作用研究”(15FZZX02YB)的扩展研究]

参考文献

[1] 张忠祥. 非洲城市化:中非合作的新机遇[J]. 亚非纵横,2011(5):42－47,60,62.

[2] Helawi S. Building Ethiopia-Innovations in the Built Environment[M]. Addis Ababa: Ethiopia Institute of Architecture, 2015.

[3] 王又佳,金秋野. 克己之城——《光辉城市》中的批评立场,兼论勒·柯布西耶的城市理念[J]. 建筑学报,2012(11):93－95.

[4] Woudstra R. Le Corbusier's Visions for Fascist Addis Ababa[EB/OL]. (2014－10－09)[2016－09－12]. https://www.failedarchitecture.com/le-corbusiers-visions-for-fascist-addis-ababa/.

[5] 谢鹏飞. 阿伯克隆比与英国早期区域规划[J]. 中国勘察设计,2011(5):75－78.

[6] 萨义德·A. 阿德朱莫比. 埃塞俄比亚史[M]. 董小川,译. 北京:商务印书馆,2009.

[7] 杨葆亭. 苏联城市建设特点和城市规划思想[J]. 国外城市规划,1988(2):10－28.

[8] 李晶,车效梅,贾宏敏. 非洲城市化探析[J]. 现代城市研究,2012(2):96－104.

[9] 姜忠尽,王婵婵,朱丽娜. 非洲城市化特征与驱动力因素浅析[J]. 西亚非洲,2007(1):21－26,79.

图表来源

图 1 源自:Helawi S. Building Ethiopia-Innovations in the Built Environment[M]. Addis Ababa: Ethiopia Institute of Architecture, 2015.

图 2 源自:佚名. 现代主义城市[EB/OL]. (2011－03－22)[2016－09－12]. http://baike.sogou.com/v23169934.htm.

图 3 源自:Woudstra R. Le Corbusier's Visions for Fascist Addis Ababa[EB/OL]. (2014－10－09)[2016－09－12]. https://www.failedarchitecture.com/le-corbusiers-visions-for-fascist-addis-ababa/.

图 4、图 5 源自:Helawi S. Building Ethiopia-Innovations in the Built Environment[M]. Addis Ababa: Ethiopia Institute of Architecture, 2015.

图 6 源自:笔者根据 Anon. A Recent Plan to Build a Fantastic Addis Abeba is Complicated and has Turned Deadly[EB/OL]. (2014－06－24)[2016－09－28]. http://allafrica.com/stories/201406250364.html 整理绘制.

图 7 源自:笔者绘制.

表 1 源自:笔者根据相关资料整理绘制.

呼和浩特城市规划历史研究(1949—1979年)

董 瑞 海春兴

Title: The History of Urban Planning in Hohhot (1949 - 1979)

Author: Dong Rui Hai Chunxing

摘 要 城市规划是推动城市建设的重要手段。呼和浩特市的现代城市规划源于中华人民共和国成立后。通过档案查阅、文献分析等方法,本文梳理了1949—1979年呼和浩特的城市规划工作。经研究发现:在新的政权领导下,呼和浩特城市规划工作经历了借鉴、探索、学习和发展四个阶段。早期受日本殖民时期的规划思想及国家工业化进程的影响,城市规划开始完善基础资料,主要进行工业布局;1964年通过改变工业项目调整了城市性质;随着规划认识水平的提高,1976年的规划开始从技术层面上解决城市问题。这一阶段的工作反映出城市规划的连续性、科学性、完善性等特点及其对呼和浩特城市后期发展与建设所产生的巨大影响。

关键词 呼和浩特;城市规划;苏联模式;工业化

Abstract: Urban planning is an important means to promote the construction of city. Modern urban planning of Hohhot began to the founding of the People's Republic of China. After consulting a large number of archives and analysing document, this paper cleared the urban planning work of Hohhot during 1949 - 1979. The study found: Hohhot urban planning experienced for the four stages of reference, exploration, studying and development from 1949 to 1979. Early Hohhot planning was affected by planning ideas in Japan during the colonial period and the process of national industrialization, and urban planning began to improve the basic data and layout industry; Then by changing the industrial project, it adjusted the designated function of city in 1964; With the improvement of the level of planning awareness, it began to solve the problem of city from technology level in 1976. The planning work of stages reflected the planning characteristics of continuity, scientifically and perfection, and it has a huge impact in the post construction of Hohhot.

Keywords: Hohhot; Urban Planning; The Soviet Model; Industrialization

作者简介

董 瑞,内蒙古师范大学地理科学学院,讲师

海春兴,内蒙古师范大学地理科学学院,教授

1 前言

美国刘易斯·芒福德说:"人类用了 5 000 多年的时间,才对城市的本质和演变过程有了一个局部的认识,也许要更长的时间才能完全弄清那些尚未被认识的潜在特性。人类历史刚刚破晓时,城市便已经发展到了成熟形式,要想更深刻地理解城市的现状,我们必须掠过历史的天际线去考察那些依稀可辨的踪迹,去探求城市远古的结构和原始的功能,这是我们城市研究的首要责任。"[1]因此,城市作为一个复杂的巨系统,我们要想认识城市或者理解当前的城市,需要用综合性学科去研究城市的过去。城市作为区域经济发展的载体和平台,城市规划是不可或缺的手段和依据,研究历史时期的城市规划有助于深化认识城市问题,进一步为城市发展战略提供决策。

呼和浩特市是一个由多民族融合的具有少数民族特色的北方城市。1949 年归绥市①和平解放,城市因战争遭到严重破坏,全市城区面积只有 9 km^2,人口为 11.8 万人。城市中的道路弯曲狭窄,杂乱无章,有"电灯不明,电话不灵,垃圾满地,道路不平,无风三尺土,下雨满街泥"的民谣[2]。1953 年乌兰夫接管绥远省人民政府,1954 年绥远省与内蒙古自治区合并,将归绥市改称为呼和浩特市,并确立其为内蒙古自治区首府。随着国家工业化战略和地方工业基地建设的推行,建工部召开第一次全国城市建设会议,明确城市建设与工业建设相适应,并对全国城市进行分类排队,进入第一批重点城市制定规划的高潮期。呼和浩特市未被列入重点建设城市名单,仅对城市的初步规划做了研究,1956 年国务院将呼和浩特市定位为西北工业基地之一,委托中央城市设计院帮助呼和浩特市进行城市总体规划,由于城市规划设计人才的缺乏,规划赶不上建设速度,对于非重点城市的规划工作进度缓慢,直到 1957 年才确定方案。之后由内蒙古城市设计院修改完成 1964 年版、1976 年版城市总体规划,其中 1976 年版城市总体规划在 1979 年得到国务院批准。本文从呼和浩特市档案馆、内蒙古档案馆、呼和浩特城市规划展览馆等地方搜集详细的档案资料和规划图纸,采用文献综合法对呼和浩特城市规划进行梳理,将内史与外史结合,从政治、经济、社会、文化等方面综合分析呼和浩特城市规划的内容、特点及对后期建设的影响。

2 呼和浩特城市规划历史分期

2.1 归绥城市规划初步发展阶段(1949—1954 年)

1949 年 9 月 18 日,归绥和平解放。1950 年 1 月 18 日,在归绥市人民政府的领导下成立了建设局,负责归绥市的建设工作。为有计划地进行城市建设,1950 年呼和浩特市建设局制定了建筑区划,用于中华人民共和国成立初期城市新建筑的控制和土地的有序开发,1951 年市建设局又制定了《归绥市新区划示意图》(图 1),1951 年 4 月 30 日得到绥远省人民政府批复,归绥市人民政府市长吴立人、副市长高映明正式发布了布告,开始试行(图 2)。该规划方案主要体现功能分区思想,以今内蒙古第四毛纺织厂门前为市区中心,将城市分为工业区、商业区、住宅区及混合区、公共建筑区、文化区、交通中心区、军建区、风景区、绿化区和农艺区 10 个区,城市结构采用传统的方格网和放射状相结合的道路体系,将车站、新旧城连接在一起，并对道路等级进行划分[3]。该规划方案仅一张区划示意图，对于每个功能区的详细规划和市政规划都没有具体设计，城市面积控制在 41 km^2，人口现状为 13.7 万人，远期发展到 40 万人，用于指导中华人民共和国成立初期的城市建设。

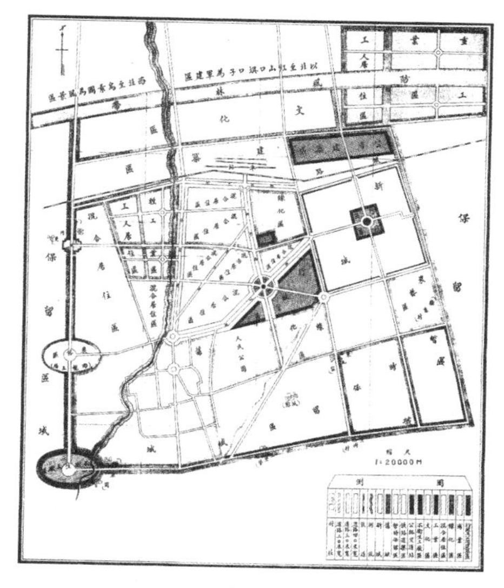

图 1 1951 年呼和浩特新区规划示意图

歸綏市人民政府佈告

此佈

附：歸綏市新區劃示意圖

公元一九五一年四月三十日

市長 吳立人

副市長 高映明

图 2 1951 年新区规划批复布告

2.2 呼和浩特城市规划探索阶段（1954—1962 年）

1954 年，在中央和内蒙古专家的帮助下，呼和浩特建设局利用日本侵占时留下来的全市平面图为底图，做了一个市区初步分布图，并开始了城市测量和调查勘查工作，为城市规划提供基础资料[4]。1955 年春，天津大学师生来呼和浩特进行城市规划实习，根据城市发展情况的调查研究，提出城市在铁路南北平衡发展的规划方案。1955 年下半年，中央提出将呼和浩特打造为西北工业基地之一，国务院对呼和浩特城市规划工作正式提出新要求。1956 年，在中央城市设计院的帮助下开始进行呼和浩特城市初步规划，并提出功能分区的三个发展方案，此后一直停留在方案的选择上[5]，直到 1957 年 11 月才初步确定方案。为了尽可能多的利用和改造旧城，当时中央在呼和浩特市兴建八个大型机械工业项目以及部分地方工业项目已确定，最终根据城市发展方向选定第三个方案，确定城市利用新旧两城，向铁路以南发展的思路。具体用地在市区东、西布置两个工业区，南郊为毛纺工业区，新城南门为文教区，新城北门外靠近铁路安排仓储区，道路采用方格网状结构。1957 年，为迎接内蒙古自治区 10 周年庆典活动，先后建设了内蒙古第一和第二毛纺厂、呼和浩特市糖厂、内蒙古第三机械厂、呼和浩特拖拉机修配厂、呼和浩特卷烟厂、内蒙古新华印刷厂、自治区党委和政府办公楼、内蒙古大学和内蒙古师范学院等高等院校、内蒙古医学院附属医院及内蒙古自治区 10 周年庆典项目博物馆、图书馆、赛马场、新华书店、电影宫等。这一期间城市建设为了减少投资成本，利用原有基础设施和中心城区，各类建设以见缝插针的形式填补了旧城、新城、火车站之间的空地，城市的工业职能得到强化。1958 年，为了适应“大跃进”运动，规划方案又进入调整阶段，中央城市设计院组织苏联三位专家就城市规划的问题进行讨论，主要集中在城市发展方向、人口规模、市中心位置、近期修建范围等[6]。1959 年，呼和浩特市决定搞大城市，将城市建设范围扩展到 63.9 km^2，进一步增加工业项目和建设。但 1960 年，因自然灾害影响和苏联专家撤走等原因，造成大批项目停建缓建，机构精简，人员下放，城市规划工作难以开展。经过三年的抗灾工作，1961 年再次将城市总体规划提上日程，就城市用地的定额指标、城市性质、工业区划分、工人问题等进行讨论[7]。而 1962 年是第二个五年计划(以下简称"二五"计划)的最后一年，基本停留在解决"大跃进"带来的影响上。

2.3 呼和浩特城市规划学习阶段(1963—1966 年)

1963 年，为了迎接内蒙古自治区成立 20 周年庆典和"三五"计划，呼和浩特城市发展主要解决老城区改造和城市公用事业配套工程的建设，内蒙古自治区计委正式下达"修改呼和浩特总体规划"任务。1963 年 8 月，内蒙古自治区成立了呼和浩特市规划总图修改领导小组，由自治区计委城市规划室与呼和浩特市建设局成立规划组，承接了呼和浩特城市总体规划工作。由于当时"三五"计划未定，不明确国家五年计划的发展方向，1963 年 11 月呼和浩特建委先编制了城市总体规划大纲，提出城市规划需要研究的一些重大问题，主要明确城市的性质和职能，确定城市的人口规模、定额指标、城市发展方向、给排水工程及旧城改建工作，以收缩建设用地、控制定额指标为原则，设想控制在 40 万人左右，在 1964 年 8 月基本完成总体规划方案[8]。该方案确定呼和浩特的城市性质是内蒙古自治区的政治、经济、文化中心，以机械工业和轻工业为主的综合性工业城市。为了迎接内蒙古自治区成立 20 周年，在"统一投资、统一规划、统一设计、统一施工、统一分配、统一指挥"的原则下，主要对城市道路、老城区居住区进行改造，对给排水工程和主体建筑进行建设，进一步增加工业项目。这次规划在内容和技术上都没有重大突破，延续前期苏联规划模式，在 1957 年规划方案基础上做了调整和控制，明确了城市的工业职能和城市性质，但该方案是由地方自主编制完成的规划，成果依旧停留在示意图上，在实施期却为"文化大革命"政治运动所影响，无法发挥其指导作用。

2.4 呼和浩特城市规划发展阶段(1966—1979 年)

1966 年，由于受政治影响，城市规划工作一度处于几近停滞状态，全国城市问题集中爆发。直到 1971 年 6 月，万里率先召开了城市建设和城市管理工作会议，城市规划工作出现复苏迹象，并随后开展起来。1974 年，呼和浩特市应国务院"国发〔1972〕40 号"文件关于"城市的改造和扩建，要做好规划，经过批准，纳入国家计划，大中城市的规划要报国务院批准"的要求，在内蒙古党委、呼和浩特市委的领导和组织下专门成立规划组，再次对呼和浩特城市总体规划进行了修订。此次规划在城市现状基础上，对城市人口规模、用地布局、近期建设、道路系统、市政设施等进行系统规划，主要解决市民生活条件、环境污染、城乡结合、人防工程等问题，将城市性质重新定位为内蒙古自治区首府，全区的政治、经济、文化中心和以机械、冶金、化工、电子等为主的综合工业城市，人口规模 1985 年控制在 50 万以内，城市用地控制在 104 km^2。该规划 1977 年经过内蒙古自治区审查同意报请国务院审批，1979 年 10 月 20 日国务院"国发〔1979〕253 号"文件批复同意，成为改革开放以来继"一五"计划以来公布的第一批规划[9]。改革开放后在 1976 年版城市总体规划的指导下，呼和浩特城市得到有序的建设和发展，历史街区和历史建筑得到有效的保护和改造，1986 年 12 月 8 日被列入第二批国家历史文化名城行列。

3 呼和浩特城市规划内容分析

3.1 城市规划的初始形态

1951 年呼和浩特市建设局制定的《归绥市新区划示意图》是借鉴抗日战争期间日本做的城市规划图纸[10]。民国时期，呼和浩特是以明清时期发展起来的归化城和绥远城与 1921 年建的火车站形成的“品”字形格局。1937 年日本殖民统治时，为了达到长久的控制，设计了“厚和特别市都市计划”第一期图纸，图 3 清晰地反映出日本设计图纸的规划结构与思想，图 1 为中华人民共和国成立后做的第一张城市规划图。通过两张图纸对比发现：民国时期随着科学技术的传播，归绥火车站的建设改变了原来双城（归化旧城和绥远新城）的城市形态，城市呈现新结构。日本殖民时期，吸收了国外新的城市规划理念，在考虑功能分区的基础上，利用巴洛克风格巧妙合理地将三区连接起来。从图 3 可知，规划在旧城、新城和火车站之间，以圆形广场为中心打造了新的城市生长点，并采用放射状和方格网道路体系将城市连为一体。从城市布局形态来看，这一时期规划思想主要是以巴洛克形式主义与功能主义为规划范型，有效地将归化城、绥远城、火车站之间的空白进行合理的规划与利用，城市由三足鼎立之态走向紧凑发展的空间格局。从 1951 年的归绥市新区规划示意图可以看出，该方案明显地延续了日本做的第一期计划方案思想，继续采用放射状加方格网的道路结构，并对城市的功能区进行区划及城市规模做出限定，为近期城市建设提供指导。但这张区划示意图仅对城市建设用地进行了分配，在中华人民共和国成立初期对城市社会经济的恢复起到一定的积极作用。由于缺乏技术人员和大比例地形图，没有完成详细规划设计图纸，无法实现当时的规划意图。

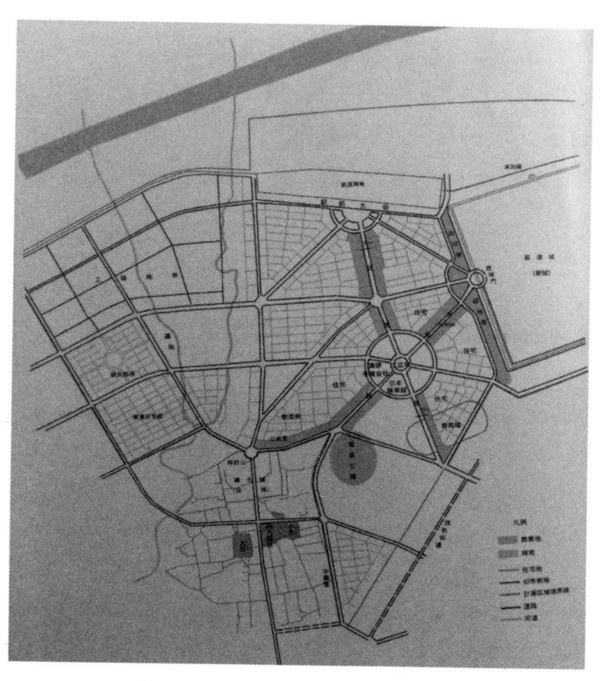

图 3　1939 年厚和都市计划示意图

3.2 工业化与城市发展

中华人民共和国成立后，中央进行三次选厂以确定苏联援助的 156 项重点工程。从 1953 年开始，在苏联的经济和技术援助下，围绕发展国民经济的“一五”计划开展了大规模的经济建设，集中主要力量进行以苏联帮助我国设计的 156 项重点工程为中心的工业建设，并对这些重点建设项目所在城市进行城市规划工作，苏联模式的城市规划思想逐渐传入并渗透到全国各地[11]。1953 年苏联援助包头建设钢铁基地并开展了包头城市总体规划工作，呼和浩特市作为内蒙古自治区首府，也受到工业化进程和苏联模式的影响。由于呼和浩特市未被列入重点建设城市行列，1954—1956 年仅仅对城市进行了测量和调查基础资料任务，城市总体规划停留在初步方案的探索阶段，主要在 1951 年城市区划图的基础上对工业区做了调整，将市区东北部的重工业区改在市区西北，把轻工业区改成重工业区，将焦化厂、炼铁厂等迁到西北工业区。但是工业区的调整缺乏对城市气象资料、水文资料的分析，使得工业选址缺乏科学性。1956 年国务院将呼和浩特市定位为西北工业基地之一，中央城市设计院派城市规划小组帮助呼和浩特市进行城市规划工作，提出三个发展方案(表 1)[12]。这三个方案主要针对工业区位和投资造价来选择城市发展方案，当时为了减少新建设区的投资费用，尽可能考虑利用现有设施。方案一的优势在于大青山山前地质条件使建筑工程造价低，但是后期建设的投资费用和远期发展受到限制；沿铁路两侧建设的方案二因铁路的分割给未来的城市生产生活带来巨大影响；而决定向南发展的方案三融合了前两个方案的优缺点，并引导城市集中紧凑的发展。1957 年为了迎接内蒙古自治区成立 10 周年，结合当时规划的兴建八个大型机械工业项目以及部分地方工业项目，最终选定第三个方案(图 4)，确定城市利用新旧两城、向铁路以南发展的思路，在市区东、西布置两个工业区，南郊为毛纺工业区，并对城市规划方案继续进行补充修改，确定今后城市向东南发展。在城市沿铁路两侧及河流附近安排了工业区和仓储区，先后建设了毛纺厂、机械厂、糖厂等，并对旧城市政设施进行了改善，城市用地控制在 41.7 km^2。这一期间的城市规划为了减少建设投资成本，以利用原有基础设施和城区为主，各类建设以见缝插针的形式填补了旧城、新城、火车站之间的空地，多个工业区布局在生活区外围，城市的工业职能得到进一步强化，但是城市的功能分区变得模糊。

表 1　1956 年呼和浩特城市规划方案比较

比较项目	方案一	方案二	方案三
发展方向	向铁路北侧发展	沿铁路两侧平衡发展	向铁路南侧发展
有害工业与居住区的关系	将工业布置在铁路以北，对居住区污染小，便于运输，但不利于上下班通行	新发展的工业区集中在铁路两侧，将居住区安排在铁路南侧避免工业的影响	铁路南侧的居住用地受有害工业污染影响，通过规划分割工业区对居住区的影响，有利于居民上下班通行
优点	北侧为山前冲积洪积扇，地质条件好，建筑工程造价低，占用良田较少	部分可利用旧城基础设施，占用部分良田，铁路分割对城区有一定影响	依托旧城，利用原有设施发展城市，铁路分割对城市影响很小，前期建设投资较少
缺点	脱离旧城和火车站，布局分散，前期设施投资费用大	因铁路影响较大，需建设立交多处	占用城南大、小黑河两岸的良田较多
远期的发展	北侧受大青山限制	可向东西两侧延伸发展	可将新、旧两城连为一体

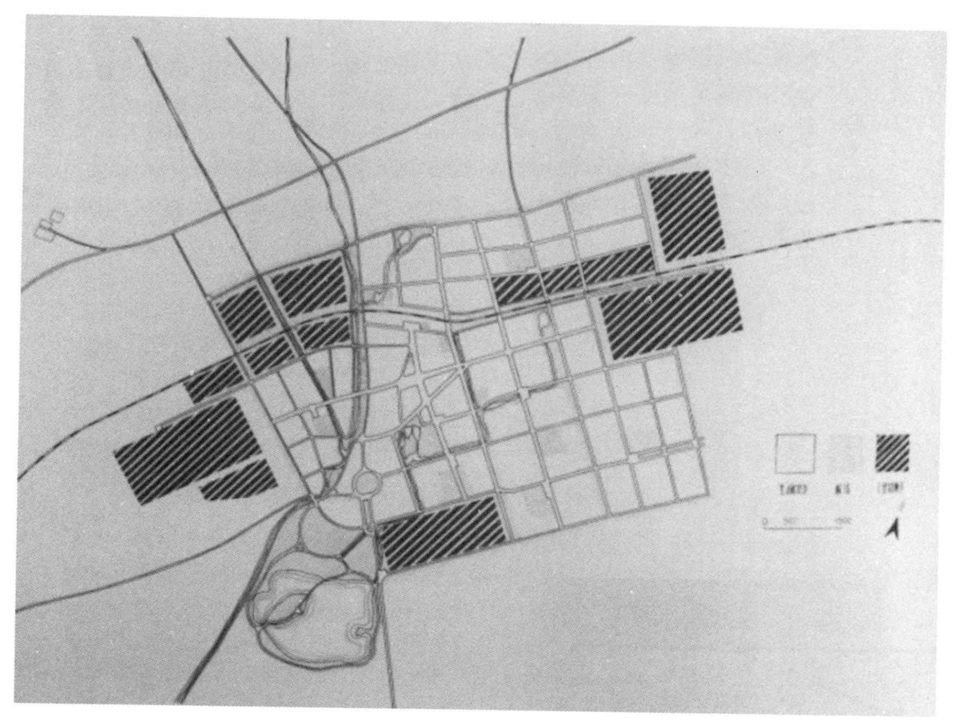

图 4　1958 年呼和浩特规划示意图

3.3　城市职能调整

为了实现“超英赶美”，1960 年建工部在桂林召开全国城市规划工作座谈会，以推动城乡规划和建设工作的“大跃进”。呼和浩特市为了搞大城市，工业项目进一步增加，新建了呼和浩特钢铁厂、新生钢铁厂、电厂、机床厂、化工厂、矿山机械厂、拖拉机厂等，使得城市形态出现遍地开花的局面。但三年自然灾害使国民经济陷入困境，1960 年国家提出三年不搞城市规划[13]，全国开始对城市工业进行调整，并从区域的角度调整产业布局。1960 年中央工作组对呼和浩特与包头进行比较分析，认为呼和浩特市距离包头市相对较近，从资源上来看呼和浩特附近没有大的矿藏基地，安排钢铁企业（新生钢铁厂、呼和浩特钢铁厂）是不合理的，提出将呼和浩特调整为以机械工业为主，冶金、毛纺、轻化工等为辅的综合性工业城市，1963 年开展的城市总体规划主要就这一问题对工业布局及工业进行了调整。当时根据人口规模进行城市用地选择时提出两个方案，一个方案认为铁路北面有良好的地质条件，有利于节约建设成本，且少占蔬菜基地；另一个方案认为在铁路南面紧凑发展，可迅速改变城市建设面貌，减少城市南北交通联系的复杂性[8]。这次规划（图 5）基本延续了 1957 年方案的发展思路，为了调整工业布局暂不考虑新增骨干工业项目，将城市远期人口规模（1975 年）控制在 40 万人左右。但是在实际发展过程中为了追求经济效益，又接收了由天津、烟台等地迁来的动力机厂、电动工具厂、塑料厂、机床附件厂等污染企业，并新建了焦化厂、灯泡厂、电池厂、洗涤剂厂等，使 20 世纪 50 年代城市工业建设造成的城市环境污染问题进一步严重化，规划调整的出发点没有得到落实。

图 5　1964 年呼和浩特城市用地布局图

3.4　城市环境规划意识

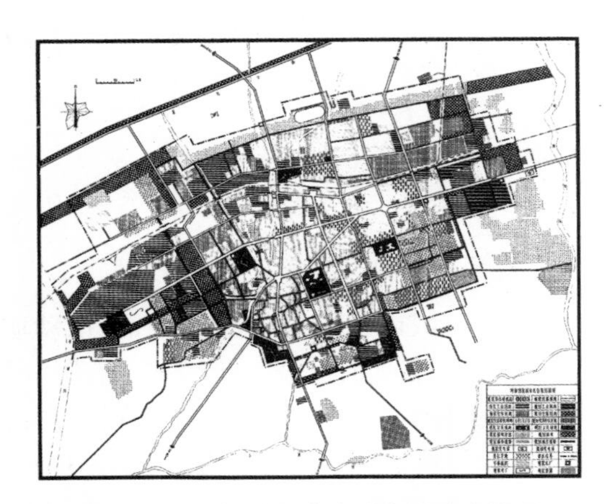

图 6　1976 年呼和浩特城市用地布局图

1974 年城市进入发展阶段，规划编制的理论和相应的法律法规逐渐得到完善，呼和浩特市在内蒙古自治区党委、呼和浩特市委领导的组织下编制了相对完整的总体规划图纸。从编制技术上来看，规划人员从技术层面对城市定额指标、城市环境问题、技术措施等进行分析，根据《雅典宪章》提出的居住、工作、游憩、交通这四大功能，对城市建设用地做了用地布局图(图 6)，该方案试图去解决城市中存在的健康、安全、方便等问题，如 20 世纪 50—70 年代发展起来的工业对城市环境破坏已是很严重，已经认识到环境污染对城市发展的影响，从城市水源、气象、地形、绿化等方面进行治理[14]。从现状示意图(图 7)和规划示意图(图 8)中可以看出规划前后的变化，设计人员为了解决工业区对生活区的影响，通过绿化隔离带防止工业污染的蔓延。但由于认识的局限性、城市发展的需要及国家政策方针的影响，这一举措并不能长远地为城市发展提供指导。从城市用地布局图中反映出城市被分为工业区、仓储区、居住区、绿化带等几个区，其中工业区依然延续了 20 年前城市建设形成的格局。规划也对未来城市的发展规模进行了限制，对造成的污染进行了简单地防治，但并没有从根本上去改变城市工业区与生活区混杂分布的矛盾，也没有考虑城市的远景发展，导致工业区的不合理选址严重地限制了城市的进一步拓展，城市发展与居民需求之间的矛盾并没有从规划技术上得到解决，从而加深了后期城市发展的矛盾(图 9)。且规划批准后，在实施的过程中由于缺乏对批准规划法律效力的认识，出现了许多单位违背规划意图，擅自改变用地使用性质的情况。如东工业区内的军区老干部休养所、建材研究所、化工学校等都是占用厂区空地兴建的，将工业用地转变为教育科研用地等，使城市规划的可实施性降低，对规划的科学性认识有待进一步提高。

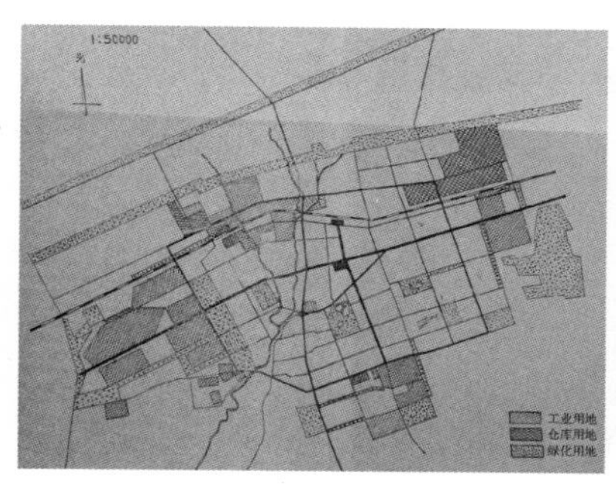

图 7　1976 年呼和浩特现状示意图

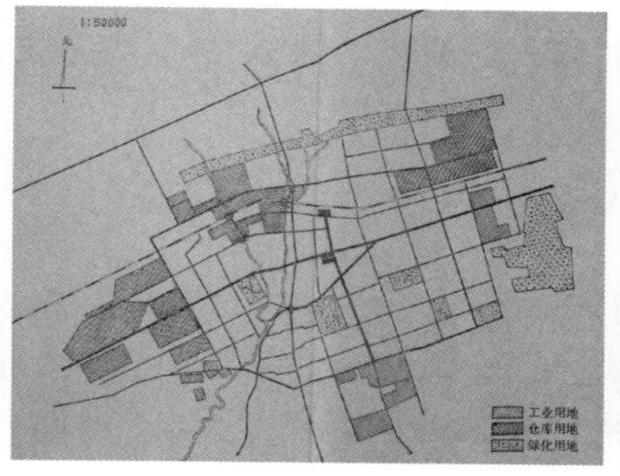

图 8　1976 年呼和浩特规划示意图

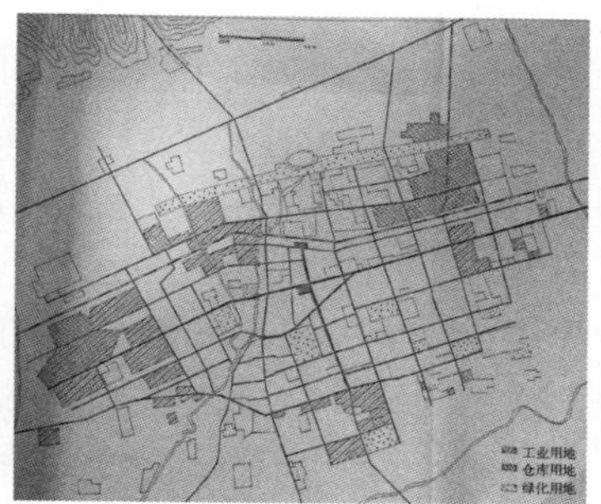

图 9　1986 年呼和浩特城市现状图

4　呼和浩特城市规划特点

4.1　城市规划的延续性

城市发展具有突出的阶段性和历史性，城市规划具有很强的连续性。城市规划编制工作是城市在每一个发展阶段上对规划期限内的结局进行的展望，并成为下一个发展阶段所期待的开始。呼和浩特在中华人民共和国成立初期，城市还完整保留了传统城堡式的城市形态，城墙、城门、护城河、官府衙门、庙宇以及多民族的融合区、商贸区等是认识城市的重要特征。而 1954 年后的工业化进程改变了城市规划理念，后期建设使城市原有的历史建筑和历史街区多遭毁坏与拆除，新形成的行政机关、工厂、大学、体育场、剧院、公园等区域逐渐取代了原有的文化载体，从而改变了城市原有的文化肌理，城市的延续性遭到破坏，居民不得不建立新文化观来重新认知城市。因此，我们一定要想到城市规划是一个百年大计，规划过程中应该去思考每一个阶段的城市规划能为后代留下什么，有些区域或痕迹必然会随着社会的进步而逐渐被更新，为新时期的城市特征所取代，但一定要考虑有些时代的经典建设如何在后期发展中逐渐融入到当前的城市历史文化系统中去，并成为一体。为了让城市在一段时间内尽可能理性健康地向某个方向发展，往往需要几代人、几十代人甚至几百代人努力持续地工作来实现理想目标，因此城市规划成为推动城市发展的重要手段。

4.2　城市规划的科学性

城市是社会所有资源、能量、人、信息、文化等传播与交流的重要平台，复杂的城市系统在时空变化中越发使规划工作变得困难。我们在规划过程中，往往受到时代的思想、发展特征、重点发展要素、科学技术等因素的影响，使规划的内容限定在时代的标准框架中。1949 年后呼和浩特城市的迅速恢复、发展与更新在很大程度上超越了人们对未来的想象力和设想速度。规划人员尽可能地编制符合当时条件和思想的规划方案，但是这些人员主观思想的局限性不可能完全领悟到后期城市的发展问题，必然在城市规划方案中有它的败笔之处。如 20 世纪 50—60 年代在城市规划编制过程中，规划方案总是赶不上建设速度，且政治决策高于技术决策，出现工业项目未定而城市规划不能进行的局面，或者在科学资料不完善甚至缺乏的情况下先进行工业选址。同时由于缺乏城市规划的法律法规、方针政策等的指导，老城区中的历史建筑、历史街区、古城风貌没有得到保护而被大量拆除，使规划的科学性无法得到发挥。因此，城市发展的任何计划总是不完善的，它不可能包容城市这个巨大的复杂系统的所有内容，必然具有时代认识的局限性。

4.3 规划体系的完善性

中华人民共和国成立初期，城市规划技术人才严重短缺，国家为了快速完成工业化进程，大量城市迫切需要进行扩建、改建及新建工作。原本城市规划的编制按照总体规划、详细规划、修建设计三个阶段进行，且在编制前需要进行城市资料的调研和分析。1954 年呼和浩特市虽借助日伪时期留下的地形图对现状资料进行了调研，但当时的技术条件编制完整的总体规划有困难，仅编制了城市初步规划，即总体规划的草图阶段，先把急于建设的项目做了轮廓性安排。直到 1976 年版总体规划才系统地对城市的规划期限、城市性质、城市规模、用地布局、道路广场布局、旧城改造、环境保护等进行了考虑，且该方案对市政工程如给水工程、排水工程、供热规划、防洪工程、供电工程等专项规划也进行了具体规划。从规划编制体系的完整性上可以发现，1976 年版总体规划大大补充了前期规划中许多未解决的问题，成为呼和浩特城市规划编制技术初步走向成熟的重要标志。

4.4 城市规划的后期影响

呼和浩特城市规划从初步的方案示意图到相对完整的规划设计图，编制技术逐渐走向成熟，但这种发展历程却深深地影响并改变了一个城市的发展轨迹。呼和浩特市开始是一个政治、经济、文化中心的小县城，为了打造西北地区工业城市，逐渐引进并建设了大量工业设施，形成多个工业区，到 20 世纪 70 年代已经定位为综合的工业城市。中华人民共和国成立初期城市的规模较小，将工业区安排在新城、旧城、火车站的外围具有一定的合理性，但随着城市的发展，城市用地规模从初期的 9 km^2 发展到 46 km^2，人口规模从 11 万人发展到 50 万人，这种相对合理的规划逐渐演变成城市扩展的屏障，并成为影响城市环境和居民健康的不合理安排，尤其是四个工业区对后来呼和浩特城市形态、用地布局、发展方向造成严重限制。城市形态呈现出东西狭长形，20 世纪 80 年代后不得不改变原有的发展思路，规划的弹性受到考验。因此，每一版城市总体规划应该是为下一阶段的城市发展奠定基础，而不是制约城市的发展。

5 结语

通过对 1949—1979 年呼和浩特城市规划历史进行梳理，得出以下结论：

（1）中华人民共和国成立后，呼和浩特市在新的政权领导下，城市规划工作经历了借鉴、探索、学习和发展四个阶段，初步完成了从无到有、从探索到逐步完善的历程，为改革开放后的城市发展奠定基础。

（2）根据这一阶段的规划内容发现：早期受日本殖民时期的规划思想影响，完成了城市规划的恢复工作；1954 年开始受国家工业化进程影响，城市规划开始完善基础资料，主要对工业进行布局并确定城市发展方案；1964 年对工业性质进行了调整，根据工业项目重新确定了城市性质；1976 年逐步提高规划认识水平，开始从技术层面上解决城市环境问题。

（3）30 年间的城市规划工作反映出规划的连续性遭到一定的破坏，规划的科学性与完善性得到发展，而这些工作特点直接影响到呼和浩特城市后期的发展与建设。

［本文受内蒙古自治区哲学社会科学规划项目（2015C125）、内蒙古自治区自然科学基金项目（2015MS0401）资助］

注释

① "Hohhot"在清代被音译为"库库和屯"；民国时期绥远建省，以归绥县城设立归绥市，并作为省会；日伪时期译为"厚和特别市"；中华人民共和国成立后沿用归绥市名，1954 年改称为"呼和浩特"，即"青城"。

参考文献

［1］刘易斯・芒福德. 城市发展史——起源、演变和前景［M］. 宋俊岭，倪文彦，译. 北京：中国建筑工业出版社，2005：2.

［2］陈祥庭. 呼和浩特市城市建设十年来的成就与经验［C］//呼和浩特市各族人民庆祝建国十周年筹备委员会宣传处室. 呼和浩特市十年建设成就论文集（1949—1959）. 呼和浩特：呼和浩特市各民族人民庆祝建国十周年筹备委员会宣传处室，1959：51.

［3］归绥市建设局. 1951 年归绥市新区规划示意图［Z］. 呼和浩特：呼和浩特城市规划展览馆，1951.

［4］呼和浩特市建设局. 呼和浩特市城市建设三十年［Z］. 呼和浩特：呼和浩特市建设局，1982：3－8.

［5］呼和浩特市建设局. 呼和浩特市建设局 1957 年第四季度工作计划［A］. 呼和浩特：呼和浩特市档案馆，档案号：23－3－913.

［6］佚名. 苏联专家对呼和浩特城市问题的初步看法简述［A］. 呼和浩特：呼和浩特市档案馆，档案号：23－7－68.

［7］佚名. 城市总体规划汇报［A］. 呼和浩特：呼和浩特市档案馆，档案号：23－1－627.

［8］佚名. 呼和浩特市规划说明（提纲）［A］. 呼和浩特：内蒙古自治区档案馆，档案号：259－4－1368.

［9］国务院. 国务院关于呼和浩特市总体规划的批复［A］. 呼和浩特：呼和浩特市档案馆，档案号：23－10－39.

［10］包慕萍. 殖民地时期的城市规划与技术人员的流动——呼和浩特、长春、大同的城市规划比较［R］. 昆明：中国近代建筑史国际研讨会，2008：561－570.

［11］李百浩，彭秀涛，黄立. 中国现代新兴工业城市规划的历史研究——以苏联援助的 156 项重点工程为中心［J］. 城市规划学刊，2006（4）：84－92.

［12］内蒙古自治区城市建设局. 关于 1956 年城市建设工作基本总结［A］. 呼和浩特：呼和浩特市档案馆，档案号：23－7－68.

［13］李浩. 历史回眸与反思——写在"三年不搞城市规划"提出 50 周年之际［J］. 城市规划，2012，36（1）：73－79.

［14］呼和浩特市规划局. 呼和浩特城市总体规划文本（1976—2000 年）［Z］. 呼和浩特：呼和浩特市规划局，1976.

图表来源

图 1、图 2 源自：呼和浩特城市规划展览馆.

图 3 源自:包慕萍.モンゴルにおける都市建築史研究:遊牧と定住の重層都市フフホト[M].东京:东方书店,2005:首页附图.

图 4 源自:内蒙古建筑历史编辑委员会.内蒙古十二年建筑成就(1947—1959)[M].呼和浩特:内蒙古人民出版社,1959.

图 5、图 6 源自:呼和浩特城市规划展览馆.

图 7 至图 9 源自:呼和浩特市建设局.呼和浩特市城市建设三十年[Z].呼和浩特:呼和浩特市建设局,1982.

表 1 源自:笔者根据呼和浩特市档案馆资料整理绘制.

法国殖民时期大叻城市规划小史(1899—1945年)

阮皇灵

Title: Dalat's City Planning in the French Colonial Era(1899 - 1945)

Author: Nguyen Hoang Linh

摘　要　法国殖民时期,大叻由少数民族聚落的高原地区演变成著名的休闲度假城市,是典型的新兴殖民城市。在此期间,法国人在大叻市进行五次城市规划并建设了大量的基础设施,对大叻城市空间发展起到深远的影响。本文从城市规划史学的角度研究法国殖民期间大叻的规划历史分期、城市发展动力、规划师的思想和规划方案的空间特点,并指出大叻城市规划从城市定位、规划选址和规划特征呈现了法国殖民主义的核心思想。

关键词　大叻;法国;殖民主义;城市规划史;休闲山庄

Abstract: Under French colonial urbanism, Dalat experienced a significant transformation from a plateau area of ethnic minorities to a famous leisure city. During 1899 - 1945, five master plans were implemented by French urban planners; government also invested in construction of public facilities in Dalat. Therefore, the French colonial urbanism has far-reaching impact on Dalat city spatial development. From planning history perspective, this article analyzes the planning historical staging, the driving forces of Dalat's urban development, planners' concept and the spatial characteristics of planning programs under French colonial urbanism. Finally, it points out the core idea of French colonial urbanism which reflected on Dalat city planning, including the city positioning, site selection and planning characteristics.

Keywords: Dalat; French; Colonial Urbanism; Urban Planning History; Leisure Knoll

1　引言

大叻市位于越南的林同省(Lam Dong Province),为海拔1 500 m的林园高原,被法国的探险家亚历山大·叶尔辛(Alexandre Yersin)在1893年的旅程中发现。当时,越南人的抗法革命被打

作者简介

阮皇灵,东南大学建筑学院,博士生

压之后，中南半岛①的战况相对平缓，但是驻越南的法国士兵因为水土不服——不适应越南的热带气候导致身体状况下降，这一情况受到法国政府的高度重视。1897年，保罗·杜美(Paul Doumer)担任中南半岛的总督，在访问印度时，他探访了一些高原地区的军事培训和度假区；回到越南，杜美开始策划建设避暑军事基地，以提供给法国士兵和官员。在建设方案中，杜美对避暑军事基地的选址提出四个重要条件：海拔高于1 200 m，水源丰富，可以耕地，容易建设交通道路[1]。回应总督的计划，叶尔辛推荐在林园高原建设避暑军区，他认为林园高原的气候跟欧洲相似，风景优美，水源丰富，适合建设军区和避暑度假的地方。1899年3月，杜美跟叶尔辛来到林园高原进行实地勘察后，决定在此地落实建设方案。1899年11月1号，杜美总督批准在林园高原建立行政区，为后来创立大叻市奠定制度基础。

在1899—1945年法国殖民时期，大叻市成立，经过开拓慢慢发展成为著名的休闲旅游城市。在这一时期内，法国规划师编制了五次城市规划方案，表达各发展阶段大叻的城市空间发展问题，同时规划方案也传播法国殖民城市主义(Colonial Urbanism)的理念和技术。从殖民主义规划理论和技术的传播视角，研究大叻法国殖民期的城市规划历史，对于越南近代城市规划历史研究，甚至各国殖民主义城市规划历史的比较研究都具有重要的意义。本文通过研究殖民时期大叻市的发展和城市规划的内容、特征，进一步分析法国殖民主义城市规划的特点。

2 殖民时期城市规划阶段划分及主要活动

法国人进入林园高原之前，该地区是越南少数民族的生活村庄，完全没有城市建设的痕迹。根据大叻48年在法国殖民时期的城市发展演变，结合政治经济脉络，可将其划分为三个发展阶段(表1)：形成阶段(1897—1915年)，快速发展阶段(1915—1940年)，控制增长与环境整治阶段(1940—1945年)。

表1 法国殖民时期大叻城市规划内容与建设事件

阶段	时间	城市规划与建设事件	内容
形成阶段(1897—1915年)	1897年	保罗·杜美(Paul Doumer)“大叻市建设计划”	建设法国人的避暑山庄；重要的行政中心和军事区；汇聚公共建筑、教育设施、军事园区、医院、娱乐区
	1903—1915年	基础交通建设与发展	潘郎至大叻的铁路开工(1903年)；潘切至大叻的道路建成(1913年)；西贡至大叻的两条道路建成(1915年)
	1906年	保罗·夏姆庞里(Paul Champoundry)“大叻分区规划”	功能分区规划理念；道路等级与宽度划分
快速发展阶段(1915—1940年)	1919—1921年	城市重点工程建成	春香湖人工挖掘；发电厂建设；浪平酒店与其他行政工程建成
	1923年	欧内斯特·希伯特(Ernest Hebrard)“大叻分区规划”	城市性质——备选行政首都；城市功能分区——欧洲人住区、本土人住区与中心区；地块划分与基础设施完善
	1932年	路易斯·乔治·皮诺(Louis Georges Pineau)“大叻城镇空间整治研究”	城市性质——休闲型城市；提出不建造地区，保护自然景观与扩大水面

续表 1

阶段	时间	城市规划与建设事件	内容
控制增长与环境整治阶段（1940—1945 年）	1940 年	让·德古(Jean Decoux)“大叻城市发展与空间整治计划”	让·德古指定中央规划与建筑局负责该计划
	1940 年	莫德特(Mondet)“大叻城镇发展与空间整治前期方案”	控制城市东西向扩张，优先发展中心区和城市节点
	1942 年	雅克·拉基克(Jacques Lagisquet)“大叻城镇发展与空间整治规划方案”	城市性质——夏季首都；提出限制东西向发展，重塑中心区；提倡不建造区域，保护视觉景观

2.1　形成阶段(1897—1915 年)

大叻的城市发展开始于法国人 1890—1900 年的地质勘察和基础设施的建设，包括道路、桥梁、气象台、观察台和巡防楼的建造。保罗·杜美总督自编的“大叻市建设计划”中强调大叻市将成为法国居民、士兵和官员的避暑山庄和休养基地；拥有便利、高可达性的交通条件。大叻不仅将是重要的行政中心和军事区，容纳部分预留的军队，同时还是休闲城市、教育中心、行政中心。城市北边地形较高处将设立军事区，城市中心汇聚公共建筑与法国人住区将建设在锦黎河(Camly River)以南。1902 年，杜美回到法国，他所策划的美丽大叻建设计划因为缺乏资金而无法实施。

1906 年，大叻市第一市长保罗·夏姆庞里(Paul Champoudry)进行城市总体策划方案，包括城市未来发展的空间分区和总体设计。功能分区规划(Zoning)被夏姆庞里引进，首先将军队功能板块与生活板块分开，他发现锦黎河的东南区，地势比较适合建设城市重点工程，而军事区被选择在地形较高的山北；另外，夏姆庞里也提出将欧洲人地区与本土人地区相互隔离。

中心区包括行政功能，欧洲人居住区与商业区、休闲设施相对集中；为了保证服务的便利性，市场与公共活动空间、交通节点连接在一起；学校、邮局和火车站建设在城市的东边。夏姆庞里的方案功能分区比较清晰，中心区规模合理且相对集中，容易构成城市整体现代面貌；建筑结构主要采用钢筋混凝土，景观建筑必须具备现代鲜明的风格(图 1)。城市道路按照宽度分为三个等级：20 m 宽的一级道，16 m 宽的二级道路，12 m 宽的支路[2]。

2.2　快速发展阶段(1915—1940 年)

到 1910 年，因为缺乏资金，大叻建设活动仍然缓慢，夏姆庞里方案中的很多想法没有被实施，大叻中心区仅有几栋木头房子和砖石材料组成办公行政楼。世界大战给大叻的发展带来重大转变，大量欧洲人不回国而选择留在东南亚；另外道路工程和铁路的建设给大叻的发展带来积极影响[2]。1916 年，越南朝廷颁布《1916 年 1 月 6 日条例》，正式成立大叻市镇；接下来出台《1916 年 4 月 20 日条例》，公认法国对大叻中心区的保护监管权力。此后，大叻快速成为吸引欧洲人居住和旅游的胜地，在 1916—1922 年，法国政府通过建设浪平酒店(Liang Biang Palace)与许多别墅来满足欧洲居民与游客的需求。在此阶段，法国人在中心区开工挖掘春香湖(Xuan Huong Lake)，并将其打造成为大叻的核心景观。

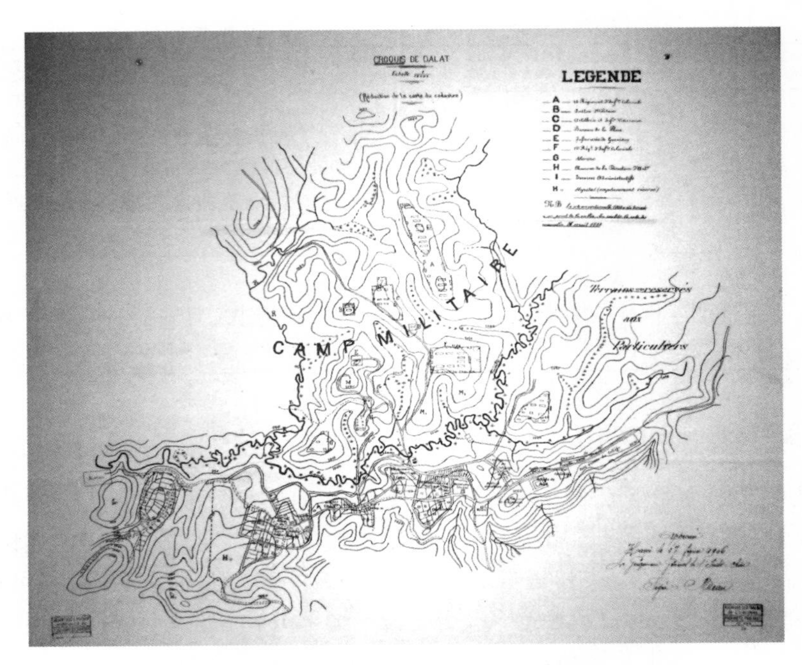

图 1　保罗·夏姆庞里的分区规划方案

1921 年，莫里斯·龙(Maurice Long)总督指定欧内斯特·希伯特(Ernest Hebrard)对大叻市的发展进行规划，并将大叻定位为中南半岛的备选行政首都。1923 年希伯特的规划方案出台，划出了大叻市的发展范围，面积约为 3 万 hm^2，东西长 7 km，南北 4.3 km，人口规模为 3 万—5 万人[3]。

分区规划是希伯特的核心思想，中心区、欧洲人住区和本土人住区三大功能板块，其中中心区聚集办公楼与公共建筑。另外，希伯特提出在城市东边建设刑法中心，并成为中南半岛的行政总部。欧洲人住区位于锦黎河南面，并按照土地面积划分为 2 000—2 500 m^2、1 000—1 200 m^2、500—600 m^2 三种不同别墅类型[3]。本土人住区被选在水库下游，简单的小地块划分，开间比较窄，房子面积为 20—30 m^2，房间过道为 2.5 m 宽。另外，希伯特提出在未来刑法中心的边上增加新的越南人住区。

希伯特的规划方案以人工水系作为中心轴线，结合两边的标志性工程，强调景观走廊的视觉控制，形成权威和宏大的城市空间格局(图 2)。该方案提出建设林园环道，一方面可以作为环城旅游线路，另一方面还可界定城市空间发展范围，边界之外保持原有的生态景观，不允许任何建设。希伯特规划中大叻市成为行政首都的愿景已经不能实现，他的规划方案显得庞大而不切实际，最后仅有一些法国别墅区与环湖道路被实施。

该阶段，大叻发展成为著名的休闲旅游城市，是法国人打猎和体育活动的中心，同时交通的发展也吸引了外来越南人的定居。到了 1930 年，大叻人口包括 350 名欧洲人，1 万名越南人，加上从胡志明市到来的游客，人口增加过多并导致城市空间拥挤，军事用地必须从中心区迁至外围。欧洲人住区与本土人住区的面积已经不能满足生活需求，新建的住区向春香湖北边无序扩张并威胁到浪平山(Liang Biang Mountain)的景观廊道。

1933 年，规划师路易斯·乔治·皮诺(L. G. Pineau)的“大叻城镇空间整治研究”方案提

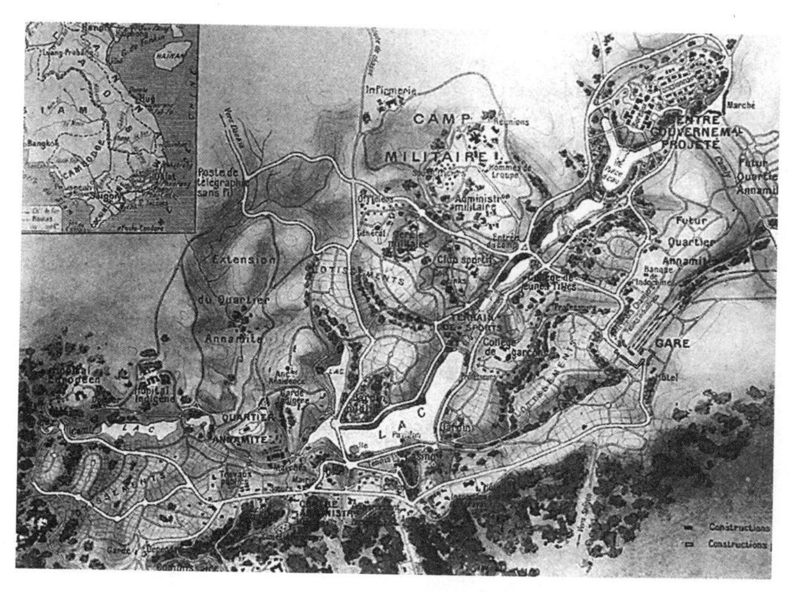

图 2 欧内斯特·希伯特的大叻规划方案

出了更实际的城市定位,即大叻市不成为中南半岛的首都,因此城市的发展规模应该受到控制。皮诺的方案提出田园城市的理念,即城市建设与自然共荣,强调城市景观的保护,建议扩大湖泊和公园的面积,突出当地的景观气候特征。为了有效保护浪平山的视觉景观廊道,皮诺划出扇形的不建造地区,即以市中心为起点面向浪平山的景观,该扇形地区将是打猎公园或者国家公园[4]。皮诺的方案虽然没获得批准,但是他对自然景观的保护思想和不建造地区受到关注,并在之后的规划方案中仍然被其他规划师研究和提出。

2.3 控制增长与环境整治阶段(1940—1945 年)

世界大战的发生导致大量移民人口转向大叻,常住人口从 1 500 人(1923 年)到 13 000 人(1940 年)再到 20 000 人(1942 年);游客的数量也不断增加,从 8 000 人(1925 年)到 12 000人(1940 年)再到 20 000 人(1942 年)[5]。在人口膨胀、缺乏理性组织的情况下,暂时性的住房出现并导致城市空间被挤压。在这样的背景下,让·德古(Jean Decoux)总督对大叻提出新发展定位,即大叻将成为中南半岛的夏季首都(Summer Capital),隔离越南人和日本人在大叻的影响;指定城市规划与建筑局承担并启动"大叻城市发展与空间整治计划"。1940—1941 年,建筑与规划委员会和城市规划委员会成立,负责实施"大叻城市发展与空间整治计划",保证城市建设的和谐与秩序。

1940 年,规划师莫德特(Mondet)提出"大叻城镇发展与空间整治前期方案",他认为大叻城市空间的东西向发展过长,城市建设沿着东西向交通轴线拓展而没有形成整体。莫德特质疑皮诺为了保护景观视觉在中心区建立不建造区的想法,他认为城市的发展不应该控制中心区的建设。莫德特的方案建议控制城市东西向扩张,优先发展中心区和城市重要节点。

1943 年,雅克·拉基克(Jacques Lagisquet)的"大叻城镇发展与空间整治规划方案"获得德古总督的批准。跟莫德特的分析相同,拉基克认为大叻东西轴线向过长,城市中心缺乏活力,商业区和行政区布置分散,不能构成有吸引力的公共活动场所。大叻城市的中心向锦黎河的西侧发展,行政中心重新组织,汇聚在主要轴线上,重要的建筑包括市政府、总督府、旅馆和娱乐设施,学校、图书馆和博物馆集中布置在春香湖旁边(图 3)。拉基克在中心区预留了 540 hm^2的欧洲人住区用地。

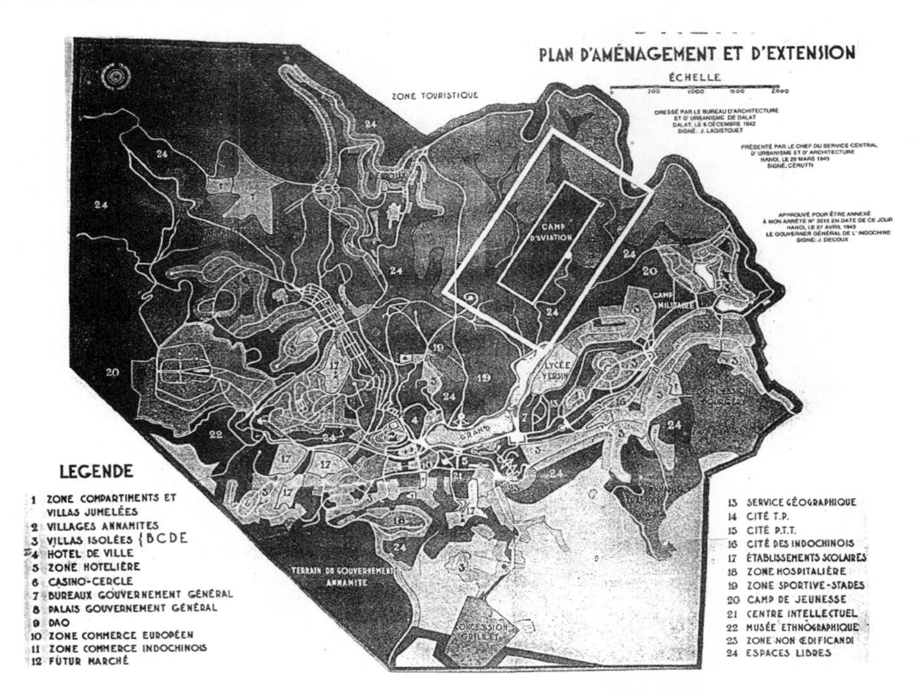

图 3 雅克·拉基克的"大叻城镇发展与空间整治规划方案"

拉基克按照本土人的工作特征,灵活解决了越南人的居住分布问题,一部分布置在越南人商场和菜场的周围,另外,中心区也有部分别墅和民宅提供给上班职工和手工艺劳动者。在大叻北边和东南角建立越南村庄,集聚依赖农业生活的家庭,在该地区村民的房子不受到城市的严格控制,可保留本土人的居住方式。

为了保护春香湖与浪平山的景观视觉,拉基克坚持建立扇形的不建造地区,该扇形地区内将设计公园、高尔夫球场和青少年的室外活动场所。拉基克的方案突出大叻市的城市定位,即中央行政中心、避暑城市、学习城市和文化旅游中心,这个方案有效解决了田园城市布局分散和城市集聚发展需求的矛盾。

3 法国殖民主义下的大叻城市规划特征分析

3.1 特殊城市发展定位:中南半岛的法国山庄

研究大叻市各时期的城市规划,可发现大叻市是法国殖民主义在中南半岛较为特别的城市发展案例。随着时期的不同,法国人对大叻提出不同规模的城市发展定位,从当初建设军队避暑山庄和疗养基地(Sanatorium),大叻市依次被定位作为备选行政首都、休闲旅游的田园城市和夏季首都(Summer Capital)。但是所有的规划定位都离不开法国人对大叻发展的最终目标,即统治者和规划师都希望将大叻建设成为东方的法国山庄,而该目标被法国的规划师和建筑师落实在各时期的规划方案和大叻的建成环境中。

为了实现该目标,法国规划师在大叻的规划方案都碰到同样的问题。首先,是协调军队用地布置和城市空间发展之间的关系,军队是殖民体系中不可缺的重要组成,象征宗主国的权力和保护当地发展。其次,规划师要通过空间建设和管理的方式来落实宗主国的现代化政策,营造现代、优雅、秩序的法国城市空间风貌,隔离本土人对大叻城市空间形象的影响,但同时又需要有效利用本土人的劳动力来维持城市服务功能的运行。

3.2 分区规划是种族隔离政策的实施工具

种族分离②(Segregation)是法国殖民者实现统治目标的核心思想,而分区规划是执行政治意图的有力工具,从而完成空间层面、社会生活层面和文化层面的分隔。在大叻的五大规划方案中,城市规划师认为有必要将欧洲人住区和本土人住区进行隔离,无论在希伯特的规划方案还是后来皮诺和拉基克的方案中都有所体现,但是每个规划师针对不同发展阶段采取的分隔方式也不同。

希伯特认为本土人社区跟欧洲人社区应该被隔离,但每一个欧洲人的住区都需要邻近本土人的住区,目的是为了吸取劳动力和小商品。因此,在希伯特的规划方案中本土人住区被选择邻近于行政中心但仍然被地形、水域或者其他因素隔离,而皮诺的方案采用绿色隔离带隔离本土人住区与欧洲人住区。相比较而言,拉基克的方案采取更加灵活的方式解决越南人的居住问题,他按照居民的工作特征(如小商业、手工业、农业)进行布置。

法国殖民主义所采取的种族隔离政策被学者们认为是一种空间与文化分隔[6-8],实际上是出于殖民者多维度的考虑。首先,是文化层面的隔离,强调宗主国强大的文化和政治,包括军事力量;其次,种族分隔也是便于宗主国进行统治和管理的一种方式,通过空间约束来管制本土人的活动。另外,这种思想还考虑到殖民者的卫生和安全的问题,希伯特在大叻考察时,曾经对本土人生活区的卫生环境(如感染瘟疫)感到担忧。大叻充分体现了法国殖民主义的种族分离思想,法国人希望打造现代、美丽、高度秩序化的法式山庄,必然要隔离他们眼中"脏、乱、差"的本土人住区,而分区规划成为统治者的强有力的工具,即从空间隔离达到最终发展目标。

3.3 规划选址成为殖民权力的表达

在法国殖民时期的规划方案中,建筑师和城市设计师巧妙结合规划理念、工程技术来体现殖民者的统治意图。其中,一方面通过设立功能分区,便于社会管制,形成现代和高度秩序化的城市空间;另一方面彰显欧洲宗主国的文化与权力[9]。楠尤柯(Njoh)发现,来自欧洲的殖民者对于城市的选址非常重视,欧洲人住区、行政管理区经常被选择在城市地形比较高的位置;相反,本土人住区经常被选择在地形较低,容易被监视和观察的地方[7]。庞弗雷特(Pomfret)认为欧洲的殖民者用地形选址来表达统治者的权威,他们可以自上往下监视和管理本土人的举动,象征殖民者与被殖民者的区别[10]。大叻的规划选址是体现法国殖民主义思想的完好例子,方案中的行政中心与欧洲人住区的选址处于整个大叻山谷的指挥位置,城市规划方案体现了法国殖民者的地位与权力。相反,越南人住区被选址在商业区附近,在欧洲人住区的下面,分布在水库的下游,这个选址导致了 17 户越南家庭在 1932 年的人工水库灾难中遇难。

3.4 城市规划从设计城市转向空间增长管理

与其他殖民城市不同，被法国人发现和开发之前，大叻是一片高原地，没有任何城市建设的痕迹。经过三个发展阶段，随着法国人的资本投入与对城市的开发建设，大叻的城市空间格局开始形成、发展，并成为东亚地区著名的旅游和休闲城市。由于在第一个发展阶段，城市初步形成，大叻的人口结构以欧洲人为主，城市的规划倾向于设计城市，营造城市物质空间以及落实重点工程建设，包括基础设施、欧洲人住区和重要的行政、教育工程。第二个发展阶段城市规划的重点：一方面是如何建设适合法国人居住、休养同时又满足军队活动和防守的功能型城市（Functional City）；另一方面通过建筑和规划设计营造现代优美的城市景观。在第三个发展阶段，人口的增长和空间的无序扩张，城市东西向失控发展成为大叻城市的主要问题。在此阶段，规划师的关注点转为如何控制城市空间发展、保护自然景观资源，以实现法国人打造生态、休闲、现代城市的目标。

4 结语

大叻是法国殖民主义思想在中南半岛体现比较特别的城镇发展案例，殖民者希望将大叻从荒无人烟的高原地区变成法国风格的度假城镇。随着法国殖民者殖民政策的深入，近代城市规划的理念与技术也随着法国规划师的到来而进入到大叻，对该城市的空间发展、景观风貌特色以及本土文化起到深远的影响。本文纵观法国殖民时期大叻 48 年的城市规划历程，提出以下两点作为结语：

（1）在规划特征上

大叻的城市规划由中南半岛总督指定的规划师编制。在不同时期内，城市规划体现不同的政治意图和战略性的发展定位，其内容以分区规划与城市设计为主，具有工程学与城市设计的特征。一方面，随着人口规模带来的空间问题，大叻的城市规划从设计城市的工具转向空间增长管理的工具；另一方面，分区规划成为种族隔离政策的实施工具，城市规划象征殖民者的权力与文化。

（2）在对待本土文化方面

经历 48 年的发展，法国的规划师和建筑师把将大叻建设成法国城镇风貌作为其最终发展意图，而"空间西方化"成为法国在殖民地实现"现代化"的途径。因此，历代的法国规划师始终面临着同样的问题：如何打造现代、优雅、秩序化的城镇风貌，同时协调空间发展与人口增长的关系。在规划方案中，本土人的生活区被隔离，本土人的生活空间和服务设施条件劣势，大叻的空间景观风貌与本土文化完全脱节。因此，在规划实施的过程中，五个规划方案都因本土居民和地主的反抗而遇到困难。

注释

① 中南半岛：亦称中印半岛，指东南亚半岛，东临南海，西濒印度洋。在法国殖民期，中南半岛的越南、柬埔寨和老挝三个国家成为法国统一殖民的地区。

② 种族隔离(Racial Segregation):殖民国家对欧洲人和非欧洲人等种族强制实行的分离,又译种族分隔、种族分离。种族隔离大体可分为两种:一种为"人身隔离或制度隔离":社会生活各领域,通过建立各个种族集团的平行机关或有色人种的专门部门所实行的分离。另一种为"地域隔离":对一定的种族集团在指定地域内实行的分离,如建立保留地、黑人区、犹太人区等。两种隔离一般被结合使用。

参考文献

[1] Hoang X H. Da Lat Xua[M]. Hanoi: NXB Thoi Dai, 2008.

[2] Truong T. Da Lat-Thanh Pho Cao Nguyen: Kyniem 100 Nam-Da Lat Hinh Thanh va Phat Trien (1893-1993)[M]. Lam Đong: Nxb. Tp. Ho Chi Minh, 1993.

[3] Tran S T. Dia Ly Da Lat[M]. TP Ho Chi Minh: NXB Tong Hop tp Ho Chi Minh, 2008.

[4] Pineau L G. Dalat, Capitale Administrative de l'Indochine[M]. Hanoi: Imprimerie d'Extrême-Orient, 1937.

[5] Jennings E T. Urban Planning, Architecture and Zoning at Dalat, Indochina(1990-1944)[J]. Historical Reflection, 2007(2):327-362.

[6] Jennings E T. Dalat, Capital of Indochina: Remolding Frameworks and Spaces in the Late Colonial Era [J]. Journal of Vietnamese Studies, 2009, 4(2):1-33.

[7] Njoh A J. Colonial Philosophies, Urban Space, and Racial Segregation in British and French Colonial Africa[J]. Journal of Black Studies, 2008, 38(4):579-599.

[8] Njoh A J. The Experience and Legacy of French Colonial Urban Planning in Sub-Saharan Africa[J]. Planning Perspectives, 2004(3):435-454.

[9] Wright G. The Politics of Design in French Colonial Urbanism[M]. Chicago: University of Chicago Press, 1991.

[10] Pomfret D, M. Imperial Contagions: Medicine, Hygiene, and Cultures of Planning in Asia[M]. Hong Kong: Hong Kong University Press, 2013:81-104.

图表来源

图 1 至图 3 源自:越南林同省档案馆.

表 1 源自:笔者整理绘制.

海外移民贸易影响下的厦门近代城市空间历史变迁（20世纪初—20世纪30年代）

陈志宏　李慧亚

Title：A Research of Modern Xiamen's Urban Space Change Based on the Influence of Overseas Immigrant Trade(1900s－1930s)

Author：Chen Zhihong　Li Huiya

摘　要　在对近代厦门历史文献和地图进行解读的基础上，本文将厦门20世纪初和20世纪30年代两个时期的城市史料信息进行整合，通过ArcGIS转译成数字化的历史信息图并进行对比分析，探讨在对外贸易、海外移民、交通发展的影响下，近代厦门城市在交通港口设施、产业分布、公共空间三个层面的发展变化，指出近代厦门城市在海外华侨的支持与影响下，发展成为以对外交通贸易服务为主要功能的新型港口城市，空间格局也随之产生了相应的变化。

关键词　空间历史变迁；近代厦门；海外贸易；城市交通

Abstract：Based on the interpretation of the modern Xiamen's historical documents and maps，integrated the 1900s' and 1930s' two periods urban historical information，translated the old maps into the digital information maps by ArcGIS and then made a comparison analysis，to explore under the influence of the overseas trade，immigration，and traffic development，what changes have happened in three levels of Modern Xiamen，including traffic port facilities，industry distribution，and urban public space. In modern times，under the influence and support of those overseas Chinese，Xiamen developed into a new port city，with the foreign trade service as the core function. Urban spatial pattern also produced the corresponding change.

Keywords：Space Change；Modern Xiamen；Overseas Trade；Urban Traffic

20世纪初厦门从明清海防军事卫所逐渐发展成为近代重要的对外港口城市，为海外华侨往来东南亚等地的重要进出港。在近代厦门城市的以往研究中，周子峰[1]从经济角度对近代厦门的城市发展进行了解读；杨哲[2]、严昕[3]从城市发展史角度对其历史分期及特点进行了梳理；梅青[4]、

作者简介

陈志宏，华侨大学建筑学院，教授

李慧亚，华侨大学建筑学院，硕士生

余阳[5]等人侧重于诠释20世纪初期华侨对于近代厦门城市建设的影响;柯慕贤着重从社会史层面对近代厦门的城市化展开讨论[6]。对于历史城市空间复原的相关研究,孙丹妮[7]总结了基于地图转译的历史城市研究方法,探讨泉州老城历史空间变迁。郑安佑[8]将统计史料运用在近代台南市的城市产业与空间变迁研究。就现有研究成果来看,在近代厦门城市发展分期和建设内容方面有较多论述,厦门近代城市经济、社会、文化等方面的史料积累也较为丰富,但是缺少结合社会统计史料的城市复原及空间历史变迁研究。

本文将历史地图通过地理信息系统软件(ArcGIS)转译为数字化的历史信息图,主要针对20世纪初(清末)和20世纪30年代(近代城市建设高潮期)两个时期进行城市空间复原,并将统计史料中记载的产业信息进行分类、筛选和统计填充到复原成果中,通过交通港口设施、产业分布和城市公共空间三个角度的对比来探讨近代厦门的城市空间历史变迁。20世纪初(清末)的城市复原以"厦门城市全图"(1908年)①为基准,以《厦门志(清·道光十九年镌)》[9]等地方志为历史信息定位依据;20世经30年代的复原以"厦门市全图"(1938年)②为基准,以《厦门志(民国)》[10]等为历史信息定位的依据,并综合《厦门指南》[11]、《厦门工商业大观》[12]、《近代厦门经济档案资料》[13]等记载厦门近代产业信息的档案资料进行城市产业复原。

1 近代厦门对外交通与贸易概述

厦门地理环境"水深港秀,且少礁石",为中国东南沿海良港优越的地理位置、便利的港口条件使得厦门在近代中国的海外交通贸易中起到重要作用,对内是联系中国台湾、香港、上海的重要港口,对外是中国与日本、东南亚各国的主要航运口岸。

1.1 港口交通发展

近代厦门航运业兴起于开埠之后,初期以出洋船、广扒船等帆船为主要交通工具,海外航运逐渐为轮船取代,如1854年华侨锦兴船务行开始经营新加坡与厦门间的航线。随着海上贸易的发展和海外移民人数的急增,厦门航运业在近代迅速发展,使得厦门的城市港口交通愈发便利,在19世纪末期形成了厦门与东南亚各国的轮船运输网络,使其成为华南侨乡与海外联系的主要渠道(图1、图2)。

1.2 城市海外贸易

港口交通的便利促进了城市对外贸易的发展,《厦门志(清·道光十九年镌)》记载了厦门与东洋、东南洋、南洋、西南洋等地都有贸易往来,尤其以暹罗、柬埔寨等东南亚国家为主[9]。清末到民国时期,厦门的海外贸易达到了近代时期的一个顶峰,"百业之得殷振,皆赖贸易商有以济之"。近代厦门的入超现象在1896—1930年差异最为显著,侨汇成为弥补贸易逆差的重要手段[14](图3)。

1.3 华侨与侨汇

近代时期华侨回国人数逐渐增多,在南洋的生活经历使得他们迫切地想要改变厦门当时脏乱不堪的城市环境。近代厦门的华侨汇款集中在20世纪20—30年代,这段时期也恰好是近代厦门城市建设的高峰期(图4)。而侨汇主要投资在城市商业、房产、公共事业、金融、

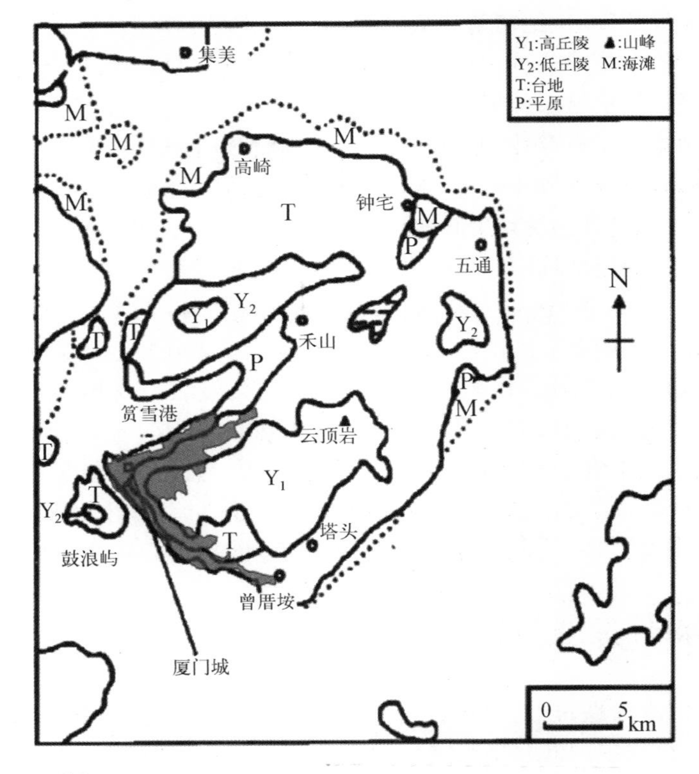

图例

近代厦门城市建设区

图 1 近代厦门市区范围

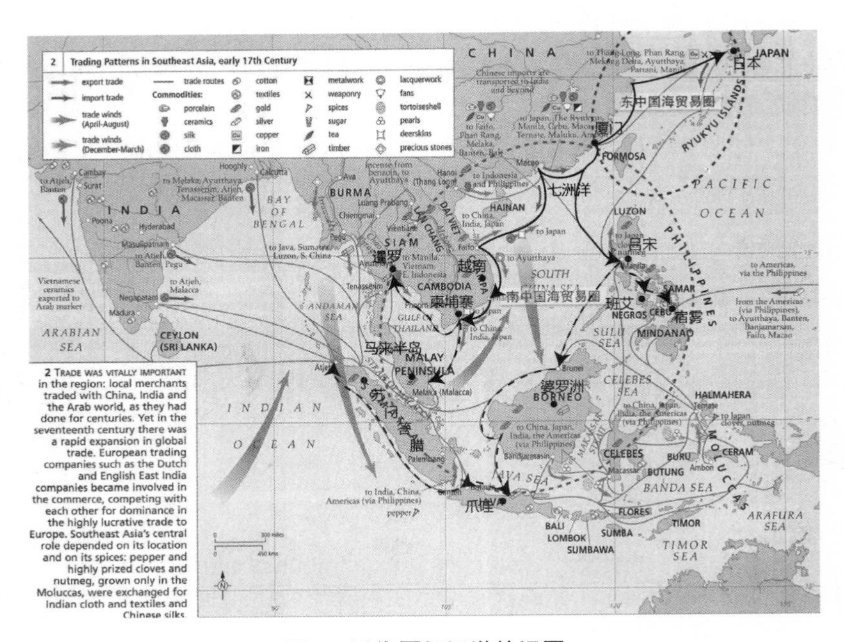

图 2 近代厦门远洋航运图

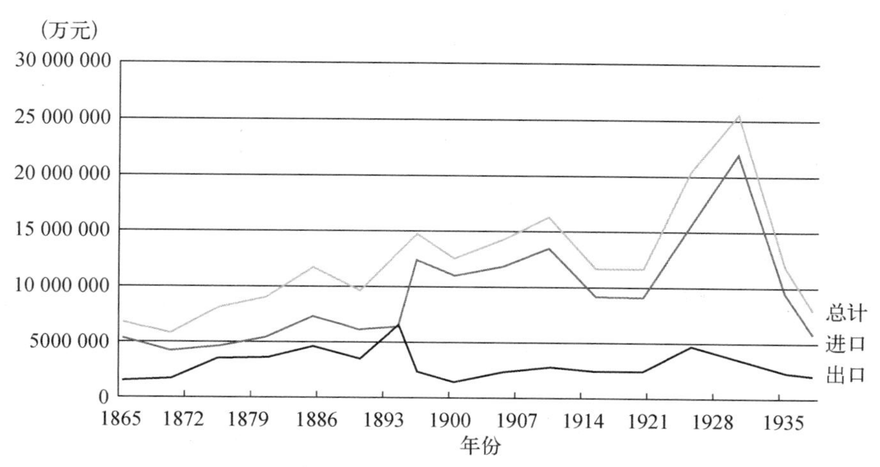

图 3 1865—1938 年厦门直接对外贸易统计

工业、娱乐业、新闻业、医院和体育事业等行业，市区的主要道路、厦港大南新村和近代厦门九个市场当中的绝大部分都是华侨投资的[15]。可见，华侨和侨汇对近代厦门城市建设的支撑作用。

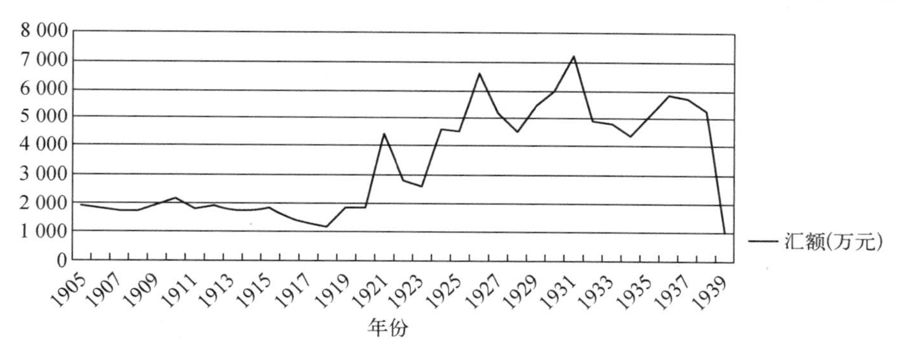

图 4 厦门 1905—1939 年侨汇统计折线图

1.4 移民城市发展

作为近代重要的开埠城市，厦门承担着物产进出口和海外移民的集散功能，商业与移民的繁荣程度直接体现在厦门市人口的增长上。仅厦门市区（不包括禾山和鼓浪屿）的人口就从 1912 年的 11 万人增长到 1937 年的 18 万人（图 5）。近代厦门市区地狭人稠，其中冈陵耸伏，溪池河流遍布，原有城区已基本没有发展的余地，对此城市发展的窘境引发了从 20 世纪 20 年代末到 30 年代厦门社会各界人士对城市发展的讨论。如《思明市政筹备处汇刊》刊登了王弼卿的《思明市区域商榷》与《思明市人口之推测》，据推测厦门商埠仅能容纳 8 万余人，加上鼓浪屿后整个厦门可容纳 14 余万人，而当时厦门人口按百年推测为 74 万人[16]。移民城市人口的快速增长和侨汇资本的聚集是引发厦门近代城市发展建设的重要驱动力。

2 厦门近代城市建设发展阶段

2.1 萌芽期（1902—1920 年）

1902 年签订《厦门鼓浪屿公共地界章程》之后厦门城市经济发展较快，但是城市仍局限

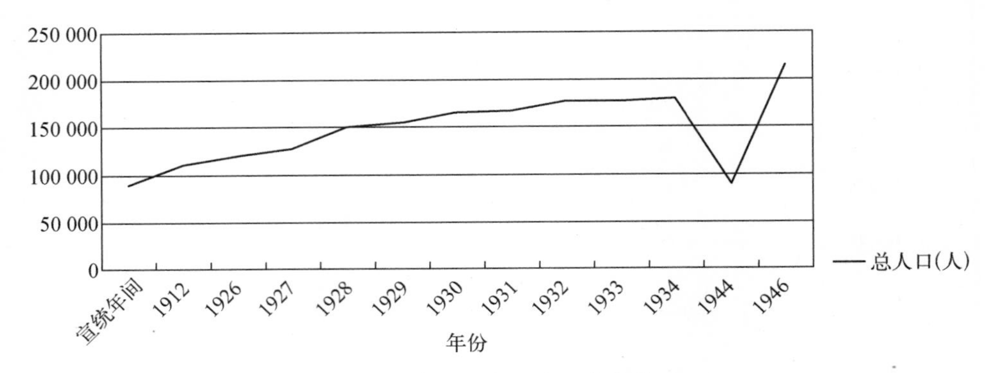

图 5　近代厦门市区人口变化情况

在岛屿西南的狭小范围，人口密度大，道路狭窄曲折，城市墟集、沿海街市密集，港口码头简陋不能满足大型客货轮的航运需求，城市基础设施十分落后。

2.2　繁盛期（1921—1937 年）

1921—1937 年是近代厦门大规模城市建设的繁盛期，拆除城墙、改造马路、建造骑楼、填筑堤岸、开辟新区、建设公园和市场等一系列城市建设措施使得近代厦门城市发展达到了一个高峰期。当时建设的城市路网一直延续到现在，基本奠定了当前城市旧区的格局。

2.3　衰落期（1938—1949 年）

抗日战争爆发后厦门的城市建设基本停滞，战争过后城市经济在一定程度上复苏，但相对于 20 世纪 30 年代的快速城市发展来说，城市范围和路网格局都未发生明显变化。

3　城市交通与港口设施

3.1　路网结构的提升

通过将厦门早期路网与城市地形进行叠加分析，20 世纪 20 年以前厦门的城市道路尚未经过统一规划，以自由生长的街巷式道路为主，建筑布局也多是按照地形、地势走向情况自由分布的。地势平坦的近海地带路网分布较密，地势变化较大的山体一侧路网分布稀疏；主要道路从西侧沿海路头（旧渡头）衍生出来并延伸至厦门城门周边，受到交错散布的池塘、溪流的阻隔而变得蜿蜒曲折；城区与厦门岛郊区的交通联系非常不便等（图 6）。

1921—1937 年，厦门市路网进行了现代化的改造与建设，开辟马路、填平池塘、开拓新区并建立了“四纵一横”的现代化城市路网，在城市模范村和填海形成的新区等地出现了较为规整的方格路网，相比较，街区内部保存原有街巷网络，形成了现代化道路骨架与内部自由街巷并存的交通格局（图 7）。

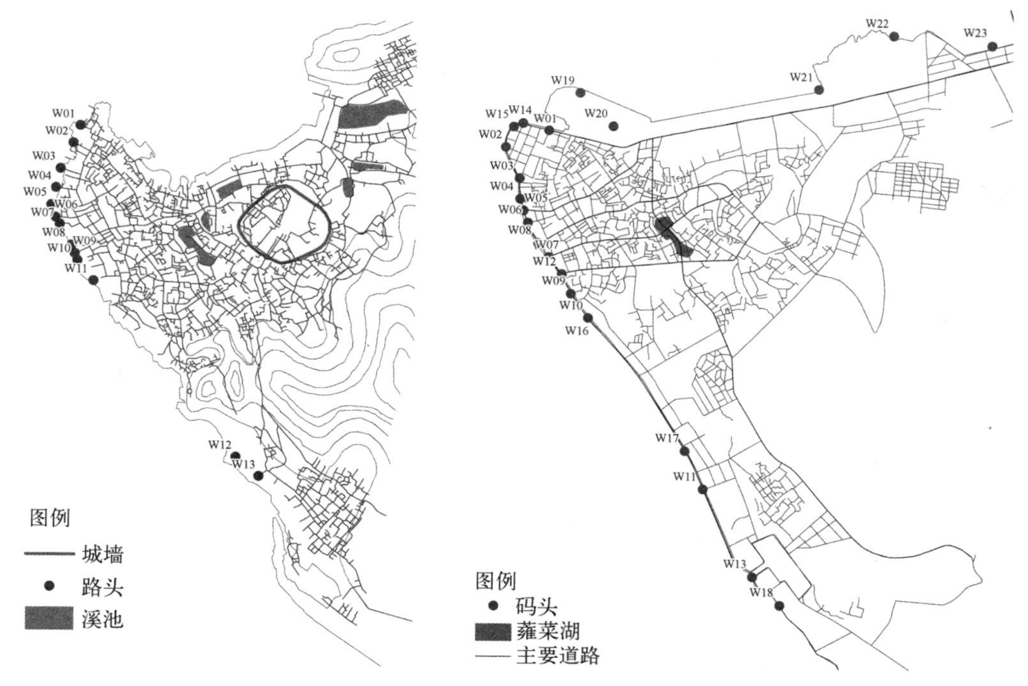

图 6　20 世纪初厦门码头交通格局　　**图 7　20 世纪 30 年代厦门码头交通格局**

3.2　交通方式的多元化

近代厦门的交通模式随着城市建设和商业的发展逐渐得到了丰富，近代厦门的交通方式实现了由坐轿、马车等传统交通工具向以公共汽车、货车、小汽车为主的现代化交通的转变。据《厦门指南》中记载的“市内公共汽车路线”进行推测③，20 世纪 30 年代厦门的公交站点主要分布在码头（提督路头、浮屿角、岛美路头）、主要商业区（中山路、鱼行口）和重要景点（南普陀、中山公园）周边，根据公交线路的走向可知，厦门市内的五条公交线路使得城市南北向联系得到了增强。

水上交通方面也逐渐规模化，当时的轮船公司已有内港轮船公司和外埠轮船公司之分。就其分布情况来看，轮船公司主要分布在西南沿海，以海后滩和各路头为主。内港轮船公司因为经营和管理的便利主要分布在各码头及城市主要道路两侧；外埠轮船公司集中分布在海后路，以招商局、得忌利士洋行、大华公司、大阪商船会社、太古轮船公司等英商、日商为主。

3.3　海陆交通的结合更加紧密

20 世纪 30 年代随着堤岸建设、码头增多，以及联结沿海码头的道路贯通，厦门的海上交通得到了进一步发展，现代码头的出现及其容量的增大使得厦门的港口能够容纳更多的轮船往来，人口和商业的流通变得更为便利。依托码头开始形成了以银行、钱庄、客栈为代表的商业集中区，为往来厦门和东南亚的华侨提供了便利的生活住宿、金融服务以及交通设施。城市路网的改造和交通设施的提升，使得城市内部交通得到了有效改善，居民往返住区和码头变得更为便利，同时主要城市道路从早期路头衍生出来的特点使得城市海陆交通得到了有效的结合(图 8、图 9)。

图 8　20 世纪初厦门主要路头与道路关系

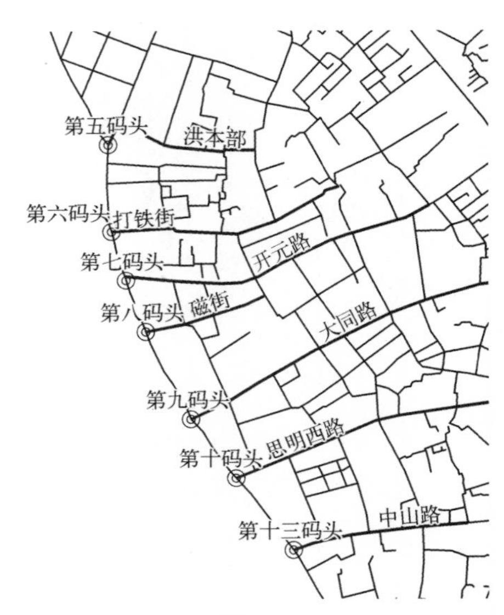

图9　20 世纪 30 年代厦门主要码头与道路关系

4　城市产业格局

近代城市建设前的厦门已有定期集市的“墟场”和在固定地点出售生产用具、生活用品的商业街市。这种情况一直延续到近代，在 20 世纪 30 年代逐渐衍生出一种“综合性商业街＋行业街市＋集中市场”的新模式，综合性商业街是城市商业的重要依托，在大同路、中山路、思明南路及开元路周边形成繁华的商业中心区，经营洋货、金融、住宿、娱乐等综合产业；行业街市依据具体经营内容的不同，服务于不同的群体；集中市场作为城市基础设施的一部分，满足附近市民的日常购物需求。

4.1　墟集转变为市场

20 世纪初厦门较成规模的墟集共有六个，分别是油市、菜市、猪子墟、旧路头、洪本部路头和提督路头。这一时期的墟集以流动摊贩为主导，商品交换方式仍然比较传统。20 世纪初厦门墟集与路头的依存关系强，洪本部路头、提督路头、旧路头等在承担重要港运功能的同时也为居民生活提供了充足的日常生活用品(图 10)。

20 世纪 30 年代厦门共建设九个近代化市场，专供鱼鲜、肉食、蔬菜等摊贩集中售卖之用，新型市场建设与当时的路网建设紧密结合，四周交通便利，方便市民前往购买。市场建设除了考虑到人口密度之外，也注意在原有“城内”和“厦港”附近投资建设市场，体现了城市建设对于居民生活全面的考虑(图 11)。

4.2　行业街分布更加广泛

20 世纪初厦门共有碗街、木屐街、竹仔街、鱼仔市等 25 条街道。早期厦门的街市集中在海边分布，以外关帝庙附近最显繁华。由于厦门近代城市产业对于航运的依赖性较强，20

世纪 30 年代厦门的行业街市根据不同码头分工不同，码头附近的商业服务内容也存在差异（表 1）。如海后路主要以船业和金融业为主，角尾路主要经营建材，鱼行口主要是以鱼行为主等（图 12、图 13）。

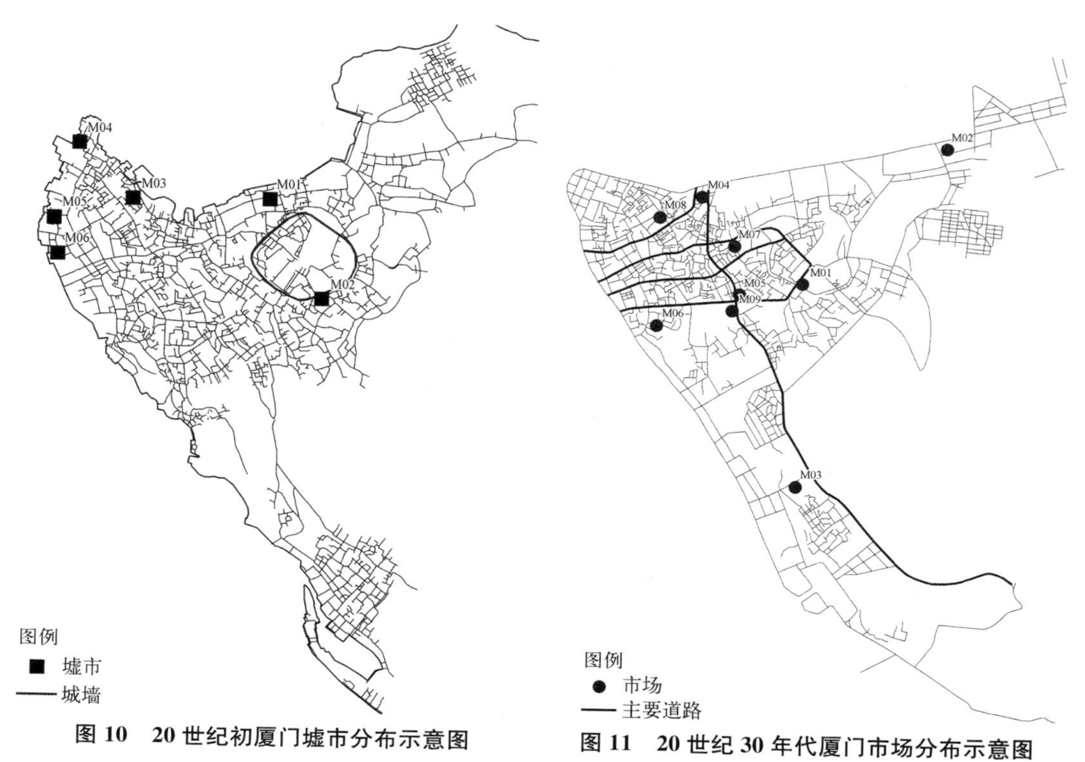

图 10　20 世纪初厦门墟市分布示意图

图 11　20 世纪 30 年代厦门市场分布示意图

表 1　20 世纪 30 年代厦门行业街市分布

商业内容	集中区域
煤炭、灰砖	灰窑角
鱼行	鱼行口
食	晨光路、水仙路、三条街、开元路、磁街、大史巷、妙香路
住	晨光路
衣	祖婆庙、布袋街 & 簥巷
雕刻	曾姑娘巷
棺材	夹板寮、棺材巷
客栈	磁安路、兴安街、石浔巷、三安街、打铁街、开元路
金融	三安街、磁街、大史巷、番仔街、海后路（洋行）
建筑	海后墘、妙香路（细木）、角尾路（建材）
参行	中街
首饰	中街

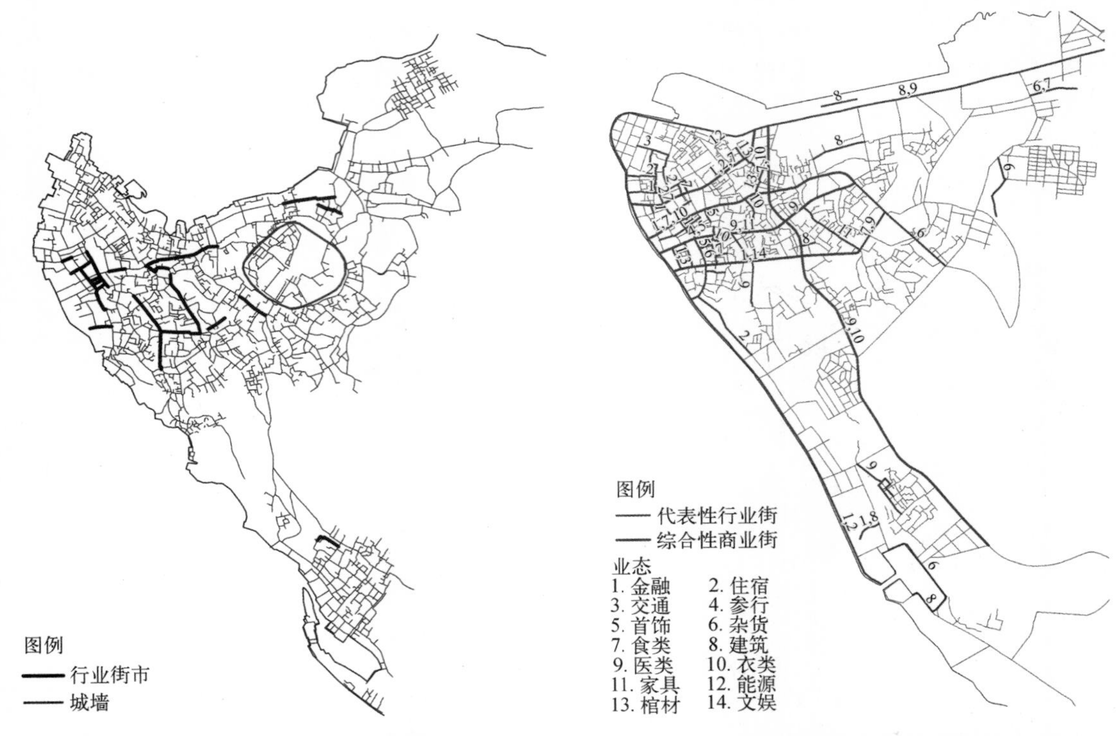

图 12　20 世纪初厦门行业街市分布示意图

图 13　20 世纪 30 年代厦门综合性商业街及行业街市分布示意图

4.3　城市商业以骑楼形式为主

20 世纪 30 年代大规模的骑楼建设为城市商业活动提供了更多的小体量室内商业空间，城市商业开始以家庭小作坊的模式被容纳到骑楼街区的底层空间，故而在近代厦门的主要骑楼街区，开始呈现底层为商业、上层为住家，商住并未完全分离的景象。骑楼的建设使得城市建筑底层空出了更多的室内商业空间，城市商业活动开始逐渐转向在室内空间发生。

5　城市公共空间

厦门传统的城市公共空间主要是由宫庙、书院等传统建筑类型构成。明末厦门岛宫庙就已经较成规模，集中分布在古城周边、营平一带还有镇邦路、小走马路的海边区域三个地方，这种布局一直延续到近代时期。书院是厦门传统的教育机构，如玉屏书院靠近城墙内的提督衙门，作为官方书院其选址主要考虑到交通的便利和位置的重要性——位于古城墙内；而紫阳书院的选址则兼顾其他地区学生交通的便捷及其周边优美的环境(图 14)。

到 20 世纪 30 年代，厦门的城市公共空间主要由新兴的城市公园和多种类型的新式公共建筑组成。近代厦门的教堂主要有新街堂、竹树堂两个基督教堂，除宗教职能外，近代教会也注重在厦门创办教育、医院等公共事业。到 20 世纪 30 年代，厦门的城市公共空间主要由新兴的城市公园和多种类型的新式公共建筑组成。近代厦门共建有九个规模大小不一的城市公园，多是依托于旧有的自然山水环境或者别墅私园改造而成，如中山公园占地近 240

亩(1 亩≈666.67 m²),内有崎岭雄峙、三河两溪以及古刹四座,而清河别墅、颐园均为私园(图 15)。近代厦门的新式公共建筑涵盖种类广泛,主要分为图书馆、戏院、阅报所、俱乐部、球场、报社等形式,就其空间分布情况来看,主要集中在中山路、思明南北路等城市主要道路附近,交通便利,使用方便。近代公共建筑是厦门城市建设不可或缺的重要组成部分,并作为新社会、新生活的重要象征,图书馆、报社、阅报所、球场等近代公共文化与运动设施,不断提高普通民众的文化素质。

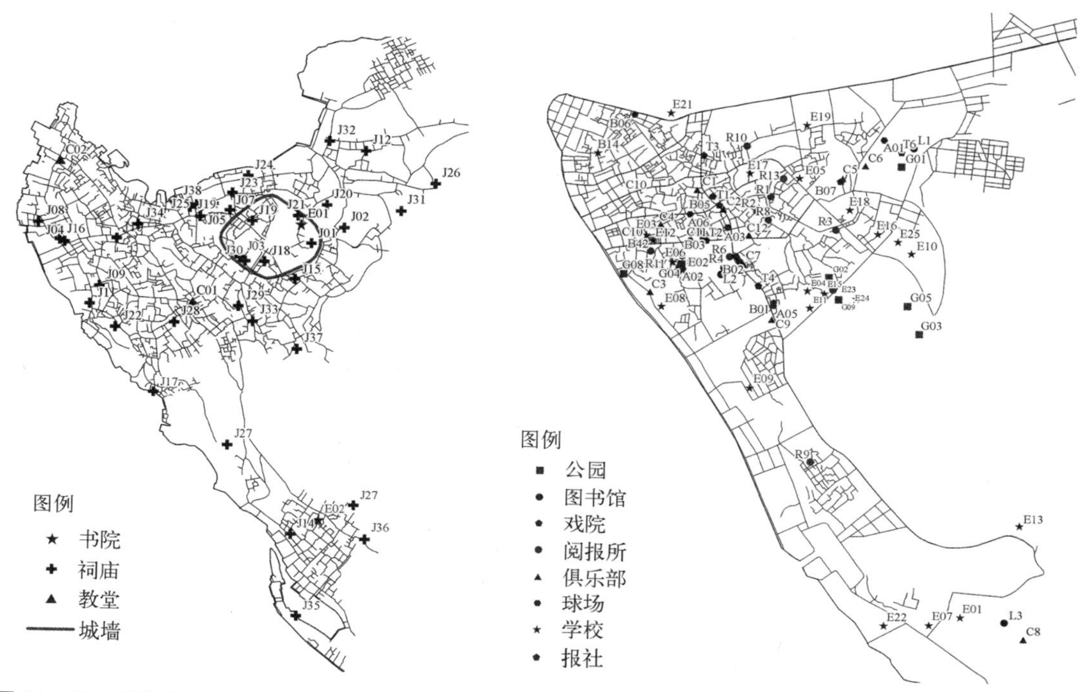

图 14　20 世纪初厦门城市文化设施分布示意图　图 15　20 世纪 30 年代厦门城市主要文娱设施分布示意图

6　结语

厦门在近代向港口商业城市的转变过程中,在交通设施上,传统路头演变为现代码头,自由街巷被现代规则路网所替代,古城被拆除,洼地被填平,城市海陆交通的结合更加紧密;在产业布局上,传统墟集转变为集中市场,传统街市转变为骑楼商业街;城市公共空间更加丰富,城市公园、公共建筑应运而生。将近代厦门城市的复原研究与经济、社会、人口、教育等方面的统计史料进行结合,使得城市空间研究能够与其背后的经济、文化和产业演变紧密联系,作为解读近代城市空间历史变迁的初步探讨。

[本文为国家重点研发计划课题资助项目“闽三角城市群生态安全格局网络设计及安全保障技术集成与示范”(2016YFC0502903)和国家自然科学基金资助项目“闽南近代华侨建筑文化东南亚传播交流的跨境比较研究”(51578251)]

注释

① 参见厉明度. 厦门城市全图[Z]. 北京：中国国家图书馆，1908。地图尺寸为 71 cm×44 cm。

② 参见佚名. 厦门市全图[Z]. 台南：台湾成功大学图书馆，1938。

③ 图中公共汽车线路走向遵循站与站之间通过主要城市道路联系的原则，根据《厦门指南》中记载的“市内公共汽车路线”的站点名称推测得出。

参考文献

[1] 周子峰. 近代厦门城市发展史研究(1900—1937)[M]. 厦门：厦门大学出版社，2005.

[2] 杨哲. 厦门城市空间与建筑发展历史研究[D]：[博士学位论文]. 上海：同济大学，2005.

[3] 严昕. 厦门近代城市规划历史研究[D]：[硕士学位论文]. 武汉：武汉理工大学，2007.

[4] Meiqing. Houses and Settlements：Returned Overseas Chinese Architecture in Xiamen，1890s - 1930s [D]. HK：Chinese University of Hong Kong，2003.

[5] Yu Y. Remaking Xiamen：Overseas Chinese and Regional Transformation in Architecture and Urbanism in the Early 20th Century[D]. HK：University of Hong Kong，2007.

[6] Alesander C J. Bridges to Modernity Xiamen，Overseas Chinese and Southeast Coastal Modernization，1843 - 1937[D]. San Diego：University of California，1998.

[7] 孙丹妮. 基于历史地图转译的泉州老城历史空间变迁及历史空间网络建构初探[D]：[硕士学位论文]. 南京：东南大学，2011.

[8] 郑安佑，徐明福，吴秉生. 日治时期台南市(1920—1941)“都市空间—社会经济”变迁——指向经济的都市现代化过程[J]. 建筑学报，2013(85)：17 - 37.

[9] (清)周凯. 厦门志(清・道光十九年镌)[M]. 厦门市地方志编纂委员会办公室，整理. 厦门：鹭江出版社，1996.

[10] 厦门市地方志编纂委员会办公室. 厦门市志(民国)[M]. 北京：方志出版社，1999.

[11] 陈佩真，苏警予，谢云声. 厦门指南[M]. 厦门：厦门新民书社，1931.

[12] 工商广告社编纂部. 厦门工商业大观[M]. 厦门：工商广告社，1932.

[13] 厦门市档案局，厦门市档案馆. 近代厦门经济档案资料[M]. 厦门：厦门大学出版社，1997.

[14] 张仲礼. 东南沿海城市与中国近代化[M]. 上海：上海人民出版社，1996：178 - 186.

[15]《厦门华侨志》编委会. 厦门华侨志[M]. 厦门：鹭江出版社，1991：148 - 209.

[16] 王弼卿. 思明市人口之推测[J]. 思明市政筹备处汇刊，1933：3 - 5.

图表来源

图 1 源自：周子峰. 近代厦门城市发展史研究(1900—1937)[M]. 厦门：厦门大学出版社，2005：107.

图 2 源自：笔者根据鼓浪屿申遗文本 2—7：“17 世纪东亚、东南亚区域宿务海商贸易网络”重绘.

图 3 源自：笔者根据张仲礼. 东南沿海城市与中国近代化[M]. 上海：上海人民出版社，1996：179 - 183 绘制.

图 4 源自：笔者根据厦门市档案局，厦门市档案馆. 近代厦门经济档案资料[M]. 厦门：厦门大学出版社，1997：401 绘制.

图 5 源自：笔者根据吴雅纯. 厦门大观[M]. 厦门：新绿书店，1947：7 - 9；周子峰. 近代厦门城市发展史研究(1900—1937)[M]. 厦门：厦门大学出版社，2005：159 绘制.

图 6 源自：笔者根据厉明度. 厦门城市全图[Z]. 北京：中国国家图书馆，1908；(清)周凯. 厦门志(清・道光十九年镌)[M]. 厦门市地方志编纂委员会办公室，整理. 厦门：鹭江出版社，1996 绘制.

图 7 源自：笔者根据佚名. 厦门市全图[Z]. 台南：台湾成功大学图书馆，1938；厦门市地方志编纂委员会办公室. 厦门市志(民国)[M]. 北京：方志出版社，1999 绘制.

图 8 源自：笔者根据厉明度. 厦门城市全图[Z]. 北京：中国国家图书馆，1908；(清)周凯. 厦门志(清・道光十

九年镌)[M]. 厦门市地方志编纂委员会办公室,整理. 厦门:鹭江出版社,1996 绘制.

图 9 源自:笔者根据佚名. 厦门市全图[Z]. 台南:台湾成功大学图书馆,1938;陈佩真,苏警予,谢云声. 厦门指南[M]. 厦门:厦门新民书社,1931 绘制.

图 10 源自:笔者根据历明度. 厦门城市全图[Z]. 北京:中国国家图书馆,1908;(清)周凯. 厦门志(清·道光十九年镌)[M]. 厦门市地方志编纂委员会办公室,整理. 厦门:鹭江出版社,1996 绘制.

图 11 源自:笔者根据佚名. 厦门市全图[Z]. 台南:台湾成功大学图书馆,1938;厦门市地方志编纂委员会办公室. 厦门市志(民国)[M]. 北京:方志出版社,1999 绘制.

图 12 源自:笔者根据历明度. 厦门城市全图[Z]. 北京:中国国家图书馆,1908;(清)周凯. 厦门志(清·道光十九年镌)[M]. 厦门市地方志编纂委员会办公室,整理. 厦门:鹭江出版社,1996 绘制.

图 13 源自:笔者根据佚名. 厦门市全图[Z]. 台南:台湾成功大学图书馆,1938;工商广告社编纂部. 厦门工商业大观[M]. 厦门:工商广告社,1932 绘制.

图 14 源自:笔者根据历明度. 厦门城市全图[Z]. 北京:中国国家图书馆,1908;(清)周凯. 厦门志(清·道光十九年镌)[M]. 厦门市地方志编纂委员会办公室,整理. 厦门:鹭江出版社,1996 绘制.

图 15 源自:笔者根据佚名. 厦门市全图[Z]. 台南:台湾成功大学图书馆,1938;陈佩真,苏警予,谢云声. 厦门指南[M]. 厦门:厦门新民书社,1931 绘制.

表 1 源自:笔者根据工商广告社编纂部. 厦门工商业大观[M]. 厦门:工商广告社,1932 改绘.

清代满城规划的历史研究

李百浩　卢　川

Title: Study on the History of Manchu City Planning in the Qing Dynasty

Author: Li Baihao　Lu Chuan

摘　要　满城是清代城市的特殊类型，满城规划是清代城市规划史的重要组成部分。为有效维护国家安全和统一，清廷在全国营建满城以供八旗官兵驻防。作为八旗驻防制度的产物，军事功能是满城的首要功能。满城规划历史演变经历了四个阶段并形成了三种类型。在满城城市内部规划布局上，深受满洲八旗文化和汉族五行观念影响，体现出模式化的特征。对满城规划历史的研究具有较为重要的学术价值和现实意义。

关键词　清代；满城；规划历史

Abstract: Manchu City is a special type of city in the Qing Dynasty, and Manchu city planning is an important part of the city planning. For effective national security and unity, the Qing court established Manchu cities all over the nation. As a product of the Eight Banners garrison system, military garrison is the primary function of the cities. Manchu city planning went through 4 phases, and finally formed into 3 patterns. The internal layout of Manchu city also has its patterns, reflecting great impact from Manchurian Eight Banners and traditional concept of Five Elements of Han nationality. Study on the history of Manchu city planning has great academic value and significance.

Keywords: The Qing Dynasty; Manchu City; Planning History

1　满城概念、标准及数量

1.1　满城概念的历史考察及界定

“满城”一词最早出现在雍正时期的官方文献中①。从《清实录》《八旗通志》等考察，清代对“满城”的表述有“驻防”“满营”“旗营”“满营城”等，也有在原城市名称后加“城”字，如东京城、复州城、秀岩城，或在原城市名称后加“驻防”两字[1]。

作者简介

李百浩，东南大学建筑学院，教授

卢　川，长江大学文学院，讲师；武汉理工大学土木工程与建筑学院土木工程系，博士生

20世纪90年代初，满城进入学术视野。董鉴泓先生关注到满城的特殊性，称之为“满洲城”，并将其与西汉新丰城、陵城，汉代军市，明代王府及王城归纳为“古代特殊类型的城市”[2]。历史学界也提出了满城历史学术范畴，研究中出现的“驻防城”②“旗城”“八旗驻防城”“驻防八旗城”“满洲旗城”等词语，都是当代语境对满城的表述形式，其中以“驻防城”使用得最为频繁。

就城市规划角度而言，满城概念应有狭义和广义之分。广义“满城”是指由清廷主持规划和营建的具有军事功能的城市或聚落。这与清朝文献中满洲民族自称的“满城”有所区别③，满洲民族所称满城，主要考虑的是八旗军队的驻防，突出民族主体性及城市军事性，并不能单纯解释为城市居民民族身份，有些满城中还有蒙古八旗、汉军八旗、巴尔虎八旗、布特哈八旗、索伦八旗、察哈尔八旗、锡伯八旗等。狭义“满城”是指建有封闭城垣并有八旗军队驻防，供旗人居住的城市。现代学术研究应不拘泥于历史文献表述，才能全面和整体地认识清代满城规划历史。

1.2 对满城判定标准的重新认识

学者根据清代历史文献，已归纳出满城的标准：第一，营建有封闭城池。清代文献中，杭州、江宁（今江苏南京市）、荆州、凉州（今甘肃武威市）、庄浪（今甘肃永登县）、宁夏、成都、西安、巴里坤、吐鲁番计10处，被直接称为满城[3]，研究者据此认为满城必须具有封闭城垣[4]。第二，有正三品以上武官驻守。学者据清代文献并认为，将军、副都统、城守尉、参赞、办事、领队大臣所驻之处，专设有驻防之城[5]，因此，驻防官员品级也作为判断满城性质的标准。第三，有八旗官兵驻防。学者认为满城要有满洲八旗、蒙古八旗、汉军八旗驻守[4]，旗人是城市居民[6]。

既有标准存在以下问题：首先，忽略清代文献隐含语境及现代研究者的身份立场。清人文献表述是有民族文化和政治出发点，清代满洲民族具有至高性和特殊性，因而满城概念表述有其特定文化语境。其次，将营建有城垣作为满城形成的必要条件。认为没有城垣的满城，如广州、福州驻防不能称为满城，这是不恰当的④。从人类城市史角度来看，城垣并非是城市形成的必要条件，因而也并非是满城形成的必要条件。

1.3 满城数量

因研究方法和判断标准不同，对满城数量的认识形成了不同说法。马协弟认为有20座满城[7]，章生道认为有34座[8]，何一民、黄平认为有24座[9]，朱永杰认为有27座[4]，民间还有48座满城的说法。

按本文界定的满城概念进行研究，清代满城在直隶共有31座，东三省共有74座，直省共有20座，新疆及乌里雅苏台共有40座，先后在全国规划了165座满城⑤。就清朝满洲民族角度而言，八旗军队分为禁旅八旗和驻防八旗，北京内城是禁旅八旗所驻，从清朝统治者立场来看，北京内城并非八旗驻防。从现代学术研究角度来看，清朝是我国少数民族满族在历史上所建立的政权，清代北京内城是满洲民族聚居在汉族区域的重要城市，理应属于满城体系。就城市规划学角度而言，满城主要分为畿辅、东三省、直省和边疆（新疆、乌里雅苏台）四个部分⑥。

2 满城规划的历史演变

为维持全国政治稳定和军事安全，清廷从盛京省开始，逐步在各直省都设立了满城。根据清代历史文献，结合社会政治军事情况，满城规划的历史演变可划分为四个时期。

2.1　满城规划的初创(1616—1644年)

天命时期是满城规划的草创时期，这一时期的满城仅分布于盛京省，设置的最初目的是巩固战果、守卫盛京。盛京满城可划分为东线和西线。

东线满城规划主要是在天命时期，与后金政权和明朝的战争有关。1621年努尔哈赤攻陷沈阳，辽河以东70余座城池为后金占有。后金争夺辽东，以沈阳辽阳之战、广宁之战、宁远之战为中心，往往是边占有城池、边设立八旗驻防。为巩固军事成果，在海州、熊岳、耀州、盖州、牛庄、辽阳东京(1621年)6座城市设立驻防。不过，此时期满城规划具有临时性，大多未经详细规划，也并没有太多改建，往往是以明朝城市原有军事防御作为基础，增派八旗官兵驻守，城市军事驻防性质十分明显。

西线满城规划主要是在天聪至崇德时期，满城规划主要是巩固清朝后方，并照应吉林省。天聪时期建立了兴京、碱厂边门(1633年)，崇德时期建立了凤凰城、凤凰城边门、叆阳边门(1638年)，从北至南呈直线分布，为吉林和黑龙江满城的设立奠定了军事基础(图1)。

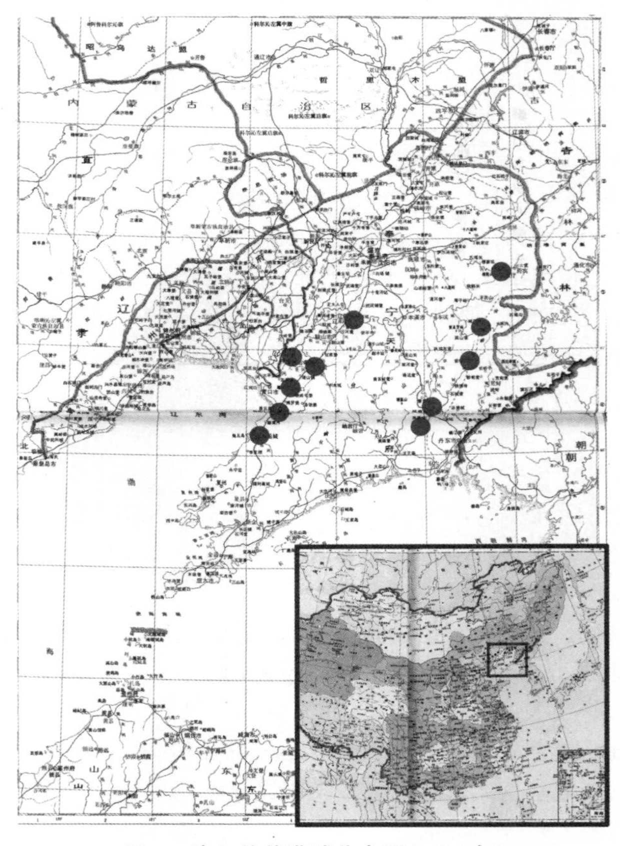

图1　清入关前满城分布图(1638年)

2.2　满城规划的发展(1664—1723年)

顺治至康熙时期(1644—1723年)是满城规划的发展时期。清人入关后，为拱卫京师，清廷建立环状防御体系，并逐步控制直省。此时期共设立了 84 座满城(图 2)，规划布局有以下几个特点：

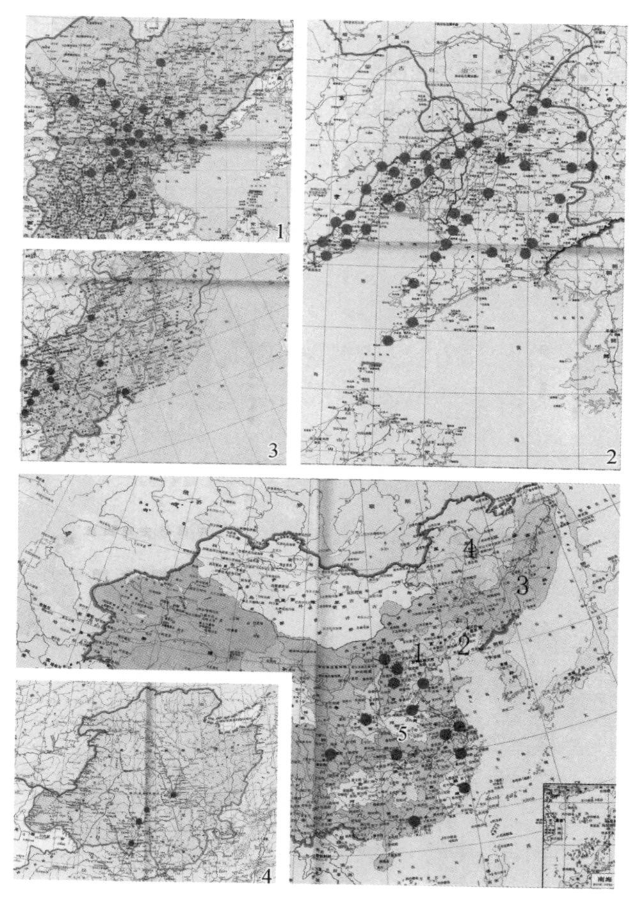

(1. 直隶 25 座；2. 盛京 43 座；3. 吉林 10 座；4. 黑龙江 4 座；5. 直省 13 座)

图 2　清康熙末期满城分布图(1723 年)

第一，层层布防，拱卫京师。1644 年定都北京，“分列八旗，拱卫皇居”[1]。北京内城被划定为满洲的专城。为维护满洲贵族安全，清廷在直隶设置 25 座满城，分布在北京东、南、北三侧。学者将这些满城分为两个层次：第一层次与京师较近，昌平(1645 年)、顺义(1648 年)居北，为正黄旗驻兵，固安(1650 年)、良乡(1651 年)驻镶红旗、正红旗，采育里(1645 年)、东安(1649 年)驻正蓝旗、镶蓝旗，三河(1649 年)、宝坻(1673 年)驻正白旗、镶白旗；第二层次与京师较远，包括霸州(1673 年)驻正黄旗、正红旗，玉田(1673 年)驻镶黄旗、正白旗，滦州(1723 年)驻镶白旗、正蓝旗，雄县(1673 年)驻镶红旗、镶蓝旗[10]。驻军旗属也大致遵循八旗方位规律，形成了直隶两级防御体系。

第二，星罗密布，巩固满洲。自顺治时期始沙俄入侵(1643—1689 年)，清朝与沙俄在东北边境战争就已经开始。1682 年黑龙江修筑满城以御沙俄，吉林满城体系也逐步开始形成，两省满城以吉林城、黑龙江城为中心，在政治体制上也实行驻防将军管辖制，分级管理诸城。盛京满城体系得到大量增设，并形成了三道防线：以宁远(1681 年)、锦州(1644 年)、广宁(1660 年)为中心的西线，以盛京(1644 年)为中心的中线，以兴京(1633 年)为中心的东线。

第三，相互呼应，控制各省。清廷在部分直省设立满城，加强对地方的军事控制。此时期先后在杭州（1648 年），西安、太原、江宁（1649 年），德州（1654 年），京口（1659 年），归化（1667 年），福州（1680 年），广州（1682 年），荆州（1683 年），右卫（1693 年），成都、开封（1718 年）设立满城。国内战争直接促进了满城的设立。平定三藩的战争促进了沿江、沿海满城体系的完备；康熙时期准噶尔部噶尔丹势力进一步扩大，清朝在黑龙江至宁夏一带设立边防线，并在成都规划和营建满城，目的是防御和平定新疆。从整体来看，康熙时期直省形成了两道屏障，第一道屏障是"成都—西安—太原—右卫—归化"，第二道屏障是"广州—荆州—开封—德州"，加强了各直省的军事控制和防御体系。

2.3 满城规划的成熟（1723—1796 年）

雍正至乾隆时期（1723—1796 年）是满城规划的成熟时期。山西、甘肃、吉林、直隶以及新疆和乌里雅苏台共设立了 52 座满城，规划活动以新疆为中心（图 3）。其中直隶 7 座、各直省 7 座、黑龙江和吉林共 8 座、新疆 28 座、乌里雅苏台 2 座[⑦]。此时期满城规划主要表现在以下几个方面：

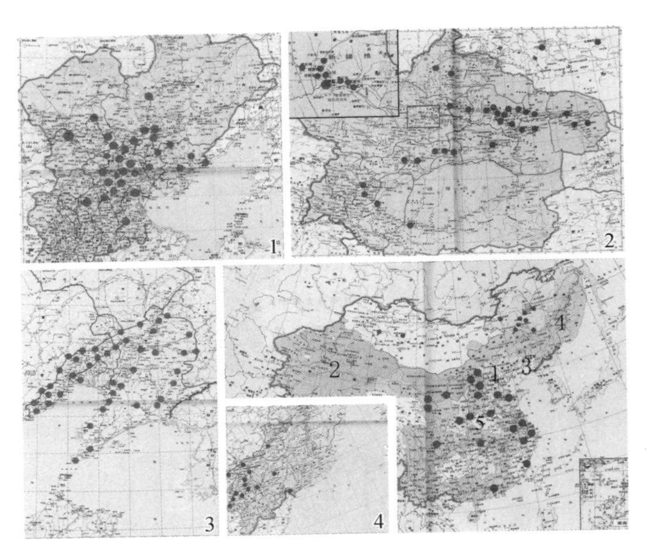

（1. 直隶 31 座；2. 新疆 38 座；3. 盛京 43 座；4. 吉林 14 座；5. 直省 20 座）

图 3 清乾隆末期满城分布图（1796 年）

第一，完善直隶防御体系。直隶增设了郑家庄（1723 年）、热河（1723 年）、天津（1726 年）、密云（1780 年）等 6 座满城。加强了对京师的军事防御能力，周围两个层次的防御体系更趋完备。

第二，巩固满洲后方满城体系。此时期在吉林、黑龙江共增设了 8 座满城，加强了东北三省军事防御能力。在吉林增设了伊通（1727 年）、阿勒楚喀（1727 年）、额木赫索罗（1738 年）、拉林（1744 年）4 座，在黑龙江增设了打牲处（1728 年）、呼伦贝尔（1728 年）、博尔多（1732 年）、呼兰（1734 年）4 座，吉林和黑龙江两省满城联系更为密切。

第三，完善直省满城体系。此时期清廷还发动了一系列维护国土完整的对内战争。准噶尔部发生内乱，进而引发了清朝对达瓦齐的征战、阿睦尔撒纳的叛乱、平定回部大小和卓叛乱、大小金川战争等。战争中为方便调兵遣将，也促进了各直省满城体系的完善。在甘肃、陕西、浙江、山东、山西等省先后在宁夏(1724 年)、潼关(1727 年)、乍浦(1728 年)、青州(1729 年)、凉州(1735 年)、绥远(1737 年)、庄浪(1737 年)规划并营建了满城，使直省满城数量达到了 20 座。

第四，建立边疆满城体系。新疆满城的建立与清廷平定西部战争有关。乾隆时期准噶尔部内乱，清朝发动了平定准噶尔的战争。在此期间，新疆开始大规模兴建满城，除哈密建于雍正时期之外，其他均建于 1758—1793 年共 36 年间。从整体规划布局来看，西北边疆满城可分北路、中路和南路。第一，北路为新疆塔尔巴哈台的绥靖(1767 年)以及乌里雅苏台的科布多(1764 年)、乌里雅苏台(1765 年)。第二，中路以伊犁、乌鲁木齐为两大中心，伊犁地区形成的以惠远(1764 年)为中心，宁远(1761 年)、绥定(1762 年)、惠宁(1765 年)、熙春(1769 年)、拱宸(1769 年)、瞻德(1769 年)、广仁(1780 年)、塔勒奇(1789 年)八座城相拱卫的“伊犁九城”最具特色；乌鲁木齐地区因军事而规划的满城比较密集，基本做到了相互呼应，互为表里，为维护该区域的军事安全提供了充足保障。伊犁和乌鲁木齐地区的满城，也有所联系。第三，南路以线状分布于塔里木盆地的北部和西部。该路满城注重相互依存，如乌什和阿克苏、徕宁城和英吉沙尔、拜城和库车，散中有聚，有利于军事联系。

2.4 满城规划的衰亡(1796—1911 年)

自嘉庆时期开始，满城规划进入衰亡时期。此时期仅有吉林、黑龙江两省少数几座满营的设立，其目的为开发农业、安置旗人等，如双城堡(1815 年)、巴彦苏苏(1869 年)、五常堡(1869 年)。而光绪时期所设置的海龙(1878 年)、铁山包(1879 年)、富克锦(1882 年)、兴安(1883 年)、通肯(1898 年)、东兴(1905 年)的八旗驻防，仅仅称得上是满营。辛亥革命后，满城因清朝覆灭而失去其军事驻防性质，进而退出历史舞台。满城遗迹已成为现当代城市的宝贵文化遗产。

3 满城的类型

清代在大部分省内都建立了满城，数量庞大，体系完备。根据不同历史时期的规划活动，清代满城可归纳为以下三种类型：

3.1 新建城市：重新规划并营建的满城

八旗驻防虽为军事驻防，但有永驻之形式，即兵丁携家眷往某处驻防不再回满洲。新建有城垣的满城，一般规模比较大，因为除了军事设施之外，还要有大量房屋以供旗人居住。从文献记载来看，这些满城城垣高度、面积以及内部军事建筑都有一定标准，清代地方志文献中对满城城垣高度等都有明确记载。

新建满城因重点考虑军事和时间因素，因而在后期城市发展中，也受到人口、地理以及军事环境等多方面原因的影响，规划弊端也得以显现。第一是人口增长因素。如新疆惠远城 1764 年开始营建，两年时间建成，后移驻满洲八旗官兵驻此。城内有将军衙署、参赞大臣衙署、各营领队大臣所等公署建筑和城市基本生活设施，城内房屋达到 10 700 余间[3]，可供 4 240 名兵丁及家眷居住。1793 年因惠远满城人口滋生，又在满城东面空地扩建城市，增建房屋800余间，将近长方形的惠远城，改筑为正方形。第二是环境因素。1764年塔尔巴哈台兴建肇丰满城，因该地环境十分恶劣，八旗军队官兵无法正常生活，两年后该城被弃。第三是军事和战争因素。如1766年设塔尔巴哈台参赞大臣，次年开始兴修满城，其后一直成为北疆重要军事要地。1864年绥靖城毁于战火，后因该地“紧接俄疆，形势最为扼要……且城壕之外离俄人贸易圈仅二十丈，相隔太近，声息相闻，诸多不便，查得距绥靖旧城里许有地一区，负山带河，天然雄胜，请于此处修建新城，实足以资控守固边防。将来规复旧制，亦可作为满城旗兵驻防之所”[11]，满城规划的选址并未考虑环境因素。1775年新疆营建了孚远满城，毁于战争，1884年于原城东北重建孚远城。这些都与满城规划的迫切性和政治性有关，并未考虑到城市选址、自然环境以及人口发展等因素，仅考虑了军事战略的重要性。

3.2 旧城改造：汉城内部划定的军事空间

此类型满城又可分“封闭式”和“开放式”⑧。封闭式以具有封闭城垣作为基本特征；开放式满城则未建城垣，只划定军事用地范围，与原城居民划地隔离。

封闭式满城，以分隔建筑作为满城边界划分。最早对汉族旧城进行改造的是北京内城⑨。为尽快适应政治和军事要求，大多以明朝城市作为基础，对旧城进行改造，如杭州、江宁、荆州、太原、德州、开封满城，基本形成了较为统一的旧城改造模式。如杭州满城（图4）在府城西隅，建东、南、北三侧城垣形成独立满城。江宁满城规划有两个阶段，一是1649年在钟山南侧建造满城，此时满城未见详细记载，当为简易兵营之城；二是1660年划分府城内部分明朝荒废的皇城区域为满城，并建造界墙与汉城相隔[12]。荆州满城则是将原荆州府城划分为两个部分，中立界墙，东侧为满城，西侧为汉城，通过改造旧有汉城，有效节约了建城成本，通过移驻汉人，营建界墙就可形成封闭和独立的城市空间。太原满城在太原府内西南角，在东北两面设立栅栏作为界限。开封满城是在原开封府城内部划定一个区域，重新修筑了完整城垣，形成“城中城”，也是府城中独特的军营。

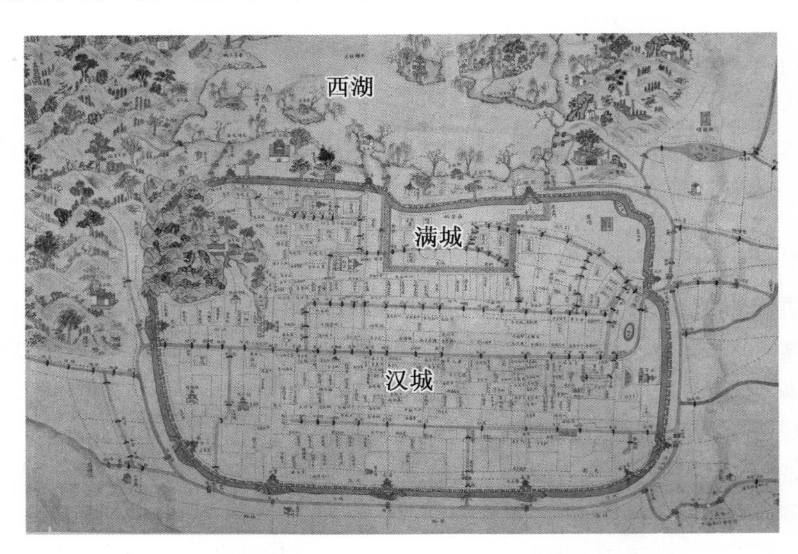

图4 《杭城西湖江干湖墅图》（局部）中的满、汉双城

开放式满城，借助所在汉城的城垣进行防御，在城内划定部分区域作为军事用地。广州满城即在府城的西北隅，并设立军事堡垒作为界线。1682 年设置汉军八旗驻防，1756 年增加满洲八旗，“自归德楼西边起至西城楼归满洲，自西城楼北边起至大北楼东边止归汉军，各分八旗防守”[13]。开放式满城的实质是在闲置土地较少、人口众多的城市中，划定部分区域作为军事用地，征用原有城内建筑，节约建城成本，以满足军事驻防需求。

3.3 满营：专设军营的军事聚落

《八旗通志初集》中记载的诸多“边门”驻防点[1]，属于此类型满城。清廷于 1681 年开始大量重建边门聚落[14]，形成不同规模城池[5]。这些满营中以衙署、官兵房屋为主要建筑，甲兵以换防方式驻守，兵丁人数约 200 人，如巨流河、闾阳驿、小凌河(1690 年)等。这些边门位于盛京和直隶省交界处，呈直线排列，成为满洲民族后方的强大军事屏障。

4 满城内部规划布局

4.1 满城内部规划布局的思想文化

满城属于中国传统城市、古代军事城市的特殊类型。清朝北京内城为明朝都城所在，本身就体现了古代儒家礼制思想，突出表现出尊卑等级的政治观念，其城市传统特征与明代都城一脉相承又有所发展。

八旗制度是清朝集政治、军事和社会生产性质为一体的国家管理制度，是我国历史上独具特色的制度文化。“八旗分为两翼：左翼则镶黄、正白、镶白、正蓝也；右翼则正黄、正红、镶红、镶蓝也”[1]，随后逐步设立了蒙古八旗和汉军八旗。后金时期，八旗方位就开始蕴含深刻的文化寓意。八旗制度对满城规划和营建产生了深刻影响。

中国古代阴阳五行理论有着漫长发展历程[15]。《尚书・大禹谟》载“德惟善政，政在养民，水、火、金、木、土、谷，惟修”；《尚书・洪范》载“五行一曰水，二曰火，三曰木，四曰金，五曰土”。五行之间的关系为相生、相克。五行相生为木生火、火生土、土生金、金生水、水生木；五行相克为木克土、土克水、水克火、火克金、金克木。先秦时期，五行与色彩、方位相结合。《黄帝内经》将五行与五色相配，“东方木，在色为苍；南方火，在色为赤；中央土，在色为黄；西方金，在色为白；北方水，在色为黑”。汉代五行与方位相配，以表示气候变化。郑玄注《易经》载“天一生水于北，地二生火于南，天三生木于东，地四生金于西，天五生土于中”。五行观念对中国后世传统文化有极大影响，在古代城市规划文化中就有所体现⑩。

满洲八旗文化与五行观念相结合，是清代满洲、汉族文化融合的重要表现形式。清朝帝王认为朝代兴亡与五行观念之间有内在关联，清朝原名为“金”，史称“后金”，“清”和“青”同音，意为黑色，五行属水，明朝之“明”属火，故后金改为“清”，有水克火之寓意。又因八旗之中只有四色，五行缺木，绿营之称呼，是补木之不足。清朝建立以后，八旗方位排列方式得到总结。“两黄旗位正北，取土胜水。两白旗位正东，取金胜木。两红旗位正西，取火胜金。两蓝旗位正南，取水胜火，水色本黑，而旗以指麾六师，或夜行黑色难辨，故以蓝代之。”[1]从文献可知，不同方位的五行关系为：东方属木，颜色为青，木能生火克土；南方属火，颜色为赤，火能生土克金；西方属金，颜色为白，金能生水克木；北方属水，颜色为黑，水能生土克火；中央属土，颜色为黄，土能生金克水。不同旗色五行相生相克情况为：正黄旗、镶黄旗属性为土，正红旗、镶红旗属性为火，正蓝旗、镶蓝旗属性为水，正白旗、镶白旗属性为金。清朝八旗方位充分体现了五行相克思想，体现了满洲民族对其他民族进行军事防御的思想。八旗文化与五行观念的结合，也是满城规划思想中最具特色的内容。

4.2 北京满城内部规划布局及其模式化

清代推行“首崇满洲”的民族政策，满洲为清朝国家根本，奠定了满洲民族的特殊地位。以八旗组织为中心，满洲与汉族在各方面都存在很大区别[16]，满洲人在政治、经济、教育上都享有特权。“首崇满洲”是北京满城形成的文化基础。

“旗民分治”是“首崇满洲”并区分满汉的具体措施。北京内城原为明朝汉族聚居地，1644 年清朝迁都北京后，起初满洲与汉族杂居一处，民族矛盾不断。1648 年将内城居住的汉人全部迁出，实行民族隔离政策。在内部居住空间的基层组织上，街坊制与八旗相结合，形成了坊、旗混合的居住模式。

北京满城内部规划布局深受满洲八旗文化影响。以宫城为中心，旗人按各自八旗方位，分左、右翼进行布局，居住于各自旗地。在满城区域功能划分上，将北京内城划分为八个区域，供不同旗色的官兵居住。将原北京外城划定为汉人居住的城市，形成了满、汉双城的城市格局(图 5)。北京内城实际上成为清朝最为重要的满城。北京内城北自德胜门、安定门，东至东直门、朝阳门，南至崇文门、正阳门，北至宣武门以北，西至西直门、阜成门。《八旗通志初集》记载：“镶黄居安定门内，正黄居德胜门内，并在北方。正白居东直门内，镶白居朝阳门内，并在东方。正红居西直门内，镶红居阜成门内，并在西方。正蓝居崇文门内，镶蓝居宣武门内，并在南方。”[1]

为维护满洲统治，根据五行相克理论，八旗和四方五行按相克思想进行配合，体现满洲防御外族的文化内涵。正黄旗、镶黄旗分布在德盛门、安定门附近，并列北方，黄色为土，北方属水，为土克水之意；正红旗、镶红旗在西直门、阜成门附近，并列西方，红色为火，西方属金，为火克金之意；正蓝旗、镶蓝旗在崇文门、宣武门附近，并列南方，蓝色(黑色)为水，南方属火，为水克火之意；正白旗、镶白旗在东直门、朝阳门附近，并列东方，白色属金，东方属木，取金克木之意。八旗各据其位，拱卫宫城，防御外族，这也是五行相克理论得以运用的根本目的。

北京满城的八旗分布以及城市格局，成为当时全国满城内部规划布局的模板，在重新规划以及旧城改造的封闭式的满城中，都是以北京内城作为“样板”进行规划的。

首先，新建满城内部布局，亦按八旗制度平均划分城内用地。以宁夏满城为例。1727 年宁夏建筑满城，满城离汉城东北三里，建有完整城垣，内部以军事建筑为主。宁夏满城城池形制为方形，四边各开一门，各门上均有城楼、马道、瓮城、门楼、角楼以及铺房。从文献记载来看，满城内建有将军、副都统、协领、佐领、防御、骁骑校、笔帖式衙署以及兵丁的住宅和军事公共设施。1738 年宁夏发生地震，满城被毁，次年“移建府城西十五里平湖桥东南，城东西三里七分半，南北亦如之，共延长七里五分，高二丈四尺，址厚二丈五尺，顶厚一丈五尺”[17]，重新修筑了满城。

乾隆《宁夏府志》中的《满城图》很好地反映了宁夏满城的内部规划布局。在满城内部规划上，官署按八旗方位有序布局，其各旗方位皆按北京满城八旗的方位布置[17]。在街道设置上，纵横各有 3 条大街，将正方形的满城划分成为 16 个方形区域(图 6)，各旗旗人按方位

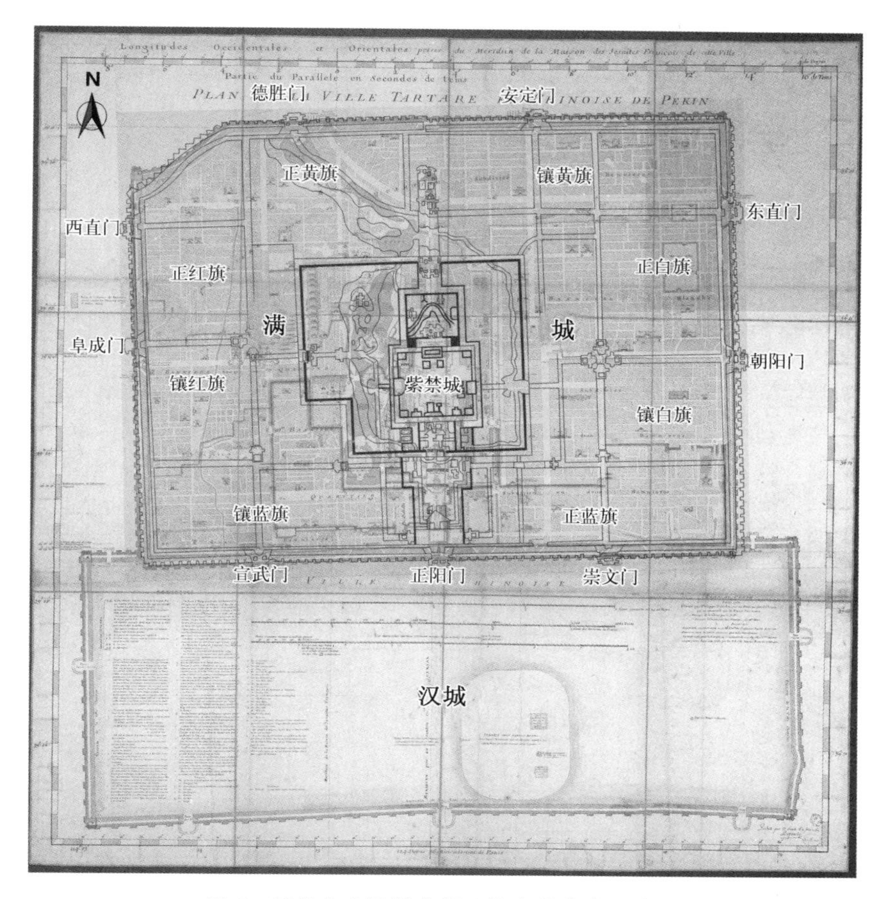

图 5　清代北京满城内部八旗方位分布示意图

分布于 4 座城门两侧，将满洲八旗、蒙古八旗分居于不同的区域之中，将军衙署位于正中间，八旗各部以将军衙署为中心并形成拱卫之势。

其次，旧城改造形成的满城，在形成的城市空间内，仍按八旗制度对区域进行划分。以荆州满城为例。1683 年“旗兵设防于此，虑兵民之杂厕也，因中画其城，自南纪门东，迄远安门西，缭以长垣，高不及城者半，名曰界城，其东则将军以下各官及旗兵居之，迁官舍、民廛于界城西。城之门凡六：东曰寅宾；东南曰德胜，今改曰公安；东北曰远安，俗呼小北门。俱在界城东。西曰安澜；南曰南纪；西北曰拱极，俗呼大北门。俱在界城西。界城之门凡二：一曰南新门，一曰北新门”[18]。所载内容主要包括满城的划分方式、界城的形制、满城的城门以及满城内人口迁徙的基本情况。荆州满城的设立，是对满城内原有荆州府的官署、民宅都进行征用，并将之迁至西边的汉城，在城中营建一道界墙，将满人与汉人隔开(图 7)。

荆州满城内部的规划布局，同样遵循北京内城规划模式，以将军署为中心进行分布。正黄旗、镶黄旗属土，驻防在远安门内，在将军署北，为镇北之意，北方属水，为土克水；正红旗、镶红旗属火，驻防在南界门内，在将军署西，为守西之意，西方属金，为火克金；正蓝旗、镶蓝旗为水，驻防在南界门、公安门内，在将军署南，为抵南之意，南方属火，为水克火；正白旗、镶白旗属金，驻防在新东门内，为御东之意，东方属木，为金克木[18]。

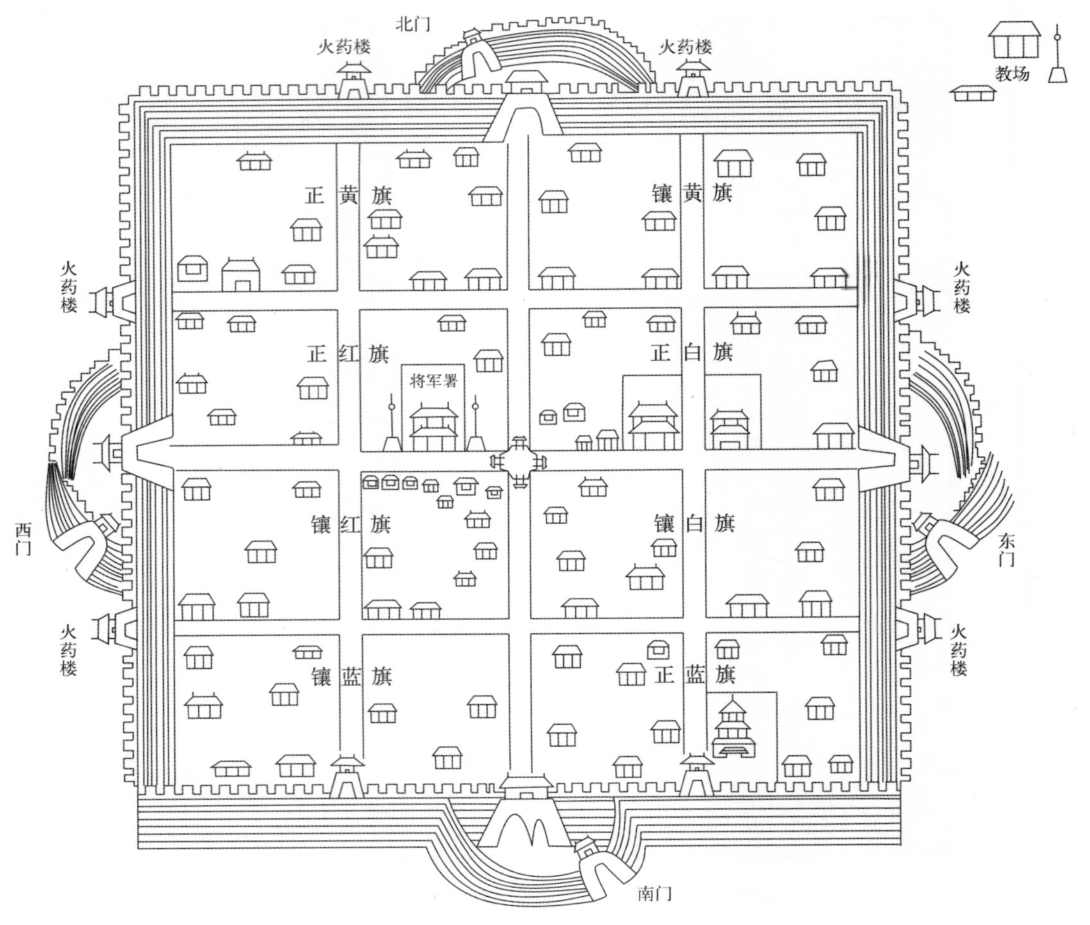

图 6　宁夏满城图

5　结语

清代满城规划是清代规划史的特殊内容，其制度文化基础是八旗驻防制度。满城规划的历史演变与清代的军事战争有着密切关系。因不同规划思路，形成了几种类型的满城，主要有新建满城、旧城改造以及军事聚落。满城对维护清朝军事安全起到了重要作用。

满城在内部规划布局上遵循了八旗文化和五行相克思想。在内部规划布局上，按不同旗色划分区域，形成了整齐划一的内部规划特色。在八旗的方位上，也内在地遵循了五行相克思想，旗色方位和四方五行呈相克布局，体现了军事防御的内在特色和文化寓意。清朝大多数满城中都体现了这一规划思想。

满城规划研究将对清代城市史、城市规划史研究产生重要推动作用。清代城市规划与中国近现代城市规划一脉相承，是中国城市规划史承前启后的两个阶段。在满城规划史的研究方法上，注重将历史学、考古学、地理学、城市文化学等多学科的研究成果，加以全面总结、提升和整合，用城市规划学的理论作为指导思想，才能全面正确地认识清代满城规划的

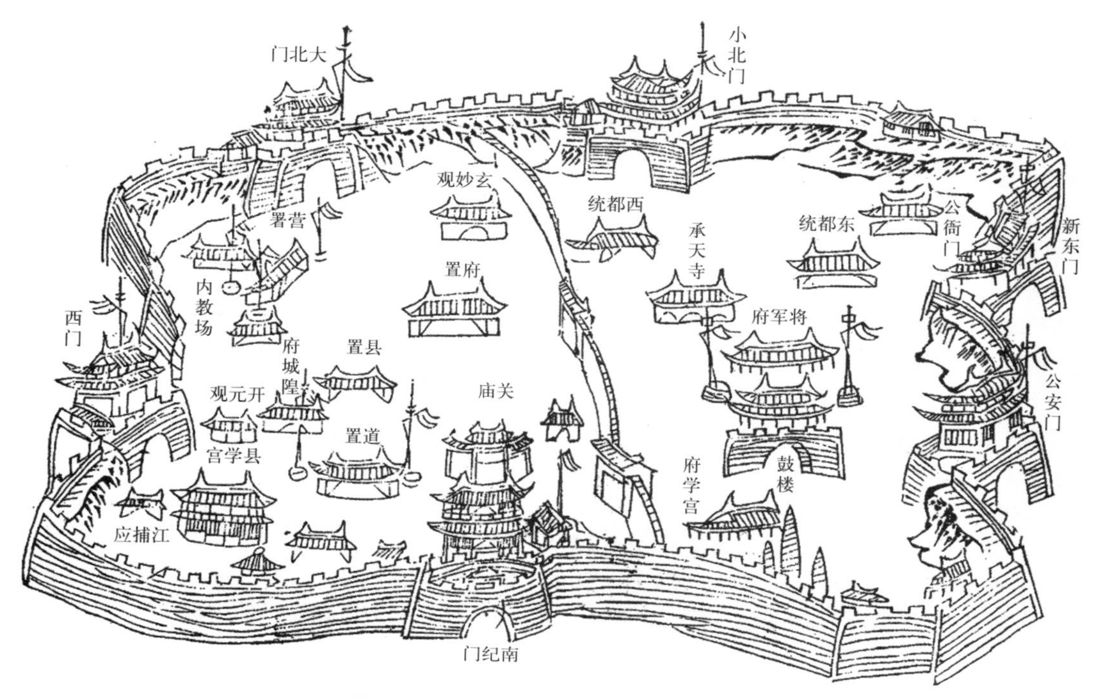

图7　乾隆时期所绘的荆州满、汉城图

历史和理论，完善清代城市规划的理论体系。

满城规划的实践对中国近代城市规划历史演变产生了不容忽视的影响。清代满城规划属于大规模城市规划行为，在后世留下了为数众多的遗址与遗迹（图8），是现代城市重要的城市文化遗产。当下中国城市规划实践越来越重视城市文化遗产的保护，城市特色也有待发掘和重塑，对满城规划历史的研究有利于发掘现代城市与历史城市之间的关系，从而揭示城市规划演变的整体规律，为当下城市规划及城市文化重塑提供更多的历史信息，并为未来

图8　清代荆州满城新东门一带今景

城市规划提供历史参考和依据。

注释

① 《清实录》是最早使用"满城"一词的文献。《世宗宪皇帝实录》第5卷载："川省满城营房有官生捐资盖造者，准予议叙。"

② "驻防城"在《清实录》中仅出现过一次。《高宗纯皇帝实录》第731卷载："伊犁将军明瑞等以伊犁河新筑满洲驻防城，及哈什回人新筑城工告竣，奏请赐以嘉名，寻定伊犁河驻防城曰惠远。"

③ 值得说明的是，新疆应作为一个特殊的省份来看待。相对于新疆而言，八旗与绿营军队的配合远比其他省份要高。因而新疆部分由绿营军队所驻之城，如哈密，为清廷所规划营建，也应属于满城范畴。

④ 对于福州、广州是否为满城的问题，朱永杰认为，没有城垣的八旗驻防城，只能称之为驻防城，而不能称之为满城；何一民、黄平以及任佳淳都认为，福州、广州八旗驻防城可以称之为满城。

⑤ 数据来源：《清实录》《八旗通志》《钦定八旗通志》以及满城所在省、府、县地方志等文献，恕不一一注明。

⑥ 对清朝满城整体的划分，有很多种方法。二分法：京都、各省驻防(《钦定八旗通志》)。三分法下分三种：畿辅、奉天、各省驻防(《八旗通志初集》)；畿辅、直省、边疆驻防(定宜庄《清代八旗驻防研究》)；畿辅、东北、各直省驻防(徐潜《中国古代典章制度》)。四分法也有三种：畿辅、东三省、各直省、藩部驻防(《清史稿》)；畿辅、东北、新疆、内地驻防(魏源《武事余记》)；畿辅、东三省、各省、新疆驻防(朱永杰《清代驻防城时空结构研究》)。五分法：畿辅、东三省、各省、新疆、藩部驻防(赵生瑞《中国清代营房史料选辑》)。六分法：畿辅、盛京、吉林、黑龙江、各省、游牧察哈尔驻防(光绪《大清会典事例》)。七分法：畿辅、东三省、新疆、直省、陵寝、围场、边门(乾隆《大清会典》)。不同的分法都有不同的出发点和立足点，具有政治性、区域性、民族性特点。

⑦ 此时期直隶满城有7座：郑家庄、热河、喀喇河屯、桦榆沟、天津、察哈尔、密云。直省有7座：宁夏、凉州、庄浪、青州、绥远、潼关、乍浦。黑龙江、吉林共有8座：打牲处、呼伦贝尔、博尔多、呼兰、伊通、阿勒楚喀、额木赫索罗、拉林。乌里雅苏台有2座：科布多、乌里雅苏台。新疆有28座：哈密、喀喇沙尔、拜城、赛哩木、叶尔羌、广安、和阗、辟展、宁远、徕宁、英吉沙尔、绥定、庆绥、肇丰、惠远、惠宁、永宁、阿克苏、绥靖、瞻德、拱宸、熙春、巩宁、会宁、孚远、广仁、塔勒奇、库车。关于新疆的军事城市，朱永杰将之划分为满城和驻防城，满城有6座，驻防城有10座，其满城概念是狭义的概念(朱永杰. 清代驻防城时空结构研究[M]. 北京：人民出版社，2010：255－261)；定宜庄将新疆驻防体系分为伊犁、塔尔巴哈台、乌鲁木齐、南路(定宜庄. 清代八旗驻防研究[M]. 沈阳：辽宁民族出版社，2003：96－100)。这些军事城市都可归入满城体系。

⑧ 马协弟最早将满城分为两式，认为一是"在较大的府州县治内独划一隅，迁原居汉民于外，内筑界城或设界堆以别之"；二是"在驻地府州县治附近数里，另择一地建城"。对前一类型的归类未免过于笼统(马协弟. 浅论清代驻防八旗[J]. 社会科学战线，1986(3)：192－196)。

⑨ 很多研究者认为北京内城并非八旗驻防体系，也不能称之为满城，如马协弟、定宜庄、朱永杰；也有研究者认为属于满城体系，如何一民、黄平。本文认为，从军事城市和驻防性质来看，北京内城改造形成了由八旗分而守卫的"城中城"，军事驻防性质很明显，也具有满城基本特征，故本文将北京内城划入满城体系。

⑩ 关注五行观念在城市规划及建筑中的影响的，主要有汪德华《中国城市规划史》(南京：东南大学出版社，2014：450－451)，汪德华《中国城市设计文化思想》(南京：东南大学出版社，2009：81－96)，侯景新、李天健《城市战略规划》(北京：经济管理出版社，2015：6－7)等对城市规划中的五行理论有简要论述。丁俊清着重论述了古代城市规划和建筑中的风水学、象数学的文化基因(丁俊清. 古代城市规划和建筑受五行、阴阳、象数之学的影响[J]. 城市规划汇刊，1987(3)：13－16)。

参考文献

[1] (清)鄂尔泰. 八旗通志[M]. 李洵,赵德贵,点校. 长春:东北师范大学出版社,1985:17,452-453.
[2] 董鉴泓. 我国古代若干特殊类型的城市[J]. 同济大学学报(社会科学版),1992(1):25-26.
[3] (清)铁保,等. 钦定八旗通志(19)[M]. 台湾:台湾学生书局,1968:7590-7591,7596,7604,7614,7677-7678.
[4] 朱永杰. "满城"特征探析[J]. 清史研究,2005(4):78-84.
[5] 朱永杰. 清代驻防城时空结构研究[M]. 北京:人民出版社,2010:189,254.
[6] 贾建飞. 满城,还是汉城——论清中期南疆各驻防城市的称呼问题[J]. 西域研究,2005(3):92-100.
[7] 马协弟. 清代满城考[J]. 满族研究,1990(1):29-34.
[8] 施坚雅. 中华帝国晚期的城市[M]. 叶光庭,等,译. 北京:中华书局,2000:100-101.
[9] 黄平. 清代满城兴建与规划建设研究[D]:[硕士学位论文]. 成都:四川大学,2006:14-24.
[10] 定宜庄. 清代八旗驻防研究[M]. 沈阳:辽宁民族出版社,2003:19.
[11] 甘肃省古籍文献整理编译中心. 西北稀见方志文献(第7卷)[M]. 北京:线装书局,2006:593.
[12] 刘先觉,张十庆. 建筑历史与理论研究文集(1997—2007)[M]. 北京:中国建筑工业出版社,2007:250-257.
[13] (清)长善. 驻粤八旗志[M]. 沈阳:辽宁大学出版社,1992:70.
[14] 穆鸿利,施立学. 长春满族颁金庆典学术文集[M]. 长春:吉林摄影出版社,2006:180-187.
[15] 季啸风,李文博. 哲学论著与哲学家研究(3)[M]. 北京:书目文献出版社,1987:1-56.
[16] Hu X. Reinstating the Authority of the Five Punishments: A New Perspective on Legal Privilege for Bannermen[J]. Late Imperial China, 2013, 34(2): 28-51.
[17] 凤凰出版社. 中国地方志集成·宁夏府县志辑[M]. 南京:凤凰出版社,2008:83.
[18] (清)希元. 荆州驻防志[M]. 林久贵,点校. 武汉:湖北教育出版社,2002:87.

图表来源

图1至图3源自:笔者根据清嘉庆二十五年(1820年)历史地图(谭其骧. 中国历史地图集(第八册):清时期[M]. 北京:中国地图出版社,1982:3-4,7-8,10-15,52-53)及清代有关历史文献改绘.

图4源自:《杭城西湖江干湖墅图》,清康熙五十五年至雍正五年间(1716—1727年)彩绘本,大英博物馆藏(书格网提供).

图5源自:笔者根据 Plan de la Ville Tartare et Chinoise de pekin(Philippe Buache,1752,Bibliotheque du roi, Paris, France)及《北京八旗方位图》(《八旗通志初集》第2卷)改绘.

图6源自:笔者根据宁夏《满城图》(凤凰出版社. 中国地方志集成·宁夏府县志辑[M]. 南京:凤凰出版社,2008:19)改绘.

图7源自:(清)施廷枢,等. 乾隆荆州府志[M]. 武汉:湖北人民出版社,2013:图3.

图8源自:笔者拍摄于2015年12月25日.

后记

2016 年 11 月 10—12 日，“第 8 届城市规划历史与理论高级学术研讨会暨中国城市规划学会-城市规划历史与理论学术委员会年会”在江苏南京召开。作为中国城市规划学会-城市规划历史与理论学术委员会会刊的“城市规划历史与理论”系列，既是每届城市规划历史与理论研讨会的论文集，同时也是中国城市规划学会的学术成果。

在《城市规划历史与理论 03》付梓之际，谨代表编写委员会衷心感谢各方人士的支持。感谢会议的主办单位中国城市规划学会、东南大学建筑学院，协办单位江苏省城市规划学会、南京市城市与交通规划设计研究院有限责任公司、南京东南大学城市规划设计研究院有限公司和东南大学城乡规划与经济社会发展研究中心的大力支持。

感谢王鲁民、张松、何依、田银生、张京祥等学者对会议征集论文的审查、推荐和建议，保证了该书中所载论文的学术性和代表性。

感谢东南大学出版社的编辑徐步政先生和孙惠玉女士，由于他们专业和高效的工作，该书才得以顺利地与读者见面。

感谢东南大学建筑学院的研究生们，如李朝、任小耿、陈骁、郁佳影等同学，他们从会议筹备、论文征集到论文校对、与论文作者联系等，均进行了认真的工作，给予了很大的帮助。

最后，还要感谢历史与理论学委会各位委员和所有撰稿作者。当然，由于本书篇幅和主题所限，部分稿件未能收入书中，敬请作者谅解。

由于编者在认识和工作上的不足，书中不妥之处，望不吝批评指正。

董　卫　李百浩　王兴平

2017 年 8 月 8 日